Abenteuer Mathematik

Pierre Basieux

Abenteuer Mathematik

Brücken zwischen Wirklichkeit und Fiktion

5., überarbeitete Auflage

Spektrum
AKADEMISCHER VERLAG

Autor
Dr. Pierre Basieux
E-Mail: dr.basieux@aon.at

Die bisherigen Auflagen sind bei Rowohlt in der Taschenbuchreihe rororo science erschienen.

Wichtiger Hinweis für den Benutzer
Der Verlag und der Autor haben alle Sorgfalt walten lassen, um vollständige und akkurate
Informationen in diesem Buch zu publizieren. Der Verlag übernimmt weder Garantie noch
die juristische Verantwortung oder irgendeine Haftung für die Nutzung dieser Informationen, für deren Wirtschaftlichkeit oder fehlerfreie Funktion für einen bestimmten Zweck.
Der Verlag übernimmt keine Gewähr dafür, dass die beschriebenen Verfahren, Programme
usw. frei von Schutzrechten Dritter sind. Die Wiedergabe von Gebrauchsnamen, Handels-
namen, Warenbezeichnungen usw. in diesem Buch berechtigt auch ohne besondere Kenn-
zeichnung nicht zu der Annahme, dass solche Namen im Sinne der Warenzeichen- und
Markenschutz-Gesetzgebung als frei zu betrachten wären und daher von jedermann benutzt werden dürften. Der Verlag hat sich bemüht, sämtliche Rechteinhaber von Abbildungen zu ermitteln. Sollte dem Verlag gegenüber dennoch der Nachweis der Rechtsinhaber-
schaft geführt werden, wird das branchenübliche Honorar gezahlt.

Bibliografische Information der Deutschen Nationalbibliothek
Die Deutsche Nationalbibliothek verzeichnet diese Publikation in der Deutschen National-
bibliografie; detaillierte bibliografische Daten sind im Internet über http://dnb.d-nb.de
abrufbar.

Springer ist ein Unternehmen von Springer Science+Business Media
springer.de

5. Auflage 2011
© Spektrum Akademischer Verlag Heidelberg 2011
Spektrum Akademischer Verlag ist ein Imprint von Springer

11 12 13 14 15   5 4 3 2 1

Planung und Lektorat: Dr. Andreas Rüdinger, Anja Groth
Herstellung und Satz: Crest Premedia Solutions (P) Ltd, Pune, Maharashtra, India
Umschlaggestaltung: wsp design Werbeagentur GmbH, Heidelberg
Titelfotografie: matreshka©kosoff
Die Abbildungen auf den Seiten 197 und 198 stammen aus dem Buch „Sternstunden der
Mathematik" von K. Devlin, Deutscher Taschenbuch Verlag, München 1994.

ISBN 978-3-8274-2884-4

Inhalt

Prolog

Sciencefiction und Verstehen

Ohne Vorkenntnisse vorauszusetzen, möchte ich ein paar zum Teil ungewohnte Thesen aufstellen:

- Erkenntnis ist nicht begrenzt – und dennoch hat sie Schranken.
- Mathematik ist ein *Sciencefiction*-Spiel mit virtuellen Realitäten.
- Unsinniges, Paradoxes und Unmögliches zu denken ist alltäglich.
- Verstehen ist ein Wunschtraum – oder nichts weiter als Gewöhnung.

In diesem Buch werde ich versuchen, diese (zum Teil streitbaren) Aussagen unter einen Hut zu bringen.

Wir sind erkennende Wesen: eines der größten Wunder des Universums und unseres Daseins. Diese Erkenntnis vermag uns in Staunen zu versetzen.

Alle fünf Jahre verdoppelt sich das Volumen unseres Wissens. Es gleicht einem riesigen Bergwerk mit immer tiefer, feiner und medusenähnlich sich ausbreitenden Schächten. Einerseits haben Erkenntnisse und Gesetzmäßigkeiten nur innerhalb bestimmter Rahmenbedingungen Gültigkeit, andererseits stellen die Schachtwände selbst Begrenzungen dar. Die meisten Wände sind provisorischer Natur, die irgendwann durch neue Erkenntnisse eingerissen werden. Andere dagegen sind tragende Mauern und gleichermaßen grundlegende Schranken, die dem Erkenntnisgebäude erst einen festen Halt geben oder welche, außerhalb derer die bekannten Gesetzmäßigkeiten ungültig sind. Auf diese grundlegenden Begrenzungen werden wir unser Augenmerk ebenfalls richten.

Als Modell für ein beliebiges Wissensfeld eignen sich einfache mathematische Gedankenbeispiele ausgezeichnet. (Sind Sie humorvoll und meinen, Mathematik sei trocken und humorlos? Dann versuchen Sie sich vorzustellen, jede mathematische Aussage sei ein Witz und ihr Beweis die Pointe!) Das sollte jedoch kein Hinderungsgrund sein, gelegentlich auch einen Blick über den mathematischen Zaun zu riskieren.

Die Wissenschaft äußert ständig Vermutungen, die sich im Nachhinein nicht selten als falsch herausstellen. Unmögliches zu denken ist alltäglich. Nehmen Sie den einfachen Satz: »Der jetzige König von Bayern spielt hervorragend Saxophon.« Aus der Tatsache, dass dieser Satz Sinn hat, folgt nicht, dass es ein Wesen gibt, für das er gilt.

Ein kniffligeres Beispiel: ein Barbier, der all jene rasiert, die sich nicht selbst rasieren – sofern sie keinen Bart haben. Dies ist ja gerade die Aufgabe eines Barbiers. Dann muss es wohl eine Antwort geben auf die einfache Frage: Rasiert sich der Barbier selbst? Falls die Antwort ja lautet (er rasiert sich selbst), ist nur die Schlussfolgerung möglich, dass er sich nicht rasiert (denn er rasiert ja nur die, die sich nicht selbst rasieren). Und falls wir die Frage verneinen (er rasiert sich nicht selbst), folgt zwingend, dass er sich rasiert (da er ja all jene rasiert, die sich nicht selbst rasieren). Eine Unmöglichkeit in der Gestalt einer Paradoxie, die den Namen »Russell'sche Antinomie« trägt.[1]

---

[1] Bertrand Russell (1872 bis 1970), britischer Logiker und Philosoph. Hier handelt es sich um eine Illustration der Russell'schen Antinomie aus der (naiven) *Mengenlehre*, wenn die »Menge aller Mengen« gebildet wird. Auf die Frage, ob diese »Menge aller Mengen« sich selbst enthält oder nicht, gelangt man unab-

Die Vorstellung, es gebe einen allmächtigen Gott, ist weit verbreitet. Im Rahmen der Alltagslogik kann dieser Gott jedoch nicht allmächtig sein: Er ist zum Beispiel nicht imstande, einen Stein zu erschaffen, den er nicht zu heben vermag. (Das einzige »Wesen«, das bei angenommener Gültigkeit der Logik zwei sich widersprechende Eigenschaften besitzen kann, ist, mathematisch gesprochen, die so genannte *leere Menge* – die Menge, die kein Element enthält; deren Existenz ist gesichert und eindeutig; zudem hat die leere Menge eine wahrhaft göttliche Eigenschaft: sie ist nämlich Teilmenge einer *jeden* Menge.)

Es sei dahingestellt, ob die Vorstellung eines omnipotenten Gottes paradox ist – oder die Anwendung unserer Logik auf eine solche Vorstellung absurd. Verschiedene Erkenntnisweisen, wissenschaftliche und religiöse zum Beispiel, setzen verschiedene Regeln voraus, die dann zu verschiedenen, oft einander widersprechenden »Wahrheiten« führen. Niemand vermag jedoch schlüssig zu sagen, welche Regeln *allgemeingültiger* sind – und in welchem Sinne. Zweifellos ist dies auch eine soziokulturelle Frage.

Paradoxes mischt sich auch unter Nutzen und Sinn im täglichen Leben. So lautet das klassische »Paradoxon von Marschak« in seiner Kurzform: »Leben ist schön, sterben ist nicht schön, aber das riskante Bergsteigen ist schöner als bloß leben.« Wie dem auch sei: Paradoxien und Absurditäten sind untrennbar mit dem menschlichen Geist verbunden – auch innerhalb einer bestimmten Erkenntnisweise mit ihren ganz spezifischen Regeln.

Vermeiden wir die Paradoxien, und lassen wir die letzten Rätsel letzte Rätsel sein. Schon viel bescheidenere Betrachtungen haben ihre Tücken. Bei unseren Ausflügen und Spielpartien werden wir

---

hängig von der Antwort zu einem Widerspruch. Um solche Formulierungen und die aus ihnen ableitbaren Widersprüche zu vermeiden, hat man die zugrunde liegenden Begriffe und Operationen in einem System strenger Definitionen (»Axiomensystem«) präzisiert.

es mit verschiedenen Arten von Unmöglichem und Unvorstellbarem zu tun haben.

Da ist zum Beispiel die Behauptung, dass es unendlich viele Primzahlen gibt – obwohl wir nur endlich viele kennen (können), weil es keinen einfachen, reinen »Primzahlgenerator« gibt. Worin besteht eigentlich die Faszination der verschiedenen Vermutungen aus der elementaren Zahlentheorie? Welche Horizonterweiterung bedeutet für uns der Beweis des »Letzten Fermat'schen Satzes«? Was ist der *tiefere* Grund dafür, dass sich manche Gleichungen auflösen lassen, andere nicht? Oder dass bestimmte Prozesse, wie das Tropfen eines Wasserhahns oder das Torkeln eines Himmelstrabanten, prinzipiell nicht berechenbar sind?

Wenn sich Mathematiker mit Zufall, Chaos und Glück befassen und die Frage nach der Vorhersagbarkeit stellen, dürfen wir uns auf ungewohnte Antworten gefasst machen. Das gilt in noch stärkerem Maße für Modebegriffe wie »künstliche Intelligenz« und »künstliches Leben«: Wie kommt es, dass die Erkenntnisse des berühmten John von Neumann über selbst reproduzierende Automaten an relevante Eigenschaften des Lebens erinnern?

Zahllose Dinge und Beziehungen, die unvorstellbar sind und dennoch existieren, bevölkern unseren Geist. Wie zeigen Mathematiker, dass es nicht mehr Brüche insgesamt (das heißt auf der unendlichen Zahlengeraden) gibt als in dem kleinen Intervall zwischen 0 und 1? Daran kann man sich notfalls noch gewöhnen – wie auch an den »n-dimensionalen reellen Zahlenraum«. Gänzlich unvorstellbar sind aber *unendlich viele verschiedene Stufen des Unendlichen*. Was für ein Ideenhimmel! Spätestens hier würden Asterix und Obelix sagen: Die spinnen, die Mathematiker.

Für die *reine* Mathematik scheint die überspitzte Charakterisierung von Bertrand Russell zuzutreffen: »Mathematik ist die Wissenschaft, bei der man nicht weiß, wovon man redet, noch ob das, was man sagt, den Tatsachen entspricht.« Mathematik, eine kafkaeske Welt?

Für viele Zeitgenossen ist die Mathematik ohnehin ein Irrenhaus, und in die Abteilung für unheilbare Fälle würden sie sicher die »Topologen« einweisen. Dabei ist die Topologie eine höchst vergnügliche *Gummigeometrie* – und hat mit der Gummizelle gar nichts zu tun; sie ist nur etwas ungewohnt. Warum ist ein beliebig deformierbares Gummibärchen einer Kugel gleich? Knoten, Ringsysteme, Oktopusse, Sphären mit Henkeln, Tori mit Löchern, Klumpen vom Geschlecht 17, Mannigfaltigkeiten, das berühmte Möbius'sche Band, das Einfärben von Landkarten und der Scheitel einer Igelfrisur sind einige Studienobjekte der Topologie. Als Studenten ersannen wir ein paar witzige Definitionen für diesen exotisch anmutenden Zweig der Mathematik, zum Beispiel: Die Topologie ist die Wissenschaft, in der eine Kaffeetasse und eine Kloschüssel äquivalent sind.

Zum Unvorstellbaren gehört auch das a priori Unerklärliche. Nehmen wir das Schachspiel: Wie können Mathematiker argumentieren, dass es eine optimale Strategie gibt, obwohl sie diese mit einer an Sicherheit grenzenden Wahrscheinlichkeit niemals finden werden? Wie können sie andererseits ausgerechnet die *optimale* Lösung eines kombinatorischen Problems konkret auffinden, obwohl es völlig ausgeschlossen ist, die astronomisch hohe Anzahl *zulässiger* Lösungen jemals durchmustern zu können? Von kombinatorischen Planungs- und Zuordnungsaufgaben wie dem Rundreiseproblem ist hier die Rede, das sich kaum vom Problem der Gestaltung eines optimalen Liniennetzes für eine Fluggesellschaft unterscheidet – oder eines Telefonnetzes, das täglich Millionen von Anrufen bewerkstelligen muss.

Auch zwischenmenschliche Beziehungen sind der Mathematik nicht fremd. Das berühmte Gefangenendilemma ist der Ausgangspunkt eines wichtigen Teils der Spieltheorie und des Begriffs der Kooperation – das Komplement zum Wettbewerb in Gestalt des egoistischen Einzelkämpfertums.

Daneben gibt es auch Wahrheiten, die mathematisch weder bewiesen noch widerlegt werden können – auch in aller Zukunft nicht (Gödels Unvollständigkeitssatz). Und prinzipielle logische Beschränkungen, die unseren demokratischen Handlungsintentionen einen Riegel vorschieben (Arrows Unmöglichkeitssatz).

Wie können wir zwischen Möglichem und Unmöglichem, zwischen Sein und Nichtsein von Fiktionen unterscheiden? Wie vor allem können wir das Existente, aber Unvorstellbare in unsere Erkenntnis integrieren? Und, last but not least, welche Folgen ergeben sich daraus für unsere philosophische Selbstreflexion?

Das Spiel und seine Elemente

Nehmen wir mal an, wir spielten ein Spiel, Scrabble zum Beispiel, bei dem es darauf ankommt, gewürfelte Anfangsbuchstaben zu Wörtern mit Bedeutung zu ergänzen. Dieses Spiel wandeln wir nun etwas ab: Statt Anfangsbuchstaben nehmen wir gedachte, durch minimale Eigenschaften festgelegte – wir sagen auch: »wohldefinierte« – Objekte und versuchen mit Hilfe von Gedankenexperimenten, Beziehungen zwischen diesen Objekten zu erraten – und zu beweisen. Diesen Beziehungen oder Relationen sollen – wie den Wörtern beim Scrabble – bestimmte Bedeutungen zukommen. Sinn und Zweck dieses Spiels bestehen darin, mehr über die gedachten Objekte zu erfahren: über ihre *Beschaffenheit*, ihre innere *Struktur*, ihre *Beziehungen* zu anderen Objekten, ja zuerst sogar über ihre *Existenz*.

Unser modifiziertes Scrabble-Spiel stellt bereits ein Modell dar, wie Mathematik betrieben wird. Es gibt offenbar unendlich viele Objekte, die denkbar sind – eine Vorstellung, die an sich schon unmöglich erscheint. Sie können sich eine noch so große Anzahl gedachter, wohldefinierter Objekte vorstellen – es gibt immer noch eine größere. Allein die Anzahl möglicher Zugfolgen im Schachspiel ist viele Milliarden Milliarden milliardenmal größer als die Anzahl der Elementarteilchen im Universum. Mathematik gleicht einem unendlichen Spiel.

Mathematisches Denken wurzelt zweifellos in der konkreten Wirklichkeit, wenn auch die Genealogie manchmal schwer zu erkennen ist. John von Neumann, von dem noch ausführlich die Rede sein wird, drückt dies so aus[2]:

> »Ich halte es für eine relativ gute Annäherung an die Wahrheit – die viel zu kompliziert ist, um etwas anderes als Näherungen zu erlauben –, dass die mathematischen Ideen ihren Ursprung in der Empirie haben … Hat man sie aber einmal gewonnen, beginnt die Sache ein eigenes Leben zu führen und wird eher als kreativ betrachtet, ganz von ästhetischen Motivationen beherrscht, als … mit einer empirischen Wissenschaft verglichen.«

Mathematik beschäftigt sich mit nach gewissen Regeln erdachten Objekten, mit Fiktionen also, und sie ist damit wohl die älteste *Sciencefiction* der Menschheit, das älteste Spiel mit vorwiegend virtuellen, in unseren Köpfen existierenden Realitäten.[3] James Maxwell, der Schöpfer der Grundgleichungen des elektromagnetischen Feldes, meinte, »wir können die tiefsten Lehren der Wissenschaft in Spielen versinnbildlicht finden«. Und der bekannte Essay »Homo Ludens« des niederländischen Kulturhistorikers Johan Huizinga führt aus, wie tief die menschliche Kultur ganz allgemein im Spiel verwurzelt ist.

Woraus bestehen nun die Elemente eines Spiels? Im Wesentlichen sind es seine *Spielregeln*, dann der *Spielraum*, der mit Handlungen und Strategien der Akteure belebt wird. Und zu jedem Spiel gehören auch ein *Einsatz* und eine *Auszahlung*.

Zunächst zu den Spielregeln. In unserem Spiel sind sie logischer, deduktiver Natur. Wie wir noch sehen werden, sind die

---

[2] John von Neumann, »The Mathematician«, Collected Works I, Oxford 1961.
[3] Was in unserer heutigen Computerkultur als *virtuelle Realität* bezeichnet wird, kann in mancherlei Hinsicht als eine Erweiterung des traditionellen Spiels mit Fiktionen aufgefasst werden.

Regeln nicht das eigentlich Wichtige. Sie bilden die Hygiene des Spiels Mathematik, wie Grammatik und Syntax für die Hygiene der Sprache sorgen. Zu jedem Spiel gehört die Freiheit, sich dafür oder dagegen zu entscheiden. Wollen wir ein paar Partien spielen, dann müssen wir uns allerdings seinen Regeln fügen. (Es sind die Regeln des Menschenverstandes, der Logik und des Beweisens, um die es im nächsten Kapitel gehen wird.)

Spielräume und Strategien

Die Regeln legen den Spielablauf nicht restlos fest, sondern lassen gewisse Möglichkeiten offen. Diese Unbestimmtheit ist der Spielraum, der zum Wesen des Spiels gehört und es vor Erstarrung bewahrt. In unserem Spiel mit Fiktionen kommt kreativen Gedanken eine große Bedeutung zu: Sie bewirken die Handlungen und beleben den Spielraum. Nicht die Regeln sind das eigentlich Wichtige, sondern die Spielräume. Das gilt für jedes Spiel: beim Scrabble, in der Mathematik, in der Medizin, in Wirtschaft und Politik, im Leben. Definitionen und Gesetze sind zwar notwendig, stecken aber nur die formalen Raumgrenzen ab, in dem sich jeder frei bewegen darf, und diese Freiheit ist allein beschränkt durch die Kreativität der Akteure. Wirtschaft und Politik bieten ungeheure Spielräume für Visionen, Konzepte, Innovationen, Problemlösungen ... und deren Realisierung. Nur borniere Bürokraten reduzieren den Spielraum auf die Regeln.

Gefragt nach dem Verbleib eines seiner Mitarbeiter, soll der große Mathematiker Carl Friedrich Gauß geantwortet haben: »Der ist unter die Dichter gegangen, für die Mathematik hatte er wohl nicht genug Phantasie.«

Die Aktionen zur Belebung eines Spielraums führen zum zentralen Begriff der *Strategie*. Eine Strategie ist ein Plan oder Programm für den Spieler – eine Abfolge spezieller Aktionen und Entscheidungen –, mit dem Ziel, einen Gegner zu überlisten, der das gleiche mit ihm versucht. Nach Austeilen der ersten beiden

Karten (und der ersten Karte für die Bank) muss der Spieler beim »Black Jack« (der Spielbankversion von »17 und 4«; ich komme später darauf zurück) entscheiden, ob er noch eine weitere Karte haben möchte (um möglichst nahe an die Punktezahl 21 zu kommen – er darf sie aber nicht überschreiten), ob er seinen Einsatz verdoppelt (falls die ersten beiden Karten eine Punktezahl zwischen 9 und 11 ergeben) oder ob er seine beiden Karten, falls sie die gleiche Punktezahl haben, splitten will – wobei er dann noch einen gleich hohen Einsatz auf das geteilte Blatt zu leisten hat. Das Pokerspiel erfordert noch viel differenziertere Strategien, die letztlich die Absichten der Gegner durchkreuzen sollen.

Die Strategien im unerschöpflichen Spiel mit mathematischen Fiktionen werden aus kreativen Gedanken geboren. Dabei übersteigen bereits die Eröffnungsmöglichkeiten für so manchen Beweis diejenigen einer Schachpartie beträchtlich. Bevor allerdings die Gedanken ihre Kreativität wirksam entfalten können, ist viel Übung erforderlich.

Einsatz und Auszahlung

Einsatz und Auszahlung sind weitere wichtige Spielelemente. Sie müssen nicht aus barer Münze bestehen. Beim Kampf um eine ersehnte Stellung im »Spielfeld«, das wir Arbeitsmarkt nennen, wird der Einsatz in Form von Wissen, von Fertigkeiten und Arbeitskraft geleistet. Und der Preis, den jeder Spieler am Ende einer Partie erhält oder zahlt, kann, außer Geldgewinn oder -verlust, auch Prestige, der begehrte Pokal, ein Kuss, die Beeinträchtigung der Gesundheit oder gar der Verlust des Lebens sein, wovon extreme Sportspiele zeugen.

Unser Spiel mit Fiktionen ist nicht so gefährlich: In aller Regel leisten wir einen Einsatz in Form von etwas Lernbereitschaft und Zeitaufwand, während der Gewinn irgendwo im Bereich zwischen Frust und tiefer intellektueller Befriedigung liegt (was nicht bedeutet, dass die Beschäftigung mit Problemen, die noch nicht gelöst werden konnten, zwangsläufig Frust erzeugt). Mit etwas Glück gibt es für besonders talentierte »Spieler« auch äußerst begehrte Auszahlungen: Ansehen in der *scientific community*, einen Lehrstuhl an einer erstklassigen Universität, einen internationalen Preis oder sogar die Fields-Medaille, dem Nobelpreis[4] vergleichbar.

Mathematik, Kunst und Wirklichkeit

Der Unterschied zwischen Wirklichkeit und Mathematik ähnelt dem zwischen Leben und Gesellschaftsspiel, ein Umstand, den Albert Einstein mit folgenden Worten konstatiert hat:

> »Soweit sich die Gesetze der Mathematik auf die Wirklichkeit beziehen, sind sie nicht gewiss, und soweit sie gewiss sind, beziehen sie sich nicht auf die Wirklichkeit.«

Pablo Picasso hat den analogen Zusammenhang zwischen Kunst und Realität auf den Punkt gebracht: »Kunst ist eine Lüge, in der wir die Wahrheit erkennen.« Und Paul Klee schrieb: »Kunst gibt nicht das Sichtbare wieder, sondern macht sichtbar.« Ist die Mathematik nicht auch eine Art Kunst der Idealisierung, die uns Wahrheiten enthüllt?

Buchstaben- und Wortfolgen sind noch keine Literatur, Kleckse auf einer Leinwand noch kein Gemälde und Aneinanderrei-

---

[4] Der berühmte schwedische Mathematiker Gösta Mittag-Leffler hatte eine Affäre mit der Frau von Alfred Nobel, weshalb dieser die Mathematik in seinem Testament aus der Preisverleihung ausschloss – so eine anekdotische Begründung, weshalb es keinen Nobelpreis für Mathematik gibt. Der tiefere Grund dürfte darin liegen, dass zu dieser Zeit noch gar nicht absehbar war, dass die abstrakte mathematische Grundlagenforschung erst im zwanzigsten Jahrhundert großartige Anwendungen haben würde.

hungen von Musiknoten noch keine Sinfonie, und sie müssen auch dann noch keine Kunstwerke sein, wenn Grammatik und Syntax, Farben- und Harmonielehre stimmen. Mathematisch aussehende Formeln sind an sich auch noch keine Mathematik.

Jede Kunst unterliegt elementaren Regeln: Grammatik und Syntax, Chromatik und Harmonik sind Aspekte der äußeren Form von Literatur, Malerei und Musik. Sie sind notwendig und sorgen für innere Hygiene. Logik ist die Hygiene des Fachs Mathematik – nicht ihr Gegenstand. Für Ludwig Wittgenstein war die Mathematik insgesamt »eine Methode der Logik« – eine übertrieben formalistische Ansicht, die so nicht Bestand hat. Denn Mathematik ist mehr als ein starres Konstrukt aus Grundannahmen und logischen Regeln; sie hat ihren eigenen, lebendigen Geist.

Das Wesentliche in der Mathematik sind die Erfindungen und Entdeckungen, deren Zweckmäßigkeit und Schönheit wir oft erst im Rückblick beurteilen können. Die Ästhetik des Abstrakten, die Poesie der Fiktionen lassen die Mathematik wahrhaftig als die Lyrik der Wissenschaften erscheinen – sie ist zugleich kristallklar und phantasievoll wie kaum eine andere intellektuelle Tätigkeit. Neue Ergebnisse, ebenso Beweise, werden im Allgemeinen zuerst durch Intuition entdeckt, und erst dann einem logischen Muster unterworfen.

Mathematik ist, wie jede andere Kulturform auch, eine natürliche, lebendige, kreative Erweiterung der menschlichen Sprache. Und sie ist international. Während die Schönheit der Dichtung unter Übersetzungen verblasst, *bleibt die Schönheit der Mathematik in allen Sprachen erhalten* (dies würden die Mathematiker als »Invarianz unter linguistischen Transformationen« bezeichnen).

Einige Kunstformen scheinen universeller, objektiver oder zumindest intersubjektiver zu sein als andere. Vielleicht sind sich in diesem Punkt Musik und Mathematik am nächsten? »Ohne Musik wäre das Leben ein Irrtum«, meinte Friedrich Nietzsche. So etwas Schmeichelhaftes ist meines Wissens noch keinem Dichter oder Philosophen über die Mathematik eingefallen. Dennoch besteht zwischen Musik und Mathematik eine besonders innige Beziehung, denn ich meine: Musik ist Mathematik der Seele; Mathematik ist Musik des Geistes.

Abstraktion ist Vereinfachung ... bis zur Karikatur

Rechentechniken sind noch keine Mathematik, und Formeln, stenographierte Zusammenfassungen, haben nicht mehr Wahrheitsgehalt als die Gedanken, die sie lediglich symbolisieren. Komplizierte Formalismen werden paradoxerweise oft mit dem Adjektiv »abstrakt« belegt. Dabei ist Abstraktion in Wirklichkeit nur ein Vereinfachungsprozess, bei dem das Unwesentliche weitgehend eliminiert, *abstrahiert* werden soll (lateinisch *abstrahere*, wegziehen). Abstraktion ist Gedankenexperiment, Idealisierung, Konzentration auf das Wesentliche, Vereinfachung, manchmal bis zur Karikatur. Sie ist wohl die fruchtbarste Methode, Wissenschaft zu betreiben. Denn was auch immer an Konkretem gebastelt wird: Es muss erst irgendwie gedacht werden – oft in vereinfachter Form. (Das lässt an ein Ergebnis der Hirnforschung denken: Wissenschaftler haben entdeckt, dass unser Gehirn jede motorische Aktivität, auch jede Satzbildung, unmittelbar vor der Ausführung simuliert.)

An sich kann Abstraktion weder gut noch schlecht sein, sondern nur mehr oder weniger *zweckmäßig* – und sie sollte nicht mit Rechenkunststücken verwechselt werden. Die Wirklichkeit ist meistens so kompliziert, dass wir sie ohne Vereinfachung nicht in den Griff bekommen können. Wir machen uns dann auch ein *Modell* von ihr. Dieses kann sich mehr und mehr von der Wirklichkeit entfernen, ja sogar ganz den Bezug zu ihr verlieren. Man neigt dazu, solche Modelle mit Eigenleben als *reine* Mathematik zu bezeichnen – im Gegensatz zur *angewandten* Mathematik, die vornehmlich konkrete, wirklichkeitsnahe Probleme untersucht.

Rein oder angewandt, abstrakt oder konkret, einfach oder komplex: Wohl mag es gelingen, einem speziellen Problem oder mathematischen Gegenstand das eine oder andere Adjektiv anzuhängen, doch kenne ich niemanden, der klare Grenzen ziehen und schlüssig begründen könnte. Vielmehr bezeichnen diese Adjektive überlappende Merkmale. Ein konkretes Problem der angewandten Mathematik kann sehr komplex sein und Aspekte enthalten, die auf die reine Mathematik zurückgreifen, und reine, höhere Mathematik kann sehr einfach sein. (Es gibt komplexere – wenn auch konkretere – Wissensfelder als die Mathematik; man denke nur an die Rätselknackerzunft der Molekularbiologen oder an die Konstruktion von Roboterhänden, die so komplex ist, dass sie bis auf Weiteres Grundlagenforschung bleibt. Prinzipiell ist sogar jede Wissenschaft, die einen Teil der konkreten Wirklichkeit untersucht, komplexer als die Mathematik.)

Abstraktion und Idealisierung: Krise der Wissenschaft?

Vornehmlich durch ihre historische Brille sehen manche Philosophen in »Abstraktion und Idealisierung« die »Ursache für die Krise der Naturwissenschaften und der Mathematik«. Im gleichen Atemzug werden neue Wissensgebiete wie Chaos, Fraktale und zelluläre Automaten als Beispiele einer »neuen Mathematik des Konkreten« (Peter Eisenhardt) gepriesen: Eine widersprüchliche Bezeichnung, denn was als »konkret« hoch gelobt wird, verdankt seine Existenz einer starken Vereinfachung und Idealisierung – also einer extremen Abstraktion. Solche Begriffe mögen zum Teil als plastisch empfunden werden; konkret sind sie nicht. Was an diesen neuen Wissensgebieten tatsächlich als konkret gelten kann, ist nur die *Visualisierung* einiger ihrer Aspekte – und die kann durchaus einen starken ästhetischen Reiz haben.

Hier verwechseln die Kritiker neuartige, mathematisierte Gegenstände mit ihren modischen Darstellungen – und Abstraktion
mit Formalismen und Kalkültechniken. (Schwierige, auf Anhieb
unverständliche Formeln können sehr konkrete Sachverhalte widerspiegeln, während äußerst abstrakte Darstellungen oft als einfache, konkrete mathematische Beispiele empfunden werden.)

   Es ist wenig hilfreich, »die grundlegenden Insuffizienzen der
allerorts verwendeten Mathematik« (Eisenhardt) zu beklagen
und ihr vorzuwerfen, sie könne ihren Anspruch, welchen man
ihr auch immer unterstellen mag, nicht erfüllen. Wir wissen, dass
komplexere Probleme oft nur in dem Maße als lösbar betrachtet
werden können, in dem sie einer *Linearisierung* zugänglich sind.
Doch Fortschritte finden allenthalben statt. Dass die Wirklichkeit
körnig ist und nicht kontinuierlich und dass es einfache Prozesse und Vorgänge gibt, die noch nicht oder aber auch prinzipiell
nicht berechenbar sind, das weiß nicht nur der gebildete Laie,
sondern auch jeder Fachmann. Bereits 1957 schlug der französische Mathematiker Jean Kuntzmann in seiner Reflexionsschrift
»Où vont les mathématiques?« die sonderbar anmutenden Entitäten »Fleck, Klecks« (*tache*), »Rohr, Röhre« (*tube*) und »Gitter,
Gatter« (*grille*) als konkrete Analoga zu den Begriffen »Punkt«,
»Funktion« und »Funktionstabelle« vor. Sicher ist die Mathematik unvollkommen, aber das gilt für jedes endliche Denksystem,
auch für jedes philosophische.

   Krise der Wissenschaft? Dass ihre Fundamente immer wieder
in Frage gestellt werden, ist ja nur Ausdruck einer evolutionären
Weiterentwicklung ihrer Methoden – mit ungeheurem Emer-
genzpotenzial, das ständig Neues entstehen lässt. Auch die Abstraktion wird Änderungen erfahren und sich weiterentwickeln.
Philosophen wie Peter Eisenhardt, die insbesondere die Metho-
dologie der Mathematik kritisieren, scheinen zu unterstellen, die
Wissenschaft als solche glaube, das Neue sei auf das Alte redu-
zierbar. Dabei ist es gerade die Wissenschaft, die ständig Neues
entdeckt und auch ganz selbstverständlich davon ausgeht, dass

sich dies nicht immer auf Altes zurückführen lässt. Sie selbst verfügt über einen eingebauten Mechanismus, der dafür sorgt, dass ihre eigenen Grundlagen einer ständigen Prüfung unterzogen werden.

Wer Abstraktionen, Vereinfachungen, Beschränkungen auf das Wesentliche als störend empfindet, mag sich damit trösten, dass sie, wie ich im nächsten Abschnitt zeigen werde, nur einer gewissen Gewöhnung bedürfen. Um Mathematik zu betreiben, ist auch kein sechster Sinn nötig, wie manche Wissenschaftsautoren meinen. Obwohl noch niemand die abstrakte »Zahl 47« (nicht zu verwechseln mit ihrer symbolischen Darstellung) sinnlich erfasst hat, ist sie uns vertraut, weil wir gewohnt sind, mit ihr umzugehen. Wenn ein Mathematiker ein Gleichungssystem aufstellt und löst, ist das nicht geheimnisvoller, als wenn ein Automechaniker Winterreifen aufzieht: Dies kommt uns ja auch nicht unverständlich oder mysteriös vor, obwohl viele von uns dazu nicht in der Lage sind.

Verstehen wir, was »verstehen« bedeutet?

»Wo das Rechnen anfängt, hört das Verstehen auf.« Das war Arthur Schopenhauers Ansicht über die Mathematik – und vielleicht seine einzige Erfahrung mit ihr. Diese Haltung ist auch heute noch weit verbreitet. Sogar Gebildete und Kulturschaffende bekennen fast stolz: »Von Mathe hab ich keine Ahnung.« Am Gymnasium erging es mir nicht anders – weil ich ein ziemlich fauler Schüler war. Doch eines Tages packte mich der Sportsgeist, und ich wollte endlich die Hieroglyphen und Gedankengänge besser »verstehen«. Und das kann, wie ich dann feststellte, sehr spannend sein.

Eine Gegebenheit, ein Objekt oder einen Sachverhalt zu »verstehen« heißt eine nachvollziehbare Beziehung, Begründung, Erklärung aus Bekanntem herzuleiten. Bei diesem Prozess des Verstehens gelangt man irgendwann zu Grundobjekten, deren Natur nicht nur in den Geisteswissenschaften, sondern auch in den Naturwissenschaften, wo Experiment, Wiederholung und Verifizierung systematisch möglich sind, problematisch erscheint. Die Frage großer Physiker lautet im Grunde: Das Atom, was ist das eigentlich? Werner Heisenberg sinnierte: »Vielleicht werden wir eines Tages verstehen, was das Atom ist, aber dann werden wir auch verstehen, was verstehen ist.« So gesehen *versteht* natürlich kein Mensch *wirklich* etwas.

Bei dieser Erkenntnis landen wir immer dann, wenn Was-ist-Fragen gestellt werden, also spätestens wenn wir bei irgendwelchen Grundobjekten angelangt sind. Somit besteht der Prozess des Verstehens, speziell in der Mathematik, lediglich in der (logischen) Herleitung aus Grundobjekten – die einfach als gegeben und evident angesehen werden. Verstehen ist immer graduell und von der *Gewohnheit* abhängig, mit der von Bekanntem auf Unbekanntes geschlossen wird. Wiederholung zieht Gewöhnung, Verstehen und Lernen nach sich. Die Feststellung, dass eine Sprache wie Chinesisch »leicht zu verstehen« ist, leuchtet sofort ein, wenn wir uns vergegenwärtigen, dass jedes chinesische Kind sie lernt, und besonders bei »Spielen«, in denen es um Existenzsicherung geht, hängt der Erfolg einer Strategie auch davon ab, wie häufig sie angewendet wird: Leben ist Wiederholung. Jede physische, intellektuelle und geistige Fertigkeit setzt Übung voraus – ob es um eine Jagdtechnik, eine Sprache, um das Spielen eines Musikinstruments oder die Manipulation von Fiktionen geht.

Abstrakte Fiktionen dürften vorwiegend dem Menschen eigen sein. Einfache Sachverhalte, die, je nach Blickwinkel, irgendwo zwischen konkret und abstrakt angesiedelt werden können, »versteht« sicher auch meine Katze; ich bezweifle aber, dass sie auch abstrakterer Hirngespinste fähig ist – was unser friedliches Zusammenleben vielleicht gefährden würde.

Auch die *Induktion* – das Schließen von (sich wiederholenden) Einzelfällen auf das Allgemeine – und das damit verwandte Prinzip der *Kausalität*, das Postulat der Verknüpfung von Ursache und Wirkung, sind durchaus nützliche Quellen der *Erfahrung* und des Verstehens – wenn auch keine Quellen sicherer Erkenntnis, wie Sir Karl Popper dargelegt hat: Alles Wissen ist nur Vermutungswissen. Eine erklärende allgemeine Theorie kann zwar durch unzählige singuläre Beobachtungen bestätigt, aber niemals als absolute Wahrheit bewiesen werden. Hingegen genügt ein einziges Gegenbeispiel, um die Theorie zu widerlegen, zu »falsifizieren«. Nur im negativen Fall, in der Widerlegung, kann es also Gewissheit geben.

Dennoch ist die Spirale *Wiederholung – Gewöhnung – Lernen – Verstehen – Fragen* zweifellos Teil des evolutionären Mechanismus, der, ausgehend vom (subjektiven) Empfinden und Wahrnehmen über die Stufen Reflex, Instinkt, Sprache, Intuition zu den höheren, *kognitiven* Denkprozessen wie Entdecken, Erfinden und Erkennen führt. Dank dieser evolutionären Spirale entwickelt sich aber auch unser Bild vom Universum.

Zwei Anmerkungen

Ich werde nicht versuchen, eine allumfassende Antwort auf die Frage zu geben, *was* denn die gedachten Objekte *eigentlich sind*, und im nüchternen Zustand lasse ich mich auch nicht zu einer »allgemeingültigen« Definition, beispielsweise von *Atom* oder *Leben*, hinreißen. Manfred Eigen stellt zwar fest, »Leben ist ein dynamischer Ordnungszustand der Materie«, wirft dann jedoch als nächstes die Frage auf, ob es denn für die biologische Selbstorganisation ein Ordnungsprinzip gebe. Wir werden Was-ist-Fragen als falsch gestellte oder unbeantwortbare Fragen behandeln, und wir tun gut daran, denn niemand kann ohne Zirkelschluss (das heißt, ohne den zu definierenden Begriff letztlich in die Definition hineinzulegen) sagen, was die Dinge wirklich sind: Materie, die Schwerkraft, der Mensch, das Bewusstsein ...

Die Frage, ob den Fiktionen und den Beziehungen zwischen ihnen eine Realität – eine *gewisse* Realität unter vielen möglichen, denkbaren –, und zwar unabhängig vom menschlichen Denken, zukommt, erscheint schon zugänglicher. Aus folgender Überlegung neige ich zu einer positiven Antwort. Das Universum ist für uns vor allem das Bild, das wir uns vom Universum machen. Es mag ein unvollständiges und verzerrtes Bild sein. Dennoch muss es im Kern einen irgendwie strukturtreuen Bezug zur Wirklichkeit haben, denn viele abstrakte, künstliche Wahrheiten der Mathematik führen zu Erkenntnissen über den Bereich der realen Welt, in dem die zugrunde gelegten Annahmen einen Sinn ergeben. Dann müssen aber die Fiktionen wohl auch Teile der Wirklichkeit bis zu einem gewissen Grad widerspiegeln – so wie etwa eine Röntgenaufnahme ein Organ abbildet. Vielleicht ist es diese Entsprechung, die so manchen Naturwissenschaftler behaupten lässt, die Welt sei mathematisch. Belassen wir es vorerst dabei. Uns soll das intersubjektiv Nachvollziehbare für unsere Gedankenexperimente genügen.

0

Menschenverstand, Logik und Beweis

Empfindungen, Wahrnehmungen und Aktionen prägen alles Lebendige und führen – durch Wiederholen und Lernen – zur elementaren Erfahrung.

Kommt die Sprache, das heißt Beschreiben und Argumentieren, hinzu, dann gelangen wir auf eine höhere Stufe des Erlebens und der Verarbeitung von Erlebtem. Diese Stufe konsistenter Lebenserfahrung ist das Fundament des gesunden Menschenverstandes.

Die im Gedächtnis gespeicherten Lebensereignisse können auf zweierlei Arten miteinander verknüpft werden: mit Hilfe der (bereits erwähnten) *Induktion*, dem Schließen von Einzelfällen auf das Allgemeine, und der *Deduktion*, der Ableitung des Besonderen aus dem Allgemeinen. Diese Verknüpfungen vervollständigen den gesunden Menschenverstand weiter – was wiederum Voraussetzung für vorwissenschaftliche Erkenntnis, wissenschaftliche Theorien und Planungen ist.

Während die Induktion, wie wir gesehen haben, keinerlei positive Gewissheit zur Folge haben kann, lässt die deduktive Methode sehr wohl Schlüsse mit Gewissheit zu. Die Korrektheit des Schlusses bedeutet jedoch nicht die faktische Wahrheit von Aussagen, wie ich an einigen Beispielen zeigen werde. Dennoch ist die deduktive Logik bei allem Denken, das Aussagen schafft und miteinander verknüpft, unverzichtbar.

Der Mensch ist frei und fähig, auch allen Gesetzen der Logik zuwiderzuhandeln. Selbst das Unwahrscheinliche, Unnatürliche und Absurde kann er Wirklichkeit werden lassen. Extreme Ungleichheit kann er ebenso erzwingen wie das andere Extrem, die Gleichheit. Hinzu kommt, dass die Umgangssprache organisch gewachsen, komplex und oft mehrdeutig ist. Auch sehr einfach konstruierte sinnvolle Sätze sind nicht frei von logischen Widersprüchen; man denke etwa an die Russell'sche Antinomie (Der Barbier, der alle rasiert, die sich nicht selbst rasieren) oder noch an die Antinomie des Lügners (Wenn ich sage:»Ich lüge«, lüge ich und spreche gleichzeitig die Wahrheit). Um solche Widersprüche zu vermeiden, ist, wie der berühmte Logiker Alfred Tarski gezeigt hat, sowohl eine Einschränkung der Benutzungsregeln als auch eine Formalisierung nötig, die über den Alltagsverstand hinausgeht. Aber auch die so formalisierte Logik ist nach Karl Popper eine Erweiterung der menschlichen Sprache – und alle Wissenschaft und Philosophie aufgeklärter Alltagsverstand. Somit ist auch Mathematik, das Spiel mit Fiktionen nach den Regeln der Logik, aufgeklärter Alltagsverstand in Form einer Mischung aus formalen und natürlichen Sprachen.

Logisches Schließen ist aber auch ein nützlicher Bestandteil der Kommunikation. Logik macht die Menschen kritischer und hilft, Irreführung durch Pseudoargumente zu verhindern. Alfred Tarski: »Das Hauptproblem, dem sich die Menschheit heute gegenübersieht, ist das der Normalisierung und Rationalisierung menschlicher Beziehungen.«

Nun folgen ein paar Aspekte der elementaren Logik, sofern sie für das Weitere von praktischer Bedeutung ist. Dabei habe ich mich bemüht, Formalismen so weit wie möglich zu vermeiden.

Ein paar Zutaten: Aussagen

Auf tiefsinnige philosophische Betrachtungen über die Bedeutung der Wörter »wahr« und »falsch« will ich hier verzichten. Innerhalb der Logik gehören sie zu den *evidenten*, nicht weiter definierten Grundbegriffen.

Sehen wir in einem Wörterbuch nach, was das Wort »Aussage« bedeutet, so erfahren wir unter anderem, dass es sich um eine »sprachlich gefasste Mitteilung« handelt. In den folgenden Überlegungen steht dieser Begriff für jede Zusammenstellung von Zeichen, die einen Sinn ergeben und die Eigenschaft haben, entweder wahr oder falsch zu sein, aber nicht beides zugleich. Die Entscheidung darüber, ob eine Aussage wahr oder falsch ist, muss prinzipiell möglich sein, auch wenn sie erst zu einem späteren Zeitpunkt getroffen werden kann – wie etwa bei Prognosen.

In jeder der nächsten drei Zeilen steht eine Aussage:

(1) Der Mars besteht aus grünem Käse.

(2) $1 + 1 = 3$.

(3) Morgen ändert sich das Wetter, oder es bleibt, wie es ist.

Dagegen enthält keine der folgenden Zeilen eine Aussage:

(4) Haltet den Dieb!

(5) ♎ ♓ ♏ ✦♏●✦ ♋☉●✦ ☐☐✦♦♏✦✦♏

(6) Diese Aussage ist falsch.

Die Erzeugung neuer Aussagen aus vorhandenen ist ein kreativer Prozess, der in höchstem Maße wünschenswert ist; schließlich möchte man nicht in einem abgeschlossenen, sterilen Gebäude feststehender Aussagen gefangen sein. Es gibt verschiedene Möglichkeiten, vorhandene Aussagen zu neuen Aussagen zu verknüpfen.

Die einfachste Operation, die wir auf eine einzelne Aussage anwenden können, ist die *Negation* oder *Verneinung*. Nehmen wir als Beispiel die Aussage »Der Mars besteht aus grünem Käse« und kürzen sie mit p ab. Nun bilden wir aus p die neue Zeichenzusammenstellung »nicht p«. Sie wird dadurch zu einer Aussage, dass wir festsetzen: »nicht p« ist unter genau denselben Bedingungen wahr, unter denen p falsch ist – und »nicht p« ist unter genau denselben Bedingungen falsch, unter denen p wahr ist. Diese Festsetzung versieht »nicht p« mit derselben Eigenschaft wie die vorgegebene Aussage p (nämlich entweder wahr oder falsch, aber nicht beides zugleich zu sein), und daher ist auch »nicht p« eine Aussage.

Wie wird nun »nicht p« als vollständiger Satz ausgedrückt? Nach den Regeln der Grammatik kann man einen Satz verneinen, indem man an passender Stelle das Wörtchen »nicht« einschiebt. Die Aussage »Der Mars besteht aus grünem Käse« bietet dazu zwei Möglichkeiten, die einen Sinn ergeben: (a): Nicht der Mars besteht aus grünem Käse. Und (b): Der Mars besteht nicht aus grünem Käse.

Es ist leicht zu erkennen, dass die Aussage (a) nicht die Negation von p sein kann. Also muss es die Aussage (b) sein. Allerdings ist auch hier unklar, ob sich das Wörtchen »nicht« auf grün oder auf Käse bezieht – oder auf beide Bezeichnungen gemeinsam. Wir sind gut beraten, wenn wir letzteres gelten lassen.

Wir können natürlich auch andere Umschreibungen vorausschicken, zum Beispiel »Es ist nicht der Fall, dass …« oder »Es ist falsch, dass …«. Solche Konstruktionen sind eindeutig und führen erfahrungsgemäß nicht zu Missverständnissen.

Die Vereinbarungen zu einer (nun beliebigen) Aussage p und zu ihrer Verneinung (nicht p) lassen sich in einer übersichtlichen Tabelle darstellen; dabei werden die Buchstaben »W« und »F« als Abkürzungen für »wahr« und »falsch« benutzt. Diese Tabelle (Tab. 1) wird *Wahrheitstafel* von »nicht p« genannt, denn sie kennzeichnet die Bedingungen, unter denen »nicht p« wahr ist. (Natürlich nennt sie auch die Bedingungen, unter denen »nicht p« falsch ist.)

Die Operation der Verneinung wird an einer einzigen Aussage vorgenommen. Wir können aber auch zwei oder mehr Aussagen zu einer neuen verknüpfen. Wenn p und q zwei Aussagen

Tab. 1 Wahrheitstafel für »nicht p«.

p	nicht p
W	F
F	W

Tab. 2   Wahrheitstafel für »p und q« und »p oder q«.

p	q	p und q	p oder q
W	W	W	W
W	F	F	W
F	W	F	W
F	F	F	F

sind, so können wir die beiden Zeichenzusammenstellungen »p und q« und »p oder q« bilden. Diese beiden Operationen verknüpfen jeweils zwei Aussagen zu einer einzigen. Jede von ihnen wird dadurch zu einer Aussage, dass wir die in Tabelle 2 gezeigten Festsetzungen über die Wahrheit beziehungsweise Falschheit treffen.

Die Aussagen »p und q« und »p oder q« entsprechen im Wesentlichen dem üblichen Sprachgebrauch. Auf einen Punkt ist allerdings zu achten: Das Wort »oder« wird in der Umgangssprache in zweierlei Bedeutung gebraucht. Manchmal bedeutet es, dass *genau* eine (»eine und nur eine«) von zwei Möglichkeiten zutrifft (Beispiel: Morgen Mittag werde ich in München oder in Hamburg sein), und manchmal, dass *mindestens* eine von zwei Möglichkeiten zutrifft – mitunter auch beide (Beispiel: Bei Regen oder Sturm findet das Fest im Saal statt). In der Mathematik hat man sich auf die zweite dieser beiden Deutungen geeinigt. Wir werden also »oder« stets im (nicht ausschließenden) Sinne von »mindestens eine von zwei Möglichkeiten« verwenden. Meinen wir dagegen *genau* eine von zwei Möglichkeiten, sprechen wir von »entweder … oder«.

Eine Aussage »p oder q«, die immer wahr ist, erhalten wir, wenn wir für die Aussage q die Verneinung von p einsetzen: »p oder nicht p« ist offenbar stets wahr und wird *Tautologie* genannt: Es regnet, oder es regnet nicht.[1]

---

[1] Gewisse Teiltautologien nach dem Halb-voll-halb-leer-Muster führen zu witzigen Aussagen, etwa wenn jemand eine faule Katze sagen lässt: »Wer mittags aufsteht, verschläft nicht den ganzen Tag.« Auch streng befolgte Logik in Alltagssituationen kann zu komischen Effekten führen, wie die scharfsinnige

Tab. 3 Wahrheitstafel für »wenn p, so q« und für »p dann und nur dann, wenn q«.

p	q	wenn p, so q	p dann und nur dann, wenn q
W	W	W	W
W	F	F	F
F	W	W	F
F	F	W	W

Es gibt noch zwei weitere wichtige Operationen, mit denen jeweils zwei Aussagen zu einer einzigen verknüpft werden: »wenn p, so q« und »p dann und nur dann, wenn q«. Sie sind in Tabelle 3 dargestellt. Da viele mathematische Sätze eine der beiden Formen haben, muss man diese Verknüpfungen schon kennen, um den Inhalt der Sätze zu verstehen – noch ehe man diese zu beweisen versucht oder einen gegebenen Beweis verfolgt.

Die Aussage »wenn p, so q« kann als die Forderung betrachtet werden, dass in jedem Fall, in dem die Aussage p wahr ist, auch q wahr sein soll. Mehr ist nicht verlangt; insbesondere wird für den Fall, dass p falsch ist, überhaupt nichts gefordert. Aus der Aussage »Wenn es regnet, gehe ich ins Kino« kann nicht geschlossen werden, dass ich nicht ins Kino gehe, wenn es nicht regnen sollte – im häufigen Gegensatz zur Umgangssprache. Vielleicht *meine* ich ja, dass ich in den Biergarten und nicht ins Kino gehe, wenn es nicht regnet; das ist aber kein Bestandteil meiner Aussage mehr. (Aus der Tatsache allerdings, dass ich *nicht* ins Kino gehe, kann sehr wohl geschlossen werden, dass es *nicht* regnet: Dies ist nämlich äquivalent zu meiner ursprünglichen Aussage, wie wir noch sehen werden.) Eine ähnliche Situation haben wir, wenn es heißt: Ein Genie wird zeit seines Lebens verkannt. Selbst wenn dies wahr wäre, könnte ein Verkannter nicht daraus folgern, er sei ein Genie. Ein Akzeptierter, das heißt nicht Verkannter, müsste

Naivität von Kleinkindern, von Alf oder auch Pumuckl aus den bekannten Fernsehserien zeigt.

aufgrund dieser Aussage aber sehr wohl zu dem Schluss kommen, dass er eben kein Genie ist.

Es soll noch einmal betont werden, dass die Aussage »wenn p, so q« weder behauptet, dass p wahr ist, noch dass q durch irgendein Verfahren aus p hergeleitet werden kann. Alles, was ausgesagt wird, ist dies: Jedes Mal, wenn die Aussage p wahr ist, trifft es auch zu, dass q wahr ist. Nach unseren Festlegungen ist jede der folgenden Aussagen wahr:

- Wenn $2 + 2 = 5$, so $3 + 4 = 7$.
- Wenn $2 + 2 = 5$, so $3 + 4 = 6$.
- Wenn $2 + 2 = 4$, so $3 + 4 = 7$.

Dagegen ist folgende Aussage falsch:

- Wenn $2 + 2 = 4$, so $3 + 4 = 6$.

Ein Blick auf die Wahrheitstafel für »wenn p, so q« bestätigt die Behauptung, die ersten drei Aussagen seien wahr und die vierte falsch.

Jede Aussage der Form »wenn p, so q« nennt man *Implikation* (auch *Bedingungssatz*), wobei »wenn p« als *Vordersatz* und »so q« als *Hintersatz* bezeichnet wird. Implikationen lassen sich auf verschiedene Weise formulieren, zum Beispiel:

- wenn p, dann q
- p ist hinreichend für q
- q ist notwendig für p
- p impliziert q
- q folgt aus p
- p nur, wenn q

Wichtig ist nur, daran zu denken, dass jede dieser Formulierungen dasselbe behauptet wie die Aussage »wenn p, so q«. Eine gewisse Routine bei den verschiedenen Formulierungen derselben Aussage ist unerlässlich, um der benutzten Umgangssprache – die man ja nicht übertrieben formalisieren möchte – die nötige

Klarheit und Eindeutigkeit zu geben. Überlegen Sie sich doch beispielsweise einmal die verschiedenen Formulierungsmöglichkeiten für die Aussage:»Wenn das elektrische Licht brennt, dann ist die Sicherung intakt.«

Es wäre ein Irrtum zu meinen, die Alltagssprache und die Sprache der Logik seien absolut verschieden und die Regeln für den Gebrauch der Wörter»wenn … dann …« ließen keine Ausnahmen zu. In Wirklichkeit schwankt er, und gelegentlich stoßen wir auf Fälle, in denen er die aufgestellten Regeln nicht erfüllt. Stellen Sie sich vor, ein Freund befasst sich mit einem sehr schwierigen Problem, und Sie glauben nicht, dass er es jemals lösen werde. Sie drücken nun diesen Unglauben in scherzhafter Form aus:»Wenn du dieses Problem löst, fresse ich einen Besen.« Die Bedeutung ist völlig klar. Sie haben eine Implikation gebildet, deren Hintersatz zweifellos falsch ist (da Sie nicht im Traum daran denken, einen Besen zu fressen – selbst wenn Ihr Freund wider Erwarten sein Problem lösen sollte). Da Sie im übrigen die Wahrheit der ganzen Implikation behaupten, behaupten Sie damit die Falschheit des Vordersatzes, das heißt, Sie geben Ihrer Überzeugung Ausdruck, dass der Freund sein Problem auf keinen Fall lösen wird. Andererseits ist es auch völlig klar, dass Vorder- und Hintersatz der Implikation überhaupt nicht miteinander zusammenhängen.

Die zweite Aussage in der Wahrheitstafel von Tabelle 3, »p dann und nur dann, wenn q«, ist eine Abkürzung für »p ist wahr, wenn q wahr ist, und p ist nur dann wahr, wenn q wahr ist«, ein Zusammenhang, dem wir auch die Form»wenn p, so q, und wenn q, so p« geben können. Wie Tabelle 3 zeigt, fordert diese Aussage, dass p und q denselben Wahrheitswert haben, das heißt, dass beide zugleich wahr oder zugleich falsch sind.

Zwei Aussagen p und q mit demselben Wahrheitswert heißen *äquivalent*. Wenn p und q äquivalent sind und wenn bewiesen werden soll, dass p wahr ist, so kann man diesen Beweis auch führen, indem man nachweist, dass q wahr ist. Wie bei der Implikation gibt es auch für die Äquivalenz verschiedene Formulierungsmöglichkeiten; die gebräuchlichsten von ihnen:

- p dann und nur dann, wenn q
- q dann und nur dann, wenn p
- p genau dann, wenn q
- wenn p, so q, und umgekehrt
- p ist notwendig und hinreichend für q

Die Wendung »dann und nur dann, wenn« ist auch sehr gebräuchlich beim Aufstellen von *Definitionen,* das heißt von Konventionen, durch die festgelegt wird, welchen Sinn man einem neuen Ausdruck geben will.

Spezifikationen namens Quantoren

In der Mathematik kommen oft Ausdrücke vor, wie zum Beispiel $x^2 > -1$, die eine (hier: x) oder mehrere Variable enthalten. Solche Ausdrücke sind keine Aussagen, denn wir können von ihnen nicht behaupten, dass sie entweder wahr oder falsch sind, solange wir nichts über die Werte der in ihnen vorkommenden Variablen wissen (falls wir für x »Katze« einsetzen, wird der Ausdruck sinnlos).

Ein solcher Ausdruck kann aber dadurch zu einer Aussage werden, dass wir gewisse Bedingungen hinzufügen, die sich auf die Variable x beziehen. Sie werden *Quantoren* genannt. Von Interesse sind in unserem Zusammenhang zwei verschiedene Typen. Mit ihrer Hilfe können wir aus $x^2 > -1$ zwei Aussagen, zwei Sätze gewinnen:
(1) *Für alle* reellen Werte von x gilt $x^2 > -1$.
(2) *Es gibt einen* reellen Wert von x, für den $x^2 > -1$ gilt.

Wer nicht genau weiß, was eine *reelle Zahl* ist, wird mit diesen Aussagen wenig anfangen können. Nun habe ich ein kleines Problem: Es gibt nämlich keine Definition der reellen Zahlen, die sowohl genau als auch einfach wäre. Dass eine reelle Zahl offiziell als »Dedekind'scher Schnitt in der Menge der rationalen Zahlen« definiert wird, ist nicht sehr hilfreich. Es klingt, als ob ein Dedekind'scher Schnitt so etwas wie ein Kaiserschnitt wäre, durch den reelle Zahlen auf die Welt kommen. Dabei gibt es ein ganz und gar vertrautes, einfaches Bild einer reellen Zahl: sie ist nichts anderes als ein Punkt auf einer Geraden.

Denken Sie sich eine Gerade, und wählen Sie zwei Punkte auf ihr – einen, den Sie „null" (0), und irgendwo rechts von ihm einen anderen, den Sie „eins" (1) nennen. Dadurch haben Sie auf der Geraden ein Streckenstück der Länge 1 bestimmt, und der Punkt „eins" stellt die reelle Zahl 1 dar. Auch jedes andere Streckenstück, zum Beispiel die Diagonale eines Quadrats mit der Seitenlänge 1, bestimmt eine reelle Zahl auf der Geraden; Sie brauchen das Streckenstück nur richtig darauf zu legen: das linke Ende auf den Punkt 0. Das rechte Ende des Streckenstücks markiert dann einen Punkt, der die reelle Zahl $\sqrt{2}$ (Quadratwurzel von 2) visualisiert. Jede reelle Zahl wird also durch einen Punkt der Geraden dargestellt. Und umgekehrt visualisiert jeder Punkt der Geraden eine reelle Zahl. Die Gerade *ist* der »reelle Zahlenraum« – den Mathematiker meistens mit dem Symbol $\mathbb{R}$ bezeichnen. Dies ist keineswegs eine genaue und erschöpfende Definition, sondern soll – als kleine Hilfe – nur einen für unsere Zwecke ausreichend klaren Eindruck von einer reellen Zahl vermitteln. Doch nun zurück zu den beiden Behauptungen über reelle Zahlen.

Jeder der obigen Sätze (1) und (2) ist wahr. Satz (1) kann offenbar auch so ausgedrückt werden: Wenn x eine reelle Zahl ist, dann gilt $x^2 > -1$. Im Satz (2) hat die Formulierung »Es gibt einen reellen Wert …« die Bedeutung »Es gibt *mindestens* einen reellen Wert …« Der Quantor »Für alle …« heißt *Allquantor*, der Quantor »Es gibt einen …« heißt *Existenzquantor*.[2]

---

[2] In der Umgangssprache geben beide Quantoren oft zu Kontroversen Anlass. So war zu Beginn des Jahres 1997 die Ausstellung »Vernichtungskrieg, Verbrechen der Wehrmacht 1941 – 1944« für die einen Dokumentation einer his-

Beiden Quantoren kommt in der Mathematik eine besonders wichtige Rolle zu. Oft werden Aussagen über alle Elemente einer unendlichen Menge gemacht. Beispielsweise besagt die Goldbach'sche Vermutung (auf die ich noch eingehen werde), dass jede gerade natürliche Zahl größer als 2 Summe von zwei Primzahlen ist. Hier genügt es keineswegs, eine noch so große Überprüfung zu starten – etwa mit Computerhilfe; der Beweis – der bis heute noch nicht erbracht werden konnte – muss sich auf alle (unendlich viele!) geraden Zahlen erstrecken, quasi auf einen Schlag. Auch Existenzbehauptungen sind äußerst wichtig. Definieren kann man zwar alles, zum Beispiel die berühmte Eier legende Wollmilchsau; von Interesse ist aber, ob so etwas existiert.

Solange Sätze gebildet werden, in denen ein einziger Quantor auf einen Ausdruck mit nur einer Variablen angewendet wird, gibt es erfahrungsgemäß keine Missverständnisse. Es ist jedoch nicht immer sofort ersichtlich, was gemeint ist, wenn zwei Quantoren nacheinander in demselben Ausdruck vorkommen. Man hat hierfür eine Vereinbarung getroffen, die an den folgenden Beispielen erläutert wird:

(3) Zu jeder positiven Zahl x gibt es eine positive Zahl y, so dass gilt: $x^2 > y^2$.

(4) Es gibt eine positive Zahl y, so dass für jede positive Zahl x gilt: $x^2 > y^2$.

Diese beiden Aussagen sind nicht gleichwertig. Um deutlich zu machen, worin der Unterschied liegt, vereinbaren wir, dass die Reihenfolge, in der die Variablen x und y im jeweiligen Satz genannt werden, auch die Reihenfolge bestimmt, in der ihre Werte festgelegt werden.

---

torischen Tatsache (Existenzquantor), für die anderen dagegen – vor allem in München – eine unzulässige pauschale Verurteilung (Allquantor).

In Satz (3) wird zuerst x, dann y genannt, was bedeutet, dass der Wert für x zuerst gewählt und dass dann unter Berücksichtigung der für x getroffenen Wahl ein Wert für y festgelegt wird. Es gibt noch einen zweiten Unterschied zwischen den beiden Festlegungen: Für x müssen wir *alle* positiven Werte durchprobieren – zumindest prinzipiell –, während wir für y nur *einen* Wert benötigen, der sich allerdings bei Änderung (das heißt bei erneuter Festlegung) von x auch wieder ändern kann. Wie auch immer die positive Zahl x gewählt wird, wir können zum Beispiel für y den (positiven) Wert x/2 nehmen: $x^2 > y^2$ wird zu $x^2 > (1/4)x^2$, ein Ausdruck, der für jede positive Zahl x zutrifft. Satz (3) ist somit wahr.

Satz (4) ist dagegen falsch – und das soll nun gezeigt werden. Hier wird y an erster und x an zweiter Stelle genannt. Daher muss zuerst eine Zahl für y gewählt werden – eine Wahl, die bei der nachfolgenden Festlegung von x bekannt sein muss. Wieder genügt ein einziger Wert für y, aber für x muss jede mögliche Wahl ins Auge gefasst werden. Es stellt sich heraus, dass es unmöglich ist, ein einziges y so zu wählen, dass für den nun festgehaltenen Wert y für alle möglichen Zahlen x, die wir nacheinander einsetzen können, stets $x^2 > y^2$ gilt. In der Tat, nehmen wir an, irgendjemand habe uns die spezielle positive Zahl z als geeigneten Wert für y vorgeschlagen, dann ist einer der Werte, die für x in Frage kommen, die Zahl z/2. Mit diesen Werten wird dann $x^2 > y^2$ zu $(1/4)z^2 > z^2$, ein Ausdruck, der für keine positive Zahl zutrifft.

Sehr ähnlich verhält es sich zum Teil mit den folgenden Paaren von Aussagen – wie sich der Leser leicht überlegen mag:

- (a1): Für jedes x gibt es ein y, so dass x + y = 5 gilt.
- (a2): Es gibt ein y, so dass x + y = 5 ist für jedes x.
- (b1): Für jeden Mann gibt es eine vollkommene Frau.
- (b2): Es gibt eine vollkommene Frau für jeden Mann.

Die diskutierten Beispiele illustrieren auch die Argumentationsweise, mit deren Hilfe man Aussagen, in denen Quantoren vorkommen, zu beweisen hat. Zum Beweis ihrer Wahrheit muss man sich bei Aussagen der Form »Für alle x gilt ...« alle Werte für x nacheinander eingesetzt denken – oder aber eine Begründung angeben, die für alle zugelassenen x-Werte gültig ist. Um zu beweisen, dass die Aussage falsch ist, genügt es, einen einzigen zugelassenen Wert für x anzugeben, für den die (durch die drei Punkte angedeutete) Bedingung nicht erfüllt ist. Man nennt einen solchen x-Wert ein *Gegenbeispiel* für die betreffende Aussage.

Betrachten wir dagegen eine Aussage der Form »Es gibt ein x, so dass ...«, so genügt es für den Beweis ihrer Wahrheit, einen einzigen zugelassenen Wert für x anzugeben, für den die (durch die drei Punkte angedeutete) Bedingung erfüllt ist. Dagegen würde der Beweis dafür, dass die Aussage falsch ist, erfordern, dass *jeder* für x zugelassene Wert berücksichtigt wird.

Ein paar Rezepte: Beweise

Fast unmerklich sind wir von einfachen Aussagen, von Operationen, die wir auf sie angewendet haben, beziehungsweise Verknüpfungen zwischen ihnen mit Hilfe der vorstehenden Beispiele auf das Konzept der Beweisführung gekommen. Und genau darum geht es in der Logik, nämlich um die Folgerungsbeziehung, die zwischen Annahmen (*Prämissen*) und der Behauptung (*Conclusio, Schlussfolgerung*) eines korrekten Schlusses (*Deduktion*) besteht. Logik ist die Wissenschaft – nicht selten auch die Kunst – des Schließens. Ein Schluss ist dann und nur dann korrekt, wenn es nicht der Fall ist, dass seine Prämissen wahr und die Conclusio falsch sind.

Man muss kein besonders scharfsinniger Sherlock Holmes sein, um einzusehen, dass in dem folgenden (korrekten) Schluss,

der in allen Lehrbüchern der Logik steht, die (wahre) Conclusio
aus den (wahren) Prämissen folgt:
Alle Menschen sind sterblich;
alle Griechen sind Menschen;
also sind alle Griechen sterblich.

Aber: Es kümmert die Logik nicht, ob die Prämissen oder die
Conclusio tatsächlich wahr oder falsch sind; für die Korrektheit
ist nur gefordert, dass die Conclusio wahr sein muss, *wenn* die
Prämissen wahr sind. Demnach kann es neben korrekten Schlüssen, in denen Prämissen und Conclusio wahr sind (wie im obigen
Beispiel), auch Deduktionen geben, die ebenfalls völlig korrekt
sind, aber eine oder mehrere falsche Prämissen und (oder) eine
falsche Conclusio enthalten. Ein paar solcher Beispiele will ich
nun nennen.

Beispiel für einen korrekten Schluss mit lauter falschen Aussagen:
Alle Menschen sind klug;
alle Primaten sind Menschen;
also sind alle Primaten klug.

Es ist aber keineswegs so, dass falsche Prämissen bei einem korrekten Schluss immer zu einer falschen Conclusio führen müssen, wie folgendes Beispiel zeigt:
Alle Politiker sind alt;
alle Achtziger sind Politiker;
also sind alle Achtziger alt.

Vielmehr kann aus einer falschen Prämisse *alles* folgen. Genau
das ist der Grund, weshalb Mathematiker in logischer Hinsicht
so genau und pingelig sein müssen. Bertrand Russell wurde einmal gefragt, ob er denn aus $2+2=3$ folgern könne, dass er der
Papst sei. »Na klar«, antwortete Russell. »Aus $2+2=3$ folgt $2=1$.

Der Papst und ich sind zwei Personen. Da aber 2 gleich 1 ist, sind wir nur eine Person. Also bin ich der Papst.«

In all diesen Fällen sehen wir, dass die Conclusio wahr sein müsste, wenn die Prämissen wahr wären – ganz gleich, wie es um die Wahrheitswerte der einzelnen Aussagen tatsächlich steht; und das genügt für die Korrektheit. Es gibt nur eine einzige Kombination von Wahrheitswerten, die in einem korrekten Schluss *nicht* vorkommen kann: wenn die Prämissen wahr und die Conclusio falsch sind. All dies zeigt, dass die Korrektheit eines Schlusses nicht einfach von den Wahrheitswerten von Prämissen und Conclusio abhängt. Sie garantiert nur, dass die Conclusio wahr ist, *falls* die Prämissen wahr sind; sie liefert uns keinerlei Hinweis darauf, ob auch nur eine einzige Prämisse tatsächlich wahr ist, und auch keine Information über den Wahrheitswert der Conclusio, falls mindestens eine Prämisse falsch ist.

In manchen Fällen kann es außerordentlich schwierig sein, die Frage nach der Korrektheit zu beantworten. So hat zum Beispiel noch niemand die nötigen Entdeckungen gemacht, um zu entscheiden, ob der folgende Schluss korrekt ist: Als Prämissen sind alle bewiesenen Sätze der Mathematik zugelassen; *also* ist jede gerade ganze Zahl größer als 2 die Summe zweier Primzahlen. Die Schwierigkeit rührt nicht etwa von der Unbestimmtheit her, die in dem einen oder anderen Teil dieser Aussage stecken mag. Die Behauptung, um die es geht, ist *klar* (es handelt sich um die Goldbach'sche Vermutung); das Problem besteht darin, herauszufinden, ob sie *wahr* ist – wahr im Sinne eines korrekten Schlusses aus den Prämissen.

Um es noch einmal deutlich zu sagen: In der Logik kommt es nicht auf die *faktische* Wahrheit von Aussagen an, sondern auf die Korrektheit von Schlüssen. (Korrektheit und Wahrheit haben in der Logik genauso viel beziehungsweise wenig miteinander zu tun wie Recht und Gerechtigkeit im sozialen Leben.)

Sätze als Implikationen: Beweisspielarten

Viele mathematische Sätze können in der Form einer Implikation angegeben werden: Wenn p, so q. Doch wie beweist man solche Implikationen? Wir können die äußere Form eines Beweises wie folgt darstellen:

Es sei p.
Dann ... (bla bla bla) ...
Also gilt q.

Wie kann die Argumentationskette »Dann ... (bla bla bla) ...« schlüssig und nachvollziehbar konstruiert werden? Es ist nun an der Zeit, ein paar Verfahren anzugeben, mit denen Implikationen bewiesen werden können.

An dieser Stelle schiebe ich einen kleinen Nachtrag über die Implikation ein, genauer: über äquivalente Formen der Implikation.

Durch das Aufstellen der Wahrheitstafeln für die folgenden beiden Aussagen ist leicht zu erkennen, dass diese äquivalent sind:

- (a): »Wenn p, so q.« (Beispiel: Wenn es regnet, gehe ich ins Kino.)
- (b): »Wenn nicht q, so nicht p.« (Wenn ich nicht ins Kino gehe, regnet es nicht.)

Auch die folgenden Aussagen sind zur Implikation »wenn p, so q« äquivalent:

- (c): »Wenn p und nicht q, so q.«
- (d): »Wenn p und nicht q, so nicht p.«

Es gibt noch weitere gebräuchliche Äquivalenzen der Implikation. Auch wenn die letzten beiden Aussagen etwas formal

anmuten und seltsam klingen, sofern wir sie auf umgangssprachliche Beispiele anwenden, sind sie mit der Implikation »wenn p,
so q« äquivalent; die Wahrheitstafeln zeigen es.

Die dritte Spalte in der Wahrheitstafel von Tabelle 3 (Seite
6) zeigt, dass wir in der Mathematik keine Implikationen zu betrachten brauchen, in denen sich p als falsch erweist; denn in
diesen Fällen ist »wenn p, so q« wahr, unabhängig davon, was für
eine Aussage für q eingesetzt wird. Bei mathematischen Überlegungen können wir daher unsere Aufmerksamkeit auf Implikationen beschränken, in denen p wahr ist. Für diese Fälle zeigt
uns aber die Tabelle 3, dass »wenn p, so q« unter genau denselben
Umständen als wahre Aussage betrachten können, unter denen q
wahr ist. Somit besteht also ein möglicher Weg, die Implikation
»wenn p, so q« zu beweisen, darin, mit der (wahren) Voraussetzung p zu beginnen und aus ihr abzuleiten, dass dann auch q
wahr ist. Zu dieser Ableitung dürfen beliebige logisch korrekte
Schlüsse benutzt werden. Ein Beweis, der auf diesem Wege geführt wird, wird als *direkter Beweis* der Implikation »wenn p, so q«
bezeichnet.

Als Beispiel (B-1) beweisen[3] wir folgende Implikation:

Wenn n eine ungerade natürliche Zahl ist, so ist auch n^2 (=
$n \cdot n$) ungerade.

Beweis: Sei n eine ungerade natürliche Zahl. Jede ungerade
natürliche Zahl n kann in der Form $n = 2m + 1$ dargestellt
werden, wobei m eine nichtnegative ganze Zahl ist. Qua-
driert man beide Seiten dieser Gleichung, so folgt:

$$n^2 = (2m + 1)^2.$$

---

[3] Beweise in Kästen können übersprungen werden; das tut dem Verständnis des
Haupttextes keinen Abbruch. Der Leser kann bei Bedarf später darauf zurück-
kommen.

Die rechte Seite dieser Gleichung ist offensichtlich das Quadrat einer Summe. Wenn wir darauf den (vielleicht noch aus dem Schulunterricht bekannten) binomischen Lehrsatz

$$(a + b)^2 = a^2 + 2ab + b^2$$

anwenden, so folgt:

$$n^2 = 4m^2 + 4m + 1.$$

Die rechte Seite dieser Gleichung kann leicht in die Form $2k + 1$ gebracht werden, wobei k eine geeignete nichtnegative ganze Zahl ist:

$$n^2 = 2(2m^2 + 2m) + 1 = 2k + 1.$$

Diese Darstellung zeigt aber, dass n^2 ungerade ist, und damit ist der Beweis erbracht.

Dies ist kein bis in die kleinstmöglichen Schritte gehender Beweis. Wir haben auf Bekanntes oder bereits Bewiesenes zurückgegriffen (zum Beispiel auf die allgemeine Darstellung einer ungeraden Zahl, auf die arithmetischen Rechenregeln und auf den binomischen Lehrsatz). Das ist erlaubt. Komplexere Beweise werden zuerst oft nur in größeren Argumentationslinien konzipiert; erst nach und nach werden dann die Beweisschritte verfeinert. Für den direkten Beweis besteht hier die Grundidee darin, den binomischen Lehrsatz auf die Darstellung des Quadrats einer ungeraden Zahl anzuwenden: $(2n +1)^2 = 4n^2 + 4n + 1$. Der Rest ist Arrangement.

Wollte man die bewiesene Aussage penibel und vollständig aus der formalen Logik ableiten, würde so ein Projekt bald unübersichtlich werden. Für den Mathematiker (wie auch für den Laien) ist beispielsweise die mathematische Aussage »$1 + 1 = 2$« trivial. Und doch: In ihrem legendären und monumentalen Versuch »Principia Mathematica«, die Mathematik als strenge Methode der Logik aufzubauen, benötigen Bertrand Russell und Alfred N. Whitehead immerhin 362 Seiten, bis sie in der Lage sind, diese arithmetische Aussage zu beweisen.

Wir haben schon bemerkt, dass im Fall der Äquivalenz zweier Aussagen ein Beweis für eine der beiden Aussagen zugleich als Beweis für die andere gilt. Auf Seite 16 habe ich unter (b) bis (d) äquivalente Formen der Implikation (a) »wenn p, so q« angegeben. Da jede dieser vier Aussagen die Form einer Implikation hat, kann es sein, dass wir für die eine oder andere von ihnen einen direkten Beweis anzugeben vermögen. Einen direkten Beweis für eine der Aussagen (b) bis (d) nennt man einen *indirekten Beweis* oder auch *Widerspruchsbeweis* der Implikation »wenn p, so q«. (Für besondere Formen indirekter Beweise gibt es noch andere Namen, auf die ich hier nicht eingehe.)

Ein Alibi wird in Krimis als indirekter Beweis vorgeführt. Das formale Schema ist stets das gleiche: Angenommen, ich wäre zur Tatzeit am Tatort in München gewesen. Dann hätte ich aber nicht gleichzeitig am Betriebsausflug nach Salzburg teilnehmen können, was Frau Müller, mit der ich mich unentwegt unterhalten habe, sicher bestätigen wird. Dies ist ein Widerspruch zur Anfangsannahme, da ich mich nicht gleichzeitig an verschiedenen Orten befinden kann. Folglich ist sie falsch.

Beispiel (B-2)

Folgende Implikation ist indirekt zu beweisen: Wenn n eine natürliche Zahl ist, deren Quadrat gerade ist, so ist auch n gerade.

Wir können einen indirekten Beweis für die Implikation »wenn p, so q« liefern, indem wir einen direkten Beweis für die Implikation »wenn nicht q, so nicht p« durchführen. Wenn wir sie voll ausschreiben, so wird daraus: Wenn n keine gerade natürliche Zahl ist, so ist n auch keine natürliche Zahl, deren Quadrat gerade ist. Somit lautet die Hauptidee

für den indirekten Beweis: Falls n eine ungerade natürliche
Zahl wäre, so folgte nach Beispiel (B-1), dass n^2 ebenfalls
ungerade wäre. (In dieser Kurzfassung fehlen einige Schritte – lassen Sie sich dadurch nicht aus der Ruhe bringen.)

Der nächste Fall (B-3) stellt geradezu ein Paradebeispiel für einen
indirekten Beweis dar. Betrachten wir die Gleichung $x \cdot x = 2$ oder
kurz $x^2 = 2$, wobei x eine unbekannte (positive) Zahl sein soll,
und fragen: Welche Zahl, mit sich selbst multipliziert, ergibt 2?
Es ist soweit klar, dass x keine ganze Zahl sein kann. Deshalb die
Frage: *Von welcher Natur ist die Lösung?* Können wir als Lösung
einen Bruch n/m finden, worin n und m ganz sind? Wie der
Beweis im folgenden Kasten zeigt, ist dies in der Tat unmöglich.
Bezeichnen wir die gesuchte Lösung mit ♠. Es gilt also
$$♠ \cdot ♠ = ♠^2 = 2.$$

Beispiel (B-3)

Zeige, dass ♠, die positive Lösung der Gleichung $x^2 = 2$, irrational ist (damit ist gemeint, dass ♠ nicht als gekürzter
Bruch dargestellt werden kann).

Indirekter Beweis: Angenommen, ♠ sei rational; dann kann
♠ als gekürzter Bruch dargestellt werden, etwa ♠ = n/m,
worin n und m ganz und teilerfremd sind. Dann folgt n =
♠ · m und nach Quadrieren beider Seiten $n^2 = ♠^2 \cdot m^2 = 2m^2$
(denn für $♠^2$ können wir ja 2 schreiben).

Diese Gleichung zeigt, dass n eine ganze Zahl ist, deren
Quadrat gerade ist, und das bedeutet nach Beispiel (B-2),
dass auch n selbst gerade ist. Wir dürfen folglich n in der
Form einer allgemeinen geraden Zahl schreiben, n = 2r (mit
einem geeigneten r), und finden nach Einsetzen in die obige
Gleichung:
$$n^2 = (2r)^2 = 2m^2 \text{ oder } 4r^2 = 2m^2 \text{ oder } 2r^2 = m^2.$$

Diese Gleichung zeigt aber, dass auch m eine ganze Zahl ist, deren Quadrat gerade ist. Daher ist m ebenfalls gerade, und das widerspricht der Annahme, dass n und m teilerfremd sind. Damit ist aber die Behauptung bewiesen.

Anmerkung. Natürlich haben Sie es erraten: Die Lösung ♠ wird gewöhnlich als $\sqrt{2}$ (»Quadratwurzel von 2«) geschrieben, mit dem »Wurzelzeichen« $\sqrt{}$ (auch »Radikalzeichen« genannt). Es liegt nicht an der Symbolik, ob eine Zahl irrational ist, sondern allein am Beweis; (z. B. ist die positive Quadratwurzel von 4, $\sqrt{4}$, *nicht* irrational, sondern sogar ganz, nämlich 2.)

Wie man sich hoffnungslos verbeißt

Mathematische Beweise vermitteln oft den Eindruck, dass sie eine Ansammlung von Rätseln und Tricks sind: Mathematik ist im Bewusstsein vieler Menschen schwer nachvollziehbare Gedankenakrobatik. Doch ganz so schlimm ist es nicht: Mathematiker kochen auch nur mit Wasser; auch sie haben keine fertigen Rezepte, um neue Aussagen zu beweisen, sie benötigen eine gewisse Erfahrung, vergleichbar der eines Schachspielers. Die »Eröffnungsmöglichkeiten« für einen Beweis sind allerdings oft vielfältiger als beim Schachspiel, und so ist es auch nicht verwunderlich, dass sich zahlreiche einfach zu verstehende Aussagen bis heute einer Beweisführung (beziehungsweise einer Widerlegung) widersetzt haben. Betrachten wir ein solches Beispiel.

Vor etwa dreißig Jahren waren die Lehrbücher des deutschen Mathematikers Lothar Collatz (1910 bis 1990) vielen Studenten vertraut. Seine »Optimierungsaufgaben« (zusammen mit Wolfgang Wetterling) und seine »Numerische Behandlung von Differentialgleichungen« zieren immer noch ein Bücherregal meines

Arbeitszimmers. Bereits als er selbst noch studierte, hatte sich Collatz ein Problem gestellt, das bis heute nicht gelöst werden konnte. Dabei scheint es geradezu beleidigend einfach zu sein:

Für das erste Glied a_0 unserer Folge nehmen wir eine beliebige natürliche Zahl. Ist nun diese Zahl gerade, dann soll das nächste Glied, a_1, die Hälfte von a_0 betragen:

$$a_1 = a_0/2.$$

Ist dagegen a_0 ungerade (und würde deshalb nach Halbierung keine natürliche Zahl ergeben), dann soll das nächste Glied a_1 wie folgt gebildet werden:

$$a_1 = 3 \cdot a_0 + 1 \text{ (oder kurz } 3a_0 + 1).$$

Alle nachfolgenden Glieder (a_2, a_3, a_4, …) werden ebenfalls nach dieser Regel gebildet.

Ein Beispiel. Nehmen wir als Anfangsglied a_0 die Zahl 50. Da 50 gerade ist, lautet das nächste Glied $a_1 = 50/2 = 25$. Dieses Glied ist ungerade, folglich ist das dritte Glied $a_2 = 3a_1 + 1 = 3 \cdot 25 + 1 = 76$. Diese Zahl lässt sich wieder halbieren, und wir erhalten als viertes Glied $a_3 = 38$. Das nächste Glied a_4 ist gleich 19, a_5 gleich 58 (das heißt, wir müssen $3 \cdot 19 + 1$ bilden, da 19 ungerade ist) und so weiter.

Immer, wenn ein Folgenglied gerade ist und daher durch 2 geteilt werden kann, ist das nächste Folgenglied kleiner, und immer, wenn ein Folgenglied ungerade ist, wird das nachfolgende größer sein.

Man stellt sehr schnell fest, dass man nach einigem Auf und Ab auf die Zahl 1 trifft – und dass man sich von da an ewig in der Schleife $1 \rightarrow 4 \rightarrow 2 \rightarrow 1$ dreht, wie wir an einigen Beispielen sogleich sehen werden.

Dieses Collatz'sche oder $(3n+1)$-Problem[4], wirft die Frage auf, ob man *immer*, also unabhängig von der natürlichen Zahl a_0, von der man ausgeht, irgendwann auf die Zahl 1 stößt.

---

[4] Es wird als »Problem E16« aufgeführt in: Richard K. Guy, »Unsolved Problems in Number Theory«, New York/Heidelberg/Berlin 1981.

Tab. 4 Folgen des $(3n+1)$-Problems für die natürlichen Zahlen von 1 bis 9.

a_0	Folge
1	$1 \to 4 \to 2 \to 1 \to 4 \to 2 \to 1$ usw.
2	$2 \to 1 \to 4 \to 2 \to 1 \to 4 \to 2 \to 1$ usw.
3	$3 \to 10 \to 5 \to 16 \to 8 \to 4 \to 2 \to 1 \to 4 \to 2 \to 1$ usw.
4	$4 \to 2 \to 1 \to 4 \to 2 \to 1$ usw.
5	$5 \to 16 \to 8 \to 4 \to 2 \to 1 \to 4 \to 2 \to 1$ usw.
6	$6 \to 3 \to 10 \to 5 \to 16 \to 8 \to 4 \to 2 \to 1 \to 4 \to 2 \to 1$ usw.
7	$7 \to 22 \to 11 \to 34 \to 17 \to 52 \to 26 \to 13 \to 40 \to 20 \to$ $10 \to 5 \to 16 \to 8 \to 4 \to 2 \to 1$ usw.
8	$8 \to 4 \to 2 \to 1 \to 4 \to 2 \to 1$ usw.
9	$9 \to 28 \to 14 \to 7 \to 22 \to 11 \to 34 \to 17 \to 52 \to 26 \to 13 \to$ $40 \to 20 \to 10 \to 5 \to 16 \to 8 \to 4 \to 2 \to 1$ usw.

Rechnen wir einige Beispiele durch, wobei wir für a_0 der Reihe nach die ersten neun natürlichen Zahlen nehmen (Tabelle 4).

Bis heute ist die Behauptung, die Folge führe immer zu 1, nicht bewiesen und daher nur eine Vermutung. Dabei wurden alle Zahlen bis 700 Milliarden mit dem Computer getestet. Ein mögliches Gegenbeispiel, das die Vermutung widerlegen würde, kann es nur oberhalb dieser gigantischen Prüfstrecke geben und wird bestimmt nicht einfach zu finden sein. »Es gibt bis heute keine durchschlagende theoretische Einsicht, mit der sich die Vermutung beweisen oder widerlegen ließe.« So kennzeichnet Albrecht Beutelspacher die Situation in seinem unterhaltsamen Buch »In Mathe war ich immer schlecht ...«. Mit elementaren Mitteln gelangt man rasch zu Fragen und Vermutungen ohne Ende. Jeder kann versuchen, dieses leicht verständliche, offene Problem zu lösen. Aber Vorsicht – man kann sich sehr schnell darin verstricken und verbeißen! Ein paar elementare Überlegungen dazu können Sie spaßeshalber nachvollziehen.[1/5] Und selbstverständlich auch eigene Beweisideen erproben.

---

[5] Hochgestellte Ziffern, denen auf dieser Seite keine Fußnoten entsprechen – wie hier die 1 –, verweisen auf die Anmerkungen, ab Seite 339. Auch eine Verwechslung mit Potenzen ist nicht zu befürchten.

Ratschläge eines berufenen Mathematikers

George Pólya (1888 bis 1985) gibt heuristische Ratschläge, die er auf den Innendeckel seines Buches »Schule des Denkens« (englischer Titel: »How to Solve It«) setzen ließ:

- »Erstens: Du musst die Aufgabe verstehen.
- Zweitens: Suche den Zusammenhang zwischen den Daten und den Unbekannten. Du musst vielleicht Hilfsaufgaben betrachten, wenn ein unmittelbarer Zusammenhang nicht gefunden werden kann. Du musst schließlich einen Plan der Lösung erhalten.
- Drittens: Führe deinen Plan aus.
- Viertens: Prüfe die erhaltene Lösung.«

Auf dem gegenüberliegenden Innendeckel werden diese Richtlinien dann bis auf die niedrigste Stufe von Einzelstrategien aufgegliedert, die im geeigneten Moment ins Spiel gebracht werden können:

- »Wenn du die vorgegebene Aufgabe nicht lösen kannst, schau dich nach einer geeigneten verwandten Aufgabe um.
- Beginne von hinten.
- Beginne von vorn.
- Schränke die Bedingung ein.
- Erweitere die Bedingung.
- Suche ein Gegenbeispiel.
- Rate und teste.
- Teile und herrsche.
- Ändere die Begriffsform.«

Wer glaubt, noch unbewiesene Aussagen beweisen zu können, halte sich vor Augen, was David Hilbert, einer der größten Mathematiker um die Jahrhundertwende, auf die Frage geantwortet hat, warum er sich nicht bemühe, die Fermat'sche Vermutung (auch als »letzter Fermat'scher Satz« bekannt; siehe den Abschnitt »Das Vermächtnis des professionellen Amateurs« ab Seite 43) zu beweisen: Ehe er begänne, müsste er sich drei Jahre lang intensiv darauf vorbereiten, und seine Zeit sei ihm zu kostbar, um sie in Aktivitäten zu stecken, die wahrscheinlich zu einem Misserfolg führen würden.

Der formale, manchmal strenge Charakter der Mathematik ist Ausdruck einer gewissen »Macht« der Beweise: In jedem mathematischen Beweis steckt – gleichsam in potenzieller Weise – eine unbeschränkte Anzahl anderer analoger Beweise. Eine bewiesene Aussage über ein beliebiges ebenes Dreieck ist zum Beispiel gültig für alle denkbaren, unendlich vielen ebenen Dreiecke. Sehr deutlich tritt dieser Umstand bei dem folgenden Beweisverfahren zutage. Es heißt *Beweis durch vollständige Induktion* und schließt die elementare Beweisrezeptur ab.

Endlicher Beweis unendlich vieler Aussagen

Bei der Einführung des Allquantors (Seite 10) habe ich schon erwähnt, dass oft Aussagen über alle Elemente einer unendlichen Menge gemacht werden. Da nützt es nichts, eine (Computer-) Überprüfung – und sei sie noch so umfassend – zu starten; es ist vielmehr ein Beweis erforderlich, der sich auf die unendlich vielen Objekte, für die die Behauptung gelten soll, erstreckt. Ein mathematisches Verfahren, das den Beweis unendlich vieler Aussagen – quasi auf einen Schlag – bewerkstelligt, ist die vollständige Induktion.

Betrachten wir einen Satz S und eine unendliche Folge von Sätzen $S_1, S_2, S_3, \ldots$ von der Art, dass S dann und nur dann wahr ist, wenn jeder einzelne der Sätze $S_1, S_2, S_3, \ldots$ wahr ist. Dazu zwei Anmerkungen:

1. Im Ausdruck S_3 (beispielsweise) ist die »3« eine Nummer und heißt *Index* (Mehrzahl: Indizes). Ein Index dient lediglich der Nummerierung der Glieder (Terme, Ausdrücke) einer (endlichen oder unendlichen) Liste. Oft, wie auch hier, wird der Index so gewählt, dass er mit der (natürlichen) Variablen n des entsprechenden Satzes gleichgesetzt wird; also bezeichnet S_{37} die spezielle Aussage, für die die Variable n den Wert 37 erhält.

2. Die drei Pünktchen deuten an, dass es *so weitergeht,* und daher muss der Leser wissen, *wie* es weitergeht. Das lässt sich bestimmen, indem genügend viele Anfangsterme angegeben werden. Auch in unserem Fall brauchen wir nicht blind zu raten: Der Satz, der nach S_3 kommt, ist S_4 – und natürlich so weiter.

S ist also äquivalent zur Aussage »S_1 und S_2 und S_3 und ...«, die sich aus unendlich vielen Aussagen zusammensetzt.

Meistens behaupten Sätze dieser Art, dass eine Bedingung, in der eine Variable n vorkommt, erfüllt wird, sobald man für n eine beliebige natürliche Zahl einsetzt.

Beispiel (B-4)

Der Satz S:
»Wenn n ganz und positiv ist, so gilt
$$1 + 2 + 3 + \cdots + n = \frac{n \cdot (n+1)}{2}$$«
kann ausgedrückt werden durch:
S_1: $1 = \frac{1 \cdot 2}{2}$
und S_2: $1 + 2 = \frac{2 \cdot 3}{2}$
und S_3: $1 + 2 + 3 = \frac{3 \cdot 4}{2}$
und so weiter mit unendlich vielen Aussagen.

Auf welche Art können wir versuchen, einen solchen Satz zu beweisen? Die bisher angegebenen Methoden dienen zum Beweisen beliebiger Implikationen. Natürlich kann es vorkommen, dass eine der Methoden bequemer zum Ziel führt als eine andere, oder auch, dass uns mit den angegebenen Methoden gar kein Beweis glückt.[2]

Für Fälle wie Beispiel (B-4) steht uns die Methode der vollständigen Induktion zur Verfügung. Der Beweis wird in zwei Schritten geführt:

Schritt 1: Beweis des Satzes S_1.
Schritt 2: Beweis der Implikation: Wenn S_k, so S_{k+1}.

Zum Beweis des Satzes S_1 (Schritt 1) darf jede anwendbare Methode benutzt werden. Oft gelingt es, die spezielle Aussage einfach nur zu verifizieren (durch Einsetzen des Wertes 1 für die Variable n in den formelmäßigen Ausdruck von Satz S_1).

In Zusammenhang mit Schritt 2 ist ein Punkt besonders zu beachten: Es geht nicht um die Frage, ob S_k wahr ist oder nicht, sondern nur darum, dass jedes Mal, wenn S_k wahr ist, gefolgert werden kann, auch S_{k+1} sei wahr. Bewiesen werden muss also die Implikation »Wenn S_k, so S_{k+1}«. Außerdem müssen wir noch sicher sein, dass der Beweis, den wir für die Implikation »Wenn S_k, so S_{k+1}« geben, für jede natürliche Zahl k gültig ist. Im nachfolgenden Kasten finden Sie den detaillierten Beweis.

Beweis des Satzes S von Beispiel (B-4)

Satz S: Wenn n ganz und positiv ist, so gilt
$$1 + 2 + 3 + \cdots + n = \frac{n \cdot (n+1)}{2}.$$
Beweis durch vollständige Induktion:
Schritt 1. Der Satz S_1 besagt $1 = \frac{1 \cdot 2}{2}$ und das ist offenbar richtig.
Schritt 2. Wir beweisen die Implikation »Wenn S_k, so S_{k+1}«, worin S_k die Aussage

$$1 + 2 + 3 + \cdots + k = \frac{k \cdot (k+1)}{2}$$

und S_{k+1} die Aussage

$$1 + 2 + 3 + \cdots + k + (k + 1) = \frac{(k + 1) \cdot (k + 2)}{2}$$

ist. Für diese Implikation werden wir einen direkten Beweis führen.

Wir gehen davon aus, dass S_k, *Induktionsannahme* genannt, wahr ist; dass wir also überall dort, wo $1 + 2 + 3 + \cdots + k$ steht, $k(k + 1)/2$ schreiben können.

Damit lautet die Aussage S_{k+1} wie folgt:

$$1 + 2 + 3 + \cdots + k + (k + 1) = \frac{k \cdot (k + 1)}{2} + (k + 1).$$

Die rechte Seite der Gleichung ergibt $(k + 1) \cdot (k + 2)/2$, wenn wir die darin vorkommenden Terme auf den gemeinsamen Nenner 2 bringen und vereinfachen. Somit haben wir die Aussage S_{k+1} aus S_k hergeleitet. Da diese Überlegungen für jede positive ganze Zahl k gelten, ist der Satz S bewiesen.

Wodurch sind wir berechtigt, die Schritte 1 und 2 als Beweis für den Satz S gelten zu lassen? Oft wird diese Gültigkeit einfach als Axiom postuliert; ein Axiom ist ein grundlegender Lehrsatz, der als gültig angesehen wird und der nicht weiter bewiesen zu werden braucht. Sinnverwandt ist der Begriff des Postulats – eine Grundannahme, die unbeweisbar, aber glaubhaft ist. Es ist aber durchaus plausibel, die Schritte 1 und 2 als Beweis anzuerkennen, ohne sie axiomatisch zu fordern: Wenn ein Satz für eine konkrete natürliche Zahl n_0 gilt und wenn bewiesen wird, dass er, wann immer dies für eine beliebige natürliche Zahl k der Fall ist, zwingend auch für den Nachfolger $k + 1$ gilt, dann muss der Satz wohl für alle natürlichen Zahlen (ab n_0) gültig sein.

Beide Schritte – sowohl der Nachweis für einen konkreten Fall als auch der Schluss von k auf $k + 1$, *Induktionsschluss* genannt – sind unerlässlich. Es kann durchaus sein, dass der Induktionsschluss gelingt, die Behauptung aber trotzdem für keine natürliche Zahl wahr ist. Oder umgekehrt: Der Nachweis für einen konkreten Wert gelingt, aber der Induktionsschluss versagt.

Der »Satz vom Affen«

Die Sätze, die sich durch vollständige Induktion beweisen lassen, sind Legion – in allen Bereichen der Mathematik. Ein skurriles Beispiel: Betrachten wir das deutsche Alphabet, dem wir das Leerzeichen (den Zwischenraum) und die Interpunktionszeichen hinzufügen. Damit kann nicht nur jedes Wort, jeder Satz, sondern auch jede beliebige Folge daraus mechanisch konstruiert werden. In der entstehenden unendlichen Liste stehen sinnlose Kombinationen neben berühmten Werken. Auch das Buch, das Sie gerade lesen, sowie alle künftigen Bücher lassen sich auf diese Weise erzeugen – und zwar in allen möglichen Variationen, also zum Beispiel auch ohne Druckfehler. Da dies, so meint man, auch ein Affe könnte, nennt man diese Einsicht den »Satz vom Affen«: Die Menge aller Wörter über einem gegebenen Alphabet ist abzählbar.[6]

Der Beweis erfolgt durch vollständige Induktion nach der Anzahl[7] der Wörter der Länge n über einem gegebenen Alphabet.

---

[6] *Abzählbar* wird eine Menge genannt, wenn man alle ihre Elemente *durchnummerieren* kann. Im nächsten Kapitel gehe ich ausführlich darauf ein. Der Ausdruck »Wörter *über* einem Alphabet« (statt »Wörter aus einem Alphabet«) hat sich in der mathematischen Umgangssprache eingebürgert – auch in wörtlicher Übersetzung im Englischen und Französischen. Sinngemäß bedeutet der Ausdruck, dass *alle* Buchstaben des Alphabets zur Bildung von Wörtern herangezogen werden (und nicht bloß ein Teil davon).

[7] »Vollständige Induktion *nach* der Anzahl ...« ist ebenfalls ein Ausdruck der mathematischen Umgangssprache, der spezifiziert, *nach welcher* Variablen der Beweis zu führen ist. Gelegentlich sagt man auch kurz »Induktion *über* (n zum Beispiel)«

Vielleicht mussten Sie in der Schule mit dem »binomischen Lehrsatz« vorlieb nehmen, der ebenfalls durch Induktion über n bewiesen wird:

$$(a + b)^n = a^n + \text{Kauderwelsch} + b^n.$$

Spezialfall: $(a + b)^2 = a^2 + 2ab + b^2$. Ach ja.

Im Prolog (Seite XXV) sprach ich von der Induktion (als dem Schließen von Einzelfällen auf das Allgemeine in den Naturwissenschaften) und vom damit verwandten Prinzip der Kausalität (dem Postulat der Verknüpfung von Ursache und Wirkung): Diese naturwissenschaftlichen Denkweisen sind Karl Popper zufolge keine Quelle sicherer Erkenntnis, weil wir die Natur doch nur bruchstückhaft kennen können und sie so komplex ist, dass sich Gegenbeispiele nie mit Sicherheit ausschließen lassen. Diese Induktion kann nie *vollständig* sein.

Das Beweisprinzip der vollständigen Induktion in der Mathematik ist ebenfalls ein Schluss von Einzelfällen auf das Allgemeine – nur mit dem Unterschied, dass hier *alle* (unendlich viele, aber wohldefinierte) Einzelfälle auf einen Schlag erfasst und bewiesen werden. Die Einschränkung auf eine überschaubare Gesetzmäßigkeit, die in mathematischen Aussagen zum Ausdruck kommt, macht es möglich, unendlich viele Spezialfälle in einem künstlichen, einfachen Rahmen zu verallgemeinern – ohne Ausnahme. Um sie von der Induktion in den Naturwissenschaften deutlich zu unterscheiden, wird die vollständige Induktion oft auch »mathematische Induktion« genannt.

An dieser Stelle möchte ich noch eine Bemerkung über das formale Wesen vieler mathematischer Beweise anbringen, also über den Abschnitt »Dann … (bla bla bla) …«, der sich zwischen den beiden Teilen »Es sei p« und »Also gilt q« einer Implikation befindet. In vielen Fällen scheint diese Argumentationskette für den Laien nicht leichtverständlich konstruiert zu sein. Der Leser möge sich trösten: Für den Berufsmathematiker sind die Beweise auch nicht immer einfach nachzuvollziehen. Auch er muss sich oft gehörig anstrengen, um einen für ihn neuen Beweis würdigen zu können. Das liegt einfach daran, dass sich der Urheber eines Beweises wie ein Architekt verhält, der sein fertiges Gebäude der Öffentlichkeit vorstellt: Das Werk glänzt, aber es ist ihm nicht anzusehen, wie es im Detail konstruiert wurde; längst sind die Hilfskonstruktionen und das Baugerüst wieder abmontiert und verschwunden. Das erinnert an die ägyptischen Pyramiden: Bei einigen weiß man bis heute nicht mit Sicherheit, wie sie genau gebaut wurden – aber sie stehen.

1

Die Faszination, prim zu sein

Eins, zwei, drei, vier und so fort: Dieses Kapitel handelt von
Zahlen – von schlichten, ganzen, eben *natürlichen* Zahlen.

Ein Zahlenakrobat war ich nie, und so hegte ich in meiner
Jugend die Überzeugung, Mathematik habe mit Zahlen nichts
– oder nur wenig – zu tun. Später, im Studium, hörte ich dann
Ansichten wie folgende: Mathematik sei die Königin der Wissenschaften (aber ja!), und die Zahlentheorie die Königin der Mathematik (wie bitte?). Erlag ich da nicht einem grotesken und
grundsätzlichen Missverständnis? Oder sind die Würdigungen
nicht vielmehr so zu verstehen, dass sich hinter den Zahlbe-
griffen ungeahnt »schöne Strukturen« verbergen? Das wäre ein
Kompromiss, durch den der ursprüngliche, oberflächliche Widerspruch überbrückt werden kann. Dieses Kapitel soll einen
ersten Eindruck von dieser Brücke vermitteln.

Damit begann die Bescherung

Der deutsche Mathematiker Leopold Kronecker (1823 bis 1891)
hat gesagt: »Die ganzen Zahlen hat Gott gemacht, alles andere
ist Menschenwerk.« Heißt das, die Wahrheiten der Mathematik
werden bloß erfunden und nicht entdeckt? Stünde das denn nicht
im Widerspruch zur »universellen« Gültigkeit mathematischer
Aussagen? Schließlich kommen Mathematiker zu denselben Er-

gebnissen, ob in Sankt Petersburg, New York, Paris, Berlin oder Finsterwald.

Betrachten wir also die natürlichen Zahlen $\mathbb{N}$ als gott- oder naturgegeben – so wie die vier Grundrechenarten –, und fragen wir nach den Eigenschaften dieser Zahlen. Wir stellen fest: Es gibt eine kleinste natürliche Zahl: die Eins[1] oder die Einheit. Jede natürliche Zahl n hat genau einen unmittelbaren *Nachfolger* n', der sich durch Hinzufügen (Addition) einer Eins gewinnen lässt: n' = n + 1. In dieser Beziehung zu n' wird n *Vorgänger* genannt; die kleinste natürliche Zahl, die Eins, hat als einzige keinen Vorgänger. Natürliche Zahlen mit gleichen Nachfolgern sind gleich. Zwischen n und n' = n + 1 gibt es also keine weitere natürliche Zahl. Und da jede einen unmittelbaren Nachfolger hat, der um eins größer ist, kann es keine größte natürliche Zahl geben. Das wär's eigentlich schon: keine besonders aufregende Angelegenheit, nichts als eine endlose, langweilige Perlenkette. Diese »additive Aneinanderreihung« lässt alle natürlichen Zahlen als gleichberechtigt erscheinen: Jede ist der einzige Nachfolger seines Vorgängers, und keine scheint an sich interessant. Diese Menge der natürlichen Zahlen bildet zusammen mit den vier Grundrechenarten seit Urzeiten das Rückgrat des Zählens und Rechnens im täglichen Leben. (Der Mathematiker Giuseppe Peano hat diese grundlegenden Eigenschaften 1891 als Axiome zur Definition der natürlichen Zahlen formuliert; dabei hat er das Axiomensystem so maßgeschneidert, dass es formal genau die Grundeigenschaften wiedergibt, die man kennt.)

---

[1] Aus praktischen Gründen lässt man manchmal die Menge der natürlichen Zahlen mit der Null beginnen und schreibt $\mathbb{N}_0$. Das ändert jedoch nichts an den Eigenschaften der natürlichen Zahlenfolge.

Primzahlen: die erste unendliche Geschichte

Das amorphe Gebilde der durch Addition gewonnenen natürlichen Zahlen fängt jedoch plötzlich an zu leben, wenn wir versuchen, sie »multiplikativ« zu verknüpfen. Dann zeigt sich überraschenderweise, dass einige von ihnen Eigenschaften aufweisen, die andere nicht haben. Bereits in der Antike war bekannt, dass es unter den natürlichen Zahlen welche gibt, die sich multiplikativ aus anderen natürlichen Zahlen zusammensetzen, und welche, bei denen das nicht der Fall ist. Da wir die Teilung oder Division als »Umkehroperation« des Malnehmens, der Multiplikation, auffassen können – wie die Subtraktion als Umkehrung der Addition gilt –, lassen sich die zwei Typen von natürlichen Zahlen auch wie folgt definieren. Zahlen, die sich ohne Rest durch bestimmte andere Zahlen (*Faktoren*) teilen lassen, heißen (aus diesen Faktoren) *zusammengesetzt* oder (in diese Faktoren) *zerlegbar*. Und Zahlen, die sich durch *keine* natürliche Zahl (außer durch sich selbst und die Eins) ohne Rest teilen lassen, werden *Primzahlen* genannt. Die Zahl 1 gilt weder als prim noch als zusammengesetzt. Die Folge der Primzahlen beginnt mit 2, 3, 5, 7, 11, 13, 17, 19, 23, …; sie steht im Mittelpunkt der klassischen Zahlentheorie.

Zahlen waren das erste »konkrete Abstraktum«, mit dem Menschen in Berührung gekommen sind; mithin ist es nicht verwunderlich, dass dem Unerklärlichen, dem Schicksalhaften, der Liebe und dem Tod Zahlen zugeordnet wurden und dass vor allem die unteilbaren Sonderlinge unter ihnen die mystische Rolle von Glücks- oder Unglückszahlen zu übernehmen hatten.

Wurde die Zahlentheorie früher als Zweig der reinen Mathematik um ihrer selbst willen betrieben, spielt sie heute eine bedeutende Rolle in der Informatik und speziell in der Kryptologie, der Wissenschaft der Ver- und Entschlüsselung geheim zu haltender Nachrichten. Aber mehr davon später.

Primzahlen stellen die Grundbausteine dar, aus denen die ganzen Zahlen zusammengefügt sind – ähnlich wie die Elemente in der Chemie und die Elementarteilchen in der Physik. In der Tat besitzt jede Zahl gemäß dem *Fundamentalsatz der Arithmetik* eine eindeutig bestimmte Menge von Primfaktoren, aus denen sie zusammengesetzt ist. Die Zahl 1 487 640 beispielsweise ist das Produkt von neun Primfaktoren, wovon einige mehrmals vorkommen:

$$1\,487\,640 = 2 \cdot 2 \cdot 2 \cdot 3 \cdot 5 \cdot 7 \cdot 7 \cdot 11 \cdot 23 = 2^3 \cdot 3 \cdot 5 \cdot 7^2 \cdot 11 \cdot 23.$$

Der jeweilige Ausdruck auf der rechten Seite der Gleichheitszeichen wird die *Primfaktorzerlegung* der Zahl 1 487 640 genannt. Diese Zerlegung ist auch eindeutig: Es gibt keine andere Zahl, die aus genau diesen Primfaktoren zusammengesetzt ist. (Der erwähnte Fundamentalsatz der Arithmetik geht auf den griechischen Mathematiker Euklid[3] zurück.)

Während den Chemikern nur etwas mehr als hundert »elementare Bausteine« zur Verfügung stehen, mit denen sie experimentieren können, müssen sich die Zahlentheoretiker mit einem unbegrenzten Vorrat an Primzahlen herumschlagen. Vor mehr als zweitausend Jahren hat nämlich Euklid bewiesen, dass es unendlich viele Primzahlen gibt – trotz des Umstands, dass es mit den Primzahlen so ist wie mit der Luft: Nach oben hin nimmt ihre Dichte ab.

Euklid bedient sich eines indirekten Beweises, wie wir ihn bereits kennen und im Beispiel (B-3), Seite 20, zum Nachweis der Irrationalität von $\sqrt{2}$ verwendet haben. Die Argumentation beruht darauf, dass ein Widerspruch zur Anfangshypothese (es gibt nur endlich viele Primzahlen) hergeleitet wird. Der klassische Beweis ist im nachfolgenden Kasten wiedergeben.

Beweis des Euklid, dass es unendlich viele Primzahlen gibt

Angenommen, es gebe bloß eine endliche Menge von Primzahlen. Deren größtes Element heiße p. Multipliziert man alle Primzahlen aus dieser endlichen Menge miteinander, und addiert man 1 hinzu, so ergibt sich eine recht große neue Zahl, die wir N nennen wollen. N hat also die Darstellung

$$N = 2 \cdot 3 \cdot 5 \cdot 7 \cdot 11 \cdot \ldots \cdot p + 1$$

und ist insbesondere größer als p.

Ist die Ausgangsannahme korrekt, kann N keine Primzahl sein, denn sonst wäre ja N (und nicht p) die größte Primzahl. Also muss N eine zusammengesetzte Zahl und damit durch mindestens eine der Primzahlen 2 bis p teilbar sein.

Wenn wir nun versuchen, N der Reihe nach durch jede der Primzahlen 2 bis p zu teilen, dann erhalten wir stets den Rest 1 (jene 1, die wir zu dem Produkt der Primzahlen addierten, um N zu erzeugen). N ist somit durch keine der Primzahlen 2 bis p teilbar. Also müsste N selbst eine Primzahl sein, die größer als p ist. Das widerspricht aber der Ausgangsannahme. Deshalb muss gefolgert werden, dass es keine größte Primzahl geben kann.

Da also die Menge der Primzahlen unendlich ist, dürfte es doch eigentlich nicht schwierig sein, ein Verfahren zu finden, das beliebig viele erzeugt, und tatsächlich sind unzählige Methoden vorgeschlagen und erprobt worden. Doch die Behauptungen mancher Mathematiker, Profis wie auch Amateure, sie hätten eine Zauberformel für Primzahlen entdeckt, haben sich bislang stets als unzutreffend erwiesen. Ein paar Beispiele mögen dies illustrieren.

Erstes Beispiel. Euklids Beweis könnte vielleicht eine Möglichkeit sein, Primzahlen zu gewinnen: Man multipliziere alle Primzahlen bis zu einer bestimmten Größe miteinander und addiere dann 1. Ist das Resultat dann immer eine Primzahl? Die ersten fünf experimentellen Nachprüfungen scheinen das zu bestätigen – aber dann kommt das Gegenbeispiel:

$$2 \cdot 3 \cdot 5 \cdot 7 \cdot 11 \cdot 13 + 1 = 30\,031 = 59 \cdot 509.$$

Und die nächsten vier Zahlen, die wir in der beschriebenen Weise erhalten, sind ebenfalls zusammengesetzt. (Dass in Euklids Beweis die Zahl N nicht notwendig eine Primzahl ist, ändert nichts an der Richtigkeit der Beweisführung, da die Ausgangsannahme ja nicht gilt. Außerdem: Wenn eine derartige Zahl N zusammengesetzt ist, muss jeder Faktor größer sein als die *größte Primzahl* p, die zur Konstruktion von N verwendet wurde – da N ja durch keine der Primzahlen 2 bis p teilbar ist.)

Zweites Beispiel. Im Jahre 1640 glaubte der französische Rechtsanwalt und Amateurmathematiker Pierre de Fermat (der uns im nächsten Abschnitt wieder begegnen wird), eine Primzahlformel gefunden zu haben, nämlich

$$2^{2^n} + 1;$$

in Worten: zwei hoch einer Potenz von zwei plus eins (oder: zwei hoch zwei hoch n plus eins). Für n = 1, 2, 3 und 4 liefert sie tatsächlich Primzahlen. Für n = 3 lautet sie

$$2^{2^3} + 1 = 2^8 + 1 = 256 + 1 = 257,$$

und für n = 4 kommt 65 537 heraus. Fermat war zwar davon überzeugt, dass seine Formel stets eine Primzahl als Ergebnis haben würde, doch beweisen konnte er es nicht. Erst hundert Jahre später errechnete der Schweizer Mathematiker Leonhard

Euler Fermats Formel für $n = 5$ und erhielt eine Zahl, die durch
641 teilbar ist: die Widerlegung der Ansicht, alle so gewonnenen
»Fermatzahlen« seien prim. Obwohl die Ergebnisse für $n = 6$ und
$n = 7$ ebenso enttäuschend sind, bleibt dennoch bemerkenswert,
dass sich unter den Fermatzahlen auffallend viele Primzahlen befinden: Handelt es sich um eine Art optischer Täuschung, oder
hat dies einen Grund?

Drittes Beispiel. Gelegentlich zeigen sich spannende Muster
beim Versuch, Primzahlen aufzufinden. So sieht die Folge 7, 37,
337, 3 337, 33 337, 333 337 recht viel versprechend aus, denn
ihre Glieder sind allesamt Primzahlen. Doch der nächste Schritt
macht alle Hoffnungen zunichte: Die Zahl 3 333 337 ist das Produkt der Faktoren 7, 31 und 15 361. Derartige Muster führen in
die Irre.

Viertes Beispiel. Einfache Ausdrücke oder Formeln, die nur
Primzahlen generieren sollen, haben ebenfalls nicht zum Ziel geführt. So erzeugt zum Beispiel der Ausdruck $n^2 - 79n + 1601$
Primzahlen für alle ganzen Zahlen n von 0 bis 79; er versagt
jedoch bei $n = 80$. (Wie Mathematiker gezeigt haben, gibt es wohl
eine positive reelle Zahl r, für die der Ausdruck

$$r^{3^n},$$

abgerundet auf ganzzahlige Werte, für jede natürliche Zahl n nur
Primzahlen liefert, aber es handelt sich hierbei um einen reinen
Existenzbeweis, der keinerlei konkrete Konstruktionsangabe
enthält. Man weiß nichts über die Zahl r – außer, dass es sie geben muss.)

Die Primzahlen zeigen ein merkwürdiges Verhalten und sind
anscheinend zufällig unter den natürlichen Zahlen verstreut. Mal
treten Häufungen auf, mal Verdünnungen. Keine bisher bekannte Regel vermag dieses Phänomen zu erklären. Don Zagier, einer
der erfahrensten amerikanischen Zahlentheoretiker und Wissenschaftliches Mitglied am Max-Planck-Institut für Mathematik in

Bonn, beurteilt den schizophrenen Charakter der Primzahlen wie folgt:

Einerseits »gehören sie trotz ihrer einfachen Definition zu den willkürlichsten, widerspenstigsten Objekten, die der Mathematiker überhaupt studiert. Sie wachsen wie Unkraut unter den natürlichen Zahlen, scheinbar keinem anderen Gesetz als dem Zufall unterworfen, und kein Mensch kann voraussagen, wo wieder eine sprießen wird, noch einer Zahl ansehen, ob sie prim ist oder nicht.«

Andererseits aber und ganz im Gegenteil dazu »zeigen die Primzahlen die ungeheuerste Regelmäßigkeit auf und sind durchaus Gesetzen unterworfen, denen sie mit fast peinlicher Genauigkeit gehorchen«.

So gibt es zwar zahlreiche Abschätzungen, beispielsweise wie viele Primzahlen bis zu einer bestimmten Größe n vorkommen (dies ist der Inhalt des »Primzahlsatzes«[4], auf den ich nicht näher eingehe), doch benötigt man ganz besondere Netze, um sie konkret einzufangen. Hierfür erdachte Euklids Landsmann Eratosthenes von Cyrene um 250 v. Chr. eine Methode, die als »Sieb des Eratosthenes« in die Annalen der Mathematik eingegangen ist – ein simples, noch heute benutztes Verfahren. Es erzeugt eine Liste aller Primzahlen bis zu einer Größe n, indem zusammengesetzte Zahlen, das heißt Vielfache von Primzahlen (bis n), eliminiert werden. Dies ist, vor allem für sehr große n, ein langwieriges Verfahren. Da es aber keine zuverlässige Formel gibt, die Primzahlen und nur Primzahlen beliebiger Größe erzeugt, müssen die Zahlentheoretiker wohl das Sieb benutzen – mit mehr oder weniger Geschick.

Die Primzahlen haben also bisher allen Versuchen getrotzt, ihnen exakt berechenbare Plätze in der natürlichen Zahlenfolge zuzuordnen. Wie bereits erwähnt, sind sie immer »dünner gesät«[5], je weiter wir in der Folge der natürlichen Zahlen fortschreiten. Trotzdem scheinen zahlreiche nahe liegende Eigenschaften, oft in Gestalt von Vermutungen, darauf hinzudeuten, dass die

Primzahlen geheimnisvollen Gesetzen unterworfen sind. Ein paar Beispiele berühmter Vermutungen sollen illustrieren, was damit gemeint ist.

Primzahlen treten immer wieder in Form von Paaren aufeinander folgender ungerader Zahlen auf: 3 und 5; 5 und 7; 11 und 13; 17 und 19; 29 und 31; 41 und 43; aber auch 209 267 und 209 269 und so weiter. Statistische Argumente sprechen dafür, dass es unendlich viele derartige *Primzahlzwillinge* gibt. Diese Vermutung konnte bis heute nicht bewiesen werden. Stattdessen wird nach möglichst großen Zwillingen gefahndet. Primzahlzwillinge sind viel seltener als einfache Primzahlen. In der Größenordnung der Rekorde schätzen Zahlentheoretiker den Abstand zwischen zwei Paaren auf 550 Millionen. Dagegen dürfte dort der mittlere Abstand zwischen zwei benachbarten einfachen Primzahlen von der Größenordnung 17 000 sein.

Ein anderes berühmtes Beispiel ist die Goldbach'sche Vermutung, die der deutsche Mathematiker Christian Goldbach 1742 in einem Brief an Leonhard Euler formulierte. Sie besagt, dass jede gerade Zahl als Summe zweier Primzahlen dargestellt werden kann. Seit mehreren hundert Jahren zerbrechen sich nun die Primzahltheoretiker den Kopf über diese Vermutung. Halten wir uns die einfachen Gegebenheiten vor Augen: Einerseits ist jede zweite Zahl gerade, andererseits wird der durchschnittliche Abstand zwischen zwei benachbarten Primzahlen immer größer – und trotzdem soll jede zweite Zahl Summe von nur zwei Primzahlen sein.

Die eben formulierte Behauptung heißt »starke Goldbach'sche Vermutung«. Es gibt aber auch die »schwache Goldbach'sche Vermutung«, der zufolge sich jede ungerade Zahl größer als 7 als Summe dreier (nicht notwendig verschiedener) ungerader Primzahlen darstellen lässt. Der sowjetische Zahlentheoretiker I. M. Winogradow (1891 bis 1983) konnte zwar im Jahre 1937 zeigen, dass jede »genügend große« ungerade natürliche Zahl die Summe von drei Primzahlen ist; er konnte aber nicht genau angeben, wie groß »genügend groß« sein soll. Erst 1956 gelang es einem seiner Studenten, K. W. Borodzin, eine konkrete Schranke zu schätzen. Sie ist jedoch so gigantisch, dass selbst modernste Rechenanlagen nicht ausreichen, um die verbleibenden endlich vielen Fälle nachzuprüfen. (Sogar die meisten »kleinen« Mammutzahlen mit hundert Stellen liegen für Computerprüfungen wegen des erforderlichen Zeitaufwands jenseits des Erreichbaren. Ein Superrechner, der pro Sekunde mehrere Milliarden Operationen durchführen könnte, benötigte ein Vielfaches des uns bekannten Alters des Universums.) Da es aber nur endlich viele Ausnahmen geben kann, wird die schwache Vermutung somit als »im Wesentlichen« bewiesen angesehen.

Die starke Version scheint wesentlich hartnäckiger zu sein. Der chinesische Mathematiker J. R. Chen konnte 1966 zeigen, dass alle hinreichend großen natürlichen Zahlen als Summe einer Primzahl und einer weiteren Zahl darstellbar sind, wobei diese zweite Zahl entweder selbst eine Primzahl oder aber Summe zweier Primzahlen ist. Die Einkreisung schreitet voran.

Dennoch: Seit 1931 sind Zweifel angebracht, ob sich gewisse zentrale Fragen im Zusammenhang mit Primzahlen überhaupt je beantworten lassen. Bis zu diesem Zeitpunkt herrschte der Glaube vor, jede Behauptung in einem wohldefinierten mathematischen Rahmen könne grundsätzlich geprüft werden. Aber dann wies der österreichische Logiker Kurt Gödel nach, dass die Zahlentheorie eine prinzipiell unvollkommene Wissenschaft ist, da sie zu Aussagen führt, die mit ihren Mitteln weder bewiesen noch widerlegt werden können – Sätze, die den Namen *unentscheidbare Aussagen* erhielten. Solche Aussagen zu den Grundfesten, Postulaten oder Axiomen des Systems hinzuzunehmen hilft nichts, weil dann das erweiterte System wiederum unentscheidbare Aussagen liefert, die einem entgleiten. Darüber hinaus folgt aus Gödels Arbeit, dass wir in manchen Fällen noch nicht einmal wissen können, ob eine Aussage unentscheidbar ist oder nicht! Ein Abgrund hatte sich aufgetan, eine grundsätzliche Ungewissheit kehrte in die Mathematik ein, und die Fachwelt musste lernen, damit zu leben. Vielleicht fällt die Vermutung, dass es unendlich viele Primzahlzwillinge gibt, in ein solches Gödel'sches Loch – was wir möglicherweise wiederum prinzipiell gar nicht nachweisen können. Vielleicht droht dieses Schicksal sogar der starken Goldbach'schen Vermutung.

Im Epilog werde ich weiter auf den so genannten *Unvollständigkeitssatz* von Kurt Gödel und auf seine Schwindel erregenden Konsequenzen eingehen.

Das Vermächtnis des professionellen Amateurs

Pierre de Fermat (1601 bis 1665), Sohn eines Händlers, erhielt zu Beginn des siebzehnten Jahrhunderts in Toulouse eine juristische Ausbildung. Fast selbständig schuf er das Fundament der Theorie der ganzen Zahlen. Er war so kreativ und gut, dass er einen Vergleich mit den besten professionellen Mathematikern seiner Zeit nicht zu scheuen brauchte. Deshalb hat ihm so mancher Historiker der Mathematik einen Platz unter den großen Amateuren verweigert. Fermat hat sich keineswegs nur auf die Zahlentheorie beschränkt: Einige seiner Arbeiten haben die Grundgedanken der Differenzial- und Integralrechnung sowie der Wahrscheinlichkeitsrechnung vorweggenommen.

Unter seinen unvergänglichen Resultaten in der Zahlentheorie befindet sich eines, dem zufolge jede Primzahl der Form $4n+1$ eine Summe von zwei Quadraten ist. Zum Beispiel ist 137 eine Primzahl dieser Form ($4 \cdot 34 + 1 = 137$), und tatsächlich: 137 lässt sich als Summe der beiden Quadrate 11^2 und 4^2 schreiben. Die beiden kleinsten Primzahlen der Form $4n+1$ sind 5 und 13, und wiederum gilt $5 = 2^2 + 1^2$ und $13 = 3^2 + 2^2$.

Einem anderen unvergänglichen Resultat werden wir bei der
»Großjagd auf Monster« begegnen: dem so genannten kleinen
Fermat'schen Satz, Urvater der meisten heutigen Primzahltests.
Fermats Ruhm beruht auf seiner Korrespondenz mit anderen Mathematikern; er selbst hat sehr wenig veröffentlicht. Bei
seinem Tod hinterließ er eine Menge Sätze, deren Beweise, wenn
überhaupt, nur ihm bekannt waren. Den berüchtigsten von ihnen (den *großen* oder *letzten Fermat'schen Satz*, wie er später genannt
wurde) kritzelte er als Randnotiz in sein eigenes Exemplar der
»Arithmetica« von Diophant[2]:

> »Es ist unmöglich, einen Kubus in zwei Kuben, eine vierte
> Potenz in zwei vierte Potenzen oder allgemein irgendeine
> höhere als die zweite Potenz in zwei von derselben Art zu
> zerlegen. Ich habe dafür einen wahrhaft wunderbaren Be-
> weis entdeckt – der auf diesem Rand nicht Platz findet.«

Das war im Jahre 1637. Was wir heute über den großen Fermat'schen Satz wissen, erfordert Methoden, die im 17. Jahrhundert unmöglich zur Verfügung gestanden haben können. War
nun Fermats Behauptung, er habe einen Beweis gefunden, eine
Selbsttäuschung oder ein Riesenbluff? Oder hatte er tatsächlich
etwas gesehen, was seitdem jedem entgangen ist? Irgendwie unfair ist es schon, nur zu behaupten, man habe einen wunderbaren
Beweis, und dann zu sterben. Doch dessen ungeachtet hat die
fast beiläufige Randbemerkung Fermats eine ungeheure mathematische Entwicklung in Gang gesetzt.

Ausgangspunkt seiner Überlegungen waren die von Diophant
behandelten pythagoräischen Tripel ganzer Zahlen, die die Sei-
tenlängen eines rechtwinkligen Dreiecks bilden. Seit Urzeiten
war bekannt, dass ein Dreieck, dessen Seiten drei, vier und fünf

---

[2] Diophant aus Alexandria (um 250) ist der erste Zahlentheoretiker der Mathematikgeschichte. Heutzutage gebrauchen wir den Ausdruck *diophantische Gleichung* für eine Gleichung, deren Lösungen in ganzen Zahlen gesucht werden.

Einheiten lang sind, einen rechten Winkel besitzt. Unter Benutzung des Satzes von Pythagoras (sechstes Jahrhundert v. Chr.) läuft das allgemeine Problem darauf hinaus, ganze Zahlen a, b und c zu finden, so dass $a^2 + b^2 = c^2$ ist – wie es für die Zahlen 3, 4 und 5 gilt: $3^2 + 4^2 = 5^2$ oder $9 + 16 = 25$. Bereits eine altbabylonische Tafel, zwischen etwa 1900 und 1600 v. Chr. entstanden, zählt fünfzehn solcher Tripel auf, die zweifellos durch Probieren gefunden wurden. Diophant packt das allgemeine Problem an, erfindet als durchaus gewitzter und kluger Virtuose eine Vielfalt von Methoden, doch vermag er deren inneres Wesen nicht zu entdecken, so dass ihm der Weg zu einer allgemeinen Erkenntnis verschlossen bleibt. Heute wissen wir, dass es unendlich viele Lösungen gibt – und wir können sie auch explizit angeben.

Während sich Fermat mit Diophants pythagoräischen Zahlentripel befasste, muss er begonnen haben, über das analoge Problem hinsichtlich Kuben, vierte Potenzen und so fort nachzudenken, das heißt, über die *Fermat'sche Gleichung*

$$x^n + y^n = z^n \ (x, y, z \ \text{und} \ n \ \text{ganz}, n \geq 3).$$

Wir wissen dies aufgrund der oben erwähnten Randnotiz, die behauptet, es gebe für n > 2 *keine* Lösungen in ganzen Zahlen. Es ist nicht schwer zu zeigen, dass es ausreicht, dies für n = 4 und für *jede* (ungerade) Primzahl n zu beweisen.

Eine Skizze von Fermats Beweis für n = 4 ist überliefert. Leonhard Euler hat 1780 den Fall n = 3 gelöst. In den darauf folgenden fünfzig Jahren gelang der Nachweis für die Zahlen 5, 7 und 13, und dabei blieb es dann vorerst. Keiner der vielen Versuche, den Beweis auf weitere Werte zu erstrecken, führte zum Erfolg. Auch Carl Friedrich Gauß scheiterte daran und musste bekennen[3]:

---

[3] Brief vom 2. August 1817 an Heinrich Olbers.

»Ich gestehe, dass das Fermat'sche Theorem als isolierter Satz für mich wenig Interesse hat, denn es lassen sich eine Menge solcher Sätze leicht aufstellen, die man weder beweisen noch widerlegen kann.«

Aus der Sicht der Berufsmathematiker (auf die Amateurmathematiker komme ich gleich noch zu sprechen) gleicht die Geschichte der Fermat'schen Gleichung einem langen, immer abstrakter werdenden Krimi, der mehr und mehr Einsichten in die innere Einheit und Ordnung der diophantischen Gleichungen offenbarte.

Unzählige Arbeiten zum Problem, vor allem aus der so genannten algebraischen Geometrie, ausgeführt von Mathematikern, die zu den berühmtesten ihrer Zunft zählen und doch der Öffentlichkeit weitgehend unbekannt geblieben sind (Joseph Liouville, Ernst Kummer, Lewis Mordell, Axel Thue, Carl Siegel, André Weil, Pierre Deligne, Igor R. Schafarewitsch, John Tate und andere), ließen die Spannung über ein Jahrhundert lang ansteigen, bis schließlich der achtundzwanzigjährige Deutsche Gerd Faltings 1983 die (1922 aufgestellte) Mordell'sche Vermutung bewies, die in einem einzigen Spezialfall zur Folge hat, dass es für jedes n größer als zwei nur *endlich* viele Lösungen (wenn überhaupt welche) der Fermat'schen Gleichung gibt. Endlich viele können aber Milliarden von Lösungen für jedes n bedeuten, was nicht dasselbe ist wie gar keine – gemäß Fermats Behauptung. Auf dem Weg zu ihrem vollständigen Beweis klaffte also noch eine Lücke.

Mitte der achtziger Jahre machte sich der britische Mathematiker Andrew Wiles daran, die Lücke zu schließen. Seit seiner Kindheit war er von Fermats letztem Satz geradezu besessen gewesen. Mehr als sieben Jahre lang versenkte er sich in seinem Büro auf einem Dachboden in abstrakte Grübeleien, ohne der Fachwelt von seinen einsamen Aktivitäten zu berichten. Derartige Geheimniskrämerei ist unter Mathematikern äußerst ungewöhnlich, Wiles musste ihretwegen harsche Kritik einstecken. Bei diesem gigantischen Unterfangen stützte er sich auf die Arbeiten renommierter Kollegen wie Yutaka Taniyama, Gerhard Frey, Kenneth Ribet, Robert Langlands, Matthias Flach, Berry Mazur und andere: Größen auf dem Gebiet der algebraischen Geometrie, deren Namen Nichtmathematikern genauso wenig sagen wie die vorangegangenen.

Dann, im Juni 1993, ist es soweit. Wiles, an der Universität von Princeton in den Vereinigten Staaten tätig, wählt seine englische Heimatstadt Cambridge für einen dreitägigen Auftritt vor einigen Experten seiner Zunft. Titel des Vortrags: »Modular Forms, Elliptic Curves and Galois Representations«. Kein Hinweis auf Fermats Satz. Die Gäste können zu Beginn nur spekulieren. Erst am Ende des dritten Tages schlussfolgert Wiles, er habe gerade einen allgemeinen Fall der Vermutung von Taniyama bewiesen, und bemerkt schließlich fußnotenartig, dies bedeute wohl, dass Fermats letzter Satz richtig sei. Q.E.D. – was zu beweisen war. Das ist die Bombe. Kurze Stille, dann Applaus, Kameras, Fragen und wieder Jubel in dieser historischen Stunde. Wiles, vierzig Jahre alt, ist mit einem Schlag berühmt. Wer eine Jahrzehnte oder Jahrhunderte alte Vermutung beweist, gleicht einem Astronauten, der als erster einen fremden Himmelskörper betritt.

Die Geschichte geht jedoch weiter. In den darauf folgenden Wochen werden mehrere kleine Fehler gefunden, die Wiles sofort korrigieren kann. Dann aber, im Herbst 1993, weist ein Fachlektor darauf hin, dass eine Behauptung nicht begründet sei; mitten im Beweis muss eine bestimmte Abschätzung validiert werden. Die Rechnung scheint zwar intuitiv richtig, doch damit ist sie noch keineswegs bewiesen. (Im Kapitel »Menschenverstand, Logik und Beweis« haben wir gesehen, dass aus einer falschen Prämisse *alles* gefolgert werden kann.) Die Lücke in Wiles' Argumentation entpuppt sich als vertracktes Problem – schöne Pleite! Erfolg und Scheitern liegen oft ganz nah beisammen. Wie viele haben zehn, zwanzig oder gar mehr Jahre ihres Lebens einer Beweisführung geopfert, die sich schließlich als Irrweg erwies!

Wiles kehrt in seine Dachkammer zurück und macht sich wieder an die Arbeit, unterstützt von Richard Taylor, einem seiner ehemaligen Studenten. Es geht um alles oder nichts. Zögernd und auf schmalem Grat sich mühsam vortastend, riskieren sie ständig den Sturz in einen Abgrund, aus dem es kein Zurück mehr gibt. Das Ziel klar vor Augen, versuchen sie alles aufzubieten, um eine begehbare Brücke zu schlagen. Angst und Spannung begleiten sie: Was werden sie als nächstes entdecken? Wird die Konstruktion halten oder zusammenbrechen wie die vorigen? Dieses Alles-oder-nichts, das die unerbittlichen Anforderungen an einen Beweis illustriert, kann es so nur in der strengen Disziplin der Mathematik geben.

Ende 1994 ist die Gratwanderung schließlich geschafft, die Denklücke scheint behoben. Diesmal erhalten die interessierten Kollegen vorab ein Exemplar der vollständigen Arbeit. »Ein mathematisches Drama mit einem ruhigen Beginn und einem turbulenten Höhepunkt« urteilt die New York Times vom 31. Januar 1995. Eine fast zehnjährige intensive Anstrengung mündet in einen über zweihundert Seiten füllenden Beweis. Darin vervollständigt Wiles eine Kette kühnster Ideen, die weit über den bewiesenen Satz hinausgehen und die innere Schönheit abstrakter Strukturen, abgeleitet aus den »gottgegebenen« natürlichen Zahlen eins, zwei, drei und so fort, offenbaren. Manche sehen dieses Werk als einen großen Schritt in Richtung einer *Grand Unified Theory of Mathematics* – einer grandiosen Universaltheorie, auf der alle Mathematik beruht.

Vielleicht fragen Sie jetzt: Und was hat uns der Beweis des Fermat'schen Satzes *konkret* gebracht? Die Antwort ist einfach: Nichts! Oder, differenzierter gesagt, etwa soviel wie eine schöne Plastik, eine komplexe Sinfonie oder das Wissen über die Spinnenarten auf unserer Erde. Kultur hat keinen bezifferbaren Nutzen. Darum ist auch die Frage, warum die Arbeiten von Gerd

Faltings oder Andrew Wiles die Fachwelt in Entzücken versetzen, kaum objektiv zu beantworten. Zweifellos hat dies mit Bewunderung und Freude zu tun: Bewunderung intelligenter Leistung und Freude an der freien Schöpfung des menschlichen Geistes.

Wer dennoch auf die Frage nach dem konkreten Nutzen der Mathematik und ihrer Fiktionen besteht, kann beruhigt werden. Zum Beispiel erweisen sich große Primzahlen bei der Erhöhung der Sicherheit von Kryptosystemen als sehr nützlich. Ein anderes, noch viel wichtigeres Beispiel: Wurde von unseren Vorfahren die Erfindung der so genannten *komplexen Zahlen* noch als »unmöglich« und »nutzlos« deklariert, so bildet sie heute das mathematische Rückgrat bei Anwendungen in Elektrotechnik, Aerodynamik, Flüssigkeitsmechanik und Quantentheorie. Die Liste der Beispiele ehemals reiner Fiktionen, die heute konkrete und nützliche Anwendung erfahren, könnte fast beliebig fortgesetzt werden. So gesehen, ist das intellektuelle Spiel mit Fiktionen eine der wirksamsten Formen des Vorausdenkens. Mathematiker sind geistige Werkzeugmacher.

Allerdings streiten sie nicht selten selbst am hartnäckigsten die Nützlichkeit ihrer Wissenschaft ab. In seinem Buch »A Mathematician's Apology« schreibt der große britische Mathematiker Godfrey Harold Hardy (1877 bis 1947):

»Ich habe nie etwas gemacht, das ›nützlich‹ gewesen wäre. Für das Wohlbefinden der Welt hatte keine meiner Entdeckungen – ob im Guten oder im Schlechten – je die geringste Bedeutung, und daran wird sich vermutlich auch nichts ändern.«

Und an anderer Stelle:

»Die wahre Mathematik hat keine Auswirkungen auf den Krieg. Noch niemand hat bis jetzt einen wie auch immer gearteten kriegerischen Zweck der Zahlentheorie oder der

Relativitätstheorie entdecken können, und es ist sehr unwahrscheinlich, dass dies in den nächsten Jahren geschehen
wird.«

Dies schrieb Hardy im Jahre 1940. Nur fünf Jahre später wurde
seine Aussage über die nichtkriegerische Anwendung der Relativitätstheorie mit dem Einsatz der ersten Atombomben auf
schreckliche Weise widerlegt. Was die Zahlentheorie, sein anderes Beispiel, betrifft, so stellt dieser »nutzlose« mathematische
Bereich heute die Sicherheitssysteme für die Überwachung der
zahlreichen Nuklearraketen bereit. Hardy, der reinste der reinen
Mathematiker, hat sich geirrt, und seine »reine« Disziplin hat
schon längst ihre Unschuld verloren.

Ein berühmtes Problem, der große Fermat'sche Satz, ist gelöst
– futsch und perdu. Aber keine Angst, den Mathematikern werden die großen Probleme nicht ausgehen! Würdige Kandidaten
warten zuhauf. Einer davon, dem letzten Fermat'schen Satz mindestens ebenbürtig und allgemein sogar als *das* hervorragendste
Problem in der Mathematik angesehen, ist die Riemann'sche Vermutung.[6]

Fermatisten, Goldbachvermuter, Primzwillingsforscher

Müssen schon besonders talentierte Berufsmathematiker all ihr
Wissen, ihre Kreativität und ihre intellektuelle Hartnäckigkeit bei
Problemen aufbieten, die leicht verständlich und daher scheinbar
einfach sind, dann fällt es schwer zu glauben, dass Amateurmathe-
matiker überhaupt die geringste Chance haben könnten, solche
Probleme zu lösen. Ganz auszuschließen ist dies freilich niemals,
wie die Geschichte zeigt, und vielleicht sind es gerade deshalb die
Hobbymathematiker, die sich mit der größten Verbissenheit ins

Zeug legen. Wenn man besonders die Eifrigen unter ihnen nicht davon überzeugen kann, dass sie nicht bewiesen haben, was sie bewiesen zu haben glauben, werden sie manchmal wunderlich. Wunderliche Leute sind aber nicht zwangsläufig Spinner, sie sind nur in einigen Bereichen blind.

Heute wissen wir, dass der Beweis des großen Fermat'schen Satzes wesentlich mehr als nur »elementare« Überlegungen erfordert. Dies spricht dafür, dass Fermat, als er seine Randbemerkung schrieb, höchstwahrscheinlich einer Selbsttäuschung erlegen war. Es bedeutet auch, dass die unzähligen Fermatisten, die für sich reklamiert haben, sie hätten diesen Satz bewiesen, einem Irrtum aufgesessen sind. Unmengen entsprechender Arbeiten sind im Laufe der Zeit bei mathematischen Instituten eingereicht worden, die sich jetzt aber immerhin hinter Wiles' Beweis verschanzen können.

Es wird jedoch immer Käuze und Wunderlinge geben, die die erreichten Resultate nicht zur Kenntnis nehmen und statt dessen die Welt mit ihren eigenen geistigen Produkten beglücken wollen. Der Stamm der Kreisquadrierer, Winkeldreiteiler und Würfelverdoppler[4] legt Zeugnis davon ab – obwohl seit langem feststeht, dass diese Operationen (mit Zirkel und Lineal) prinzipiell unmöglich sind. Einige meinen sogar, Euklids fünftes (Parallelen-) Axiom bewiesen zu haben, das sich vor mehr als hundertfünfzig Jahren zweifelsfrei als unabhängig erwiesen hat, das heißt, als nicht ableitbar aus den übrigen Axiomen.

Warum sollte es in der Mathematik (oder, besser gesagt, an deren Rand) anders zugehen als in anderen Bereichen, die ebenfalls die menschliche Phantasie anregen? Es ist letztlich nicht anders

---

[4] Bei der Quadratur des Kreises geht es darum, mit Zirkel und Lineal ein Quadrat zu konstruieren, das einem gegebenen Kreis inhaltsgleich ist. Die genaue Dreiteilung eines beliebigen Winkels mit Zirkel und Lineal ist ebenfalls nicht möglich. Bei der Würfelverdopplung geht es darum, einen Würfel allein mit Zirkel und Lineal zu konstruieren, der das doppelte Volumen eines vorgegebenen Würfels hat.

als bei sonderbaren Theorien über das Weltall, zum Beispiel der
»Welteislehre« aus den dreißiger Jahren, bei abstrusen Widerle-
gungen der Darwin'schen Evolutionstheorie oder bei Nachweisen von Ufos: Natürlich sind das Realitäten – im Geist gewisser
Menschen –, aber Realitäten, die intersubjektiv und logisch nicht
nachvollziehbar sind. Auch die klassischen, volkstümlichen Ge-
winnsysteme bei Glücksspielen wie Roulette gehören zu den
hartnäckigen menschlichen Einbildungen.

Bei anderen, noch nicht gelösten Problemen, die ebenfalls
leicht verständlich und daher scheinbar einfach sind, brodelt die
Küche der Exzentriker um so aktiver. Beispielsweise spornt die
Goldbach'sche Vermutung oder die Frage, ob es unendlich viele
Primzahlzwillinge gibt, immer noch Heerscharen von Amateuren an, »Beweise« zu finden und, viel schlimmer noch, sie auch
bekannt zu geben. Manchmal sind die Fehler in ihren Vorschlä-
gen klar ersichtlich, aber oft sind die Arbeiten der Sonderlinge so
abgefasst, dass vollkommen unklar ist, was sie meinen. Es fällt
mir nicht schwer, auf derartige Beispiele zu verzichten. Gern
verweise ich den interessierten Leser auf das höchst amüsante
Buch »Mathematik zwischen Wahn und Witz« von Underwood
Dudley.

Großjagd auf Monster

Die Jagd auf große Primzahlen hat ihre eigene Geschichte. Bis
1951 enthielt das Verzeichnis der Primzahlentdecker nur eine
Handvoll Namen, beginnend mit Leonardo da Pisa, genannt Fi-
bonacci, der im Jahr 1202 eine Tabelle der Primzahlen von 11 bis
97 zusammengestellt hatte. Dann folgte Pietro Cataldi, der 1588
zwei sechsstellige Primzahlen fand. Den Rekord hielt ein drei-
viertel Jahrhundert lang der französische Mathematiker Édouard
Lucas mit seiner 1867 per Hand ermittelten Primzahl $2^{127} - 1$. In

Dezimaldarstellung ausgeschrieben, umfasst sie neununddreißig Stellen:

$$2^{127} - 1 = 170\ 141\ 183\ 460\ 469\ 231\ 731\ 687\ 303\ 715\ 884\ 105\ 727.$$

Als das Computerzeitalter anbrach, purzelten die Rekorde nur so. Heute bringen Primzahlen, die nicht aus mindestens tausend Ziffern bestehen, ihren Entdeckern keine Erwähnung mehr ein.

Stellen bis 1951 die Trophäen der Primzahljagd eher Nebenprodukte der Bemühungen dar, die geheimnisvolle Primzahlverteilung zu erhellen, so hat die Fahndung mit dem Einsatz der Supercomputer eine sportliche Note bekommen – die jedoch nicht in Vergessenheit geraten lassen sollte, dass dabei häufig wertvolle Forschung auf dem Gebiet der Programmierung betrieben wird.

Heute, im Zeitalter der weltweiten Vernetzung von Computern, ließe sich die Sucharbeit auf Hunderte oder Tausende PCs verteilen – sagten sich schlaue Primzahljäger, dachten sich als Werkzeug »The GREAT Internet Mersenne Prime Search« aus und bliesen zur fröhlichen Pirsch auf der Datenautobahn. Im Internet holt man sich dafür ein Programm nebst einem Intervall, einer langen Zahlenliste – und auf geht's. Das Programm wird gestartet und prüft nun jede Zahl aus dem Intervall daraufhin, ob sie prim ist oder nicht. Das kann Monate dauern. Wer von den angebotenen Intervallen eines erwischt hat, in dem sich eine Primzahl versteckt, gilt als ihr Entdecker und erhält einen Eintrag im Verzeichnis der Primrekorde. So wird aus der Primzahlsuche ein Glücksspiel. Es mag durchaus spannend sein, ist aber sicher nicht jedermanns Geschmack, nur Lotterielose zugeteilt zu bekommen und – auf eigene Kosten – passiv nachrechnen zu lassen, ob ein »Glückstreffer« dabei ist.

Selbst die meisten »kleinen« Mammutzahlen mit hundert Stellen liegen, wie erwähnt, für Computerprüfungen wegen des erforderlichen Zeitaufwands jenseits des Erreichbaren. Es gibt jedoch Ausnahmen: Mammutzahlen, die eine besondere, einfache Struktur besitzen. Für sie kann die Entscheidung »prim oder nicht prim« mit Hilfe des einen oder anderen speziellen Verfahrens in relativ kurzer Zeit gefällt werden. Das erfolgreichste prüft einen Zahlentyp, auf den der französische Mönch Marin Mersenne zu Beginn des siebzehnten Jahrhunderts aufmerksam gemacht hat. Diese Mersennezahlen haben die Form $2^p - 1$, worin p eine Primzahl ist, und sind selbst oft Primzahlen. Mit der Primzahl p = 5 ist zum Beispiel $2^5 - 1 = 31$ eine Mersennezahl, die selbst prim ist.

Hingegen ist $2^{11} - 1 = 2\,047$ nicht prim, da 2 047 die beiden Faktoren 23 und 89 hat. Ob eine – auch sehr große – Mersennezahl prim ist, erweist eine 1876 von Édouard Lucas erfundene und seither mehrfach verbesserte Prüfmethode. Darum sind die Primzahlen, die in der Rekordliste stehen, fast ausschließlich Mersennezahlen.

Nehmen wir die Riesenzahl $2^{1\,257\,787} - 1$. Wenn wir die 2 genau 1 257 787 Mal mit sich selbst multiplizieren und davon 1 abziehen, erhalten wir in Dezimalschreibweise eine Zahl mit 378 632 Stellen, die ein paar hundert Seiten dieses Buches füllen würde. Ist nun $2^{1\,257\,787} - 1$ prim?

Natürlich könnte ein Großprimzahljäger die zu untersuchende Zahl N hinschreiben und diese, mit 2 beginnend, durch alle weiteren Primzahlen, die kleiner als die Quadratwurzel von N sind, zu teilen versuchen. Teilt keine von ihnen die Ausgangszahl ohne Rest, dann muss N eine Primzahl sein. (Sollte die Zahl N zusammengesetzt sein, enthielte sie mindestens zwei Faktoren, von denen einer zwangsläufig nicht größer wäre als die Quadratwurzel von N.)

Diese Methode liefert uns die Faktoren, falls N zusammengesetzt ist. Gefragt wurde jedoch nur, ob N prim ist oder nicht. Die Divisionsmethode liefert also mehr Information, als zur Beantwortung der gestellten Frage notwendig ist. Deshalb ist es sinnvoll, Techniken zu suchen, die die Primzahleigenschaft wirksam und ökonomisch testen – ohne gleichzeitig die Faktoren zu ermitteln.

Bereits im siebzehnten Jahrhundert lieferte der Jurist und professionelle Amateurmathematiker Pierre de Fermat die Grundlage für Primzahltests, die ohne Faktorisierung auskommen. Alle heute bekannten schnelleren Tests sind Nachkommen dessen, was man den *kleinen Fermat'schen Satz* nennt. Eine Version dieses Satzes besagt folgendes: Ist p prim und n irgendeine nicht durch p teilbare natürliche Zahl, so ist der Ausdruck $n^p - n$ ein Vielfaches von p. Mit anderen Worten, p ist dann ein Faktor von $n^p - n$. Setzen wir beispielsweise $p = 7$ und $n = 3$, so folgt aus dem Satz, dass $3^7 - 3 = 2\,184$ durch 7 teilbar ist.[5]

Dieser Satz, dessen Beweis nur ein paar Zeilen lang ist, ist ein Meisterstück des Scharfsinns und hat erstaunliche Konsequenzen. Er erlaubt es, Eigenschaften gewisser Mammutzahlen festzustellen, die sich in Dezimalschreibweise nicht darstellen lassen. Im Jahre 1996 wurde nachgewiesen, dass die vorhin erwähnte Riesenzahl $2^{1\,257\,787} - 1$ (übrigens eine Mersennezahl) prim ist. Daraus können wir nun schließen, dass eine so unvorstellbar große Zahl wie

$$3^{(2^{1\,257\,787}-1)} - 3$$

durch $2^{1\,257\,787} - 1$ ohne Rest teilbar ist! Kein physikalischtechnisch denkbarer Computer wird jemals mit einer derart enormen Zahl umgehen können. Dennoch sind die Mathematiker in der Lage, einige ihrer speziellen und interessanten Eigenschaften ans Tageslicht zu fördern – allein mit Hilfe deduktiv gewonnener

---

[5] Vergegenwärtigen wir uns, dass wir beim Ausdruck $n^p - n$ den Faktor n ausklammern können, so dass wir, gleichwertig, $n \cdot (n^{p-1} - 1)$ erhalten. Da p nach Voraussetzung kein Teiler von n ist, p aber das Produkt teilt, muss p den zweiten Faktor $(n^{p-1} - 1)$ teilen. Deshalb ist in unserem numerischen Beispiel auch $3^6 - 1 = 728$ durch 7 teilbar.

Einsichten in Strukturen, deren letzte Geheimnisse allerdings noch lange nicht enträtselt sind.

Faktorisieren: beliebig viele, beliebig harte Nüsse

Neben dem Problem, Zahlen mit Hilfe ausgeklügelter Tests als Primzahlen zu identifizieren, hat die Faktorisierung großer, willkürlich ausgewählter Zahlen speziell für die Übermittlung geheim zu haltender Nachrichten besonderes Interesse erlangt. Bis heute gibt es für beide Probleme keine klare, effiziente Lösung.

Noch vor fünfzehn oder zwanzig Jahren war das Zerlegen von Zahlen in ihre Faktoren ein Glasperlenspiel, betrieben von einer Handvoll obskurer Zahlentheoretiker, die sich daran ergötzten, elegante Algorithmen für die Behandlung langer Ketten von Ziffern zu entwerfen. Wie alle leidenschaftlichen Jäger führten sie Listen mit »begehrten« und »am meisten begehrten« Objekten und veröffentlichten ihre großen zusammengesetzten Zahlen.

Diese Zahlentheoretiker gibt es immer noch. Zu ihnen gesellten sich Informatiker und Mathematiker, die begierig sind, ihre Fähigkeiten mit Hilfe trickreicher Programme und spezialisierter Rechenprozessoren zu testen. Innerhalb weniger Jahre machte die Faktorisierung komplexer Objekte einen Sprung von fünfzig- auf achtzigstellige Zahlen. Im Vergleich zu Primzahltests ist sie eine *schwierige* Operation. Während es mit Hilfe eines Supercomputers nur wenige Sekunden dauert, festzustellen, ob eine achtzigstellige Zahl prim ist oder nicht, kann die Faktorzerlegung der fraglichen Zahl viele Stunden beanspruchen, besonders wenn sie keine kleinen Faktoren hat.

Rufen wir uns den einfachsten systematischen Weg in Erinnerung, um die Faktoren einer Zahl N zu finden; es ist der

Probieralgorithmus der gewöhnlichen Division, den manche als »Babydivision« bezeichnen. Teilt 2 nicht N, so vielleicht 3 und so weiter. Wie bereits erwähnt, können wir uns bei diesen Divisionen auf die Primzahlen beschränken und brauchen nicht über die Quadratwurzel von N hinauszugehen. Anschließend dividieren wir N durch den gefundenen Faktor und wiederholen dieses Verfahren mit dem Rest. Schließlich gelangen wir zur vollständigen Primfaktorzerlegung von N.

Betrachten wir die Zahl $2^{193} - 1$. Ihr kleinster Primfaktor war relativ rasch gefunden: 13 821 503. Der zweite Primfaktor liegt aber viel weiter weg. Könnte ein Computer eine Milliarde Divisionen in der Sekunde ausführen, so brauchte er mit Hilfe des Probieralgorithmus mehr als fünfunddreißigtausend Jahre Rechenzeit, um den zweitgrößten Faktor von $2^{193} - 1$ zu ermitteln. Die Mathematiker Carl Pomerance und Samuel Wagstaff mussten erhebliche Anstrengungen unternehmen und einen neuen Zugang finden, bevor sie die Primfaktorzerlegung angeben konnten: $2^{193} - 1 = a \cdot b \cdot c$ mit

a = 13 821 503,

b = 61 654 440 233 248 340 616 559 und

c = 14 732 265 321 145 317 331 353 282 383.

Die Kryptologie und ihre Falltüren

Seit Menschen mit Hilfe ihrer Sprache Informationen austauschen, gibt es auch vertrauliche Mitteilungen, also Botschaften, die nur für eine einzige Person oder nur für einen wohlbestimmten Personenkreis gedacht sind und von denen kein Unbefugter Kenntnis erhalten soll.

Eine Nachricht kann dadurch »sicher« übermittelt werden, dass man ihre Existenz verheimlicht – etwa mittels unsichtbarer

Tinte –, oder dass eine vertrauenswürdige Person als Überbringer eingeschaltet wird. Heimlich Verliebte haben dies zu allen Zeiten versucht. Allerdings zeugen fast alle klassischen Tragödien vom letztlichen Scheitern solcher Bemühungen.

Eine weitere, ganz andersartige Möglichkeit besteht darin, eine vertrauliche Mitteilung zu *verschlüsseln*. Es ist dann gar nicht nötig, ihre Existenz zu verheimlichen: Gelingt es, sie so zu »chiffrieren«, dass niemand, ausgenommen der berechtigte Empfänger, in der Lage ist, sie zu »dechiffrieren«, kann sie sogar über einen unsicheren Kanal übermittelt werden. Schon Julius Cäsar verschlüsselte während des Gallischen Kriegs Botschaften an seine Generäle, um die Sicherheit seiner Befehle zu gewährleisten. Jahrhunderte lang sind die Militärs die einzigen gewesen, die sich professionell mit Geheimhaltungssystemen beschäftigt und ausgeklügelte mechanische Chiffriermaschinen entwickelt haben. Im Zweiten Weltkrieg gelangte die deutsche »Enigma« (griechisch für »Geheimnis« bzw. »Rätsel«) zu besonderer Berühmtheit. Systematische Angriffe auf den Enigma-Code wurden bereits vor dem Krieg in Polen und dann während des Kriegs im britischen Dechiffrierzentrum unternommen. Den Briten gelang es nicht nur, das Enigma-System zu knacken, sie konnten diese Tatsache auch bis zum Kriegsende vor den Deutschen geheim halten – allerdings um den Preis großer Opfer, die aber im politischen Kalkül weniger ins Gewicht fielen als die Schäden, die entstanden wären, wenn die Nazis gewusst hätten, dass die Feinde ihre Nachrichten entschlüsseln konnten. Der englische Mathematiker und Logiker Alan M. Turing (1912 bis 1954), der später als der Vater der theoretischen Informatik berühmt wurde, hatte einen entscheidenden Anteil an diesem Erfolg.[6]

Heute besteht ein Bedarf an Chiffriertechniken zur Verschlüsselung von Nachrichten keineswegs nur im militärischen

---

[6] Im Deutschen Museum München sind zahlreiche kryptologische Geräte und Maschinen ausgestellt – darunter mehrere Versionen der Enigma.

Bereich. Es gibt auch wirtschaftliche und politische Gründe, Informationen so zu schützen, dass sie nicht in die falschen Hände gelangen. *Homebanking* und *Electronic cash* sind Beispiele für vertrauliche Operationen, die einen sicheren elektronischen Ersatz für die herkömmliche Unterschrift erfordern. Der Bedarf an »berechenbarer Sicherheit« liegt auf der Hand. Deshalb ist es nicht verwunderlich, dass sich die Kryptologie heute – in Verbindung mit der Informatik – als eine seriöse mathematische Disziplin etabliert hat.

Wie aber können wir ein System zur Nachrichtenverschlüsselung konkret entwerfen? Es ist klar, dass dies mit großer Vorsicht zu geschehen hat, denn der potenzielle »Feind«, der versucht, unseren Code zu knacken, verfügt genauso wie wir sowohl über leistungsstarke Computer als auch über moderne mathematische und statistische Verfahren. Die einfachen Methoden der Chiffrierung, wie Cäsar sie verwendete, kommen daher sicherlich nicht in Frage. (Beim so genannten Cäsar-Code wird jeder Buchstabe der ursprünglichen Botschaft nach einer bestimmten, gleich bleibenden Regel durch einen anderen Buchstaben, zum Beispiel durch den drei Stellen weiter im Alphabet befindlichen, ersetzt. Aus M würde P, aus A D und aus dem Wort Mathematik PDWKHPDWLN. Das ist leicht zu entschlüsseln: Es bieten sich nur so viele Möglichkeiten der Verschiebung, wie es Buchstaben im Alphabet gibt, und diese Möglichkeiten hat ein Gegner sehr schnell durchprobiert.) Aber auch weniger durchsichtige Substitutionsmethoden wären relativ leicht zu entdecken. Das Problem liegt in der Häufigkeit, mit der die verschiedenen Buchstaben in einer Sprache vorkommen. Wird eine Strichliste über das Vorkommen der einzelnen Zeichen in der Geheimnachricht angefertigt, lässt sich daraus ziemlich rasch die zugrunde liegende Substitutionsregel erschließen – besonders wenn Computer und Programme verwendet werden, die das Verfahren beschleunigen. Andererseits muss jede Nachricht, das heißt jede informationshaltige Zeichenfolge, ein inneres Muster, eine Struktur aufweisen.

Deshalb wird jeder Verschlüssler bemüht sein, diese Ordnung so gründlich zu verstecken, dass ein Unbefugter sie nicht entdecken kann.

Ein solches, modernes Kodierungssystem muss unweigerlich aus zwei Komponenten bestehen: einem Verfahren der Chiffrierung – einem Algorithmus oder einem speziell entwickelten Computer – und einem »Schlüssel«, gewöhnlich einer geheimen Zahl. Das Chiffrierprogramm kodiert die Nachricht auf eine Weise, die von dem gewählten Schlüssel abhängt, aber so, dass die Dekodierung des Textes die Kenntnis des Schlüssels voraussetzt. Da die Sicherheit durch den Schlüssel gewährleistet wird, kann das Chiffrierprogramm selbst von vielen Personen über lange Zeit hinweg benutzt werden. Eine Analogie soll dies illustrieren: Hersteller von Panzerschränken müssen ein Schloss entwickeln, das Hunderte von Verbrauchern benutzen können, ohne dass dadurch die Sicherheit des einzelnen Kunden beeinträchtigt wird, die ja auf der Einzigartigkeit des Schlüssels beruht. Passwortverfahren für den Zugang zu Rechenanlagen und so genannte PIN-Codes (PIN ist die Abkürzung für *Personal Identification Number*) bei Kreditkarten sind weitere Anwendungsmöglichkeiten.

Ein Beispiel für ein allgemein bekanntes Verschlüsselungssystem ist der amerikanische »Data Encryption Standard« (DES), dessen Schlüssel eine Zahl sein muss, die in der binären Schreibweise sechsundfünfzig Bits benötigt – eine aus sechsundfünfzig Nullen und Einsen bestehende Zahl. Warum ist der Schlüssel so lang? Da sich die Details des DES-Systems in der Fachliteratur nachlesen lassen, könnte ein Unbefugter den Code knacken, indem er einfach nacheinander alle möglichen Schlüssel ausprobiert. Dies ist jedoch eine praktisch undurchführbare Aufgabe, da das DES-System die enorme Anzahl von 2^{56} möglichen Schlüsseln zulässt. Absolute Sicherheit ist damit dennoch nicht zu erreichen. Außerdem haben solche DES-Systeme noch einen offensichtlichen Nachteil. Bevor sie benutzt werden, müssen sich Absender und Empfänger über den Schlüssel verständigen. Da dies sicherlich nicht über das öffentliche Kommunikationsnetz geschehen soll, müssen sich die Partner treffen oder einen vertrauenswürdigen Kurier einsetzen. Vor allem eignet sich ein solches System nicht für den Einsatz im internationalen Bank- und Handelswesen, wo es oft notwendig ist, vertrauliche Nachrichten an unbekannte Personen zu senden.

Um das Problem des Schlüsselaustausches zu umgehen, schlugen die Mathematiker Whitfield Diffie und Martin Hellman Mitte der siebziger Jahre ein völlig neuartiges System vor: die so genannte *Public Key Cryptography* (Kryptographie mit öffentlichem Schlüssel). Diese Methode erfordert nicht nur einen, sondern zwei Schlüssel: einen öffentlich bekannten zum Chiffrieren und einen geheimen zum Dechiffrieren. Vergleichbar ist dieses System mit einem Schloss, für das man einen Schlüssel zum Abschließen und einen anderen zum Aufschließen benötigt. Seine Sicherheit beruht darauf, ein mathematisches Verfahren zu finden, das zwei Schlüssel erzeugt, wobei die Kenntnis des einen und der zugehörigen Kodierungsmethode nicht die Identifizierung des anderen ermöglichen darf. Jede solcher Operationen muss ähnlich wie eine Falltür funktionieren, durch die man leicht hinein-, aber schwer wieder herauskommt. Und hier zeigt uns die Primfaktorzerlegung der Zahlentheorie einen Weg auf: Die leicht durchzuführende Multiplikation zweier großer Primzahlen erfüllt in der Tat die Bedingung einer Falltürfunktion, denn die Umkehrung, die Zerlegung in Primfaktoren, ist ein äußerst schwieriges, sprich langwieriges Problem. Durch eine einzige Zusatzinformation, die es geheim zu halten gilt, wird die Umkehroperation, das heißt die Dekodierung, leicht. (Wenn natürlich der Feind davon Wind bekommen hat, so ist alle Sicherheit dahin, aber kein Code ist gegen unbefugten Besitz seines Dekodierungsverfahrens gefeit.)

Eines der besten Public-key-Kryptosysteme mit Anwendungen im Zahlungsverkehr und in der Autorisierung durch Unterschrift, bei der es insbesondere um das Problem des Authentizitätsnachweises geht, ist das nach Ted Rivest, Adi Shamir und Leonard Adleman benannte RSA-System. Es löst das folgende, paradox anmutende Rätsel: Ich kann dir beweisen, dass ich ein bestimmtes Geheimnis kenne, ohne es dir preiszugeben! Ist das überhaupt möglich? Ja! Die Lösung des Rätsels hängt natürlich sehr eng mit den Eigenschaften von Einwegoperationen zusammen – wie das geschichtliche Beispiel der Entdeckung der Lösungsformeln für die kubische Gleichung[7] illustriert. Mathematikgeschichte kann sehr unterhaltsames Anschauungsmaterial für Rätsel dieser Art liefern.

Das Kryptosystem RSA verwendet nun zwei sehr große Primzahlen p und q (sowie zahlentheoretische Eigenschaften), so dass die Produktbildung $n = p \cdot q$ leicht, die Faktorisierung dagegen sehr schwer ist, das heißt auch mit Hilfe von Supercomputern Jahre oder gar Jahrhunderte dauern würde. Für Leser, die die Funktionsweise des RSA-Systems genauer kennen lernen möchten, verweise ich auf die folgenden Bücher: »Entzifferte Geheimnisse« von Friedrich L. Bauer, »Kryptologie« von Albrecht Beutelspacher und »Verschlüsselte Botschaften« von Rudolf Kippenhahn, wovon letztgenanntes besonders Nichtmathematikern einen allgemeinverständlichen Einblick gibt.

Die Sicherheit der heutigen Kryptosysteme wird im Wesentlichen nur so lange gewahrt bleiben, wie *keine* effiziente Faktorisierungsmethode gefunden wird. Genau das ist aber fraglich, da die Mathematiker noch in keinem einzigen Fall stringent nachweisen konnten, dass eine Operation oder ein Verfahren eine Einwegfunktion ist! Wir wissen also nicht, ob es theoretisch Einwegfunktionen überhaupt gibt. Für praktische Zwecke verlässt man sich aber auf die bewährten Funktionen und Operationen, die hinreichend gute Einwegeigenschaften zeigen.

2

Brücken ins Unendliche

»Das Unendliche hat wie keine andere Frage von jeher so tief das Gemüt der Menschen bewegt; das Unendliche hat wie kaum eine andere Idee auf den Verstand so anregend und fruchtbar gewirkt; das Unendliche ist aber auch wie kein anderer Begriff so der Aufklärung bedürftig.«

Dies hat kein Theologe oder Philosoph geschrieben, sondern ein Mathematiker, nämlich David Hilbert. Theologen und Philosophen ergehen sich in phantastischen Spekulationen über das Unendliche und die Ewigkeit, aber am Ende lautet ihre Erkenntnis: »Nix Genaues weiß man nicht«. Die Mathematik hingegen erhebt den Anspruch, die wahre Wissenschaft vom Unendlichen zu sein.

Alles Physische, von dem wir Kenntnis haben, ist endlich. Somit entspricht der Unendlichkeit keine Eigenschaft eines real existierenden, physischen Objekts. Das Denken über Unendliches ist ein Denken im physisch Unmöglichen – eine reine Fiktion.

Räumliche und zeitliche Ausdehnungen können unvorstellbar groß, andererseits auch unvorstellbar klein sein; aber sie sind immer begrenzt und endlich.[8] Zum Beispiel hat das uns bekannte Universum eine endliche räumliche Ausdehnung, deren Radius etwa 10^{28} Zentimeter beträgt, und seit dem Urknall, seinem hypothetischen Beginn, sind kaum mehr als $6 \cdot 10^{17}$ Sekunden vergangen. Die Astrophysiker schätzen die gesamte Masse unseres Universums auf etwa 10^{53} Gramm – was eine mittlere Materiedichte von ungefähr 10^{-30} Gramm pro Kubikzentimeter ergibt: eine ungeheure Leere –, und nach allem, was wir wissen, dürfte die Anzahl der Elementarteilchen 10^{80} kaum wesentlich überschreiten. Auch zum Kleinen hin scheint alles begrenzt und endlich zu sein, betragen doch die elementaren Längen und Zeiten etwa 10^{-13} Zentimeter beziehungsweise 10^{-23} Sekunden. Da verwundert es auch nicht, dass die größte vorkommende Geschwindigkeit, nämlich die des Lichts, ebenfalls endlich ist: etwa 300 000 Kilometer pro Sekunde[9] – ein astronomisches Schneckentempo, bei dem es grob 15 bis 20 Milliarden Jahre dauert, zum Rand unseres (kleinen oder doch großen?) Universums vorzudringen.

Wir können uns intuitiv durchaus vorstellen, dass sich hinter einer Wand ein weiterer Raum befindet oder wie ein Zeitintervall auf das nächste folgt, unaufhörlich; aber es fällt uns schwer, uns auszumalen, das Universum sei räumlich und zeitlich begrenzt: Was ist dahinter, was geschah davor, was geschieht danach? Denn die Vorstellung des Nichts setzt ja bereits *etwas* voraus. (Da können wir uns schon eher vorstellen, dass nach unserem Tod nichts mehr ist – für uns, nicht für das Universum.)

Eine Paradoxie also: Obwohl alles Physische im All endlich ist, können wir uns die Endlichkeit des Alls schwerer vorstellen als irgendwelche Unendlichkeiten, die daraus resultieren, dass wir einen Denkprozess, etwa die Bildung der Folge natürlicher Zahlen, im Prinzip einfach endlos fortschreiben. Unendliche Zahlenmengen (oder unendliche Mengen anderer gedachter Dinge) sind Ergebnis menschlicher Denkprozesse und als solche durchaus Realitäten – vielleicht die einzigen, die in unserem Universum dem Begriff des Unendlichen sinnvoll zugeordnet werden können. Bei der Frage nach der *Existenz* von Dingen brauchen wir nicht zwischen physischen und fiktiven Realitäten zu unterscheiden; die einzige Voraussetzung für die Existenz einer Fiktion ist ihre logische Konsistenz, vor allem die Widerspruchsfreiheit.

Und nun eine Frage: Warum kann der Begriff einer unendlichen Menge überhaupt mit unserer gewöhnlichen Logik verträglich sein, die ja bloß eine Ausprägung der endlichen physischen Welt ist, wie wir sie erfahren? Enthält die Logik vielleicht so etwas wie einen »fiktiven, virtuellen Anteil«, dem unsere mathematischen Kopfgeburten unterworfen sind? Oder scheint es nicht vielmehr so zu sein, dass sich unsere auf Erfahrung beruhende Logik auf unsere Fiktionen erweitern lässt, ohne dass, umgekehrt, den Fiktionen real existierende, physische Objekte entsprechen müssten?[1] Jedenfalls stellen Begriffe wie *unendlich viel, unendlich groß* oder *unendlich klein*, richtig verwendet, logisch widerspruchsfreie und idealisierte Eigenschaften einiger unserer gedachten Objekte dar. Diese etwas formallogische Einstellung hat viel Nützliches für sich; dennoch ist gerade sie geeignet, den Realitätscharakter der Fiktionen in diesem Abschnitt ein wenig zu relativieren.

Die einfachste, natürliche Unendlichkeit

Beginnen wir mit dem Endlichen. Was tut ein Kind, wenn es versucht, die Schafe einer Herde zu zählen? Es ordnet jedem Schaf eine und nur eine natürliche Zahl zu, beginnend mit 1, 2, 3 und so fort. Dabei versucht es, kein Schaf auszulassen und keines

---

[1] Es hat in der Mathematik auch Versuche gegeben, den Gebrauch des Unendlichen (im Großen wie im Kleinen) zu vermeiden. Das Ergebnis ist ein unüberschaubarer, schwerfälliger Formalismus. (Ich komme auf diese *intuitionistische* oder auch *konstruktivistische* Geisteshaltung ihres Gründers Luitzen Brouwer an späterer Stelle noch zurück.) Trotz eines gewissen Abstraktionsgrades ist die Welt des Unendlichen nämlich sehr einfach.

doppelt zu zählen. Schließlich gelangt es zu einer Zahl n, der Anzahl der Schafe dieser Herde. Und was macht ein Mathematiker? Vielleicht entwirft er ein Modell; jedenfalls abstrahiert, präzisiert und formalisiert er den Zählprozess. Diese Präzisierungen sind nützlich, wenn sich unser Hauptaugenmerk auf die *Fortsetzung* der Folge natürlicher Zahlen 1, 2, 3, … richtet, also auf die drei viel sagenden Pünktchen.

Jede endliche Zahl n – selbst ein Abstraktum, wie wir bereits festgestellt haben – kann als gemeinsame Eigenschaft aller wohldefinierten Mengen von n Dingen oder Elementen angesehen werden, aus denen diese Mengen jeweils bestehen. Greifen wir eine beliebige solche n-elementige Menge, die wir mit M bezeichnen, heraus und listen andeutungsweise ihre Elemente auf: $M = \{a, b, c, …, x\}$. Offenbar hat M genau so viele Elemente wie die Menge der natürlichen Zahlen von 1 bis n, der wir den Namen N_n geben: $N_n = \{1, 2, 3, …, n\}$. Es besteht daher eine ganz einfache, natürliche Beziehung zwischen M und N_n, indem wir jedem Element von M genau eine Zahl aus N_n zuordnen, und zwar so, dass jede der Zahlen von 1 bis n in dieser Zuordnung genau einmal vorkommt. (Diese zusätzliche Bedingung ist wichtig, da wir sonst – wenn wir nur forderten, jedem Element von M sei genau eine Zahl aus N_n zuzuordnen – mehreren Elementen aus M dieselbe Zahl aus N_n zuordnen dürften.) Diese Eins-zu-eins-Beziehung ist eine Paarungsregel, die sehr einfach dargestellt werden kann:

$$N_n: \quad 1 \quad 2 \quad 3 \quad 4 \quad 5 \quad … \quad n$$
$$\updownarrow \quad \updownarrow \quad \updownarrow \quad \updownarrow \quad \updownarrow \qquad \updownarrow$$
$$M: \quad a \quad b \quad c \quad d \quad e \quad … \quad x$$

Die zusätzliche Bedingung kann auch wie folgt formuliert werden: Je zwei unterschiedlichen Elementen aus M werden unterschiedliche Zahlen aus N_n zugeordnet. Eine derartige Zuordnung nennen die Mathematiker eine *umkehrbar eindeutige* oder *bijektive* (oder manchmal auch *eineindeutige*) *Abbildung* zwischen den Mengen M und N_n. Diese Paarungsregel begründet den Zählvorgang der Elemente jeder Menge M, die aus n Elementen besteht. Man sagt, M habe die *Mächtigkeit* n, oder auch, die *Kardinalzahl* von M sei n. Somit können wir die Elemente von M wie folgt umtaufen: Wenn beispielsweise dem Element a die Zahl 1 zugeordnet wird – und zwar umkehrbar eindeutig –, dann nennen wir a von nun an m_1. Wir nummerieren oder *indizieren* die Elemente von M durch; die Menge der Indexwerte ist dabei genau die Menge N_n. Die Menge M lautet nun: M = $\{m_1, m_2, m_3, ..., m_n\}$, und die Bijektivität zwischen M und N_n kann jetzt sehr transparent dargestellt werden:

$$N_n: \quad 1 \quad\; 2 \quad\; 3 \quad\; 4 \quad\; 5 \quad ... \quad n$$
$$\qquad \updownarrow \quad\;\, \updownarrow \quad\;\, \updownarrow \quad\;\, \updownarrow \quad\;\, \updownarrow \qquad\;\, \updownarrow$$
$$M: \quad m_1 \quad m_2 \quad m_3 \quad m_4 \quad m_5 \quad ... \quad m_n$$

Wir halten fest:

1. Zwischen den Mengen M und N_n besteht eine bijektive, das heißt umkehrbar eindeutige Zuordnung;
2. die Mengen M und N_n haben die gleiche Mächtigkeit (auch Kardinalität genannt), das heißt, M und N_n bestehen aus gleich vielen Elementen.

Die zweite Eigenschaft zweier Mengen, gleich viele Elemente zu haben, wird durch die erste Eigenschaft bewerkstelligt. Welche Konsequenzen ergeben sich nun, wenn wir diesen einfachen (und auch sehr einleuchtenden) Denkprozess auf unendliche Mengen erweitern?

Betrachten wir einmal zwei unendliche Mengen, die wir bereits kennen: die Menge der natürlichen Zahlen, $\{1, 2, 3, 4, 5, ...\}$, und die Menge der Primzahlen, $\{2, 3, 5, 7, 11, ...\}$. Die Menge der Primzahlen, obwohl unendlich, ist eine echte Teilmenge der Menge natürlicher Zahlen (das heißt, jede Primzahl ist eine natürliche Zahl, aber nicht jede natürliche Zahl ist prim). Gibt es nun eine bijektive (umkehrbar eindeutige) Zuordnung zwischen beiden Mengen? Aber ja! Dazu brauchen wir nur alle Primzahlen zu nummerieren, das heißt, mit einem natürlichen Laufindex zu versehen: $p_1 = 2$, $p_2 = 3$, $p_3 = 5$, $p_4 = 7$, $p_5 = 11$ und so fort.

Natürliche Zahlen: 1   2   3   4   5   ...

$\updownarrow$ $\updownarrow$ $\updownarrow$ $\updownarrow$ $\updownarrow$

Primzahlen: 2   3   5   7   11   ...

p_1 p_2 p_3 p_4 p_5 ...

Alle Primzahlen werden so aufgezählt, und alle natürlichen Zahlen kommen als Indizes vor. Beide unendliche Mengen haben also die gleiche Mächtigkeit, das heißt gleich viele Elemente, obwohl eine Menge ein echter Teil der anderen ist. Seltsam! Ist das Ganze nicht stets größer als jeder Teil? Oder ist uns irgendwo ein logischer Fehler unterlaufen? Seien Sie unbesorgt, wir haben nirgends gegen die Gesetze der Logik verstoßen. Das erhaltene Ergebnis stellt keinen Widerspruch dar – höchstens zu unserer intuitiven Meinung. Bei unendlichen Mengen kann eine echte Teilmenge tatsächlich so groß sein wie die Gesamtmenge. Weitere echte Teilmengen der Menge natürlicher Zahlen, die ebenso mächtig sind wie die Gesamtmenge, fallen uns sofort ein: die Menge aller geraden Zahlen, {2, 4, 6, ...}, die Menge aller ungeraden Zahlen, {1, 3, 5, ...}, die Menge aller ganzzahligen Zehnerpotenzen, $\{1 = 10^0, 10 = 10^1, 100 = 10^2, 1000 = 10^3, ...\}$, und (unendlich) viele andere mehr.

Die einfachste, natürliche Unendlichkeit, nämlich die der natürlichen Zahlen, hat einen Namen. Dafür hat sich die Bezeichnung $\aleph_0$ eingebürgert (ausgesprochen »Aleph-Null«; Aleph ist der erste Buchstabe des hebräischen Alphabets). Da wir mit dem Begriff *Kardinalzahl einer Menge* die Anzahl der Elemente dieser Menge bezeichnen, ist $\aleph_0$ die kleinste unendliche – *transfinite* – Kardinalzahl.[2]

---

[2] Hat man es mit einer unendlichen Folge $(f_1, f_2, f_3, ...)$ oder kurz (f_n) zu tun, bei der der Index n die Werte 1, 2, 3, ... annimmt und beliebig groß werden kann,

Eine Menge, die die Mächtigkeit (Kardinalzahl) $\aleph_0$ hat, heißt *abzählbar unendlich*. Wenn es möglich wäre, $\aleph_0$ auszuschreiben, wäre das eine 1, gefolgt von unendlich vielen Nullen. Bevor wir der Frage nachgehen, ob es überhaupt größere Kardinalzahlen als $\aleph_0$ gibt (ob also $\aleph_0$ nicht auch gleichzeitig die größte und damit die einzige transfinite Kardinalzahl ist), lenken wir unser Augenmerk darauf, wie man mit $\aleph_0$ umgeht – wie man damit rechnet.

Wie viel ist $\aleph_0 + 1\,000\,000$, $\aleph_0 + \aleph_0$, $100 \cdot \aleph_0$, $\aleph_0 \cdot \aleph_0$ und so weiter?

$\aleph_0 + 1\,000\,000 = \aleph_0$: Wer unendlich viel Geld hat, dem kann mit einer weiteren Million keine Freude gemacht werden. Der hat aber zum Schluss auch nicht weniger, wenn er jedem der rund sechs Milliarden Erdenbürger jeweils eine Million schenkt, denn für jede endliche Zahl n gilt offenbar $\aleph_0 - n = \aleph_0$. (Das erinnert an das ökonomische »Gesetz des abnehmenden Grenznutzens« in unserer endlichen, realen Welt, nämlich an den Sachverhalt, dass die Nutzenzuwächse bei gleich großen Zuwächsen an Gewinnen immer kleiner werden, wenn man nur von einem ausreichend hohen Gewinn- beziehungsweise Besitzstand ausgeht. Bei unendlichem Besitzstand hat sogar ein gleich großer, unendlicher Gewinnzuwachs keine »Wirkung«, denn es gilt $\aleph_0 + \aleph_0 = \aleph_0$.)

Unter den vielen »Paradoxien des Unendlichen« zählt *Hilberts Hotel* zu den bekanntesten: Ein Hotel mit unendlich vielen Zimmern kann nie vollständig belegt sein. Angenommen, ein neuer Gast möchte (für sich allein) ein Zimmer mieten. Die Hotelleitung bittet dann jeden Gast, von seinem Zimmer mit der Nummer i in das nachfolgende Zimmer $i + 1$ zu wechseln, damit für den neuen Gast das Zimmer 1 frei wird. Dies entspricht der Gleichung $\aleph_0 + 1 = \aleph_0$. Es versteht sich von selbst, dass es auch dann noch »Lösungen« gibt, wenn bei voll belegtem Hotel abzählbar

---

wird auch der Ausdruck »n strebt gegen unendlich«, $n \to \infty$, verwendet, wobei ∞ das herkömmliche Standardsymbol für »unendlich« ist.

unendlich viele neue Gäste in jeweils einem eigenen Zimmer untergebracht werden sollen.

Noch paradoxer wird die Angelegenheit freilich, wenn Gäste nicht nur kommen, sondern auch gehen – etwa im Stundentakt. Die eintreffenden Gäste werden der Reihe nach mit 1, 2, 3, ... nummeriert und bleiben jeweils nur eine Stunde in Hilberts Etablissement mit seinen unendlich vielen Zimmern. Zu Beginn der ersten Stunde kommt Gast 1. Zu Beginn der zweiten Stunde kommen die Gäste 2 und 3, während Gast 1 wieder geht. Zu Beginn der dritten Stunde kommen die Gäste 4, 5 und 6, während die Gäste 2 und 3 gehen. Zu Beginn jeder Stunde kommen jeweils um einen Gast mehr neue Gäste, als Gäste das Stundenhotel verlassen. Ist dieses Hotel nach unendlich vielen Stunden belegt? Ein Argument für ja: Mit jeder Stunde kamen mehr Gäste als gingen, so dass schließlich unendlich viele Gäste im Hotel logieren sollten. Andererseits kann argumentiert werden, dass es sich sogar *geleert* hat; denn alle unendlich vielen Gäste haben das Hotel nach unendlich vielen Stunden bereits verlassen! Wir stehen vor einem unauflösbaren Paradoxon.

Im Unendlichen sind viele Restriktionen und Prinzipien, die im Endlichen gelten und Gegenstand der »finiten« Mathematik sind, einfach aufgehoben. Eines der einfachsten Prinzipien (das für ein Hotel mit endlich vielen Zimmern gilt, nicht jedoch für Hilberts Hotel) ist das *Schubfachprinzip*: Wenn $n + 1$ Objekte auf n Schubfächer verteilt werden, müssen stets mindestens zwei Objekte in mindestens einem Schubfach zu liegen kommen – eine umkehrbar eindeutige Zuordnung zwischen einzelnen Objekten und Schubfächern ist hier nicht möglich, ganz egal, wie die Objekte auf die Schubfächer verteilt werden. Gleichwertige Varianten dieses Prinzips gibt es zuhauf, zum Beispiel: Wenn n Objekte auf mehr als n Schubfächer verteilt werden, muss stets mindestens ein Schubfach leer bleiben.

Wie steht es nun mit den rationalen Zahlen? Das sind Verhältniszahlen oder Brüche der Form a/b, wobei a und b ganz sind.

Beschränken wir uns auf die positiven Brüche. Für b = 1 erhalten wir alle natürlichen Zahlen – die dadurch eine echte Teilmenge der Menge rationaler Zahlen sind. Wie viele Brüche gibt es? Unendlich viele, ganz klar: Zwischen der Null und der Eins gibt es unendlich viele, zwischen der Eins und der Zwei ebenfalls und so fort. Und sie lassen eine unendlich feine Teilung der Zahlenreihe zu, denn wie nahe beisammen zwei verschiedene Brüche a und b auch liegen mögen, es gibt zwischen ihnen immer noch einen weiteren Bruch, zum Beispiel $(a + b)/2$ – und somit unendlich viele weitere.[3] Ist die Unendlichkeit der Menge der Brüche nun größer als die Unendlichkeit der Menge natürlicher Zahlen – wie wir vielleicht intuitiv glauben? Präziser: Ist die Mächtigkeit der Menge rationaler Zahlen größer als $\aleph_0$? Nein, das sei nicht der Fall, meinte Georg Cantor und bewies seine Behauptung.

Das Unendliche zwischen Genie und Wahn

Der deutsche Mathematiker Georg Cantor (1845 bis 1918) war nicht nur der Schöpfer der Mengenlehre, die den begrifflichen Aufbau der Mathematik begründet. Ihm verdanken wir auch schier unglaubliche Entdeckungen über das Unendliche; auf drei davon gehe ich ein.

---

[3] Man sagt auch, die rationalen Zahlen oder Brüche *liegen dicht* auf der Zahlengeraden. Diesen Sachverhalt macht sich das aus dem Mathematikunterricht vielleicht noch vage bekannte Verfahren zunutze, das *Intervallschachtelung* heißt.

Für konkrete Berechnungen und praktische Messungen genügen die rationalen Zahlen, denn jede irrationale Zahl wie $\sqrt{2}$ oder π kann durch einen Bruch beliebig genau angenähert werden – wenn auch eine Gleichsetzung niemals möglich ist (wie wir für $\sqrt{2}$ bewiesen haben). Für die *Theorie* aber, das heißt, für die auf der Grundlage der Logik zu entdeckenden Fiktionen, reichen die Brüche bei weitem nicht aus.

Zum einen zeigte er, wie oben erwähnt, dass es »insgesamt nicht mehr« rationale als natürliche Zahlen gibt (obwohl es bereits zwischen zwei natürlichen Zahlen unendlich viele rationale gibt). Dazu konstruierte er eine umkehrbar eindeutige Zuordnung zwischen den Brüchen und den natürlichen Zahlen; die rationalen Zahlen können also durchnummeriert, *abgezählt* werden.

Zum anderen erfand er das so genannte *Diagonalverfahren*, eine spitzfindige, aber leicht nachvollziehbare konstruktive Schlussweise, durch die er bewies, dass die Menge der reellen Zahlen (der rationalen und der irrationalen zusammengenommen) *nicht abzählbar* unendlich ist, sondern eine *höhere* Mächtigkeit als $\aleph_0$ hat!

Doch damit nicht genug: Cantor, schon besessen vom Unendlichen, zeigte mit einem Stufenargument, *dass es unendlich viele verschiedene transfinite Kardinalzahlen gibt*, also unendlich viele, immer überwältigendere Unendlichkeiten – der unendliche Wahnsinn! Ist da einer völlig verrückt geworden?

Georg Cantor wurde am 3. März 1845 in Sankt Petersburg geboren. Sein Vater war ein wohlhabender dänischer Kaufmann. Als Georg elf Jahre alt war, zog seine Familie nach Frankfurt, und schon bald zeigte er Talent und Neigung für Mathematik – das Fach, das er auch unbedingt studieren wollte. Darin sah jedoch sein Vater keine Zukunft; Georg sollte Techniker werden. Nach einigen unglücklichen Jahren, die ihn auch nach Zürich führten, gelang es ihm aber dennoch, bei der Mathematik zu landen. In Berlin nahm ihn unter anderen Leopold Kronecker in seine Obhut. In seiner ersten wichtigen wissenschaftlichen Arbeit kommt Cantor 1874 auf die nicht abzählbare Unendlichkeit zu sprechen. Diese und auch seine folgenden Veröffentlichungen sorgten in der Fachwelt für einige Aufregung. Eine Anerkennung jedoch blieb Cantor versagt, ja er stieß sogar auf Unverständnis und harsche Kritik – vor allem seitens Kronecker. An einen Lehrstuhl an der berühmten Berliner Universität war nicht mehr zu denken;

er musste mit der Universität Halle vorlieb nehmen, wo er mit siebenundzwanzig Jahren eine Stelle als Extraordinarius antrat.

In den meisten Kreisen galt Cantor als *persona non grata*. Ständig kritisiert und sogar angefeindet, erlitt er 1884 seinen ersten Anfall schwerer Depression. Diese Attacken wiederholten sich und zwangen ihn zu Aufenthalten in der Nervenklinik. Vermutlich litt er an einer manisch-depressiven Psychose, die seine schöpferische mathematische Arbeit zeitweise enorm einschränkte. Damals wurde ohnehin nur die manische Seite dieser Erkrankung als Symptom erkannt. Andererseits scheint es zwischen Cantors Leiden und seiner Mathematik einen wichtigen Zusammenhang zu geben. Aus einigen seiner Aufzeichnungen geht hervor, dass ihn die Depression manchmal für längere Zeit von den Sorgen des Alltags befreite, so dass er seinen mathematischen Ideen in der Klinik oder zu Hause in Ruhe nachgehen konnte.

Cantor fürchtete vor allem um die Anerkennung seines Werkes. Manchmal wusste er sich nur durch Ausritte in die nebulöse Welt der Metaphysik zu helfen, indem er in philosophischen Schriften nach Belegen für die Existenz des Unendlichen forschte: ein ziemlich sinnloses Unterfangen, da kaum eine der zahlreichen Thesen der Philosophen unwidersprochen blieb. Die Unterstützung befreundeter Kollegen half ihm über manche Krise hinweg. Von 1903 an kam Cantors Psychose immer häufiger zum Ausbruch, 1905 wurde er von allen Lehrverpflichtungen entbunden, und 1913 gab er seine Lehrtätigkeit schließlich ganz auf. Georg Cantor ist am 6. Januar 1918 in einer Klinik für Geisteskranke in Halle gestorben.

Bei diesem tragischen Leben kommt mir ein Zitat von Albert Camus in den Sinn: »Außerhalb eines menschlichen Geistes kann es nichts Absurdes geben. So endet das Absurde wie alle Dinge mit dem Tode.« Cantors Unendlichkeiten endeten jedoch nicht mit seinem Tod. Seine hier erwähnten Ideen, Verfahren und Beweise sind formallogisch richtig und leben munter weiter.

Kritiker und Bewunderer

Die Fachwelt war hinsichtlich der Bedeutung von Cantors Ideen gespalten, zum Teil sogar stark polarisiert. Cantor selbst kamen immer wieder Zweifel. Als er endlich bewiesen hatte, dass der n-dimensionale Raum genauso viele Punkte beziehungsweise Zahlen besitzt wie der eindimensionale (nachdem er drei Jahre lang vergeblich versucht hatte, das Gegenteil nachzuweisen), schrieb er: »Ich sehe es, aber ich glaube es nicht.« Doch wie nahmen einige der berühmtesten Mathematiker Cantors Theorien auf?

Leopold Kronecker war nicht gewillt, sie gutzuheißen und griff Cantor mit scharfen Worten öffentlich an. Henri Poincaré sagte, spätere Generationen würden diese Ideen »als eine Krankheit betrachten, von der man sich erholt hat«. Hermann Weyl vertrat 1921 die Meinung, die Cantor'sche Unendlichkeit von Unendlichkeiten sei nebulös: »Den Himmel wollten wir stürmen und haben Nebel auf Nebel getürmt, die niemanden tragen, der ernsthaft auf ihnen zu stehen versucht.«

Andererseits haben Jacques Hadamard und Adolf Hurwitz wichtige Anwendungen der Cantor'schen Mengenlehre auf die Analysis entdeckt und darüber auf internationalen Konferenzen referiert. Auch der große Logiker und Philosoph Bertrand Russell war voll des Lobes für die Leistung Cantors, die Mengenlehre ins Leben gerufen zu haben; es sei möglicherweise die größte Errungenschaft, deren sich dieses Zeitalter rühmen könne, sagte er einmal. David Hilbert, der führende Mathematiker seiner Epoche, schwärmte 1926: »Aus dem Paradies, das Cantor uns geschaffen hat, soll uns niemand vertreiben können«, und pries seine Entdeckungen als »die bewundernswerteste Blüte menschlichen Geistes und überhaupt eine der höchsten Leistungen rein verstandesmäßiger menschlicher Tätigkeit«. Jeden Angriff auf Cantors Werk empfand Hilbert als ein Komplott gegen die gesamte Mathematik und reagierte dementsprechend. Sogar seinen Schüler Hermann Weyl wies er in die Schranken.

In eine besonders heftige Auseinandersetzung geriet Hilbert mit dem niederländischen Mathematiker Luitzen Brouwer (1881 bis 1966), dem Begründer der *intuitionistischen* beziehungsweise *konstruktiven* Mathematik.[10] Brouwer verfocht die Kritik Kroneckers gegenüber Cantors unendlichen Dezimalzahlen (die ich im Zusammenhang mit dem *Diagonalverfahren* bald erläutern werde); seine profunden analytischen Einwände, auf die ich hier nicht eingehe, sind nicht von der Hand zu weisen. Beide Seiten versuchten, prominente Fürsprecher ihrer konträren Positionen zu gewinnen; sogar Albert Einstein war davon betroffen. Einstein, eher ein physikalisch-mathematischer als ein formallogischer Geist, wollte sich aber in diesen »Krieg zwischen Mäusen und Fröschen«, wie er den Konflikt bezeichnete, nicht hineinziehen lassen.

Überraschend originelle Ideen können nur diejenigen richtig würdigen, die sich vorurteilslos um ihr Verständnis und ihren adäquaten Gebrauch bemühen. Daran wurden die destruktiven Kritiker durch ihre eigene kompromisslose Haltung und vielleicht sogar durch ihre Selbstüberschätzung gehindert. Heute bilden Cantors Entdeckungen die Grundlage der gesamten Mathematik.

Die Beweise

Nun komme ich zu den angekündigten Beweisen der drei Behauptungen Cantors. Wie gewohnt, können Sie den einen oder anderen Kasten bei der ersten Lektüre überspringen.

Der Fahrplan: Das erste Verfahren beweist die Behauptung, dass die Menge aller Brüche abzählbar ist. Durch die Anordnung aller Brüche in einer rechteckigen Liste beweist es gleichzeitig die Behauptung $\aleph_0 \cdot \aleph_0 = \aleph_0$.

Die zweite Behauptung, die Menge der reellen Zahlen sei nicht abzählbar, sondern *überabzählbar* – also von höherer Mächtigkeit als $\aleph_0$ –, wird durch das *Diagonalverfahren* bewerkstelligt. Es wird eine reelle Zahl konstruiert, die in keiner bereits bestehenden Liste aller reellen Zahlen auftauchen kann: ein Widerspruch.

Ein paar interessante Bemerkungen über die *algebraischen* und die (manchmal geheimnisumwitterten) *transzendenten* Zahlen schließen sich an.

Zur Vorbereitung des Beweises der dritten Behauptung, nämlich der Existenz unendlich vieler transfiniter Kardinalzahlen beziehungsweise Stufen des Unendlichen, wird der Begriff der *Potenzmenge* einer Menge eingeführt und an einem einfachen Beispiel erläutert.

Mit der Frage nach der Mächtigkeit der Menge der reellen Zahlen ist die berühmte *Kontinuumhypothese* verknüpft, auf die ich im Anschluss an den Cantor'schen Satz noch eingehe, bevor das Kapitel fortgeführt wird.

Die Durchnummerierung der Brüche

Cantors Beweis, dass die Brüche abzählbar sind

Die Beweisidee verlangt, alle (vorerst positiven) Verhältniszahlen oder Brüche m/n, wobei m und n die natürlichen Zahlen durchlaufen, zweckmäßig anzuordnen. Dies geschieht wie folgt in einer Liste mit unendlichen Zeilen und Spalten:

1/1	1/2	1/3	...
2/1	2/2	2/3	
3/1	3/2	3/3	...
...	...	...	...

Der Zähler m des Bruchs m/n bestimmt die Zeile, der Nenner n die Spalte; somit kommen *alle* Brüche in dieser Liste vor: 459/1265 zum Beispiel ist das Element in der Zeile 459 und der Spalte 1265. (Die natürlichen Zahlen kommen alle in der ersten Spalte vor.)

Wie kann man in dieser Liste von Bruch zu Bruch wandern, so dass jeder beliebige, vorgegebene Bruch nach endlich vielen Schritten (Brüchen) erreicht wird? (Würden wir versuchen, zuerst alle Brüche der ersten Zeile »abzuarbeiten«, kämen wir nie zur zweiten Zeile, da es in der ersten bereits unendlich viele Elemente gibt.)

Der Lösungstrick ist einfach: Man beginne mit 1/1, gehe zu 1/2, dann zu 2/1, weiter zu 3/1, dann zu 2/2 und 1/3, wieder weiter zu 1/4, 2/3, 3/2 und 4/1 und so fort. Die Pfeile geben den Weg an.

$$
\begin{array}{ccccc}
1/1 \rightarrow 1/2 & \quad & 1/3 \rightarrow 1/4 & \quad \dots \\
\ \swarrow \quad \nearrow & \ \swarrow \quad \nearrow \\
2/1 \quad 2/2 & 2/3 & 2/4 & \dots \\
\downarrow \ \nearrow \quad \swarrow & \nearrow \\
3/1 \quad 3/2 & 3/3 & \dots & \dots \\
\ \swarrow \quad \nearrow \\
4/1 \quad 4/2 & \dots & \dots & \dots \\
\downarrow \ \nearrow \\
\dots \quad \dots & \dots & \dots & \dots
\end{array}
$$

Bei der Durchnummerierung werden nun ungekürzte Brüche einfach übersprungen; so ist gewährleistet, dass ein Bruch, zum Beispiel 1/2, nur einmal vorkommt und nicht unendlich oft (2/4, 3/6, …).

Möchte man bei dieser Abzählung auch alle negativen Brüche einbeziehen, so braucht die Liste nur dahingehend ergänzt zu werden, dass neben jedem Bruch m/n der Bruch −m/n zu stehen kommt. Mit der (noch fehlenden) Null verfahre man wie mit dem neu ankommenden Gast in Hilberts belegtem Hotel.

Mehr als unendlich viele

Das nun folgende *Diagonalverfahren* ist ein spitzfindiger, aber leicht nachvollziehbarer Beweis dafür, dass die Menge der reellen Zahlen (die rationalen und die irrationalen zusammengenommen) *überabzählbar unendlich* ist.

Cantors Beweis, dass die reellen Zahlen nicht abzählbar sind (Diagonalverfahren)

Angenommen, alle reellen Zahlen zwischen 0 und 1 seien als unendliche Dezimalbruchentwicklungen aufgelistet, wobei einfachheitshalber vorausgesetzt werden darf, dass nicht unendlich viele Nullen nach dem Dezimalkomma vorkommen. Beispielsweise stelle man die Zahl 0,25000... eindeutig durch 0,24999... dar. Diese Liste der abgezählten reellen Zahlen beginne mit

$0,a_1a_2a_3...$
$0,b_1b_2b_3...$
$0,c_1c_2c_3...$
....

Dann bilde man eine neue Dezimalzahl $0,x_1x_2x_3...$ mit den folgenden Eigenschaften:

Die erste Ziffer x_1 ist verschieden von a_1, die zweite Ziffer x_2 ist verschieden von b_2, die dritte Ziffer x_3 ist verschieden von c_3 und so fort. Ganz allgemein ist die n-te Ziffer x_n verschieden von der n-ten Ziffer der n-ten Zahl auf der Liste, $n = 1, 2, 3, ...$

Anmerkung: Die n-te Dezimalziffer der n-ten Zahl befindet sich auf der »Diagonale« $\{a_1, b_2, c_3, ...\}$ der Liste: daher der Name des Verfahrens.

Wir stellen fest: Unsere (durchaus zulässig) konstruierte Zahl $0,x_1x_2x_3...$ kann offenbar nirgends auf der Liste stehen. Das ist ein Widerspruch zur Annahme, die Liste enthalte *alle* reellen Zahlen. Es gibt also keine bijektive (umkehrbar eindeutige) Zuordnung zwischen den natürlichen und den reellen Zahlen, eine Abzählung letzterer ist nicht möglich. Die Menge der reellen Zahlen ist *überabzählbar*, ihre Mächtigkeit (oder Kardinalzahl) ist echt größer als $\aleph_0$.

Dieser Sachverhalt erinnert an Euklids Beweis, dass es unendlich viele Primzahlen gibt, doch besteht zwischen ihnen ein gravierender Unterschied: Euklid erkannte, dass es zu jeder *endlichen* Liste von Primzahlen immer noch eine weitere Primzahl gibt, die in dieser Liste nicht vorkommt. Cantor hingegen behauptet, dass sogar zu jeder *unendlichen* Folge von unendlichen Dezimalzahlen eine weitere unendliche Dezimalzahl existiert, die in dieser Folge nicht enthalten ist.

Algebraische und »transzendente« Zahlen

Auf dem Diagonalverfahren aufbauend, war Cantor in der Lage, einen dramatischen Beweis dafür zu erbringen, dass »transzendente« Zahlen existieren müssen. Ich beschränke mich auf das Wesentliche: Es gibt eine ganz grundlegende Einteilung der reellen Zahlen: in *algebraische* Zahlen, die einer so genannten Polynomgleichung

$$x^n + a_{n-1}x^{n-1} + \dots + a_2x^2 + a_1x + a_0 = 0$$

mit natürlichem Exponenten n und mit rationalen Koeffizienten a_i genügen, und in *transzendente* Zahlen, für die das nicht gilt. Die rationalen sowie gewisse irrationale Zahlen (wie $\sqrt{2}$, $\sqrt[3]{5}$, …) sind algebraisch, da wir sie als Lösungen von Polynomgleichungen erhalten können. Eine polynomiale Gleichung, die von $e = 2{,}718\dots$ (der »Basis der natürlichen Logarithmen«) oder $\pi = 3{,}141\dots$ (Pi, der Verhältniszahl zwischen Umfang und Durchmesser eines Kreises) erfüllt wird, war (und ist) nicht bekannt, was die Vermutung nahe legt, dass diese Zahlen nicht algebraisch sind. Andererseits waren in der Mathematik bereits bemerkenswerte Ausdrücke bekannt, wie etwa die Euler'sche Formel $e^{\pi\sqrt{-1}} + 1 = 0$; voreilige Schlüsse waren also nicht am Platz. (Wie sich herausgestellt hat, *sind* e und π transzendent; Charles Hermite bewies 1873 die Transzendenz von e, während die von π neun Jahre später von Ferdinand Lindemann gezeigt wurde.) Jedenfalls hat bis 1844 niemand gewusst, ob es überhaupt eine transzendente Zahl gibt.[4]

Nun kommt Cantor und weist nach, dass die Menge der algebraischen Zahlen abzählbar ist. Da er bereits gezeigt hatte, dass die Menge der reellen Zahlen *nicht* abzählbar ist, laufen beide Beweise auf die sichere Feststellung hinaus, es müsse reelle Zahlen geben, die nicht algebraisch sind – also transzendent. In der Tat zeigt diese Argumentation mehr: nämlich dass es *überabzählbar* viele transzendente Zahlen geben muss. Es gibt also mehr transzendente Zahlen als algebraische, und Cantor hat dies bewiesen, ohne eine einzige transzendente Zahl zu nennen (noch ohne zu wissen, ob »verdächtige« Zahlen wie e oder π transzendent sind oder nicht)!

Was ist die Potenzmenge einer Menge?

Der Cantor'sche Beweis, dass es unendlich viele Unendlichkeiten gibt, steht noch aus. Auch er soll die Chance erhalten, verstanden zu werden; deshalb machen wir uns mit ein paar (einfachen, aber durchaus wichtigen) Aufwärmübungen fit.

---

[4] Erst in jenem Jahr hat Joseph Liouville einen Satz bewiesen, nach dem sich algebraische Irrationalzahlen durch rationale Zahlen im Allgemeinen *nicht* sehr gut approximieren lassen. Damit konnten andererseits spezielle irrationale Zahlen mit ungewöhnlich *guten* rationalen Approximationen konstruiert werden, die zwangsläufig transzendent sein müssen. Ein Beispiel stellt 1,10100100001… dar, wo sich die Anzahl Nullen zwischen aufeinander folgenden Einsen mit jedem Schritt verdoppelt. Doch ist man damit noch weit vom Transzendenzbeweis für irgendeine »natürlich vorkommende« Zahl (wie e oder π) entfernt.

Liegt eine wohldefinierte Menge von Elementen vor, dann kann damit (gedanklich) allerhand angestellt werden. Wir können Teilmengen betrachten, deren Elemente ganz spezifische Eigenschaften haben. Gehen wir von der Menge der natürlichen Zahlen aus, so können wir beispielsweise die Teilmenge in Betracht ziehen, die aus allen Primzahlen oder aus allen geraden Zahlen besteht.

Statt Teilmengen können wir aber auch *Obermengen* ins Visier nehmen, das sind Mengen, welche die Menge, von der wir ausgegangen sind, als Teilmenge enthalten. Gehen wir zum Beispiel von der Menge der Primzahlen aus, so können wir als eine ihrer möglichen Obermengen die Menge der natürlichen Zahlen, in die sie ja »eingebettet« ist, in Betracht ziehen. Letztere ist wiederum in die Menge der rationalen Zahlen eingebettet, diese wiederum in die Menge der reellen Zahlen, und die wiederum in die Menge der komplexen Zahlen. (Es geht noch viel weiter und hört auch beim n-dimensionalen Zahlenraum nicht auf.) Teilmengen und Obermengen sind jedenfalls auch Mengen und können selbst wieder zum Ausgangspunkt von Betrachtungen werden.

Nun ist aber auch ein ganz anderer, wichtiger Blickwinkel möglich: Mengen können nicht nur als Teilmengen, sondern als *Elemente* von Mengen (einer anderen »Kategorie« sozusagen) auftreten beziehungsweise gedeutet werden. Gehen wir zum Beispiel von einer einfachen Menge M aus, die drei Elemente enthält: einen Apfel (a), eine Birne (b) und eine Zitrone (c), also M = {a, b, c}. Stellen wir uns unter der Mengenklammer {...} einen Sack vor, der den Apfel, die Birne und die Zitrone enthält. Nehmen wir den Apfel und die Birne heraus, stecken sie in einen eigenen Sack, verfahren genauso mit der Zitrone, und legen beide Säcke wieder in den ursprünglichen, umfassenderen Sack zurück. Die neue Menge, nennen wir sie M', schreibt sich jetzt {{a, b}, {c}}, und M' ist offenbar verschieden von M = {a, b, c}, da sich beide Mengen *elementweise* nicht mehr genau entsprechen und daher (elementweise) nicht mehr gleichgesetzt werden können: Während M die Elemente a, b und c enthält, setzt sich die Menge M' aus den Elementen {a, b} und {c} zusammen – die wiederum Teilmengen von M sind. Mengentheoretisch ist zwar eine Zitrone c eine Zitrone, aber nicht ganz dasselbe wie eine Zitrone in einem Sack, {c}.

Ich kann Ihnen allen Ernstes versichern, dass diese Überlegungen keine Haarspaltereien sind, sondern grundlegende Begriffsunterscheidungen, auf denen große Teile der Mathematik beruhen. (Im Grunde genommen sind uns Betrachtungen aus verschiedenen Blickwinkeln nichts Fremdes: Stellen Sie zum Beispiel einem Juristen eine Rechtsfrage, dann wird er seine Antwort fast immer mit den Worten »Es kommt ganz auf den Fall an« oder so ähnlich beginnen. Und nicht ohne Grund haben drei Juristen über einen Sachverhalt oft fünf verschiedene Meinungen. In der Mathematik geht es kaum anders zu – nur viel genauer.)

Unter den vielen Betrachtungen über eine Menge gibt es eine, die Cantor besonders interessierte: Ausgehend von einer bestimmten Menge M bildete er die *Menge all ihrer möglichen Teilmengen*. Diese umfangreiche Menge hat den Namen *Potenzmenge* (von M) erhalten, in Zeichen **P**(M). Ihre Elemente sind also alle möglichen Teilmengen der Ausgangsmenge M. Das soll am Beispiel unserer Menge M = {a, b, c} erläutert werden.

Versuchen wir, die Menge aller Teilmengen von M, das heißt die Potenzmenge **P**(M), zu bilden. Dazu müssen wir noch zwei geltende Regeln berücksichtigen: Erstens ist die so genannte *leere Menge* (als Symbol {} oder auch Ø, das ist die Menge, die kein Element enthält) Teilmenge jeder Menge; und zweitens ist jede Menge immer auch Teilmenge ihrer selbst.

Bei der Bildung aller Teilmengen von M gehen wir am besten systematisch vor: Zuerst nehmen wir die leere Menge: {}; dann die einelementigen Teilmengen: {a}, {b} und {c}; dann die zweielementigen Teilmengen: {a, b}, {a, c} und {b, c}; dann die dreielementigen Teilmengen – das ist aber einzig und allein die Menge M selbst: {a, b, c}. Somit ergibt sich als Potenzmenge

$$\mathbf{P}(M) = \{\{\}, \{a\}, \{b\}, \{c\}, \{a, b\}, \{a, c\}, \{b, c\}, \{a, b, c\}\}.$$

Es stellt sich heraus, dass die Potenzmenge jeder einelementigen Menge $2 = 2^1$ Elemente hat, die Potenzmenge jeder zweielementigen Menge $4 = 2^2$ Elemente und die Potenzmenge jeder dreielementigen Menge genau $8 = 2^3$ Elemente. Auch die Verallgemeinerung ist gültig (und – mit Hilfe der Methode der vollständigen Induktion, siehe Kapitel 0 – gar nicht schwierig zu beweisen): Die Potenzmenge jeder n-elementigen Menge besitzt 2^n Elemente. Da 2^n größer als n für jede natürliche Zahl n ist: $2^n > n$ ($= 1, 2, 3, \ldots$), ist auch die Potenzmenge $\mathbf{P}(M)$ jeder n-elementigen Menge M mächtiger als M. (Gegenüber n wächst 2^n *exponentiell* an: Das gleiche exponentielle Wachstum illustriert die Geschichte der Getreidekörner auf den 64 Feldern eines Schachbretts. Legt man auf das erste Feld ein Korn, auf das nächste 2, dann 4, 8, 16, 32, … und so weiter bis zum letzten, vierundsechzigsten Feld, dann beträgt die Gesamtzahl der Getreidekörner

$$2^{64} - 1 \text{ oder } 18\,446\,744\,073\,709\,551\,615;$$

das sind etwa 360 Milliarden Tonnen oder zigtausend Jahresproduktionen eines Landes wie Kanada.)

Die genaue Frage und Cantors Satz

Die Frage, die sich Cantor gestellt hatte, war nun folgende: *Gilt das auch für unendliche Mengen?* Das heißt: Ist die Potenzmenge $\mathbf{P}(X)$ einer unendlichen Menge X von höherer Mächtigkeit (oder Kardinalzahl) als die Menge X selbst? Immerhin wächst die Mächtigkeit 2^n der Potenzmenge $\mathbf{P}(M)$ im Endlichen mit n sehr stark an; kann man aber n in der Ungleichung $2^n > n$ durch $\aleph_0$ ersetzen, so dass $2^{\aleph_0} > \aleph_0$ gilt? Angesichts all der Überraschungen, zu denen die Untersuchung des Unendlichen immer wieder führt, ist es ganz und gar nicht selbstverständlich, dass sich ein Ergebnis für endliche Mengen auf unendliche verallgemeinern lässt. Doch es gelang dem besessenen Cantor, dieses Ergebnis auf sein Reich der unendlichen Mengen auszudehnen – zweifellos ein Höhepunkt in der Mathematikgeschichte. (Siehe den Beweis des Cantor'schen Satzes im nachfolgenden Kasten.) Die Potenzmenge der Menge natürlicher Zahlen hat also eine höhere Mächtigkeit als $\aleph_0$; es gilt $2^{\aleph_0} > \aleph_0$. Dieses Resultat kommt einem Dammbruch gleich: Da aus einer ersten unendlichen Potenzmenge wiederum ihre Potenzmenge gebildet werden kann und immer so weiter, gelangt man unaufhörlich zu immer größeren transfiniten Kardinalzahlen: $\aleph_0 < \aleph_1 < \aleph_2 < \aleph_3 < \dots$ Es gibt also unendlich viele verschiedene Stufen des Unendlichen.

Beweis des Cantor'schen Satzes

Gegeben sei eine unendliche Menge X. Es ist zu zeigen, dass ihre Potenzmenge $\mathbf{P}(X)$ größer ist als X selbst.

Annahme: X und $\mathbf{P}(X)$ seien gleich groß; zwischen den Elementen von X und $\mathbf{P}(X)$ ist somit eine umkehrbar eindeutige Zuordnung möglich. Der (indirekte) Beweis beruht nun darauf, dass wir diese Annahme zu einem Widerspruch führen.

Bezeichnen wir die Elemente von X durch Kleinbuchstaben a, b, c, … des Alphabets und die Elemente der Potenzmenge $\mathbf{P}(X)$ durch Großbuchstaben A, B, C, …

Betrachten wir nun ein beliebiges Element x aus X und ordnen ihm ein Element A aus $\mathbf{P}(X)$ zu. A ist definitionsgemäß eine Teilmenge von X (da ja $\mathbf{P}(X)$ die Menge *aller* Teilmengen von X ist). Befindet sich nun x selbst unter den Elementen von A? Das ist eine berechtigte Frage. Für einige Elemente von X lautet die Antwort sicherlich ja, für andere nein. Die angenommene umkehrbar eindeutige Zuordnung zwischen X und $\mathbf{P}(X)$ könnte folgende Paare aufweisen:

Element aus X   Element aus $P(X)$
                    (Teilmenge von X)
y $\leftrightarrow$ $A(y) = \{a, b, c, d\}$
z $\leftrightarrow$ $A(z) = \{b, r, s, t, z\}$

In diesem Fall ist y kein Element der zugeordneten Menge $A(y)$, während z in der zugeordneten Menge $A(z)$ enthalten ist.

Nun kommen wir zur Schlüsselbetrachtung des Beweises: Wir betrachten die Menge U jener Elemente x von X, für die gilt: x ist nicht Element des ihm zugeordneten Elements aus $P(X)$. Die Menge U besteht aus Elementen von X (ganz klar) und ist daher eine Teilmenge von X, das heißt, U ist ein Element von $P(X)$ nach Definition der Potenzmenge $P(X)$. Aufgrund der (angenommenen) umkehrbar eindeutigen Zuordnung zwischen X und $P(X)$ gibt es folglich ein Element aus X, nennen wir es w, welches dem Element U aus $P(X)$ eindeutig zugeordnet ist:

$$w \leftrightarrow U = A(w).$$

Diskutieren wir nun die Frage, ob w ein Element von U ist.

Falls *ja* (w *ist* Element von U), so muss w die Eigenschaft erfüllen, die U definiert, das heißt, w darf *nicht* Element des ihm zugeordneten Elements U aus $P(X)$ sein.

Falls *nein* (w *ist nicht* Element von U), erfüllt w die U definierende Bedingung nicht; dies bedeutet, w *ist* ein Element von U in $P(X)$.

Wir erhalten eine unmögliche Antwort – den gewünschten Widerspruch. Daraus folgt zwangsläufig, dass die ursprüngliche Annahme, die unendliche Menge X und ihre Potenzmenge $P(X)$ seien gleich groß, falsch ist. Damit ist Cantors Satz bewiesen.

Dieses Stufenargument veröffentlichte Cantor im Jahre 1874. Zu Beginn wurde es von vielen Mathematikern angezweifelt. Einige von ihnen lehnten Cantors Ergebnisse rundweg ab; für sie konnte »Unendlichkeit« keine starre Entität sein, sondern nur ein operationales Instrument für gedankliche Prozesse. Andere hatten das Gefühl, dass Cantor sein Argument nicht bis zum logischen Schluss geführt hatte. Um logisch stimmig zu sein, argumentierten sie, hätte er die Folge der transfiniten Zahlen so behandeln müssen wie die Folge der natürlichen Zahlen – und damit den Schluss auf die Existenz einer aleph-unendlichen ($\aleph_\infty$) Menge vollziehen müssen. Mit einer derartigen Menge könnte er dann eine gänzlich neue Folge von trans-transfiniten Mengen definieren. Man könnte sie nach dem zweiten hebräischen Buchstaben $\beth$ (Beth) benennen, so dass die neue Folge $\beth_0, \beth_1, \beth_2, \ldots$ lauten würde. Damit die logische Stimmigkeit gewährleistet bliebe, sagten diese Mathematiker, könnte Cantor diese Folge bis zu einer beth-unendlichen ($\beth_\infty$) Menge fortsetzen und die Argumentation immer weiter wiederholen.

Obwohl Cantor von dieser Kritik niemals überzeugt war, haben Mathematiker einen regelrechten trans-transfiniten Zahlenzoo erfunden. Ausgehend vom Axiom »Es gibt eine unerreichbare Kardinalzahl« haben sie gezeigt, dass es Typen von Kardinalzahlen gibt, die sogar noch größer (als unerreichbar!) sind: *Mahlo-Zahlen, schwach kompakte Kardinalzahlen, Hyper-Mahlo-Zahlen, unnennbare (»ineffable«) Kardinalzahlen, Ramsey-Zahlen, superkompakte Kardinalzahlen* und so fort. Wenn das Kronecker und Brouwer wüssten, sie würden sich in ihrem Grab herumdrehen – unendlich viele Male.

Vielleicht ist es der sehnliche Wunsch, irgendwie zu einem Abschluss zu kommen, der einige Mathematiker dazu bewegt, von einem »absolut Unendlichen« zu sprechen. Sie bezeichnen es mit dem letzten Buchstaben des griechischen Alphabets (Omega, ω) und schreiben ihm *die größte vorstellbare Unendlichkeit* zu.

Sie fragen, was da noch »vorstellbar« sein soll? Sie *verstehen* das nicht? Seien Sie unbesorgt: Den meisten »normalen« Mathematikern geht es kaum anders ... Omega? Nun, das ist vermutlich so etwas wie das Sahnehäubchen auf einem unendlichen Wahnsinn ... Ich lege Ihnen einfach eine der Thesen aus dem Prolog nahe: *Verstehen* ist ein Wunschtraum – oder nichts weiter als *Gewöhnung*. Erst wer *das* versteht, hat die richtige, lockere Einstellung und kann *verstehen*.

Die Kontinuumhypothese

Kehren wir auf den Boden der einfacheren Unendlichkeiten $\aleph_0, \aleph_1, \aleph_2, \ldots$ zurück. (Vielleicht merken Sie jetzt einen gewissen Gewöhnungseffekt? Ein Ort ist eben immer etwas vertrauter – verständlicher –, wenn man schon mal da war.)

Cantor hatte bewiesen, dass die Menge der reellen Zahlen überabzählbar ist, das heißt größer als $\aleph_0$. Andererseits hatte er gezeigt, dass die Potenzmenge der Menge natürlicher Zahlen ebenfalls größer ist als $\aleph_0$. Wie fällt nun der Vergleich zwischen den beiden größeren Kardinalzahlen aus? Sind sie untereinander gleich oder nicht? Wie groß *ist* die Menge der reellen Zahlen: $\aleph_1$? $\aleph_2$? $\aleph_3$? ...

Dies ist das berühmte *Cantor'sche Kontinuumproblem*, das die Frage nach der Mächtigkeit des *Kontinuums* aufwirft. Mit diesem Begriff wird die Menge der reellen Zahlen $\mathbb{R}$ bezeichnet – als Punkte betrachtet, die die reelle Zahlengerade bilden.

Cantors Bemühungen, dieses scheinbar einfache Problem zu lösen, blieben erfolglos, und auch die Anstrengungen vieler anderer hervorragender Mathematiker scheiterten. Es widerstand so vielen Lösungsversuchen, dass David Hilbert es in seinem programmatischen Vortrag anlässlich des Internationalen Mathematikerkongresses in Paris 1900 in seine Liste jener Probleme aufnahm, die er zu Beginn des neuen Jahrhunderts als die größten mathematischen Herausforderungen ansah. Und es wurde auch im neuen Jahrhundert »gelöst« ...

Ein erster kleiner Fortschritt in dieser Sache wurde im Jahre 1938 erzielt, als Kurt Gödel mit Hilfe neuer Methoden der mathematischen Logik zeigte, dass es auf der Grundlage des so genannten Zermelo-Fraenkel'schen Axiomensystems[11] der Mengenlehre nicht möglich ist zu beweisen, dass die Menge der reellen Zahlen eine von $\aleph_1$ verschiedene Mächtigkeit besitzt. Damit war zwar noch nicht viel gewonnen, doch da Gödel gezeigt hatte, dass es unmöglich ist, eine Antwort zu beweisen, die anders als $\aleph_1$ lautet, nahm man an, die Mächtigkeit des Kontinuums sei tatsächlich $\aleph_1$ (und es sei nur eine Frage der Zeit, bis der endgültige Beweis dafür geliefert würde). Es schien keineswegs unvernünftig, mit diesem vorweggenommenen Ergebnis zu arbeiten, wann immer es als Voraussetzung gebraucht wurde. So wurden zahlreiche Ergebnisse unter der Voraussetzung bewiesen, dass diese *Kontinuumhypothese*, wie die Vermutung genannt wurde, (logisch) wahr sei. (Diese Vorgangsweise ist gar nicht so selten: Es gibt zum Beispiel zahlreiche Arbeiten, die die Riemann'sche Vermutung voraussetzen, obwohl niemand weiß, ob und wann sie bewiesen – oder widerlegt – werden wird.)

Im Jahre 1963 wurde dann bekannt, dass Paul Cohen von der Stanford University eine neuartige Methode der Logik entwickelt hatte, mit deren Hilfe er *beweisen* konnte, dass die Kontinuumhypothese *nicht* aus den Zermelo-Fraenkel'schen Axiomen abgeleitet werden kann. (Zusammen mit dem schon früher von Gödel erarbeiteten Ergebnis wurde endgültig klar, dass das Kontinuumproblem im Rahmen des Zermelo-Fraenkel'schen Systems tatsächlich *unentscheidbar* ist.)

Wie sollte die neu entstandene Situation bewertet werden? Und wie könnte man hier Abhilfe schaffen? Immerhin ist es dramatisch genug, eine so wichtige Frage wie die nach der Mächtigkeit der reellen Zahlen innerhalb eines so grundlegenden Axiomensystems prinzipiell nicht beantworten zu können – nach Ansicht vieler Fachleute ein vernichtender Mangel der Theorie. Trotzdem schien es nicht zweckmäßig, den einfachsten Ausweg zu wählen, nämlich die Kontinuumhypothese selbst als ein Axiom der Mengenlehre zu postulieren. Eine andere Möglichkeit, diesem aus Cohens Arbeit resultierenden Dilemma zu entkommen, läge in der Akzeptanz, dass es *nicht nur eine, sondern mehrere mögliche Mengenlehren* gibt (ganz ähnlich den verschiedenen Geometrien, die sich rund hundert Jahre früher etabliert hatten). Die Kontinuumhypothese ist also in einigen Mengenlehren (logisch) wahr, in anderen falsch (ähnlich wie der Satz, dass die Summe der drei Winkel eines Dreiecks 180 Grad ergibt, in der Euklidischen Ebene wahr, auf der Kugeloberfläche als »Ebene« aber falsch ist).

Ist logische Stimmigkeit alles?

Der Beweis des Cantor'schen Satzes liegt vor und ist richtig: Es gibt – als logische Fiktionen – unendlich viele, immer überwältigendere Stufen des Unendlichen. Heute dürfte kaum jemand mehr ernsthaft glauben, dies sei auch *wahr* (im Sinne eines faktischen Vorkommens). Das ist eben die formale Seite der mathematischen Erkenntnisse: Sie sind *ableitbar* und daher *richtig*, aber sie brauchen nicht *faktisch wahr* zu sein.

Im Kapitel »Menschenverstand, Logik und Beweis« habe ich das logische Schließen auch als einen nützlichen Bestandteil der Kommunikation gewürdigt und den berühmten Logiker Alfred Tarski zitiert: Logik mache die Menschen kritischer und helfe, Irreführung durch Pseudo-Argumente zu verhindern. Und das Hauptproblem, dem sich die Menschheit heute gegenübersehe, sei das der Normalisierung und Rationalisierung menschlicher Beziehungen.

Aber auch diese Medaille hat eine Kehrseite. Formalistisches Argumentieren garantiert noch keine wohlwollende, menschen-

würdige Gesellschaft, im Gegenteil: Durch nichts lässt sich Miss-
brauch so gut rechtfertigen wie durch Formalismen. Unzählige
Ungerechtigkeiten in unserer Welt werden durch formalistische
Standpunkte begründet – Recht schlägt Gerechtigkeit. Formal-
juristische Entscheidungen, auch eines Rechtsstaates, können zu-
tiefst menschenverachtend sein. Liegt nicht auch die Ursache des
Scheiterns von Ideologien darin, dass in erster Linie ihre *formalen*
Inhalte umgesetzt werden – und nicht ihre *ethischen*?

Den einen oder anderen Leser mag es mit Enttäuschung erfüllen, dass logische Stimmigkeit die wichtigste und nicht selten
die einzige Forderung für die Existenz mathematischer Objekte
zu sein scheint (und ich gebe freimütig zu, dass mir dieser Sachverhalt auch gelegentlich zu schaffen macht). Dennoch führen
logisch stimmige Fiktionen, Kunstobjekten gleich, oftmals zu
tiefen ästhetischen Erkenntnissen, die uns überraschende Eigenschaften unserer Welt offenbaren. Dies ist zweifellos ein wichtiger Aspekt der menschlichen Kultur.

Mathematisches Denken ist nicht alles, aber ohne Mathematik
wäre unsere Kultur sehr viel ärmer – denn Mathematik ist von
Natur aus mehr als ein Sammelsurium spitzfindiger, formallogischer Verrenkungen. Überdies sind ihre Produkte stets potenzielle Werkzeuge, die manchmal Jahrzehnte oder Jahrhunderte
lang brachliegen, aber von denen niemals mit Sicherheit behauptet werden kann, dass sie nicht irgendwann in der Zukunft zum
Wohlergehen der Menschen beitragen werden. Das gesamte mathematische Wissen stellt eine Art Vorratskammer eines wichtigen Teils menschlichen Denkens dar. (Die Tatsache, dass so
manche technische Anwendung der Mathematik auch zum Leid
vieler Menschen beiträgt, ist kein mathematisches, sondern vor
allem ein politisches und ethisches Problem.)

Gibt es verschiedene Kategorien von Mathematik?

Vielleicht meinen Sie, ich nehme Cantors Werk nicht ernst genug? – Sagen wir, nicht übermäßig ernst. Ich zweifle nicht an der logischen Richtigkeit des Cantor'schen Systems, hege aber Zweifel, ob die gewohnte Logik – als Denkgesetz – auf gewisse Begriffe (wie das Unendliche), die über unsere erfahrbare Welt hinausweisen, so überhaupt anwendbar ist; ich gebe zu bedenken, ob wir die gewohnte Logik hier nicht auf unzulässige Weise extrapolieren. Allerdings würde ich auch nicht blind die Gegenposition, die der Intuitionisten und Konstruktivisten, vertreten wollen, denn deren Standpunkt erscheint mir zu extrem in seiner Ablehnung der Cantor'schen Fiktionen. Dennoch sind ihnen bemerkenswerte Erfolge gelungen. 1967, ein Jahr nach Brouwers Tod, veröffentlichte der amerikanische Mathematiker Erret Bishop (1928 bis 1983) sein Buch »Foundations of Constructive Analysis«, in dem er den Versuch unternahm, am mathematischen Gebäude all das zu retten, was auf die festen Fundamente Brouwers gegründet werden kann. Es stellte sich heraus, dass dies viel mehr war, als Brouwer und selbst Weyl zu hoffen gewagt hatten. Was zum Beispiel die klassische Differenzialrechnung (wo es um »unendlich kleine Größen« geht) den Naturwissenschaftlern und Ingenieuren anbietet, konnte Bishop im Sinne der intuitionistischen Mathematik im Wesentlichen genauso gut herleiten wie in der Mathematik Cantors. Trotz dieser hoffnungsvollen Resultate setzte keineswegs eine Welle der Bekehrung zur konstruktiven Mathematik ein. Die Gründe dafür analysiert Rudolf Taschner, der Mathematik an der Technischen Universität in Wien lehrt und auch selbst konstruktive Mathematik betreibt, in seinem lesenswerten Buch »Das Unendliche«.

Die erwähnten bemerkenswerten Erfolge Bishops werfen paradoxerweise auch die Frage nach der Berechtigung der intuitionistischen Sichtweise auf – vor allem nach der Berechtigung,

Cantors Mathematik abzulehnen. Schließlich können mathematische Herzstücke aus beiden Gedankenwelten abgeleitet werden, ohne dass die eine einen Widerspruch in der anderen entdeckt (der dann natürlich vernichtend wäre). Es scheint vielmehr wie mit den verschiedenen Geometrien zu sein – keine hackt der anderen ein Auge aus. Das heißt aber: So *unwahr* kann Cantors Welt im Kern gar nicht sein! (Vielleicht war es doch der Gipfel der Weisheit, als Einstein sich in diesen»Krieg zwischen Mäusen und Fröschen« nicht hineinziehen lassen wollte.)

Wenn wir unsere Logik für all unsere mathematischen Fiktionen gelten lassen wollen, müssen wir Cantors Resultate sehr wohl akzeptieren. Akzeptieren wir sie nicht, wie das so mancher auch namhafte Mathematiker getan hat, dann folgt daraus, dass wir der Überzeugung sind, für das gedachte Unendliche gälten wohl andere logische Regeln als die uns geläufigen. Kann es überhaupt Sinn machen, über Begriffe zu reflektieren, wenn völlig unklar ist, ob die angewandten Denkgesetze den Begriffen und Spekulationen angemessen sind? Wohl kaum. Dann müssen aber diese Begriffe und Spekulationen schlicht vermieden werden. Genau das tun die Konstruktivisten, allerdings um den Preis unüberschaubarer, schwerfälliger Formalismen. *Werden da etwa die Intuitionisten zu Formalisten?*

Wie einfach und schwebend leicht ist dagegen Cantors abstrakte Welt unendlich vieler Stufen des Unendlichen! Aber: *Wurde Cantor nicht erst über den logischen Formalismus zum Platoniker?* Hatte er nicht aus richtig abgeleiteten Sachverhalten und Ideen seine »eigentliche Wirklichkeit« gebaut, deren Existenz er nicht mehr relativieren konnte und die er dann vielleicht als *(faktisch) wahr* ansah? Hilbert hatte sich (durch sein eigenes Programm) als Formalist ausgewiesen – und gleichzeitig Cantors platonisches »Paradies« leidenschaftlich verfochten! Wer ergreift nun Partei für wen?

Alle mathematisch Tätigen verwenden gemeinsame Deduktionsketten und Rechentechniken: natürlich die Formalisten, die

Platoniker, die Intuitionisten und, nicht zu vergessen, die Pragmatiker des Alltags. Auf dieser elementaren (und für den Laien oft abstoßenden) Ebene verschwimmen alle Ismen. Was kennzeichnet dann deren verschiedene Geisteshaltungen? Ganz einfach: die dahinter stehende und grundlegende Logik, wenn sie sich mit »Randproblemen« befassen – zum Beispiel mit unendlichen Größen (im Kleinen wie im Großen): Welche logischen Regeln sind für welche Arten von Fragen zweckmäßigerweise erlaubt oder nicht? Oder sind gar verschiedene, koexistierende Logiksysteme denkbar, die zwangsläufig zu unterschiedlichen Kategorien von Mathematik führen – ähnlich wie verschiedene Axiomensysteme zu verschiedenen Geometrien oder Mengenlehren? Warum eigentlich nicht! Schließlich gelten auch die Gesetze unserer physikalischen Welt nur in einem bestimmten Rahmen – zum Beispiel im Bereich der Makrophysik und nicht auf der Quantenebene (oder umgekehrt). Ist dies einmal klar geworden und akzeptiert, fällt es viel leichter, mathematische Objekte – Fiktionen –, bezüglich ihrer *Wahrhaftigkeit* zu relativieren.

Unendlichkeit im Kleinen

Gegenüber der Unendlichkeit im Großen ist diejenige im Kleinen von jeher viel wichtiger gewesen – vor allem, was die konkreten Anwendungen betrifft. Die alten Griechen benutzten auch niemals den Begriff des mathematisch Unendlichen als Substantiv; beispielsweise gebrauchte Euklid nicht den Ausdruck »Unendlichkeit« in Bezug auf die Primzahlen, er sagte nur, es gibt keine größte. Genauso machten sich die altgriechischen Mathematiker und Philosophen eher tastend Gedanken über *beliebig kleine Teile und Strecken.*

Unzählige Überlegungen über beliebig kleine Strecken führten aber zu Paradoxien. Eine der bekanntesten ist die von Achilles und der Schildkröte. Sie besagt, dass Achilles die Schildkröte nie einholen kann, denn er muss zuerst an dem Punkt ankommen, den die Schildkröte eben verlassen hat, und aus diesem Grund liegt die Schildkröte immer in Führung.

An sich scheint das ein tadelloses Argument zu sein – und logisches Argumentieren ist ja in der Mathematik wichtiger und fundamentaler als abstrakte Rechenkunst. Dennoch widerspricht dieses Argument der Erfahrung – Argumente allein sind noch keine strengen Deduktionen und Beweise. Was stimmt also hier nicht?

Angenommen, der hundertmal schnellere Achilles versucht eine (ursprünglich) hundert Meter von ihm entfernte Schildkröte einzuholen und bewältigt diese Strecke in zehn Sekunden. Die Schildkröte ihrerseits hastet weiter, hat in dieser Zeit einen Meter zurückgelegt und noch immer einen Vorsprung. Auch wenn Achilles diesen Meter in einer zehntel Sekunde durchläuft, hat die Schildkröte immer noch einen Vorsprung von einem Zentimeter, und selbst nach einer weiteren tausendstel Sekunde liegt das Tier immer noch einen zehntel Millimeter in Führung. Addiert man die zurückgelegten Wege des Achilles und die dazugehörigen Zeiten, dann erstreckt sich der Wettlauf über $100 + 1 + 0,01 + 0,0001 + \ldots$ Meter (Überholstrecke) und dauert $10 + 0,1 + 0,001 + 0,00001 + \ldots$ Sekunden (Überholzeit).

Werden in der Aufholphase nur endlich viele solcher Summanden berücksichtigt, behält die Schildkröte bei diesem rechnerischen Modell die Nase vorn – allerdings in sukzessiven Zeitintervallen, die sehr schnell gegen null *konvergieren*. Werden dagegen *alle* Summanden berücksichtigt (wozu man in der Antike und auch lange danach noch nicht in der Lage war), sieht die Sache anders aus.

Aus heutiger, moderner Sicht erkennen wir diese nicht abbrechenden, unendlichen Summen als Beispiele der geometrischen Reihe, die vielen noch aus dem Mathematikunterricht (vielleicht als Zinsrechnung) in Erinnerung sein wird:

$$1 + q + q^2 + q^3 + q^4 + \ldots = \frac{1}{1-q}; \quad (q < 1) \qquad (\textit{Summenformel})$$

Wenn wir in den Ausdrücken der Überholstrecke und der Überholzeit den ersten Term (100 respektive 10) ausklammern, können wir sie auf die Form der Summenformel bringen. Die Zahl $q < 1$ ergibt sich dann in beiden Fällen zu $1/100 = 0{,}01$. Nach Anwendung der Summenformel erhalten wir $101{,}010101\ldots$ Meter für die gesamte Überholstrecke und $10{,}101010\ldots$ Sekunden für die gesamte Überholzeit.[5] Genau nach dieser Zeit hat Achilles die Schildkröte eingeholt und rennt nun voran ins Ziel.

Somit verdankt die Paradoxie ihre Existenz nur der Tatsache, dass sich die nicht abbrechende Betrachtung auf den Zeitverlauf einer Folge von Aufholteilstrecken bezieht, ohne den letzten Bruchteil mitzurechnen – zeitlich und streckenmäßig.

Der Begriff einer »unendlichen Summe« blieb noch Jahrhunderte lang völlig verschwommen. Die modernere Betrachtungsweise des beliebig Kleinen, des *Infinitesimalen*, nahm ihren Ursprung im 17. Jahrhundert und erwuchs aus dem Bedürfnis, Naturereignisse befriedigend zu erklären. Dabei behandelten die Wissenschaftler dieser Epoche, allen voran Johannes Kepler (1571 bis 1630) und Blaise Pascal (1623 bis 1662), das unendlich Kleine wie auch das unendlich Große in geheimnisvoller und sogar mystischer Weise. Mit den Generationen nach Pascal gelangte die infinitesimale Betrachtung und Schlussweise mit den folgenden berühmten Namen zu ihrer vollen Blüte: Sir Isaac Newton (1642 bis 1727), Gottfried Wilhelm Leibniz (1646 bis 1716), die

---

[5] Überholstrecke in Metern:

$$100 + 1 + 0{,}01 + 0{,}0001 + \ldots = 100 \times (1 + \frac{1}{100} + (\frac{1}{100})^2 + (\frac{1}{100})^3 + \ldots)$$

$$= 100 \times \frac{1}{1 - \frac{1}{100}} = \frac{10000}{99} = 101{,}010101\ldots$$

Analog erhält man $10{,}101010\ldots$ als Überholzeit in Sekunden.

Gebrüder Bernoulli, Jakob (1654 bis 1705) und Johann (1667 bis 1748), und Leonhard Euler (1707 bis 1783). Die grundlegenden Sätze der Differenzial- und Integralrechnung, der Analyse des Infinitesimalen, entdeckten um 1660 und 1670 unabhängig voneinander Newton und Leibniz. Newton versuchte, infinitesimale Größen als Entität einfach zu vermeiden – er benutzte sie nur als Inbegriff eines dynamischen Denkprozesses. Und Leibniz behauptete zwar nicht, dass infinitesimale Größen tatsächlich existierten, doch könne man, meinte er, so argumentieren, als ob sie existierten, ohne in einen Irrtum zu verfallen. Diese Sicht hat sich im Prinzip bis auf den heutigen Tag bewährt; sogar *die* physikalischen Theorien des 20. Jahrhunderts, allen voran die Relativitätstheorie(n) und die Quantenphysik, bedienen sich weiterhin erfolgreich der Differenzial- und Integralrechnung – freilich in viel komplexerer Weise als bei Newtons Physik.

Die Unendlichkeit – im Kleinen wie im Großen – berührt auch die Stochastik, das ist der Bereich der Wahrscheinlichkeitstheorie inklusive Statistik. Einerseits ist dieses Gebiet eng mit der Differenzial- und Integralrechnung verwoben, also mit infinitesimalen Größen, andererseits kommt die empirische relative Häufigkeit eines Ereignisses immer näher an die wahre Wahrscheinlichkeit seines Auftretens heran, je mehr Versuche durchgeführt werden. Bei unendlich vielen Versuchen wird – theoretisch – Gleichheit erreicht. Dieser Sachverhalt, genannt »Gesetz der großen Zahlen«, stellt eine Grenzwertaussage dar, das heißt eine Aussage, bei der die Anzahl der Beobachtungen eine unendliche ist – obwohl niemand eine unendliche Anzahl von Zufallsexperimenten durchführen oder beobachten kann. Den Begriffen Zufall, Wahrscheinlichkeit, Glück und Chaos ist ein eigenes Kapitel gewidmet.

Zum Schluss sei noch eine ganz simple Aporie angeführt: die Paradoxie der Umordnung von *Reihen* (das sind unendliche Summen). Betrachten wir die Reihe

$$1 - 1 + 1 - 1 + 1 - 1 + 1 -+ \ldots$$

Nun besagt die Paradoxie der Umordnung, dass die Summe dieser Reihe verändert werden kann, indem man die benachbarten Terme verschiedentlich zusammenfasst – was durch Einklammerungen zum Ausdruck gebracht werden soll. Zum Beispiel ist

$$(1 - 1) + (1 - 1) + (1 - 1) + \ldots = 0 + 0 + 0 + \ldots = 0,$$

während

$$1 + (-1 + 1) + (-1 + 1) + \ldots = 1 + 0 + 0 + \ldots = 1$$

ergibt. Damit ist $0 = 1$, offenbar ein widersprüchliches Ergebnis.

Um Paradoxien zu vermeiden, stehen einem im Prinzip zwei Möglichkeiten offen: Entweder die Betrachtungen werden je nach Bedarf auf einen (engeren) Bereich eingeschränkt, in dem keine logischen Widersprüche mehr auftreten, oder es werden neue (sogar erweiterte) Methoden geschaffen, durch die die widersprüchlichen Eigenschaften ebenfalls aus der Welt geschafft werden. Zum Beispiel wird die Paradoxie der Umordnung durch Einschränkung auf konvergente Reihen vermieden. Etwaige widersprüchliche Eigenschaften anderer Fiktionen könnten auch durch eine Erweiterung der Theorie verschwinden. Wie ein Slalomläufer findet der Mathematiker sein mit unzähligen kleinen Warnflaggen abgestecktes Geflecht möglicher Pisten vor. Nur wenn er sich erfolgreich hindurchschlängelt, gelingt es ihm, auch das Unendliche zu zähmen. Da letzteres aber naturgemäß nie abgeschlossen ist, wird sich die Notwendigkeit weiterer kreativer Eingriffe immer wieder ergeben.

Das Unendliche ist das, was ohne Ende ist: das Grenzenlose, das Ewige, das Unsterbliche, das sich selbst Erneuernde, das uns belebt. Die unendliche linke Seite der Gleichung

$$\frac{1}{2} + \frac{1}{4} + \frac{1}{8} + \frac{1}{16} + \ldots = 1$$

scheint unvollkommen zu sein. Auf der rechten Seite haben wir Endlichkeit in Vollendung. Eine Brücke zu schlagen über diese Kluft ist ein schöpferisches mathematisches Bedürfnis.

3

Das Matrjoschka-Prinzip

Der letzte Akt

30. Mai 1832. Morgengrauen in einem kleinen Pariser Park. Drei dunkle Gestalten gehen schweigend nebeneinander her. Zwei stellen sich Rücken an Rücken. Der Dritte befiehlt: »Pistolen auf fünfundzwanzig Schritt!« Die beiden schreiten gleichmäßig, jeder vor sich hin, halten nach einer Weile inne, drehen sich gleichzeitig um, heben die Pistolen und schießen aufeinander. Die Schüsse verhallen im Park, Vogelschwärme verlassen flatternd die Bäume. Einer der beiden Duellanten, von der Kugel des anderen getroffen, sinkt langsam zu Boden.

Évariste Galois, so der Name des Verletzten, war noch keine einundzwanzig Jahre alt und hatte geahnt, ja gewusst, dass er sterben würde. Zwei Freunden schrieb er am Vortag:

»Meine guten Freunde; ich wurde von zwei Patrioten herausgefordert ... es war mir unmöglich abzulehnen. Verzeiht mir, dass ich Euch nicht Bescheid gegeben habe, aber meine Gegner hatten mir bei meiner Ehre untersagt, jemanden zu benachrichtigen. Eure Aufgabe ist ganz einfach: nämlich zu bezeugen, dass ich mich ohne mein Wollen dem Kampf gestellt, das heißt, nachdem ich jeden möglichen Einigungsversuch unternommen habe, und zu sagen, ob ich überhaupt einer Lüge fähig bin, und sei es nur in einer so unbedeutenden Sache wie dieser. Bewahrt mein Andenken, da das Schicksal mir nicht genug vom Leben gab, um meinen Namen bekannt zu machen. Ich sterbe als Euer Freund. É. Galois.«

Einen zweiten Brief richtete er an alle republikanischen Patrioten:

»Ich bitte die Patrioten, meine Freunde, mir nicht vorzuwerfen, dass ich für etwas anderes sterbe als für das Land. Ich sterbe als Opfer einer niederträchtigen Kokotte. Mein Leben wird durch eine elende Intrige ausgelöscht. Oh, warum für eine so nichtige Sache sterben, für etwas so Verachtenswertes? Der Himmel ist mein Zeuge, dass es aufgezwungen war und dass ich mich einer Herausforderung stellte, die ich mit allen Mitteln vermeiden wollte. Ich werfe mir vor, Männern, die nicht bereit waren, sie kaltblütig zu vernehmen, eine unheilvolle Wahrheit gesagt zu haben. Aber schließlich habe ich die Wahrheit gesagt. Ich nehme ein Gewissen mit ins Grab, das frei ist von Lüge und frei von patriotischem Blut. Adieu! Ich hatte einen gut Teil des Lebens für das allgemeine Wohl übrig. Verzeiht denen, die mich getötet haben, sie sind aufrichtig. É. Galois.«

Die ganze Nacht vor dem Duell verbrachte Galois jedoch in fiebriger Erregung damit, noch einen dritten Brief zu verfassen: seinen berühmten Brief an Auguste Chevalier. Es war sein wissenschaftliches Testament, das nicht nur in die Wissenschaftsgeschichte eingegangen ist, sondern auch das Antlitz der Mathematik und zahlreicher Naturfächer grundlegend verändert hat. Es sollte noch mehr als ein Jahrzehnt dauern, bis die Mathematiker den Kern von Galois' genialen Ideen erkannten, deren Tragweite sich aber erst im Laufe der nächsten hundertfünfzig Jahre, also bis in unsere Tage hinein, allmählich offenbarte.

Beim Duell erlitt Galois einen Bauchschuss. Ein Bauer hob den Verletzten auf seinen Pferdekarren und brachte ihn ins Krankenhaus. Die Verletzung war tödlich, und Galois wusste es. Von seiner Familie wurde nur sein junger Bruder Alfred benachrichtigt. Als dieser tränenüberströmt eintraf, sagte ihm Évariste: »Weine nicht, ich brauche meine ganze Energie, um mit zwanzig zu sterben.« Am Abend stellte sich die Bauchfellentzündung ein, und am nächsten Vormittag war Galois von seinen Schmerzen erlöst. Tod im Mai, mit zwanzig. Beigesetzt wurde er im öffentlichen Graben am Friedhof von Montparnasse.

Die Umstände dieser Affäre sind mysteriös. Fest steht, dass Évariste Galois, relegierter Student und revolutionärer Republikaner, am 16. März 1832, während einer Choleraepidemie, aus dem Gefängnis Sainte-Pélagie auf Bewährung entlassen und in eine offene Heilanstalt geschickt wurde. Dort lernte er eine gewisse »Mademoiselle Stéphanie D.« kennen, eine – hier in allzu wörtlichem Sinne – *femme fatale*, mit der er seine erste und einzige Liebesgeschichte erlebte. Dann, am 25. Mai, schrieb er seinem Freund Chevalier: »Wie soll ich mich darüber trösten, die schönste Quelle des Glücks, der man begegnen kann, in einem Monat erschöpft, verbraucht zu haben, ohne Freude und ohne Hoffnung?« Hatte sie ihn abgewiesen? Ein paar Tage später wurde er mit einem angeblichen Onkel dieser Demoiselle und ihrem angeblichen Verlobten konfrontiert. Beide forderten Galois zum Duell heraus. Ging es tatsächlich um die Ehre der Dame?

Schule: zuerst keine, dann eine langweilige

Évariste Galois wurde am 25. Oktober 1811 in Bourg-la-Reine bei Paris geboren. Sein Vater führte ein Pensionat, das der Großvater noch vor der Revolution gegründet hatte, und war Vorsitzender der liberalen Partei seines Dorfes. Im April 1814 hatte er mit Genugtuung den Sturz Ludwigs XVIII. erlebt. Man vertraute ihm das Bürgermeisteramt an, das er auch nach Waterloo behielt. In seiner Funktion musste er einen Eid auf den König ablegen. Er war Republikaner; die Royalisten waren im Dorf zahlreich vertreten. Évaristes Mutter stammte aus einer im Ort ansässigen Juristenfamilie und hatte eine solide humanistische und religiöse Erziehung genossen.

Mit zehn Jahren hätte Évariste ein Stipendium am Collège de Reims erhalten können, aber seine Mutter wollte ihn lieber noch bei sich behalten. Bis zu seinem zwölften Lebensjahr war sie seine einzige Erzieherin. Glücklich war Évariste nur als Kind. 1823 wurde er ins Internat des Collège Louis-le-Grand in Paris gesteckt. Die ersten zwei Jahre verliefen zufrieden stellend, doch im dritten Jahr änderte sich alles. Der Schulleiter glaubte, Évariste sei noch nicht reif genug, um vom Unterricht profitieren zu können, und zwang ihn – gegen den Widerstand des Vaters –, die Klasse zu wiederholen. Das war ein Wendepunkt in seinem kurzen Leben, das von diesem Moment an unter einem schlechten Stern zu stehen schien.

Évariste langweilte sich und vernachlässigte seine Aufgaben. Allerdings durfte er die unterste Mathematikklasse besuchen, die *Classe de mathématiques préparatoires*, und hier entdeckte er sein Interesse und seine Begabung für das Fach. Wie einen Roman verschlang er das Geometrie-Lehrbuch von Adrien Marie Legendre (1752 bis 1833). Die meisten Bücher über elementare Algebra enttäuschten ihn allerdings, und so verlegte er sich auf das Studium der klassischen Werke von Joseph Louis Lagrange (1736 bis 1813), die bald sein wissenschaftliches Denken prägten. Immer mehr fühlte er sich von den ungelösten, vorwiegend algebraischen Problemen angezogen. Mathematik: ein probates Mittel gegen Langeweile? Mathematik ist manchmal leichter zu ertragen als das Leben.

Bei den meisten seiner Lehrer war er jedoch nicht beliebt. Sie warfen ihm übertriebenen Ehrgeiz und maßlosen Stolz vor, und während Évariste immer tiefer in seine Gedanken versank, hatten sie den Eindruck, er sei zu eigensinnig und arbeite undiszipliniert. Galois legte Wert darauf, sich ganz allein auf die Aufnahmeprüfungen der angesehenen École Polytechnique, der ersten französischen Schule für Höhere Mathematik, vorzubereiten. Er bestand sie nicht, ein Urteil, das er als eine Verweigerung ihm zustehender Rechte empfand.

Nach der *Classe de mathématiques préparatoires* (und seiner gescheiterten Aufnahmeprüfung) kam Galois 1828 direkt, die *Classe de mathématiques élémentaires* überspringend, in die *Classe de mathématiques spéciales*. Hier traf er endlich auf einen Lehrer, Maître Richard[1], der seine Fähigkeiten erkannte. Richard kommentierte vor der Klasse mit Genugtuung und Freude die originellen Lösungen, die sein talentierter Schüler fand.

Die Anfänge des spielerischen Erforschens

Noch im Jahr seiner gescheiterten Aufnahmeprüfung verfertigt Galois seine erste mathematische Arbeit, eine Abhandlung über fortgesetzte Brüche, »Kettenbrüche« genannt – ein viel versprechender Anfang, aber nicht mehr. Er formuliert darin einen Satz, der die Wurzeln (synonym: Lösungen) algebraischer Gleichungen in Kettenbruchform behandelt. Dabei entdeckt er gewisse Muster und Abhängigkeiten zwischen den Wurzeln. Überhaupt wird Galois' Grundthema die Frage nach der Lösbarkeit algebraischer Gleichungen durch Radikale sein, ein Problem mit einer damals schon viele Jahrhunderte alten, aber inhaltlich recht kurzen Geschichte. Die Anmerkung 7 am Ende des Buchs enthält

---

[1] Fünfzehn Jahre später sollte Maître Richard Charles Hermite (1822 bis 1901) unterrichten, dem es im Jahre 1873 gelang, die Transzendenz der Zahl $e = 2{,}718\dots$ zu beweisen.

die sporadische Geschichte der *quadratischen* Gleichung (auch Gleichung zweiten Grades genannt),

$$ax^2 + bx + c = 0,$$

sowie der *kubischen* Gleichung (oder Gleichung dritten Grades),

$$ax^3 + bx^2 + cx + d = 0.$$

Vielen sind die Lösungen[12] der quadratischen Gleichung noch aus dem Schulunterricht bekannt.

Anmerkung: Die Koeffizienten a, b, c, d müssen rational sein; zudem muss a ungleich null sein, da sonst die Gleichungen nicht zweiten beziehungsweise dritten Grades wären. Ihre Lösbarkeit»durch Radikale« wirft dann die Frage auf, ob es für die Unbekannte x einen *algebraischen* Ausdruck gibt, der also nichts Schlimmeres enthält als Radikale, das heißt n-te Wurzeln. (Selbstverständlich gibt es für alle denkbaren Fälle Näherungsmethoden, die beispielsweise in praktischen technischen Anwendungen ausreichend präzise sind – das ist aber hier nicht die Frage.)

In seinem Buch»Ars Magna« (1545) veröffentlichte Geronimo Cardano auch die von seinem Schüler Luigi Ferrari entwickelte Methode zur Lösung von Gleichungen vierten Grades, die darauf beruht, diese auf Gleichungen dritten Grades zurückzuführen. (Die Wurzeln der Gleichungen dritten und vierten Grades sind recht kompliziert, sie enthalten im Allgemeinen Mehrfachradikale; so etwas lernt man nicht auswendig, es genügt zu wissen, dass es diese Lösungsformeln gibt.)

Dann schien sich ein paar Jahrhunderte lang nichts mehr zu bewegen. Obwohl sich zahlreiche namhafte Fachleute um eine Lösung bemühten, darunter auch der große Schweizer Mathematiker Leonhard Euler Mitte des 18. Jahrhunderts, gelang es niemandem, die Wurzeln der Gleichung fünften Grades

$$ax^5 + bx^4 + cx^3 + dx^2 + ex + f = 0$$

durch Radikale zu finden. Lagrange, Nachfolger von Euler an der Berliner Akademie (wo er zwanzig Jahre blieb, bevor er wieder nach Paris berufen wurde, an die École Polytechnique), äußerte um 1770 den Verdacht, eine solche Lösung sei vielleicht gar nicht möglich. Seine Denkschrift über die algebraische Lösung von Gleichungen sollte später besonders Abel und Galois inspirieren.[2] Um 1800 ging es dann auch nicht mehr darum, eine algebraische Lösung zu finden, sondern um den Beweis, dass eine solche Lösung nicht existiert.

Der Italiener Paolo Ruffini unternahm 1813 einen frühen Versuch, aber endgültig wurde die Frage 1824 durch den jungen Norweger Niels Henrik Abel (1802 bis 1829) mit Hilfe eines recht komplizierten Beweises entschieden: Die allgemeine Gleichung fünften Grades ist *nicht* durch Radikale lösbar.

Évariste Galois kannte zwar die Arbeit Abels nicht, wohl aber die Vermutung von Lagrange. Zudem hatte er sich ein wesentlich ehrgeizigeres Ziel gesteckt. Wenn auch die allgemeine Gleichung fünften Grades unlösbar ist, so besitzen doch viele spezielle Gleichungen fünften (und höheren) Grades Lösungen durch Radikale. Galois schwebte ein Verfahren vor, mit dem sich für *jede* gegebene Gleichung beliebigen Grades entscheiden lässt, ob sie durch Radikale lösbar ist oder nicht.[3] Er war also nicht nur ein Revolutionär in politischen Fragen, sondern vor allem einer im mathematischen Denken: Statt ein bestimmtes Problem zu lösen, wollte er, möglichst auf einen Schlag, eine viel größere Klasse analoger Probleme lösen. Dieser kühne Wunsch ist

---

[2] Der große Gauß hat Abel und Galois ebenfalls inspiriert. Überhaupt kann man sagen, dass Lagrange, Gauß, Abel und Galois die endgültigen Grundlagen der Theorie der algebraischen Gleichungen gefunden haben – wobei Lagrange und Gauß, im Gegensatz zu Abel und Galois, ihre Ideen im Laufe eines langen Arbeitslebens entwickeln konnten.

[3] Auch Abel soll sich intensiv mit diesem Problem beschäftigt haben, bevor er 1829, noch keine siebenundzwanzig Jahre alt, starb.

durchaus verständlich und sogar nahe liegend: Sollten denn jedes
Mal einige Jahrhunderte vergehen, bevor die Gleichung mit dem
nächst höheren Grad geknackt werden konnte?
Galois lieferte ein überraschendes und originelles Ergebnis.
Seine Einsichten trugen den Keim einer allgemeinen, tiefgründi-
gen und mächtigen Theorie in sich und bewirkten so etwas wie
einen Evolutionsschub im mathematischen Denken. Doch diese
Entdeckungsgeschichte wurde von einer unfassbaren Pechsträhne überlagert.

Widrige Wechselfälle oder *Mister Murphy was here*

Galois hat die Grundlagen seiner Ideen über die Theorie der
Gleichungen geschaffen, als er siebzehn war, und am 25. Mai
1829 eine Arbeit bei der Pariser Akademie der Wissenschaften
eingereicht. Augustin Cauchy (1789 bis 1857), einer der größten
Mathematiker dieser Zeit, war – mit siebenundzwanzig Jahren
– Mitglied der Akademie und Professor an der École Polytech-
nique. Ihm wurde die Prüfung der Arbeit des Louis-le-Grand-
Schülers Galois anvertraut. Diese Schrift ging jedoch verloren.
Einer zweiten Abhandlung, die Galois eine Woche später (am 1.
Juni 1829) einsandte, widerfuhr das gleiche Schicksal. War Cau-
chy zu sehr in seine eigenen Forschungen vertieft? Die beiden
Arbeiten wurden nie wieder aufgefunden, ihr Autor hat sie ver-
geblich zurückgefordert. Es ist nur bekannt, dass er darin seine
Ergebnisse über algebraische Gleichungen mit *Primzahlgrad* zu-
sammengefasst hatte.
Zwei weitere Schicksalsschläge vermehrten Galois' seelische
Leiden noch, bevor dieses bittere Jahr 1829 zu Ende ging: sein
zweites Scheitern, im Juli, bei der Aufnahmeprüfung für die École Polytechnique, und der (politisch bedingte) Selbstmord des

Vaters. Pechsträhne, Gesetz der Serie. (Vermutlich kennen Sie Murphys Gesetz, das oft wie folgt formuliert wird: Wenn etwas schief gehen kann, dann wird es auch schief gehen. Kein Zweifel: Murphys Gesetz war schon zu Galois' Zeiten wirksam.)

Um die zweite gescheiterte Aufnahmeprüfung hat sich eine Legende gebildet. Galois, mit Kreide und Wischlappen an der Tafel stehend, soll einem seiner Prüfer nach einer sachlichen Auseinandersetzung entnervt den Lappen an den Kopf geworfen haben. Eine glaubhaftere Version: Der alte Prüfer Dinet, früherer Lehrer namhafter Kollegen wie Cauchy, forderte Galois auf, die »Theorie der arithmetischen Logarithmen« zu erläutern. Worauf der Kandidat durchaus richtig, aber mit einem bestürzenden Mangel an Diplomatie antwortete: Es gebe keine *arithmetischen* Logarithmen; warum also werde er nicht einfach nach der »Theorie der Logarithmen« befragt? Woraufhin er diese im Überblick darstellte. Eine weitere, banale Frage beantwortete er mit einer trockenen, fast schnippischen Bemerkung. Professor Dinet gab dem Kandidaten eine schlechte Note, und damit zerplatzte Galois' großer Wunschtraum wie eine Seifenblase. Die Moral von dieser Geschichte: Mathematiker sind auch nur Menschen …

Tief enttäuscht über die als ungerecht empfundene Abweisung, wollte er nun wenigstens die École Normale besuchen. Bei der Abiturprüfung (Baccalauréat), der sich Galois im Dezember desselben Jahres unterziehen musste, wäre er beinahe wieder durchgefallen – diesmal wegen seiner unzureichenden Physiknote. Schließlich aber bestand er und trat am 20. Februar 1830 in die École Normale ein.

Doch Galois blieb ein miserabler Schüler, der kaum die Vorlesungen besuchte. Statt dessen trieb er seine eigenen Untersuchungen voran. Während des ersten Halbjahrs 1830 publizierte er drei Arbeiten, in denen er sich in die Theorie der algebraischen Lösbarkeit von Gleichungen vertiefte und einige seiner schönsten Entdeckungen formulierte – ohne Beweis. Diese Ergebnisse sind jedoch später alle bestätigt worden.

Im Februar 1830 reichte Galois seine Abhandlungen für den Großen Preis der Mathematik bei der Akademie ein. Das Manuskript wurde dem ständigen Sekretär Baron Fourier übergeben, jenem Joseph Fourier (1768 bis 1830), der sich mit seiner Theorie der Wärmeströmung und den darin eingeführten trigonometrischen Reihen (»Fourier-Analyse«) einen Namen gemacht hatte. Fourier nahm Galois' Manuskript mit nach Hause, starb aber, bevor er es begutachten konnte. Man hat in seinen Papieren danach gesucht, es aber nie gefunden. Auch diese Arbeit Galois' gilt bis heute als verschollen.

Angesichts dieser neuerlichen Nachlässigkeit war der junge Mathematiker verzweifelt und voller Zorn. In den fortgesetzten Missgeschicken sah Galois nicht die Wirkung eines unglücklichen Zufalls, sondern einer schlechten sozialen Organisation, die das Genie seines Rechts beraubt und Mittelmäßigkeit fördert. So wurde er zu einem immer unversöhnlicheren Kritiker des Bourbonenregimes.

Nach den Verordnungen Karls X., die die gerade durchgeführten Wahlen außer Kraft setzen und die Pressefreiheit abschaffen sollten, verfolgte Galois mit Genugtuung den Aufstand des Bürgertums und des Volks gegen die Bourbonen. Während der drei Tage der Julirevolution hinderte der Direktor der École Normale die Studenten daran, auf die Straße zu gehen, während die Kommilitonen der École Polytechnique am Aufruhr teilnehmen durften. In seiner Wut attackierte Galois den Direktor in einem Brief (ob seiner Engstirnigkeit), den er, mit seinem vollen Namen unterzeichnet, am 3. Dezember 1830 der *Gazette des Écoles* zusandte. Der Herausgeber der Zeitschrift wollte ihn schützen und ließ statt des Namens die Verfasserangabe »Ein Schüler der École Normale« unter den Text setzen, doch war es für den Direktor ein leichtes, herauszufinden, wer der Autor war, und er revanchierte sich, indem er Galois, den radikalen studentischen Aufrührer, dem er jegliche Moral absprach, wegen seines »anonymen« Briefes kurzerhand von der Schule verwies.

So sah sich Évariste Galois im Januar 1831 gezwungen, seinen Lebensunterhalt mehr schlecht als recht durch Privatunterricht zu bestreiten. Dennoch gediehen seine mathematischen Forschungen weiter, und am 17. Januar erhielt die Akademie der Wissenschaften eine weitere Arbeit von ihm: »Über die Bedingungen der Auflösbarkeit von Gleichungen durch Radikale«. Es war auch sein letzter Versuch, Anerkennung für seine Entdeckungen zu erlangen. Die Begutachtung der Arbeit wurde Siméon Denis Poisson und Sylvestre François Lacroix übertragen. Der Verfasser erhielt eine Empfangsbestätigung. Voller Ungeduld nach mehr als zwei Monaten Wartezeit, schrieb er dem Präsidenten der Akademie, um sich zu erkundigen, ob sein Manuskript vielleicht auch diesmal abhanden gekommen sei; seine Forschungen, klagte er, hätten bisher das gleiche Schicksal erlitten wie die der Kreisquadrierer. »Sollte die Analogie bis zum bitteren Ende geführt werden?« fragte er.

Als er daraufhin keine Antwort bekam, resignierte er und beschloss, sich nie wieder mit Mathematik zu befassen. Stattdessen trat er der Nationalgarde bei, deren Artillerie ein republikanischer Oppositionsherd war; Galois bestand darauf, sich ihr anzuschließen. Kurz darauf wurde die Nationalgarde wegen Verdachts auf Verschwörung aufgelöst. Als Protest gegen diese Maßnahme fand am 9. Mai ein Festbankett statt, in dessen Verlauf Galois mit einem offenen Messer in der Hand einen Trinkspruch auf den König ausbrachte – eine Geste, die einige als eine gegen das Leben des Königs gerichtete Drohung auffassten. Tags darauf wurde Galois verhaftet. Bei seiner Verhandlung bestand er darauf, dass sein Spruch »Auf Louis-Philippe, falls er Verrat übt!« gelautet habe, dass aber die letzten Worte im Tumult untergegangen seien. Er wurde freigesprochen und am 15. Juni entlassen.

Am 4. Juli erhielt er endlich Nachricht von der Akademie über sein im Januar eingereichtes Manuskript. Der Gutachter, Poisson, lehnte die Gedankengänge als »unverständlich« ab und beendete seine Stellungnahme mit der folgenden Zusammenfassung:

»Wir haben jede Anstrengung unternommen, um Galois' Beweis zu verstehen. Sein Gedankengang ist jedoch weder ausreichend klar noch ausreichend entwickelt, um uns ein Urteil über die Richtigkeit seiner Ausführungen zu erlauben. Es ist daher völlig unmöglich, in diesem Bericht Stellung dazu zu beziehen. Der Verfasser teilt mit, dass der in der vorliegenden Abhandlung vertretene Satz Teil einer allgemeinen Theorie ist, die zahlreiche Anwendungen erlaube. Oft kommt es vor, dass sich die verschiedenen Teile einer Theorie gegenseitig erhellen und dadurch im Zusammenhang leichter zu verstehen sind. Man wird deshalb abwarten, bis der Verfasser seine Arbeit als Ganzes veröffentlicht, um zu einer endgültigen Beurteilung zu kommen. In der Form jedoch, in der der eingereichte Teil seiner Abhandlung der Akademie vorliegt, können wir keine positive Empfehlung aussprechen.«

Die Akademie schloss sich der Folgerung des Gutachtens an – eine Riesenenttäuschung für Galois. Poisson interessierte sich mehr für Mechanik und mathematische Physik als für die Algebra, und es ist auch für Mathematiker nicht immer leicht, die Gedanken eines originellen Kollegen nachzuvollziehen.[4] Was aber mag ihn, Poisson, davon abgehalten haben, dem jungen Studenten, der seit dem 15. Juni nicht mehr im Gefängnis war, ein paar Erläuterungen abzuverlangen? Er hätte die Beweise zweifellos verstanden, und Galois' Werk wäre fünfzehn Jahre früher bekannt geworden …

Natürlich kann der entscheidende Fehler auch bei Galois selbst gelegen haben. Denn er war sich seiner Genialität durchaus bewusst, und eine gewisse Überheblichkeit wird ihm nicht fremd gewesen sein. Auch zeigte er wenig Neigung, seine mathematischen Gedanken deutlich herauszuarbeiten. So scheint er nicht genug Lebensklugheit besessen zu haben, sich ein günstiges Um-

---

[4] Die Geschichte der Mathematik ist keinesfalls arm an »verkannten Genies«. Selbst der große Gauß hat gelegentlich die Bedeutung von Arbeiten junger Pioniere wie Niels Henrik Abel oder János Bolyai unterschätzt.

feld zu schaffen oder wenigstens unnötigen Reibereien aus dem Weg zu gehen. Oder haben die Pechsträhnen und Ablehnungen ein Minderwertigkeitsgefühl in ihm genährt und verstärkt? Liegt der Schlüssel zu seinem Verhalten vielleicht im pädagogischen Bereich? Resultiert es aus den Ereignissen seines dritten Pariser Jahres, als er, fünfzehnjährig, die Klasse wiederholen musste?

Am 14. Juli 1831 führte Galois eine republikanische Manifestation an – in der Uniform eines Artilleristen der (mittlerweile aufgelösten) Nationalgarde, bewaffnet mit Gewehr und Dolch. Auf dem Pont-Neuf wurde er verhaftet, vor Gericht gestellt und zu sechs Monaten Gefängnis verurteilt, die er in Sainte-Pélagie in dem Trakt für politische Agitateure verbrachte.

Évariste Galois hätte sich dort am liebsten wieder an die Arbeit gemacht – an seine mathematischen Forschungen. Oft spazierte er, in tiefes Nachdenken versunken, stundenlang im Gefängnishof umher. Hier setzte er zu fast philosophischen Betrachtungen über das Mathematisieren an. Einige Notizen aus dieser Zeit sind uns erhalten geblieben. Sie vermitteln uns einen Einblick in die Mechanismen des kreativen mathematischen Denkens: Das Aufspüren verborgener Gesetzmäßigkeiten und Strukturen kann nicht auf reines logisches Folgern reduziert werden, sondern umfasst auch und vor allem Intuition und spielerisches Kombinieren. Seine Gedanken sind so einleuchtend und zugleich ungewöhnlich, dass ich zwei Passagen übersetzen möchte.[5]

In einer seiner Notizen schwärmt Galois von der Eleganz des Geistes, der gleichzeitig eine große Anzahl von Operationen erfassen kann:

»Mit beiden Füßen auf die Berechnungen springen; die Operationen gruppieren, sie nach ihren Schwierigkeiten einteilen und nicht nach ihren Formen; das ist, meiner Meinung nach, die Aufgabe der künftigen Geometer; das ist

---

[5] Aus: Louis Kollros, »Évariste Galois«.

die Bahn, die ich betreten habe. Man darf die Meinung, die ich hier äußere, nicht mit dem Bemühen mancher Leute verwechseln, scheinbar jegliche Art von Berechnung zu vermeiden, indem sie mit langatmigen· Umschreibungen übersetzen, was sich mit Hilfe der Algebra kurz und bündig ausdrücken lässt, und die so den schwierigen Operationen weitschweifige Palaver hinzufügen, die ungeeignet sind, diese Operationen zu charakterisieren.«

In der Diktion des 19. Jahrhunderts plädiert Galois hier zu Recht für eine Art funktionelle Abstraktion (als sinnvolle Idealisierung und Vereinfachung). An anderer Stelle reflektiert er über die Abkunft und Verkettung der mathematischen Ideen:

»Hier, wie in allen Wissenschaften, hat jede Epoche in gewisser Weise ihre Fragen des Augenblicks: Es gibt lebendige Fragen, die sich zugleich der aufgeklärtesten Geister scheinbar wider Willen bemächtigen. Es sieht oft so aus, als erschienen die gleichen Ideen verschiedenen Denkern wie eine Offenbarung. Sucht man die Ursache hierfür, ist es ein leichtes, sie in den Werken unserer Vorgänger zu finden, wo sie ohne explizites Wissen der Verfasser zugegen sind.«

So findet wissenschaftliches Denken statt. Isaac Newton hat diesbezüglich einmal sinngemäß gesagt, er könne nur so weit sehen, weil er auf den Schultern von Riesen stehe, die das Terrain bereitet hätten. Und was die »gleichen Ideen« betrifft, »die verschiedenen Denkern wie eine Offenbarung erscheinen«, so hat sich gezeigt, dass sie, statistisch gesehen, ausgerechnet nach der – Ironie des Schicksals – so genannten Poisson-Verteilung auftreten (so wie übrigens radioaktive Emissionen von Atomkernen oder auch Flugzeugabstürze).

Nach einiger Zeit hatte sich in Sainte-Pélagie die Einsicht durchgesetzt, dass Galois keineswegs Ambitionen gehabt hatte,

ein Attentat auf den König zu verüben, ja dass in Wirklichkeit
etwas ganz anderes in ihm steckte. Am 16. März 1832 wurde er,
während einer Choleraepidemie, auf Bewährung entlassen und
in eine offene Heilanstalt eingewiesen. Und dort – so schließt
sich der Kreis – lernte er »Mademoiselle Stéphanie D.« kennen.

Viele haben unter vorgehaltener Hand behauptet, die Ereignisse nach der Haftentlassung seien eine Machenschaft der Royalisten gewesen, um sich eines gefährlichen jungen Republikaners
zu entledigen. Alexandre Dumas hat sogar öffentlich die Vermutung geäußert, bei dem Duell habe es sich um ein getarntes
Mordkomplott aus politischen Motiven gehandelt.

Galois' Werk wäre nie ans Licht der Öffentlichkeit gelangt,
hätte nicht Joseph Liouville (1809 bis 1882) viele Jahre nach dem
Tod des jungen Mathematikers begonnen, die noch verbliebenen
Papiere aus dessen Nachlass durchzuarbeiten. Am 4. Juli 1843
wandte er sich mit den folgenden einleitenden Worten an die
Akademie:

> »Ich hoffe, das Interesse der Akademie durch die Mitteilung
> wecken zu können, dass ich unter den Papieren von Éva-
> riste Galois eine ebenso präzise wie tiefgründige Antwort
> auf das folgende schöne Problem gefunden habe: Ist eine
> Gleichung durch Radikale lösbar oder nicht?«

Erst 1846, vierzehn Jahre nach Galois' Duelltod, wurde sein
Werk im *Journal de mathématiques pures et appliquées* (von Liouville)
herausgegeben.

Das Vermächtnis des Duellanten

Die ganze Nacht vor dem Duell verbringt Galois damit, seinen
Brief an Auguste Chevalier, sein wissenschaftliches Testament,
zu redigieren. Vor ihm liegt die von Poisson abgewiesene Arbeit,

in der er ein paar Korrekturen vornimmt. Sein Ziel ist es, eine allgemeine Theorie algebraischer Gleichungen zu entwickeln, die mittels bestimmter Hilfsgleichungen geringeren Grades gelöst werden können.

Schon seit ein paar Jahren hatte er vermutet, dass dieses schwierige Problem in jedem Einzelfall durch ein spezielles »Muster« der Wurzeln der betreffenden Gleichung bestimmt wird. Genau in diesen Mustern hatte er den Schlüssel zur Antwort auf die Frage gesucht, ob die Gleichung auflösbar ist oder nicht. Er hatte in übertragenem Sinne die tiefere, verborgenere, schönere und einfachere Gesetzmäßigkeit gesucht, die hinter den vielfältigen, oberflächlichen Phänomenen der sichtbaren Realität steckt – ähnlich wie ein Dichter oder Maler die subtilere Wirklichkeit hinter der Welt der Erscheinungen sucht.

Galois ging von der Menge der Wurzeln einer Gleichung aus. Ihm fiel auf, dass manche Wurzeln eine besondere Eigenschaft haben: Werden sie vertauscht, so ändert dies nichts an der Gestalt der Gleichung, das heißt, an ihrer Grundstruktur. Wurzeln (und auch andere Dinge), die man vertauschen kann, ohne dass dies am Gesamtbild grundlegend etwas ändert, können als *symmetrisch* angesehen werden. Und das ist schon ein kleiner Zipfel der allgemeinen Theorie, ein noch vager, fast philosophischer Grundbegriff, auf dem sich ein weiterer Grundbegriff aufbaut: der der *Gruppe*. Aber nun eins nach dem anderen!

Symmetrien und Gruppen

In einer berühmten Reihe von Vorlesungen über dieses Thema sagt Hermann Weyl:

> »Symmetrie, ob man ihre Bedeutung eng oder weit fasst, ist
> eine Idee, vermöge derer der Mensch durch die Jahrtausen-

de seiner Geschichte versucht hat, Ordnung, Schönheit und
Vollkommenheit zu begreifen und zu schaffen.«

Wenn Mathematiker von Symmetrie sprechen, meinen sie etwas
sehr Spezielles: nämlich eine Methode, *einen Gegenstand so zu trans-
formieren, dass er seine Struktur beibehält.*

Legen Sie eine einfache geometrische Figur, eine quadratische
Fläche etwa, auf ein Blatt Papier, und zeichnen Sie ihre Umrisslinie nach. Bewegen Sie nun das Quadrat, passt es gewöhnlich
nicht wieder in die Umrisslinie hinein. Bei genau acht verschiedenen Bewegungen liegt das Quadrat jedoch wieder innerhalb der
Umrisslinie:

- (S1): Man drehe es um 0 Grad, das heißt, man lasse es in
  Ruhe.
- (S2): Man drehe es (entgegen dem Uhrzeigersinn) um 90
  Grad.
- (S3): Man drehe es um 180 Grad.
- (S4): Man drehe es um 270 Grad.
- (S5): Man klappe es um eine vertikale Achse (wie eine Dreh-
  tür).
- (S6): Man klappe es um eine horizontale Achse (wie eine Fall-
  tür).
- (S7): Man klappe es über die Hauptdiagonale.
- (S8): Man klappe es über die andere Diagonale.

Jede dieser Bewegungen (wir zählen vier Drehungen und vier Spiegelungen) ist eine Symmetrieoperation (kurz Symmetrie) des Quadrats. Betrachten wir ein paar Eigenschaften dieser Symmetrien:

- Werden zwei Symmetrien nacheinander ausgeführt, etwa S2
  und dann S6, wofür wir kurz S2 * S6 als Resultat oder »Produkt« dieser hintereinander geschalteten Ausführungen schreiben, so landet das Quadrat offensichtlich wiederum innerhalb
  seiner Umrisslinie. Das Hintereinanderausführen mehrerer
  Symmetrien erzeugt also eine weitere Symmetrie – in unserem

Fall erhalten wir S2 * S6 = S7. (Man sagt auch, die Menge der Symmetrien ist bezüglich der Operation der Hintereinanderausführung *abgeschlossen*.)

- Die Drehung um null Grad kann als *neutrale* Symmetrieoperation angesehen werden, die das Quadrat unverändert lässt. (Durch jede ganze Anzahl von 360-Grad-Drehungen wird natürlich das gleiche bewirkt.)

- Zu jeder Symmetrie gibt es eine *inverse* oder *reziproke* Symmetrieoperation, die das Quadrat durch hintereinander ausgeführte Schritte wieder in die *neutrale* Stellung zurückversetzt. Zum Beispiel hebt die Symmetrie S4 die Symmetrie S2 wieder auf.

- Werden drei Symmetrien hintereinander ausgeführt, etwa S2, dann S7 und schließlich S5, dann spielt es keine Rolle, wie der Leser leicht nachprüfen mag, ob wir zuerst das Produkt S2 * S7 bilden und darauf S5 folgen lassen oder ob wir auf S2 das Produkt S7 * S5 folgen lassen; man sagt, die Produktbildung (die Hintereinanderausführung von Symmetrien) ist *assoziativ*, und schreibt: (S2 * S7) * S5 = S2 * (S7 * S5) = S2 * S7 * S5. (Die Assoziativität einer Operation oder Verknüpfung hat also den Vorteil, dass man sich bei Berechnungen die Klammern sparen kann.)

Wir sagen, die Menge der Symmetrien des Quadrats habe die *Gruppeneigenschaft*.[13] Diese strukturierte Menge wird die *Symmetriegruppe* des Quadrats genannt und enthält genau acht Elemente (Symmetrien) – sie hat die *Ordnung* 8 (die »Ordnung einer Gruppe« ist nichts anderes als die Anzahl der Elemente, aus denen die Gruppe besteht).

Wir können diese Überlegungen auch auf andere regelmäßige Figuren ausdehnen: auf ein gleichschenkliges Dreieck, praktisch auf jedes reguläre Polygon mit so vielen Seiten, wie wir wollen, ja sogar auf einen Kreis.

Die Überlegungen lassen sich aber auch auf dreidimensionale Körper übertragen. Der Würfel beispielsweise besitzt vierundzwanzig Drehsymmetrien, wobei die Rotation um eine Achse erfolgt (und nicht mehr um einen Punkt wie bei der ebenen Figur). Jede beliebige Ecke des Würfels kann in jede beliebige andere überführt werden, und für jede zu einer Ecke führenden Kante gibt es drei Drehoperationen. Werden dazu noch die Spiegelungen (an einer Ebene und nicht mehr an einer Geraden) berücksichtigt, so ergeben sich für den Würfel insgesamt achtundvierzig Symmetrien.

Das Dodekaeder, ein fußballähnlicher, regulärer Körper, dessen Oberfläche aus zwölf gleichen, regelmäßigen Fünfecken besteht, besitzt allein sechzig Drehsymmetrien (hundertzwanzig Symmetrien, wenn man die Spiegelungen mitzählt). Die Symmetrien dieses »Fußballs« spielten in Galois' Nachweis, dass die allgemeine Gleichung fünften Grades nicht durch Radikale auflösbar ist, eine entscheidende Rolle.

Betrachten wir nun (in Gedanken) einen unendlichen ebenen Fußboden, der mit quadratischen Fliesen bedeckt ist. Zusätzlich zu den acht Symmetrien des Quadrats ermöglicht dieses Fliesenmuster jedoch noch unendlich viele *Translations*symmetrien (also Verschiebungstransformationen, die die Struktur des Gegenstands – des Fußbodens mit dem quadratischen Fliesenmuster – unverändert lässt): Das ganze Muster kann um ein, zwei, drei … Einheiten horizontal oder vertikal, nach oben oder unten, links oder rechts verschoben und auch gedreht und umgeklappt werden. Das Fliesenmuster hat also unendlich viele Symmetrien, seine Symmetriegruppe besitzt unendliche Ordnung.

Beispiele von unendlichen Gruppen sind Ihnen sicher nicht fremd, obwohl Sie dabei vielleicht noch nie an die Gruppeneigenschaft gedacht haben mögen. Nehmen wir nur die gesamte Menge der ganzen Zahlen $\mathbb{Z}$: die positiven, die negativen und die Null. Als *algebraische Verknüpfung* zwischen den Elementen von $\mathbb{Z}$ stellen wir uns die gewöhnliche Addition vor. Das System $(\mathbb{Z}, +)$ bildet dann offensichtlich eine Gruppe: Die Summe zweier ganzer Zahlen ergibt wieder eine ganze Zahl; das *neutrale* Element ist

die Null; das *inverse* Element der ganzen Zahl a ist die ganze Zahl
-a; und die Addition ist bekanntlich assoziativ (wie die Hintereinanderausführung von Symmetrien), das heißt:

$$(a + b) + c = a + (b + c) = a + b + c$$

für alle ganzen Zahlen a, b, c. (Man kann sich also die Klammern
ersparen, wenn nur die Addition verwendet wird.)

($\mathbb{Z}$, +) hat unendliche Ordnung und noch eine weitere wichtige Eigenschaft: Die Addition ist *kommutativ*[6]: a + b = b + a; die
Elemente sind hinsichtlich der Operation + vertauschbar. Man
nennt solche Gruppen ebenfalls *kommutativ* (oder *abelsch* – zu Ehren Abels). Bemerkung: Die Kommutativität der Verknüpfung
wird bei der Definition des Gruppenbegriffs nicht verlangt – im
Gegensatz zur Assoziativität.

Jedes mathematische Objekt, wie abstrakt es auch sei, kann
Symmetrien aufweisen – Transformationen dieses Objekts, die
seine Gestalt, seine Grundstruktur bewahren. Und diese Symmetrien bilden eine Gruppe, das heißt, sie besitzen die Gruppeneigenschaft. Als rein abstrakter Begriff liegt die überragende
Stärke des Gruppenbegriffs in der großen Anzahl konkreter
Beispiele und Anwendungen, die oft völlig unterschiedlicher Natur sind. Der Gruppenbegriff vermittelt heute Einsichten in so
verschiedene Gebiete wie Algebra, Geometrie, Kristallographie,
Teilchenphysik, Kosmologie und die Lagen, die Rubiks Würfel
(siehe Seite 130) einnehmen kann. Es gibt somit gute Gründe,
von der Universalität des Symmetrie- und Gruppenbegriffs zu
sprechen. Symmetrien und ihre Gruppeneigenschaft als ein allge-

---

[6] Kommutative Operationen sind besonders einfach. Andererseits kommen
nichtkommutative Operationen in der Praxis häufiger vor, als wir auf Anhieb vermuten würden: Wir erhielten zweifellos ein anderes Ergebnis als das gewohnte,
wenn wir beispielsweise die Reihenfolge beim Anziehen von Socken und Schuhen vertauschen würden – zuerst die Schuhe, dann die Socken. Somit ist *die Operation des Anziehens von Kleidern* im Allgemeinen nichtkommutativ. Bezeichnen wir
diese Operation mit ⊗ und die Kleider mit a, b …, dann gilt: a ⊗ b ≠ b ⊗ a.

meines Konzept zu studieren bedeutet, die algebraischen Eigenschaften der Verknüpfung von Transformationen zu betrachten. Also wieder zurück zu den algebraischen Gleichungen.

Die Gestalt der Lösungsmenge einer Gleichung

All das, Symmetrien und Gruppeneigenschaften, war zu Galois' Zeiten bei weitem nicht so klar wie heute. Die Mathematiker fischten in trüben Gewässern und hatten kaum Ordnungsprinzipien als Anhaltspunkte für ihre Suche. Wollten wir Galois' Entdeckung umständlich nachvollziehen, müssten wir nicht nur unzählige Beispiele konstruieren[14], sondern vor allem mit den Lösungsmengen endlos jonglieren. Allerdings wäre dies noch kein fairer Nachvollzug, denn wir haben ja schon eine Idee im Hinterkopf (und man wird bekanntlich leichter fündig, wenn man weiß, wonach man sucht). Deshalb skizziere ich nur das Prinzip der Methode aus heutiger Sicht.

Wir betrachten die volle Lösungsmenge einer Gleichung. (Nach dem Fundamentalsatz der Algebra besteht die Lösungsmenge einer Gleichung n-ten Grades aus n Wurzeln.) Jetzt suchen wir nach den verschiedenen Arten, in die sie – durch *Permutationen* der Wurzeln – angeordnet werden kann, so dass das System algebraischer Beziehungen, das zwischen ihnen (den Anordnungsarten) besteht, die Struktur der Gleichung unverändert lässt. (*Permutationen* und *Vertauschungen*, auch *Substitutionen* genannt, werden synonym benutzt; sie sind der Ursprung für Symmetriebetrachtungen.)

Zugegeben, das grenzt schon an fragwürdige Mentalakrobatik mit mehreren, nicht sehr gefestigten Begriffen. Deshalb machen wir uns den Gedanken am besten klar, indem wir eine Gleichung heranziehen, deren Lösungen leicht zu finden sind – zum Beispiel $x^4 - 5x^2 + 6 = 0$. Die Wurzeln[15] sind $\sqrt{2}$, $-\sqrt{2}$, $\sqrt{3}$ und $-\sqrt{3}$; nennen wir sie der Reihe nach einfach A, B, C und D (damit wir nicht ständig das Radikalzeichen verwenden müssen).

Offensichtlich gehören A und B irgendwie zusammen, ebenso C und D. In der Tat gibt es keine Möglichkeit, A und B voneinander zu unterscheiden, wenn man nur Gleichungen mit rationalen Koeffizienten benutzt. Denn A genügt der Gleichung $A^2 = 2$, aber auch B erfüllt sie: $B^2 = 2$. Und es gilt zudem $A + B = 0$.

Vertauschen wir A und B, so erhalten wir: $B^2 = 2$, $A^2 = 2$ und $B + A = 0$; alles bleibt wie gehabt.

Bemerkung: Es wird nicht behauptet, dass zwischen $A = \sqrt{2}$ und $B = -\sqrt{2}$ überhaupt kein Unterschied besteht; offensichtlich haben sie verschiedene Vorzeichen. Dieser Vorzeichenunterschied lässt sich aber nicht entdecken, wenn man nur polynomiale Gleichungen mit rationalen Koeffizienten benutzt. Durch Gleichungen über den rationalen Zahlen kann also A von B nicht unterschieden werden. Analog sind C und D ununterscheidbar.

Andererseits ist es beispielsweise leicht, A von C zu unterscheiden, weil $A^2 = 2$ richtig, $C^2 = 2$ aber falsch ist (es gilt ja $C^2 = 3$). Desgleichen können A und D leicht unterschieden werden, wie auch B und C oder auch B und D.

Nun betrachten wir die Liste der vier Wurzeln und fragen: Wie viele Arten gibt es, diese Liste so umzuordnen, dass alle in der ursprünglichen Anordnung richtigen Gleichungen auch in der neuen Anordnung richtig bleiben? (Wir dürfen also nur A mit B oder C mit D vertauschen.)

Antwort: Es gibt genau vier Arten:

(1)   A   B   C   D

(2)   A   B   D   C

(3)   B   A   C   D

(4)   B   A   D   C

Diese Liste von Permutationen ist die *Galoisgruppe* der Gleichung. Und sie allein bestimmt, ob die Gleichung durch Radikale auf-

lösbar ist![16] (Damit kein Missverständnis aufkommt: Die Liste
der geeigneten Permutationen der Wurzeln darf nicht mit den
– im Allgemeinen noch unbekannten – Wurzeln selbst verwechselt werden. Die Anzahl der Arten, nämlich vier, stimmt hier nur
zufällig mit der Wurzelanzahl überein.)

Die Galoisgruppe einer gegebenen Gleichung ist also so etwas
wie ein »verborgener Schlüssel« der Gleichung. Wie erhält man
nun Aufschluss über diesen Schlüssel, wie lüftet man das Geheimnis der Gleichung? Ganz einfach: Man erschaffe sich, wie
Galois, so etwas wie ein geistiges Kaleidoskop, einen Guckkasten
mit bunten Glasstückchen – die Wurzeln –, die sich beim Drehen
zu immer neuen, von Winkelspiegeln vervielfachten symmetrischen Mustern ordnen. Man spiele damit erst mal eine Zeitlang
und notiere alles. Vielleicht kommt dabei etwas heraus ...

Wir möchten aber heute schon den Spaß an der Entdeckung
des fabelhaften Rezepts haben. Genau genommen ist es, von
den mathematischen Überlegungen her gesehen, etwas zu um-
fangreich, um es hier erschöpfend darzulegen. Dennoch bemühe
ich mich, einen adäquaten Einblick zu geben, der eine konkrete
Ahnung vermitteln soll, worauf es ankommt. Das Wichtigste ist,
dass das Rezept darin besteht, ein bestimmtes Kriterium mittels
der inneren algebraischen Struktur der Galoisgruppe nachzuprüfen. Dazu ist es notwendig, ein paar Betrachtungen über die allgemeine Struktur von Gruppen anzustellen.

Gruppen enthalten vielfach Teilmengen, die wiederum, zusammen mit der Verknüpfung (durch die die Gruppe definiert
wurde), die Gruppeneigenschaft aufweisen. Man spricht von
Untergruppen. Jede Gruppe enthält zumindest zwei Untergruppen: sich selbst (ähnlich wie jede Menge auch Teilmenge ihrer
selbst ist) und die *triviale* Untergruppe, die nur aus dem neutralen
Element besteht – was sehr leicht zu verifizieren ist, beispielsweise an der Symmetriegruppe des Quadrats.

Unter den Untergruppen kann es nun welche geben, die in
ganz bestimmter Weise durch ihre Lage, die sie in der Gruppe

einnehmen – durch ihre besonders hübsche, zentrale Einbettung, könnte man sagen – ausgezeichnet sind. Ihr Name: *invariante* (Unter-)Gruppen oder *Normalteiler*.[17] (Ein Normalteiler ist also nichts anderes als eine spezielle Untergruppe; worin das Spezielle besteht, kann nur abstrakt wiedergegeben werden und würde hier zu weit führen – doch Unerschrockene können die genaue Definition in der Anmerkung 17 nachlesen.) Die triviale Untergruppe, die nur aus dem neutralen Element besteht, hat stets die Normalteilereigenschaft. Das wären schon die Zutaten für das Rezept.

Galois' Rezept – das Matrjoschka-Prinzip

Nunmehr beweist Galois, dass eine algebraische Gleichung beliebigen Grades genau dann durch Radikale lösbar ist, wenn:

(1) ihre Gruppe, nennen wir sie G, einen Normalteiler H enthält, der von kleinerer Ordnung ist als G; als Formel[7] könnten wir dies wie folgt schreiben: G $|\supset$ H, ord G > ord H;

(2) die Ordnung von G, dividiert durch die von H, eine Primzahl ist: ord G/ord H prim;

(3) H einen Normalteiler K, wiederum von kleinerer Ordnung, enthält: H $|\supset$ K, ord H > ord K;

(4) die Ordnung von H, geteilt durch die von K, wiederum prim ist: ord H/ord K ist prim;

(5) und so weiter, bis wir bei der trivialen Untergruppe anlangen, die nur das neutrale Element von G enthält.

---

[7] Stören Sie sich bitte nicht an der »formelmäßigen« Darstellung, es handelt sich nur um harmlose, leicht verständliche Abkürzungen. G $\supset$ H beziehungsweise H $\subset$ G bedeuten »G enthält H« beziehungsweise »H ist in G enthalten«; mit G $|\supset$ H soll hier die Normalteilereigenschaft von H zum Ausdruck gebracht werden. Mit ord G wird schließlich »Ordnung von G« abgekürzt.

Wir können diese Bedingungen in drei »Ketten« zusammenfassen (e bezeichnet das neutrale Element):

---

1. Kette: $G \mid \supset H \mid \supset K \mid \supset \ldots \mid \supset Q \mid \supset \{e\}$
2. Kette: ord $G >$ ord $H >$ ord $K > \ldots >$ ord $Q > 1$
3. Kette: $\frac{\text{ord } G}{\text{ord } H}, \frac{\text{ord } H}{\text{ord } K}, \ldots, \frac{\text{ord } Q}{1}$ sind alle prim.

Eine solche Gruppe G heißt *auflösbar*. Die Kette immer kleinerer Gruppen erinnert an das Matrjoschka-Prinzip der ineinander verschachtelten russischen Folklorepuppen. Mit dieser Bezeichnung lässt sich das Resultat von Galois einfach und elegant formulieren:

> Eine Gleichung ist genau dann durch Radikale auflösbar, wenn die Galoisgruppe der Gleichung auflösbar ist.

Das ist also die verborgene, abstrakte und zugleich einfache Realität, die sich hinter den verwirrenden Aspekten der sichtbaren, oberflächlichen Wirklichkeit verbirgt! Ein allgemeinverständliches Problem, das in dieser Form oft gar nicht zugänglich ist (Lässt sich die Gleichung durch Radikale lösen?), wird auf eine dahinter liegende Ebene aus Fiktionen gebracht, wo man es dann im Prinzip leicht entscheiden kann (in etwa: Lässt sich so etwas wie der »Geist« der Gleichung in »besondere, kleinere Geister« zerlegen?). Ist das nicht ein wunderschönes Resultat?

Die Brücke zu den konkreten Berechnungen besteht in dem Gedanken, dass eine n-te Wurzel in eine Serie von p-ten Wurzeln für verschiedene Primzahlen p zerlegt werden kann (so wie jede natürliche Zahl nach dem Fundamentalsatz der Arithmetik eindeutig in Primfaktoren zerlegbar ist). Beispielsweise ist die sechste Wurzel die Quadratwurzel aus der Kubikwurzel,

$$\sqrt[6]{x}=\sqrt[2]{\sqrt[3]{x}},$$

wobei 2 und 3 Primzahlen sind. Jede p-te Wurzel entspricht einem Schritt in der Kette von Untergruppen G, H, K, … (Mit diesem Ergebnis wird in natürlicher Weise auch eine Brücke zu den Primzahlen geschlagen.)

Galois' Resultat kann man offensichtlich nur konkret anwenden, wenn man über eine gut entwickelte Methode zur Analyse von Gruppen, Untergruppen, Normalteilern, Ordnungen von Gruppen und so fort verfügt. Solche Verfahren gibt es jetzt, teilweise durch das Werk von Galois angeregt. Als Nebenprodukt wird auch eine befriedigende Erklärung dessen geliefert, was es speziell mit der Gleichung fünften Grades auf sich hat.[18]

Das war das geniale Rezept des Évariste Galois, der Inhalt seiner bei der Pariser Akademie eingereichten Arbeiten, die verloren gingen − mit Ausnahme der letzten, die von Poisson abschlägig beschieden wurde −, und es war das Rezept, das er in jener Nacht vor dem Duell in seinem Brief an Auguste Chevalier noch ein allerletztes Mal zusammengefasst hatte. Den Brief beendete er mit den Worten:[8]

»Du wirst diesen Brief in der Revue encyclopédique abdrucken lassen. Ich habe mich in meinem Leben oft der Gefahr ausgesetzt, Behauptungen aufzustellen, deren ich mir nicht sicher war; aber alles, was ich hier geschrieben habe, ist seit bald einem Jahr schon in meinem Kopf, und es liegt zu sehr in meinem Interesse, mich nicht zu irren, damit man mich nicht verdächtigt, Theoreme zu formulieren, die ich

---

[8] Übersetzt aus: Louis Kollros, *Évariste Galois* (siehe Literatur). Galois' wissenschaftliches Testament, wie dieser Brief bezeichnet wird, enthält auch eine Abhandlung über die *Integrale algebraischer Funktionen*. Historiker der Mathematik vertreten die Meinung, dass Galois auf diesem Gebiet Entdeckungen gemacht hat, auf die Bernhard Riemann erst fünfundzwanzig Jahre später erneut stoßen sollte.

nicht vollständig beweisen könnte. Du wirst Jacobi[9] oder Gauß öffentlich bitten, ihre Meinung zu sagen, nicht über die Wahrheit, sondern über die Wichtigkeit dieser Theoreme. Nach all dem, so hoffe ich, wird es Leute geben, die darin ihren Vorteil finden werden, dieses Geschmier zu entziffern.«

Mit diesem Geschmier hatte Galois ein riesiges Tor zu einer phantastischen Welt von Fiktionen – und von ganz konkreten Anwendungen – aufgestoßen.

Blick durch das aufgestoßene Tor

Galois' Werk war zweifellos einer der Schlüssel zur modernen Gruppentheorie, eine der imposantesten algebraischen Theorien der modernen Mathematik. Mehrere Autoren, namentlich Cauchy und Lagrange, hatten bereits über Permutationsgruppen, auch Substitutionsgruppen genannt, gearbeitet. Vieles davon hat Camille Jordan (1838 bis 1922) in seinem »Traité des substitutions et des équations algébriques« von 1870 systematisiert. Mittlerweile begannen andere, den Permutationsgruppen ähnliche, aber nicht aus Permutationen bestehende Objekte zu untersuchen. Beispielsweise benutzte 1849 Auguste Bravais Symmetrien im dreidimensionalen Raum, um die Kristallstruktur[19] zu klassifizieren, und regte damit Jordan zur Betrachtung von Gruppen an, deren Elemente nicht Permutationen, sondern lineare Transformationen sind (ähnlich den Verschiebungen unseres unendlichen ebenen Fußbodens aus quadratischen Fliesen).

---

[9] Carl Gustav Jacobi (1804 bis 1851) lehrte und forschte in Königsberg.

Eine andere wichtige Quelle der Inspiration war die Theorie der *kontinuierlichen Gruppen* von Sophus Lie[10] (1842 bis 1899). Ich habe den Gruppenbegriff mit Hilfe der acht Symmetrien eines Quadrats eingeführt: vier Drehungen und vier Spiegelungen. Diese Symmetriegruppe ist *endlich*, und zwar von der Ordnung 8. Einige Objekte jedoch, wie der Kreis oder die Kugel, weisen eine *kontinuierliche* (und folglich eine *überabzählbare*) Menge von Symmetrien auf. Ein Kreis kann nämlich um einen beliebigen Winkel gedreht werden; ebenso eine Kugel um eine beliebige Achse. Lie hat eine weit reichende Theorie entwickelt, die eines der wichtigen Gebiete der modernen Mathematik (speziell der mathematischen Physik) geworden ist: die Lie'schen Gruppen.

Viele Theorien, wie die Zahlentheorie und die Theorie der komplexen Funktionen, haben ihren eigenen Vorrat an gruppenartigen Objekten hervorgebracht. Eine fast biologische Vielfalt von Gruppen tat sich auf.

Wie die Geometrien unter einen Hut kamen

Auch über die Geometrie[20] sollte die Gruppentheorie ihr Netz werfen. Der berühmte deutsche Mathematiker Felix Klein (1849 bis 1925) hat 1872 in Erlangen ein Programm zur Vereinheitlichung der Geometrie vorgetragen. Zu jener Zeit war diese Wissenschaft in eine Horde verschiedener Disziplinen aufgesplittert: euklidische und nichteuklidische Geometrie (von Gauß, Riemann, Lobatschewskij und Bolyai), Möbius'sche Geometrie in der Ebene und konforme Geometrie, projektive und affine Geometrie, Differenzialgeometrie und die neu auftauchende Topo-

---

[10] Der Norweger Sophus Lie weilte zunächst in Paris, wurde dann Professor in Christiania (Oslo) und lehrte von 1886 bis 1898 in Leipzig.

logie, eine Art Gummigeometrie. Es gab sogar Geometrien mit nur endlich vielen Punkten und Geraden.

Klein versuchte, dieses Sammelsurium nach einem höheren Prinzip zu ordnen – zu vereinfachen. Und er fand ein gewisses Ordnungsprinzip, *indem er jede Geometrie mit den »Invarianten« (den unveränderlichen Größen) einer – zur Geometrie gehörenden – Gruppe von Transformationen in Verbindung brachte.* Die Idee dieses Ordnungsprinzips soll kurz erläutert werden.[11]

In der klassischen euklidischen Geometrie, die wir in der Schule lernen, gibt es den grundlegenden Begriff der Kongruenz, der Deckungsgleichheit. Gestalt und Größe (von Dreiecken und anderen Figuren), die durch Winkel und Abstände bestimmt werden, bilden die Invarianten, die unveränderlichen Größen, und die dazugehörenden Transformationen sind die starren Bewegungen der Ebene, die die Figuren ineinander überführen. Die Menge dieser starren Bewegungen bildet eine Transformationsgruppe, und die in der euklidischen Geometrie untersuchten Eigenschaften sind nun diejenigen, die sich unter der Wirkung dieser Gruppe nicht ändern, zum Beispiel Längen und Winkel. Analog besteht die Gruppe in der hyperbolischen Geometrie aus starren hyperbolischen Bewegungen, in der projektiven Geometrie sind es die projektiven Transformationen und in der Topologie die topologischen Transformationen (zur Veranschaulichung des Ordnungsprinzips brauchen wir nicht auf die speziellen Definitionen einzugehen). Die Unterscheidung zwischen Geometrien wird im Grunde genommen auf eine Unterscheidung gruppentheoretischer Art zurückgeführt: das höhere Ordnungsprinzip[12].Das ist aber noch nicht alles, wie Klein darlegte: Manchmal können die Gruppen herangezogen werden, um von einer Geometrie zur

---

[11] Dies ist ein gutes Beispiel dafür, dass Vereinfachungen in der Mathematik sehr oft zu einer Zunahme an Abstraktion führen.

[12] Dies kehrt die Behauptung in der vorangegangenen Fußnote um: Die durch den Gruppenbegriff eingeführte Abstraktion bewirkt eine enorme Vereinfachung in großen Teilen der Mathematik.

anderen überzuwechseln. Wenn zwei scheinbar verschiedenen Geometrien im Prinzip dieselbe Gruppe zugrunde liegt, so sind beide in Wahrheit dieselbe Geometrie. Beispielsweise ist die Geometrie der komplexen projektiven Geraden im Grunde dieselbe wie die der reellen Möbius'schen Ebene, und diese ist ihrerseits dieselbe wie die der reellen hyperbolischen Ebene.

Kleins Einsicht brachte mit einem Schlag Klarheit und Ordnung in das bisherige Wirrwarr. Allerdings gab es auch eine Ausnahme: Die Riemann'sche Geometrie der Mannigfaltigkeiten entzog sich Kleins Versuch der totalen Klassifizierung. Immerhin wurde es möglich, eine Geometrie mit einer anderen zu vergleichen und Resultate in einer Geometrie zu benutzen, um Sätze in einer anderen zu beweisen.

Wie Galois' erfolgreiche Bemühungen die algebraischen Gleichungen in ihrer Gesamtheit betrafen, so galten Kleins nicht weniger erfolgreiche Betrachtungen den verschiedenen Geometrien. Doch während der Gruppenbegriff für Galois' Unterfangen erst geschmiedet und nutzbar gemacht werden musste, stand Klein dieses bereits entwickelte geistige Werkzeug als potenzielles Mittel zur Realisierung seines Programms zur Verfügung – das auch heute noch einen großen Einfluss hat. Weil der Standpunkt allgemein akzeptiert ist, wird dieser Einfluss nicht immer explizit wahrgenommen. Das ist aber zweifellos ein Maß seines Erfolgs.

Von der Geometrie zur Physik ...

... ist es naturgemäß nur ein Katzensprung. Die Auswirkungen auf die Kristallographie hatte ich schon erwähnt (Seite 125 bzw. Anmerkung 19). Die Gruppentheorie erlaubt es, Eigenschaften von Raum, Zeit und Materie zu erkennen, die mit Hilfe der üblichen fünf Sinne nicht wahrnehmbar sind – Eigenschaften in der Form abstrakter Symmetrien. Wir können die Symmetrie von Dingen erkennen, indem wir nur auf die mathematischen Gleichungen schauen, die die Dinge beschreiben: Wenn die Form der Gleichung unter einer Gruppe numerischer Vertauschungen invariant bleibt, wird damit angezeigt, dass alles, was die Gleichung beschreibt, symmetrisch ist, sei es etwas Physikalisches oder Abstraktes. Zum Beispiel ist das Gesetz der Erhaltung von Energie und Impuls in Begriffen der Gruppentheorie eine invariante Eigenschaft eines symmetrischen Objekts, dem Universum. Physiker glauben, dass sich der gesamte Betrag von Energie und Impuls von einem Zeitpunkt zu einem anderen nicht ändert. Diese Invarianz bedeutet nach der Gruppentheorie, dass das Universum in einem abstrakten Verständnis symmetrisch ist. Das Stichwortkonglomerat »*Gruppe der Lorentz-Transformationen als Drehungsgruppe des Koordinatensystems im vierdimensionalen Minkowski-Raum*« bildet die Grundlage der Relativitätstheorie Einsteins und führt zu den Symmetrien sowohl der Elementarteilchen- und Quarkphysik als auch der Kosmologie.

Ein paar unkomplizierte Exemplare aus dem Gruppenzoo

Im Laufe der Zeit stieß man auf immer mehr Gruppentypen und -familien. Ein paar Beispiele sollen skizziert werden.

Ein Beispiel für endliche wie unendliche Gruppen bilden die Matrizen. Eine *Matrix* ist eine gewöhnlich in Klammern geschriebene rechteckige, aus Zeilen und Spalten bestehende Anordnung von Zahlen, eine Art Liste also, die beliebig groß sein kann. Das quadratische Schema der neunundvierzig Lottozahlen auf den offiziellen Formularen illustriert beispielsweise eine 7 × 7-Matrix. Insbesondere sind Matrizen für die Lösung großer linearer Gleichungssysteme[13] entwickelt und untersucht worden. Gewisse

---

[13] Das Rechnen mit Matrizen ist heute von so großer Bedeutung, dass jedes auf wissenschaftliche oder kommerzielle Nutzung gerichtete Computersystem ganz selbstverständlich mit einer Software ausgestattet ist, die diese Rechnungen aus-

Mengen von Matrizen besitzen nun hinsichtlich der zwischen ihnen definierten Verknüpfung die Gruppenstruktur.

Eine weitere bedeutende Klasse von Gruppen sind die *zyklischen* Gruppen. Wie das Adjektiv verrät, liegt diesen Gruppen ein Zyklus, eine Periode, zugrunde. Ein Beispiel für eine zyklische Gruppe, das jedem vertraut ist, liefert das Zifferblatt einer Uhr. Die Menge der ganzen Zahlen von 1 bis 12, zusammen mit der Addition, besitzt die Gruppeneigenschaft, wenn wir der Zwölf die Rolle des neutralen Elements, das heißt der »Null« bezüglich der Addition, zuweisen. Gerät man beim Addieren über sie hinaus, fängt man wieder bei Null an und zählt von dort weiter; 7 plus 8 ergibt 3. Das Inverse zu jedem Element der Gruppe wird erzeugt, indem die Differenz zwischen der jeweiligen Zahl und 12 gebildet wird; 7 ist folglich das Inverse zu 5, da $7 + 5 = 12 = 0$ ist. Die zyklische Gruppe der Ordnung 10 liegt unserem Dezimalzahlensystem zugrunde. Die zyklischen Gruppen der Ordnungen 24 und 60 sind mit der Zeitmessung (Stunden pro Tag, Minuten pro Stunde und Sekunden pro Minute) verknüpft. Die zyklische Gruppe der Ordnung 360 schließlich bestimmt die Messung von Winkeln.

Ich habe erwähnt, dass die Symmetriegruppe eines Quadrats die Ordnung 8 besitzt und dass ein Würfel vierundzwanzig Drehsymmetrien hat (mit den Spiegelungen sind es achtundvierzig Symmetrien insgesamt). Rubiks Würfel besteht aus $3 \cdot 3 \cdot 3 = 27$ kleineren Würfeln (Steine), die teilweise gekoppelt bewegt werden können. Die Außenflächen der kleinen Würfel sind gefärbt; insgesamt gibt es genauso viele Farben, wie der große Würfel Seiten hat – sechs. Dabei hat jeder der vier Mittelsteine eine Farbe, jeder der zwölf Seitensteine hat zwei verschiedenfarbige Flächen, und jeder der acht Ecksteine hat drei verschiedenfarbige Flächen. Durch Bewegungen der sechs Flächen, bestehend aus

---

führen kann. Wahrscheinlich ist die Matrizenarithmetik mittlerweile sogar die häufigste numerische Aufgabe, die Computer zu bewältigen haben.

jeweils neun Steinen im Verbund, soll erreicht werden, dass jede Seite des großen Würfels wieder eine einheitliche Farbe zeigt. Zu Beginn der achtziger Jahre hatte sich dieses Spiel unter allen Kindern (ohne Altersgrenze nach oben) wie eine Epidemie ausgebreitet. Der Erfinder des Würfels, der ungarische Architekturprofessor und Designer Ernö Rubik, wollte damit seinen Studenten eine didaktische Denkhilfe in die Hand geben. Mathematische Aspekte lassen sich mit dem Zauberwürfel anschaulich darstellen, und für Supertüftler bietet er eine Fülle von reizvollen Aufgabenstellungen. Die Bewegungen der kleinen Würfelsteine bilden nämlich eine Gruppe.[21]

Bisher haben wir sowohl unendliche als auch endliche Gruppen betrachtet. Im Folgenden werden wir uns nun hauptsächlich mit endlichen Gruppen befassen.

»Einfach« ist nicht leicht

Die vielfältigen Forschungsgegenstände jeder Wissenschaft bestehen aus grundlegenden, einfachen Objekten. Und es ist eines der vorrangigsten Ziele jeder wissenschaftlichen Disziplin, ihre fundamentalen Bausteine zu bestimmen und zu untersuchen. In der Biologie sind dies die Zellen (und manchmal die Makromoleküle), in der Chemie die Atome, in der Physik die Elementarteilchen (und, je nach Fragestellung, die Quarks). Prinzipiell verhält es sich ebenso in der Mathematik. Das klassische Beispiel ist die Zahlentheorie mit den Primzahlen als den Grundbausteinen aller Zahlen. In jedem der genannten Beispiele sind die elementaren Objekte *strukturell einfach*, insofern sie im Rahmen der Disziplin nicht in kleinere Einheiten der gleichen Art aufgelöst werden können: Die Atome können mit chemischen Mitteln nicht weiter gespalten werden; die Primzahlen lassen sich durch Division nicht weiter zerlegen und so fort. *Strukturell einfach* heißt aber nicht, dass die Struktur der grundlegenden Objekte auch *leicht* zu erforschen ist.

Die Analogie zwischen einfachen Gruppen und den Primzahlen ist offensichtlich: Ebenso wie sich die zusammengesetzten Zahlen auf eindeutige Weise in ihre Primfaktoren zerlegen lassen, können die endlichen Gruppen auf eindeutige Weise in einfache Gruppen zerlegt werden. Die Analogie geht sogar noch weiter: Ist die Gruppe G aus verschiedenen Untergruppen zusammengesetzt, dann ist die Ordnung (die Anzahl der Elemente) einer jeden einfachen Untergruppe ein Teiler der Ordnung der Obergruppe G. Hier hört die Analogie jedoch auf. Die einfachen Gruppen können durchaus eine Ordnung haben, die nicht prim ist. Man denke nur an die bereits erwähnte Gruppe der Rotationssymmetrien des regelmäßigen Dodekaeders, die von der Ordnung 60 ist. Darüber hinaus lässt sich eine gegebene Menge einfacher Gruppen auf verschiedene Weise miteinander kombinieren, so dass ganz unterschiedliche Gruppen entstehen können (während das Produkt bestimmter Primzahlen stets eine eindeutige Zahl ergibt).

Die elementaren Bausteine der Gruppentheorie sind die so genannten *einfachen* Gruppen. (Die intuitive Auffassung genügt hier. Leser, die diese Erklärung nicht zufrieden stellt, werden an die Anmerkungen für Unerschrockene verwiesen.[22]) Der Schlüssel zum Verständnis aller Gruppen besteht nun darin, diese einfachen Gruppen zu verstehen. Denn jede Gruppe ist stets entweder einfach oder aus einfachen Gruppen zusammengesetzt.

Die Gruppen hatten in der Theorie algebraischer Gleichungen (Galois) und in der Klassifikation der Geometrien (Klein) jeweils das höhere Ordnungsprinzip gebildet, unter dem die vielfältigen Erscheinungen einheitlich betrachtet werden konnten. Nun war die Vielfältigkeit der Gruppen selbst der Anlass, nach einer befriedigenden, erschöpfenden Übersicht zu verlangen. Das Ergebnis sollte das Klassifikationstheorem werden, der Satz mit dem umfangreichsten Beweis, der erst – beziehungsweise schon – im Jahre 1980 vollständig erbracht werden konnte.

Der Marathonbeweis und das Monster

Da jede Gruppe entweder selbst einfach oder aus einfachen Gruppen zusammengesetzt ist, beschränkte sich die Suche nach einem Klassifikationsschema auf die einfachen Gruppen. Die Klassifikation der endlichen einfachen Gruppen erwies sich jedoch als äußerst mühsames Unterfangen.

Ein einfaches Teilergebnis war bekannt: Die zyklischen Gruppen, von denen wir einige Beispiele kennen gelernt haben, sind *einfach*, wenn ihre Ordnung eine Primzahl ist, während solche mit einer zusammengesetzten Ordnungszahl dies nicht sind. Es handelt sich bei diesen Gruppen um die einzigen Beispiele für kommutative[14] einfache Gruppen. Damit besitzen wir bereits eine vollständige Klassifikation aller kommutativen einfachen Gruppen in Form einer »regulären« Familie. Selbstverständlich besteht diese Familie aus unendlich vielen verschiedenen einfachen Gruppen von Primzahlordnung, da es ja unendlich viele Primzahlen gibt, wie wir gesehen haben. Als außerordentlich schwierig erwies sich dagegen die Erforschung der nichtkommutativen Gruppen.

Im Laufe der Jahrzehnte wurden schließlich insgesamt achtzehn reguläre Familien gefunden – darunter die eben erwähnte Familie aller zyklischen Gruppen von Primzahlordnung. Eine zweite Familie, deren Name man wenigstens einmal gehört haben sollte, ist die der *alternierenden* Gruppen; es handelt sich um eine Familie von einfachen Untergruppen der allgemeinen Permutationsgruppen.

Daneben entdeckte man eine Anzahl höchst seltsamer, unregelmäßiger Gruppen, die sich in kein bekanntes Muster einfügen

---

[14] Zur Erinnerung: Eine Gruppe (G, ⊗) ist *kommutativ* – oder *abelsch* –, wenn für je zwei ihrer Elemente a ⊗ b = b ⊗ a gilt.

ließen. Die ersten fünf dieser *sporadischen* Ausnahmegruppen – wie sie später genannt wurden – entdeckte Émile-Léonard Mathieu in den Jahren 1861 und 1873. Die kleinste der Mathieu'schen Gruppen besitzt genau 7 920 Elemente, die größte 244 823 040. Insgesamt wurden sechsundzwanzig sporadische Gruppen gefunden (die sechste und nächste allerdings erst rund hundert Jahre später, nämlich 1965, und die allerletzte, das »Monster«, 1980).

Die beiden Gruppenkategorien – regulär und sporadisch – lassen unwillkürlich an lauter nette Familien und an ein paar schwarze Schafe denken.

Es ist nicht leicht, den genauen Zeitpunkt für den Beginn der Arbeiten festzulegen, die schließlich zu einer endgültigen Klassifizierung der endlichen einfachen Gruppen führten. Bis 1900 hatte sich langsam Information über diese Gruppen angesammelt. Dann geschah aber jahrzehntelang nicht viel, bis Richard Brauer in seiner Rede auf dem Internationalen Mathematikerkongress in Amsterdam 1954 eine Methode zur Klassifikation bestimmter einfacher Gruppen vorschlug. Dies könnte als ein (erster) Anfang betrachtet werden.

Ab 1957 kam dann Bewegung in das Gebiet, als Claude Chevalley (von der Universität Paris) einen einheitlichen, allerdings sehr abstrakten Zugang zur Erforschung schwieriger Gruppen fand. Nur drei Jahre später fand Rimhak Ree (von der Universität von British Columbia) die siebzehnte reguläre Familie einfacher Gruppen; sie ist heute unter dem Namen Ree-Familie bekannt. Plötzlich begann sich mitten im Chaos Ordnung abzuzeichnen.

Einen wichtigen Schritt vorwärts machten 1962 Walter Feit und John Thompson (damals an der Universität von Chicago); sie bewiesen eine 1906 von William Burnside geäußerte Vermutung, wonach jede endliche einfache Gruppe (von den zyklischen abgesehen) gerade Ordnung besitzt. Ihr Beweis, 250 Seiten lang, hat neue Maßstäbe für das Arbeiten mit endlichen einfachen Gruppen gesetzt.

Zvonimir Janko (von der Monash University in Australien; später an der Universität Heidelberg) benutzte 1965 diese Technik, um (zusätzlich zu den fünf Mathieu'schen Gruppen) eine neue sporadische Gruppe zu finden, die 175 560 Elemente zählt. Sie besteht aus bestimmten 7×7-Matrizen (wie das Lottoschema) mit der Matrizenmultiplikation als Gruppenverknüpfung. Janko wies nach, dass es zwei weitere sporadische einfache Gruppen geben müsse, eine mit 604 800, die andere mit 50 232 960 Elementen; er konnte sie aber nicht finden. Mehrere Kollegen entdeckten sie mit Hilfe aufwendiger Computerberechnungen. Weitere sporadische Gruppen kamen noch auf ähnliche Weise hinzu und erhielten die Namen ihrer Entdecker, darunter auch Dieter Held von der Universität Mainz und Bernd Fischer von der Universität Bielefeld.

Die letzte Etappe begann im Jahre 1972: Daniel Gorenstein hielt eine Vorlesungsreihe an der Universität von Chicago, in welcher er ein aus sechzehn Schritten bestehendes Programm skizzierte, das zu einer Lösung des Klassifikationsproblems führen sollte. Gorenstein selbst war davon überzeugt, dass das Problem bis zum Ende dieses Jahrhunderts gelöst werden würde. Die meisten seiner kompetenten Zuhörer hielten dies jedoch für puren Optimismus. Sie alle hatten ihre Rechnung ohne Michael Aschbacher gemacht, einen jungen Mathematiker, der gerade sein Studium beendet hatte und der sich unter den Zuhörern befand. Aschbacher stürzte sich in die Arbeit und bewies ein erstaunliches Ergebnis nach dem anderen. Das Resultat: Nur acht Jahre nach Gorensteins Vorlesung war Ronald Solomon von der Ohio State University in der Lage, jenen kleinen Schritt zu leisten, der den Beweis vervollständigte. 1980 wurde Michael Aschbacher in Anerkennung seiner Arbeit der Cole-Preis für Algebra verliehen.

Im Laufe dieser abschließenden Arbeiten wurden auch die letzten der noch fehlenden sporadischen Gruppen entdeckt. Insbesondere fand Robert Griess von der Universität von Michigan 1980 die sechsundzwanzigste und letzte dieser außergewöhnlichen Kuriositäten, deren Existenz bereits seit 1973 vermutet worden war. Sie ist mit Abstand die größte der sporadischen Gruppen, weshalb ihr der Name »Monster« gegeben wurde. Die Ordnung des Monsters ist eine vierundfünfzigstellige Dezimalzahl, in Primfaktoren zerlegt:

$$2^{46} \cdot 3^{20} \cdot 5^9 \cdot 7^6 \cdot 11^2 \cdot 13^3 \cdot 17 \cdot 19 \cdot 23 \cdot 29 \cdot 31 \cdot 41 \cdot 47 \cdot 59 \cdot 71.$$

Es war sehr zweifelhaft, ob selbst ein Supercomputer in der Lage sein würde, ein solches Ungetüm zu handhaben. Daher staunte die Fachwelt 1982, als Griess das Monster mit bloßen Händen erschlug! Alle erforderlichen Rechnungen zu seiner Bestimmung konnte er tatsächlich per Hand ausführen. Er konstruierte den »freundlichen Riesen« (wie er das gezähmte Monster umtaufte) als eine Drehungsgruppe im sage und schreibe 196 883-dimensionalen Raum – die kleinstmögliche Dimension für dieses Unterfangen. (Vielleicht ist die Vorstellung dieser Gruppe als einer bestimmten Menge von 196 883 × 196 883-Matrizen aus komplexen Zahlen ein bisschen »konkreter und anschaulicher«.)

Heute weiß man, dass sich die endlichen einfachen Gruppen aus jenen Gruppen zusammensetzen, die die achtzehn regulären unendlichen Familien von Gruppen bilden, sowie aus den sechsundzwanzig sporadischen Gruppen. *Es gibt keine weiteren einfachen Gruppen!* Ausgehend vom Gruppenbegriff, der nur durch ein paar einfache Eigenschaften festgelegt wird, ist dies das Ergebnis, welches in fünfhundert Artikeln von mehr als hundert Autoren auf etwa fünfzehntausend Seiten in mathematischen Fachzeitschriften bewiesen wurde.

Erstaunlich ist dieses Ergebnis schon. Es hätte ja sein können, dass es unendlich viele Gruppentypen gibt – unendlich viele

Monster, eines pathologischer als das andere (ähnlich den unendlich vielen Primzahlen, die größer sind als alle Mammutprimzahlen, die wir kennen).

Wenn Sie nun denken, zumindest die sporadischen Gruppen stünden nur einfach als Exoten am mathematischen Ideenhimmel und hätten sonst keinerlei Bedeutung oder Anwendung, dann ist das ein Irrtum. Auch die sporadischen Gruppen sind mit einer ganzen Reihe von anderen Zweigen der Mathematik verknüpft. Die Entdeckung von drei sporadischen Gruppen im Jahre 1968 durch John Conway beruht zum Beispiel auf dem so genannten Leech-Gitter, einer mathematischen Struktur, die aus Arbeiten zur Entwicklung von Fehlerkorrektur-Codes der Kryptographie hervorging. (Dies sind Methoden der Kodierung, die es dem Empfänger ermöglichen, Verzerrungen und gelegentliche Verluste bei der Informationsübertragung zu kompensieren.) Zwei der Mathieu'schen sporadischen Gruppen stehen ebenfalls in Zusammenhang mit einem Fehlerkorrektur-Code, der häufig im militärischen Bereich eingesetzt wird.

Die Karawane der Gruppentheoretiker zieht unaufhörlich weiter. Eine Frage, auf die noch keine endgültige Antwort gegeben worden ist, lautet: Welche Gruppen können als Galois'sche Gruppen auftreten? Eine Mutmaßung lautet: alle; aber bisher konnte das niemand beweisen. Igor Schafarewitsch, einer der besten algebraischen Geometer (und zu UdSSR-Zeiten auch ein bekannter sowjetischer Dissident), gelang es zu beweisen, dass alle auflösbaren Gruppen Galois-Gruppen sind. Die Aufmerksamkeit hat sich seitdem wieder den einfachen Gruppen zugewandt. John Thompson hat vor ein paar Jahren nachgewiesen, dass Griess' Monster (alias »freundlicher Riese«) als Galois-Gruppe vorkommt; es hat auch einige Spekulationen darüber gegeben, dass es in die Formulierung einer möglichen einheitlichen Feldtheorie der Elementarteilchen eingehen könnte.

Wie auch immer die Anwendungen schließlich aussehen werden, den Gruppentheoretikern ist es gelungen, das zentrale Problem auf ihrem Gebiet zu lösen – ein Problem, das implizit existierte, seit Évariste Galois die Fiktion namens Gruppe in die Mathematik eingeführt hatte.

4

Zufall, Glück und Chaos

»So a Zufoi! Pierre! Wos mochst denn du do?« hörte ich jemanden in unverkennbarem Wiener Dialekt rufen, als ich eines Morgens vor dem Princess Garden Hotel in Hongkong auf das nächste Taxi wartete. Hans, ein alter Wiener Freund, den ich seit Jahren aus den Augen verloren hatte, stand vor mir. Wahrlich: So ein Zufall!

Was ist Zufall? Immerhin nannte ihn der Physiker Erwin Schrödinger »die gemeinsame Wurzel der strengen Gesetzmäßigkeiten« und der Biologe Jacques Monod »die Grundlage des wunderbaren Gebäudes der Evolution«. Gibt es so etwas wie den Zufall überhaupt? Und wenn ja, lässt er sich messen? Naturwissenschaftler und Philosophen wollen das seit Jahrhunderten ergründen – ähnlich wie die Fragen nach dem Unendlichen. Die Mathematik gibt auch hier originelle Antworten.

Zunächst scheint es, als seien Zufälle, wie der geschilderte, »unwahrscheinlich«. Doch das dürfte eher eine Frage der Perspektive sein. Vielleicht ist es unwahrscheinlich, dass Hans und ich genau unter diesen Umständen aufeinander trafen. Wie viele solche Begegnungen mögen aber wohl jeden Tag auf dieser Welt stattfinden? Zweifellos unzählige. Es ist äußerst wahrscheinlich, dass auch Sie von ähnlich zufälligen, »unwahrscheinlichen« Begebenheiten zu berichten wissen.

Um den Zufall zu quantifizieren, haben Mathematiker eine Begriffswelt ersonnen, die »Zufallsgrößen, Wahrscheinlichkeiten,

Verteilungen und stochastische Prozesse« beinhaltet. Die Wahrscheinlichkeit eines Ereignisses misst dessen zufälliges Eintreten – zumindest in erster Näherung.

Von den wissenschaftlichen Lehren, die wir – nach James Maxwell – in Spielen versinnbildlicht finden, ist es gerade diese Wahrscheinlichkeitslehre, die ihre Entstehung direkt den Glücksspielen der Praxis verdankt. In groben Zügen zeichne ich ihre Geschichte nach – in einer ersten Etappe bis zur Geburt, 1933, der logisch stimmigen Kolmogoroff'schen Fiktion namens »mathematische Wahrscheinlichkeit«.

Doch kann diese Fiktion die Welt des Zufalls ausreichend beschreiben? Wohl kaum. Einige Jahrzehnte später entsteht die Komplexitätstheorie. Danach unterscheidet man Grade der Zufälligkeit *bei gleichwahrscheinlichen Ereignissen*. Aber – wer hätte es nicht vermutet – auch das war nicht das Ende der Fahnenstange. Was wird heute darüber gedacht?

Die Entstehungsphase der Wahrscheinlichkeitsrechnung

Geronimo Cardano, den wir schon kennen gelernt haben (Seite 104), war nicht nur Professor der Medizin und Mathematiker, sondern auch ein leidenschaftlicher Spieler. Er hatte sich bereits um 1520 seine Würfelchancen errechnet und die Ergebnisse später in einem Buch publiziert – mit unverfrorenen Ratschlägen, wie man mogelt. Doch »corriger la fortune« ist nicht unser Thema.

Im 17. Jahrhundert waren Glücksspiele in den höheren gesellschaftlichen Schichten Frankreichs sehr verbreitet. Es handelte sich um Karten-, Würfel- und Brettspiele; auch das Roulette[1] wurde allmählich bekannter.

Im Jahre 1654 konfrontierte der Chevalier de Méré einen der hervorragendsten philosophischen und mathematischen Geister der Epoche, Blaise Pascal (1623 bis 1662), mit einem Problem über die Einsätze in einem Würfelspiel. Der berühmte Physiker und Mathematiker Christiaan Huygens, der von diesem Briefwechsel erfuhr, verfasste daraufhin 1657 die erste Abhandlung der Mathematikgeschichte über die Theorie der Wahrscheinlichkeit: »De ratiociniis in ludo aleae« (Überlegungen beim Würfelspiel). Das Wort »Erwartung« (lateinisch: *expectatio*) taucht darin auf, verstanden als »gerechter Preis, für den ein Spieler seinen Platz in einer Partie abgeben würde« – ein sehr suggestiver Begriff, der jedoch nach und nach präzisiert und formalisiert werden musste, da es unzählige Paradoxien zu lösen galt. Nun begann der Aufschwung der Wahrscheinlichkeitsrechnung.

Pierre Simon de Laplace (1749 bis 1827), Professor der Mathematik an der Pariser Militärakademie (wo 1784/85 Napoléon, der spätere Konsul und Kaiser, sein Schüler war), gab in seiner »Théorie analytique des probabilités« (1812)[2] als erster eine genaue Definition des Begriffs der Wahrscheinlichkeit an – heute als klassischer Wahrscheinlichkeitsbegriff bezeichnet – und stellte Regeln für das Rechnen mit Wahrscheinlichkeiten auf. (Überdies führte er auch infinitesimale Methoden in die Wahrscheinlichkeitsrechnung ein.)

---

[1] Die Erfindung des Roulette ist umstritten. Möglicherweise wurde eine Form des Glücksrades durch Händler von China nach Europa gebracht. Das Roulette in seiner wesentlichen heutigen Form wird gelegentlich Blaise Pascal zugeschrieben. Sicher ist jedoch nur: Es wurde im Jahre 1765 in Paris eingeführt, und das Casino von Monte Carlo nahm 1863 seinen Betrieb auf.

[2] Darin schreibt er: »Es ist bemerkenswert, dass eine Wissenschaft, die mit der Betrachtung von Glücksspielen begann, der wichtigste Gegenstand des menschlichen Wissens werden sollte ... Die wichtigsten Fragen des Lebens sind in der Tat vorwiegend Probleme der Wahrscheinlichkeit.«

Unter der Voraussetzung, dass nur endlich viele Versuchs-
ergebnisse möglich sind, definiert Laplace die Wahrscheinlichkeit
eines Ereignisses A, p(A), wie folgt:

$$p(A) = \frac{\text{Anzahl der günstigen Fälle für A}}{\text{Anzahl der möglichen Fälle}}.$$

Es ist das Verhältnis der Anzahl von Möglichkeiten für das Ereignis A und der Gesamtzahl möglicher Ereignisse – unter der
Annahme, dass alle Ausgänge gleichwahrscheinlich sind. Doch
was ist unter »gleichwahrscheinlich« zu verstehen? Dass die
Wahrscheinlichkeiten alle dieselben sind? Zirkelschluss! Diese
Grundsatzfrage hat in der Entstehungsphase der Wahrscheinlichkeitstheorie eine Menge Ärger bereitet; wir werden später
sehen, wie sie gelöst wurde.

Im täglichen Leben können wir aber durchaus vorlieb nehmen
mit dieser einfachsten Definition der Wahrscheinlichkeit eines
Ereignisses – das Maß für das Eintreten dieses Ereignisses, also
ein Maß des Vertrauens –, die wir wie folgt kurz darstellen können:

$$p(A) = \frac{N_A}{N} \approx h_n(A).$$

Dabei steht p für »Wahrscheinlichkeit« (*probabilité, probability*),
während mit $h_n(A)$ die relative Häufigkeit für beliebig viele (n)
Wiederholungen des Versuchs bezeichnet wird. (Dies stellt eine
Brücke zwischen der Fiktion Wahrscheinlichkeit und der Empirie
dar, die zum so genannten Gesetz der großen Zahlen führt.) N_A
stellt die Anzahl der bezüglich der Ereignisqualität A günstigen
Fälle dar (zum Beispiel »ungerade Zahl« beim Würfeln, dann ist
$N_A = 3$). Und N ist die Anzahl aller möglichen Fälle, unter denen
Ergebnisse mit dem Ereignismerkmal A ausgewählt wurden (im
Fall des Würfels ist N = 6). p(A) ist also das Verhältnis der Anzahl
der bezüglich A günstigen Fälle zur Anzahl aller möglichen Fälle,
unter denen diejenigen mit dem Merkmal A ausgewählt wurden
(in unserem Beispiel ist p(A) = 3/6 = 1/2 oder 50 Prozent). Die

klassische Definition führt Wahrscheinlichkeitsfragen auf kombinatorische Abzählprobleme zurück und ist einfach ein probates Konzept, das uns beim Raten hilft. Wird der Versuch tausendmal wiederholt (n = 1000), erhalten wir mit $h_{1000}(A)$ bei einem unverfälschten Würfel einen guten Näherungswert für p(A).

Das neue Wissensgebiet fand zahlreiche Anwendungen in anderen Wissenschaften und im praktischen Leben. Fast zur gleichen Zeit wie die grundsätzlichen Überlegungen zum Walten des Zufalls entstanden auch die ersten Ansätze der angewandten Statistik. Die Quantifizierung von Glück, Unglück und Massenerscheinungen schlug sich in statistischen Tabellen nieder. 1662 machte John Graunt auf Gesetzmäßigkeiten von Geburten- und Todesfällen aufmerksam, und der bekannte Astronom Edmund Halley (1656 bis 1742) lieferte die erste Sterblichkeitstafel von der Art, wie sie heute den Versicherungsberechnungen zugrunde gelegt wird. Wenn Sie zum Beispiel eine Lebensversicherung abschließen, kann dies als eine Wette darüber aufgefasst werden, ob Sie vor Ablauf einer bestimmten Frist sterben; die Versicherungsgesellschaft hält dagegen und wettet, dass Sie nicht innerhalb dieser Zeit sterben. Um zu gewinnen, müssen Sie (Ihr Leben) verlieren!

Nach und nach lieferten viele Gelehrte bedeutende Beiträge zur Entwicklung der Wahrscheinlichkeitsrechnung: Abraham de Moivre, Jakob Bernoulli, der bereits erwähnte Pierre Simon de Laplace, Daniel Bernoulli, Pierre Remond de Montmort, der englische Geistliche Thomas Bayes, Carl Friedrich Gauß, Siméon Denis Poisson (der das vernichtende Gutachten über Évariste Galois' Arbeit verfasste – Seite 109/110) und andere.

Zum Beispiel hat de Moivre den Begriff der zusammengesetzten Wahrscheinlichkeit geprägt; Bayes entwickelte eine Theorie der Wahrscheinlichkeit *a posteriori* (die Formel für »bedingte Wahrscheinlichkeiten« trägt seinen Namen); Jakob Bernoulli verfasste seine »Kunst des Vermutens« (»Ars conjectandi«, herausgegeben postum 1713 von dem Neffen Niklaus Bernoulli), worin er als erster das »Gesetz der großen Zahlen« (1689) bewies; Gauß untersuchte stetige Wahrscheinlichkeitsverteilungen, vornehmlich die »Normalverteilung«, gut bekannt durch ihre graphische Darstellung als Glockenkurve. (Als es die Deutsche Mark noch gab, zierte die Glockenkurve inklusive ihrer Formel, sowie auch ein Konterfei des allgemein als größter Mathematiker aller Zeiten geltenden Denkers den Zehnmarkschein[23].)

Frühe Anwendungen in den Natur- und Wirtschaftswissenschaften

Zu den ersten Anwendungen in der Physik zählten die kinetische Gastheorie (Daniel Bernoulli) und in der Biologie die Vererbungslehre (Gregor Mendel).

1827 blickte der Botaniker Robert Brown durch sein Mikroskop auf einen Flüssigkeitstropfen. Winzig kleine Teilchen sprangen ziellos in der Flüssigkeit umher. Die Teilchen waren nicht etwa lebendig; und die Flüssigkeit war absolut unbewegt. Worauf war also die Bewegung zurückzuführen? Brown schlug vor, sie sei eine Konsequenz der molekularen Natur der Materie – eine zu jener Zeit höchst spekulative Theorie[3]. Die Flüssigkeit, als solche insgesamt unbewegt, besteht aus winzig kleinen Molekülen, die mit hoher Geschwindigkeit umherwirbeln und in zufälliger Weise miteinander zusammenstoßen. Wenn die Moleküle an ein in der Flüssigkeit suspendiertes Teilchen stoßen, erteilen sie ihm einen zufälligen Impuls.

---

[3] Dennoch hatte Lukrez im ersten vorchristlichen Jahrhundert das Phänomen in seinem Werk »De rerum natura« (Über die Elemente der Natur) bereits beschrieben und atomistisch gedeutet. Seine Beobachtung betraf die Bewegungen von Staubpartikeln in einem dunklen Zimmer, in das ein Sonnenstrahl fällt. (Insofern beobachtete er auch makrophysikalische Konvektionsströme.)

Bei zufälligen, *stochastischen Prozessen* befindet sich ein gewisses System in einem bestimmten Zustand, und zu jedem Zeitpunkt kommt es zu einer zufälligen Änderung des Zustands nach einer gewissen spezifizierten Menge von Wahrscheinlichkeiten. Der einfachste Prozess dieser Art ist die eindimensionale *Irrfahrt* (englisch: random walk). Man stelle sich eine Gerade vor, auf der die positiven und negativen ganzen Zahlen abgesteckt sind: ..., -3, -2, -1, 0, 1, 2, 3, ... Zur Zeit 0 startet an der Stelle 0 ein Teilchen. Zur Zeit 1 wird eine Münze geworfen: Wenn Kopf erscheint, bewegt sich das Teilchen um eine Einheit nach rechts, bei Wappen um eine Einheit nach links. Ist die Münze unverfälscht, sind die *Übergangswahrscheinlichkeiten* für die Bewegung nach rechts oder links auf jeder Stufe ½. Gefragt wird nach dem Verhalten dieses Systems auf lange Sicht. Treibt sich das Teilchen in der Nähe des Ursprungs herum, wandert es längs der Geraden ab, oder was passiert sonst? Ich komme später darauf zurück.

Eine derartige Irrfahrt nennen die Mathematiker *diskret*, weil die Bewegung zu bestimmten Zeitpunkten in ganzzahligen Längeneinheiten erfolgt. Beliebig kleine Bewegungen in beliebig kleinen Zeiteinheiten werden *kontinuierlich* genannt. Zweidimensionale Irrfahrten werden gern durch den Weg eines Betrunkenen illustriert. Die Brown'sche Bewegung kann nun als kontinuierliche Irrfahrt im dreidimensionalen Raum modelliert werden. Trotz seiner Einfachheit beschreibt das Irrfahrtmodell ziemlich gut die physikalischen Diffusionsprozesse.

Der erste, der den Zusammenhang zwischen Irrfahrten und Diffusion – hier von Information – entdeckt hat, war Louis Bachelier in seiner Dissertation »Théorie de la spéculation« (1900). Die Prüfer verhielten sich eher ablehnend gegenüber dieser Arbeit. Bachelier war jedoch nicht darauf aus, die Brown'sche Molekularbewegung zu studieren; er hatte sein Augenmerk auf etwas gerichtet, das den Ursprüngen der Wahrscheinlichkeitstheorie im Glücksspiel näher steht: auf die zufälligen Schwankungen an der Pariser Börse. Insofern ist es nicht gar so überraschend, dass seine Dissertation über Aktienkurse und Teilhaberschaften bei den theoretischen Physikern wenig Aufmerksamkeit fand. Ein paar Jahre später, 1905, lieferte Albert Einstein die Grundlagen der mathematischen Theorie der Brown'schen Bewegung, und von Norbert Wiener, dem Kybernetiker, wurde diese umfassend ausgearbeitet und vertieft. Erst Jahrzehnte später entdeckte man, dass Bachelier viele dieser Grundgedanken vorweggenommen hatte!

Dies ist unter anderem auch ein historisches Beispiel für das enge Wechselspiel zwischen Mathematik und Markt. Heute gibt es kaum ein Gebiet der modernen Mathematik, das nicht für grundlegende Beiträge zur Wirtschaftswissenschaft in Frage käme. Aber auch alle anderen Wissenschaften, die auf quantitative Bestimmungen zurückgreifen, gehen mit der Stochastik (Wahrscheinlichkeitsrechnung und Statistik) eine tief greifende Verbindung ein, darunter Physik und Technik, Meteorologie, Biologie, Medizin, Psychologie und Soziologie. Diese Tendenz setzt sich sogar verstärkt fort, da alle Ereignisse der Wirklichkeit mehr oder weniger stochastischer Natur sind.

Die Axiomatisierung: Beginn der modernen Wahrscheinlichkeit

Die weitere Entwicklung der Wahrscheinlichkeitsrechnung am Ende des 19. und Anfang des 20. Jahrhunderts ist russischen und auch einigen französischen Gelehrten wie Pafnutij L. Tschebyscheff, Andrej A. Markov, Joseph Bertrand, Alexander M. Ljapunow, Henri Poincaré zu verdanken, die Begriffe wie Zufallsgröße und stochastischer Prozess präzisierten und die Theorie der Grenzwertsätze aufbauten.

Die klassische Definition der Wahrscheinlichkeit gab jedoch Anlass zu Widersprüchen und konnte mathematisch nicht voll

befriedigen. Obwohl die Ableitung des Wahrscheinlichkeitsbegriffes aus der relativen Häufigkeit bei praktischen Anwendungen, vor allem in der Statistik, vielfach ausreichend ist, verlangt
die Wahrscheinlichkeitstheorie als Zweig der Mathematik eine
exakte und widerspruchsfreie Definition des Begriffs Wahrscheinlichkeit. Deshalb waren die Bemühungen in dieser Richtung Anfang des 20. Jahrhunderts besonders intensiv.

Ich habe bereits den internationalen Mathematikerkongress
des Jahres 1900 in Paris erwähnt (Seite 87). David Hilbert hatte
in seinem berühmten Vortrag dreiundzwanzig große ungelöste Probleme formuliert, was auf die mathematische Forschung
der nächsten Jahrzehnte einen ungeheuren Einfluss gehabt hat.
Eine der von Hilbert gestellten Forderungen war die dringliche
Notwendigkeit, eine widerspruchsfreie Axiomatik für die Wahrscheinlichkeitsrechnung zu erarbeiten.

Den ersten ernsthaften Versuch, dieses Problem zu lösen,
unternahm 1919 Richard von Mises. Seine Idee bestand darin,
die Wahrscheinlichkeitsgesetze von Zufallsgrößen aus den Gesetzen der großen Zahlen abzuleiten, wobei er einen wichtigen
Begriff schuf, nämlich den des *Stichprobenraumes* als der Menge
aller möglichen Ausgänge eines Experiments. Dieser im Wesentlichen statistische Gesichtspunkt barg jedoch zwei Schwächen:
Erstens verlangte er die (gedachte) Realisierung *unendlich* vieler
Wiederholungen von Zufallsexperimenten, und zweitens fügte
sich das noch unvollkommene Axiomensystem nicht gut in die
übrigen Entwicklungen der Mathematik ein; insbesondere igno-
rierte es die fruchtbaren Ergebnisse, die mit Hilfe der *Analysis*
(Differenzial- und Integralrechnung) erzielt wurden.

Mathematiker, Statistiker und Entscheidungstheoretiker der
verschiedenen Schulen verstehen für ihren Anwendungsbereich
unter »Wahrscheinlichkeit« jeweils etwas anderes. Da allen gemeinsam ist, dass sie die mathematischen Gesetze kennen, kann
es für die divergenten Auffassungen nur eine minimale Basis geben, und das ist eine durch Axiome charakterisierte »mathemati-

sche Wahrscheinlichkeit«. Die erste voll befriedigende Axiomatik (mit drei einfachen Axiomen – siehe nachfolgenden Kasten) wurde dann von dem sowjetischen Mathematiker Andrej Nikolajewitsch Kolmogoroff (1909 bis 1987) im Jahre 1933 veröffentlicht, wobei er von Mises' Stichprobenraum als *Ereignisraum* Ω (»Omega«), übernahm, also als Menge aller in einem präzisen Kontext wohldefinierten Ereignisse. Diese Formalisierung ermöglichte es, den Begriff der »mathematischen Wahrscheinlichkeit« formal präzise und widerspruchsfrei zu fassen – weshalb 1933 als das eigentliche Geburtsjahr der modernen Wahrscheinlichkeitstheorie gilt. Es war aber noch nicht das Ende unerwarteter Resultate und Paradoxien.

Kolmogoroffs Axiome der mathematischen Wahrscheinlichkeit

Sind allen Ereignissen A, B, C, … eines Ereignisraumes Ω Wahrscheinlichkeiten p(A), p(B), p(C),… zugeordnet, so genügen diese den folgenden Bedingungen:

(1) Die jedem Ereignis X als reelle Zahl zugehörige Wahrscheinlichkeit p(X) ist nicht negativ: p(X) ≥ 0. Mit anderen Worten: Es gibt keine negativen Wahrscheinlichkeiten.

(2) Jedem Ereignisraum Ω als Ganzem ist die Wahrscheinlichkeit 1 zugeordnet, formelmäßig: p(Ω) = 1. Mit anderen Worten: Die gesamte Ereignismenge, also das sichere Ereignis, das immer eintritt, besitzt die Wahrscheinlichkeit 1.

(3) Additionsregel: Sind A und B zwei sich einander ausschließende Ereignisse mit den Wahrscheinlichkeiten p(A) und p(B), so gehört zu dem zusammengesetzten Ereignis »A oder B« die Wahrscheinlichkeit p(A oder B) = p(A) + p(B). Mit anderen Worten: Gegeben seien

> zwei Ereignisse, die beide nicht gleichzeitig eintreten können. Dann ist die Wahrscheinlichkeit dafür, dass mindestens eines der beiden Ereignisse eintritt, gleich der Summe der Wahrscheinlichkeiten der beiden einzelnen Ereignisse.

Aus diesen Axiomen lassen sich schnell ein paar elementare Eigenschaften ableiten, zum Beispiel:

* Die Wahrscheinlichkeit eines Ereignisses ist stets eine Zahl zwischen 0 und 1.
* Das Eintreten eines Ereignisses A ist wahrscheinlicher als das eines Ereignisses B, wenn die Relation $p(A) > p(B)$ besteht.

Weiters lässt sich die Unabhängigkeit von Ereignissen durch die so genannte Multiplikationsregel einführen:

* Sind A und B zwei sich einander ausschließende Ereignisse mit den Wahrscheinlichkeiten $p(A)$ und $p(B)$, so gehört zu dem zusammengesetzten Ereignis »A und B« die Wahrscheinlichkeit $p(A \text{ und } B) = p(A) \cdot p(B)$.

Es ist die scheinbare Schwäche, aber in Wirklichkeit die eigentliche Stärke des Kolmogoroff'schen Wahrscheinlichkeitsbegriffes, dass er keinen Aufschluss über die Zahlenwerte liefert, die konkreten Ereignissen zuzuordnen sind. Das ist nämlich keine Frage der Wahrscheinlichkeits*definition*, sondern eine der Wahrscheinlichkeits*interpretation*[24] für das konkrete Anwendungsgebiet.

Es ist in der Tat ratsam, zwischen Wahrscheinlichkeitsbegriffen, vornehmlich zwischen dem mathematischen und dem zur Beschreibung der Welt, zu unterscheiden. Unzählige Diskussionen wurden darüber geführt, ob es Wahrscheinlichkeiten in der Natur gibt oder nicht. Nach Ansicht der »Objektivisten« hat die Entität Wahrscheinlichkeit eine natürliche Existenz, auch wenn sie für manche Ereignisse nicht immer genau bestimmt werden kann. Demnach besitzen die Ereignisse beim Werfen einer Münze, eines Würfels oder einer Kugel im Roulette objektiv definierte Wahrscheinlichkeiten. Auf der anderen Seite weigern sich die »Subjektivisten«, jedem möglichen Ereignis eines Zufallsexperimentes eine objektive Wahrscheinlichkeit zugeordnet zu sehen, sondern eher ein »Maß des Glaubens« seitens des Beobachters, der lediglich seine Einschätzung der Chancen für das Eintreten eines Ereignisses ausdrückt. (Macht denn eine Katze grundsätzlich etwas anderes, als ihrer subjektiven Erwartung hinsichtlich des Eintretens eines bestimmten, von ihr erhofften Ereignisses Ausdruck zu verleihen, wenn sie geduldig vor einem Mauseloch hockt?)

Hinter all dem verbergen sich meistens religiöse oder philosophische Ansichten über den Determinismus, den freien Willen, die göttliche Allmacht oder noch andere Dinge. Solche Diskussionen sind weder originell noch nützlich. Die Wahrscheinlichkeitsrechnung ist ein mathematischer Zweig, der genauso präzise ist wie die Geometrie, die Algebra oder die Analysis, und man sollte sie nicht mit den Schlussfolgerungen vermischen, die aus der Anwendung des probabilistischen Modells auf die Welt, in der wir leben, gewonnen werden.

So wie es unmöglich ist, ein Axiom zu beweisen, ist es auch unmöglich zu beweisen, dass Wahrscheinlichkeiten außerhalb des mathematischen Geistes existieren. Ja selbst ein so konkreter Begriff wie der Durchschnitts- oder Mittelwert ist im Grunde genommen eine Fiktion: Wenn ich einen Fuß auf der heißen Herdplatte habe und den anderen im Frostfach, geht's mir im Durchschnitt gut. Dagegen ist es durchaus möglich, die Gültigkeit des Modells für eine große Anzahl von Phänomenen zu beobachten und ihm dadurch eine empirische Bestätigung zu verschaffen. Nur in dieser Hinsicht kann das Modell als gut – oder besser: als zweckmäßig – bezeichnet werden; wäre es das nicht (oder aufgrund neuer Beobachtungen oder Sichtweisen nicht mehr), müsste ein anderes ersonnen werden.

Die Gewissheit des Zufalls oder
Das Gedächtnis der Roulettekugel

»Die Kugel hat weder Gedächtnis noch Gewissen«, heißt es in Fjodor Dostojewskis weltberühmtem Roman *Der Spieler*. Ein Gewissen schreibt ihr sicher niemand zu – aber auch nicht das geringste Gedächtnis?

Nicht vom Gedächtnis im engeren Sinn ist die Rede, nicht vom Gedächtnis handelnder Wesen und nicht von Informationsspeicherung auf technischen Datenträgern – sondern eher von einem zwangsläufigen Gedächtnis als Naturgesetz.

Eine zentrale Frage bei allen Zufallsexperimenten ist die folgende: Welche Beziehung herrscht zwischen Theorie und Praxis, das heißt zwischen Wahrscheinlichkeitstheorie und angewandter Statistik? Sagt die Theorie die Praxis richtig voraus, und kann umgekehrt aus den Beobachtungen auf die theoretischen Werte geschlossen werden?

Ertasten wir uns ein Verhältnis durch Probieren, dann nennen wir es *relative Häufigkeit*. Bei einer großen Anzahl von Versuchen werden wir feststellen, dass die relative Häufigkeit immer näher an die *wahre* Wahrscheinlichkeit herankommt, so dass sie für diese eine immer genauere Schätzung darstellt. Man sagt auch: Mit wachsender Versuchsanzahl stabilisiert sich die relative Häufigkeit. Dieser praktische Sachverhalt, nach Jakob Bernoulli *Gesetz der großen Zahlen* genannt, erlaubt es uns, von relativen Häufigkeiten auf noch unbekannte Wahrscheinlichkeiten zu schließen.

Das Gesetz der großen Zahlen verkörpert genau diese Brücke zwischen Wahrscheinlichkeitstheorie und praktischer Statistik. Es kann wie folgt formuliert werden: Je größer die Anzahl der Versuche, desto kleiner die *prozentuellen* Abweichungen von der erwarteten (oder durchschnittlichen) Anzahl von Erfolgen. Oder: Je größer die Anzahl der Versuche, desto kleiner die Differenz zwischen der (empirischen) relativen Häufigkeit eines Ereignisses und dessen (theoretischer) Wahrscheinlichkeit – vorausgesetzt, die einzelnen Versuche werden, wie beim Münzwurf, unabhängig voneinander durchgeführt. Es ist die einzige Gewissheit, die uns der Zufall beschert, die einzige Art von Gedächtnis, dessen eine unverfälschte Münze oder eine Roulettekugel bei zufälliger Handhabung fähig ist. Je öfter ich also eine unverfälschte Münze werfe, desto genauer wird die Schätzung p(Kopf) = $\frac{1}{2}$.

Wenden wir diese Interpretationsregel an, werden wir in den seltensten Fällen falsch handeln. Im Grenzfall, wenn N, die Anzahl der Versuche, beliebig groß wird (der Mathematiker schreibt dafür N $\rightarrow \infty$ und sagt »wenn N gegen Unendlich strebt«), sind relative Häufigkeit und Wahrscheinlichkeit angeglichen. Ausnahmeserien sind nie ganz auszuschließen, auch wenn N noch so groß gewählt wird; sie kommen jedoch höchst selten vor. Das Gesetz der großen Zahlen ist also eine *Grenzwertaussage* und mahnt zu besonderer Vorsicht bei Folgerungen.

Das (Bernoullische) Gesetz der großen Zahlen schlägt aber nicht nur eine Brücke zwischen Wahrscheinlichkeit (p) und relativer Häufigkeit (h_N, Seite 142). Ein ähnlicher Zusammenhang besteht nach dem so genannten *schwachen Gesetz der großen Zahlen* zwischen dem Erwartungswert (μ) einer beliebigen Zufallsgröße und dem (empirischen) Mittelwert ($\bar{x}$) von N unabhängigen Wiederholungen des Zufallsexperiments. Interpretationsregel: Ist der Erwartungswert μ einer Zufallsgröße unbekannt, so erhält man dafür bei großen N mit $\bar{x}$ einen Näherungswert. Und ganz ähnlich wie bei der Wahrscheinlichkeit und dem Erwartungswert, erhält man für große N durch die empirische Varianz s^2, auch Streuungsquadrat genannt, einen Näherungswert für die unbekannte Varianz V = σ^2. (Da dies kein Lehrbuch ist, verzichte ich hier auf die genaue formelgespickte Definition der Begriffe Erwartungswert, empirischer Mittelwert sowie Varianz und Streuungsquadrat; der interessierte Leser findet diese Definitionen in jedem einführenden Buch der Wahrscheinlichkeitsrechnung und

Statistik und auch in sehr schönen, allgemein verständlichen
Übersichtsbüchern zur Mathematik.[4])

Im nachfolgenden Kasten sind die Begriffe übersichtlich aufgelistet, die durch die verschiedenen Gesetze der großen Zahlen
paarweise in eine Empirie-Theorie-Beziehung gebracht werden:

Statistik (Empirie)	Wahrscheinlichkeit
relative Häufigkeit h_N	Wahrscheinlichkeit p
empirischer Mittelwert $\bar{x}$	Erwartungswert μ
empirische Varianz s^2	Varianz $V = \sigma^2$
Streuung s	Standardabweichung σ

Fehlender Ausgleich, Unempfindlichkeit, Impotenz

Hier nun das häufigste Beispiel einer Folgerung, die aus dem Gesetz der großen Zahlen *nicht* geschlossen werden kann und der
dennoch unzählige Spieler Tag für Tag auf den Leim gehen. Es
ist der Glaube an den *Ausgleich*, an ein Ausgleichsgesetz als Folge
des Gesetzes der großen Zahlen. Warum ist dies eine unzulässige Folgerung? Antwort: Die Schwankungen der *relativen* Häufigkeiten eines Ereignisses um dessen Wahrscheinlichkeit können
auch dann noch ständig kleiner werden, wenn die *absoluten* Häufigkeiten des Ereignisses sich von den theoretischen absoluten
Häufigkeiten ständig weiter entfernen! Mit anderen Worten: Das
Gesetz der großen Zahlen ist auch dann noch erfüllt, wenn kein
absoluter Ausgleich zwischen gleichwahrscheinlichen, zueinander
komplementären Ereignissen (wie Gerade und Ungerade oder
Kopf und Zahl) stattfindet. Das in Spielerkreisen unausrottba-

[4] Siehe Literatur, zum Beispiel Büchter/Henn: »Elementare Stochastik« oder
auch Haftendorn: »Mathematik sehen und verstehen«

re Gesetz des Ausgleichs ist eine unzulässige Interpretation des Gesetzes der großen Zahlen, angewandt auf eine überschaubare Anzahl von Ereignissen. Eine genaue Analyse zeigt sogar ein unerwartetes Resultat: Je größer die Anzahl der Zufallsexperimente, desto kleiner wird die Wahrscheinlichkeit eines Ausgleichs zwischen gleichwahrscheinlichen Ereignissen!

Die Würfe einer unverfälschten Münze sind außerdem unempfindlich gegenüber der Wahl des Ausgangspunktes: Wird eine Teilfolge jener Würfe gebildet, die aufgrund irgendeiner von der Vorgeschichte bis zum gewählten Punkt abhängenden Taktik oder Auswahlregel zustande kamen, so erhält man immer noch eine Wahrscheinlichkeit von ½.

Die Unempfindlichkeit gegenüber der Wahl des Ausgangspunktes kann auch anders ausgedrückt werden; die Physiker nennen das ein *Prinzip der Impotenz*: Man kann kein Spielsystem mit positivem Erwartungswert gegen eine unverfälschte Münze konstruieren – natürlich auch nicht gegen Gerade und Ungerade oder Rot und Schwarz im Roulette, selbst wenn dieses kein Zéro enthielte.

Fortuna kontra Nemesis oder Die fundamentale Ungerechtigkeit der Natur

Fehlender absoluter Ausgleich, frustrierende Unempfindlichkeit und, trotz fairen Münzwerfens, zur Impotenz verurteilt: Nichts bleibt uns erspart. Eigentlich sollten uns einige unerwartete Ergebnisse der Wahrscheinlichkeit sowie Verzerrungen des menschlichen Urteils hierüber schon geläufig sein.[5]

---

[5] Siehe zum Beispiel G. v. Randow: »Das Ziegenproblem: Denken in Wahrscheinlichkeiten«

Es kommt aber noch schlimmer. Fortuna, die Glücksgöttin, ist kein käufliches Mädchen. Sie gleicht eher einer eigensinnigen Katze, die auch mal unerschrocken in die Hand beißt, die sie füttert. Und Nemesis, die Göttin der ausgleichenden Gerechtigkeit, bleibt oftmals auf der Strecke – wie wir alle leidvoll zu berichten wissen. Ein Naturgesetz? Ja – und ein unerwartetes Ergebnis. Worum geht es?

Stellen Sie sich folgendes faire Spiel vor: Sie wetten einen Euro, dass bei einem Wurf mit einer unverfälschten Münze »Kopf« erscheint. Ihr Spielgegner hält einen Euro dagegen. Das wird stundenlang wiederholt; an Geld soll es nicht mangeln. Wie lange hat jeder der beiden Kontrahenten im Gesamtgewinn geführt – wie viele Runden lag jeder in Führung, was war am häufigsten? Hat sich die Führung gleichmäßig verteilt, oder kam es häufiger vor, dass fast durchweg der gleiche Spieler vorne lag?

Bei diesem einfachen Modell eines fairen, symmetrischen Spiels, bei dem beide Spieler gleich stark sind und bei dem jeder mit einer Wahrscheinlichkeit von ½ gewinnt, wird sich im Laufe vieler Runden auch die Führung beim Gesamtgewinn in etwa gleichmäßig verteilen – so unsere Intuition.

So einfach und transparent die Regeln auch sind: Hier spielt uns die Intuition einen Streich. Eine insgesamt ausgeglichene Führung ist nicht die wahrscheinlichste, sondern die *unwahrscheinlichste* aller Möglichkeiten! Am wahrscheinlichsten ist, dass der letztendliche Sieger *immer* führt – und dass der letztendliche Verlierer *immer* zurückliegt. Entweder Sie liegen die ganze Zeit in Führung oder aber nie; entweder sind Sie nie im Minus oder gleich von Anfang an.

Sehen wir uns diesen Sachverhalt an einem einfachen Beispiel mit nur drei Runden einmal näher an: Eine unverfälschte Münze wird dreimal geworfen, Sie setzen jeweils einen Euro auf Kopf, Ihr Gegner einen Euro auf Zahl. Dann sind die folgenden acht Sequenzen in Tabelle 5 möglich (und gleichwahrscheinlich); dahinter die Anzahl der Runden, die Sie führen, sowie die Anzahl

Tab. 5 Sequenzen des Münzwurfs, Anzahl Führungsrunden und Anzahl Führungswechsel.

	Sequenz	Anzahl der Runden, die Sie führen	Anzahl der Führungswechsel
1.	Z Z Z	0	0
2.	Z Z K	0	0
3.	Z K Z	0	0
4.	K Z Z	1	1
5.	Z K K	1	1
6.	K Z K	3	0
7.	K K Z	3	0
8.	K K K	3	0

der Führungswechsel; bei Gleichstand geht die Runde an den, der vorher vorne lag (denn der andere führt ja noch nicht).

In drei Fällen haben Sie immer die Führung, in anderen drei Fällen sind Sie stets unterlegen, und nur in zwei von acht Fällen *wechselt* die Führung.

Was passiert mit wachsender Anzahl der Runden? Bei immer mehr Runden liegen Sie mit zunehmender Wahrscheinlichkeit immer vorne oder immer hinten. Je länger die Serie, desto unwahrscheinlicher wird eine völlig gleichmäßige Aufteilung von Führung und Rückstand. Am wahrscheinlichsten ist, dass die Führung *niemals* wechselt, das heißt, dass der letztendliche Gewinner *immer* führt; am zweitwahrscheinlichsten ist, dass die Führung einmal wechselt, am drittwahrscheinlichsten, dass sie zweimal wechselt, und so fort.

Im Grenzfall, wenn die Serie beliebig groß ist, ist die Wahrscheinlichkeit, dass Sie insgesamt über einen Anteil x der Serie führen, proportional zu der Funktion

$$f(x) = \frac{2}{\pi} \cdot \frac{1}{\sqrt{x \cdot (1 - x)}}.$$

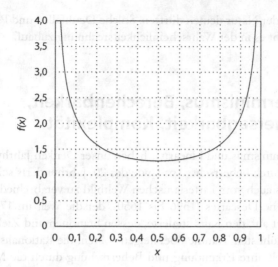

Abb. 1 Die Führungswahrscheinlichkeit ist proportional zur abgebildeten Funktion f(x).

Wegen der Verwandtschaft dieser Funktion mit der so genannten »Arcussinus-Funktion«[25] wird dieses Phänomen auch »Arcussinus-Paradox« genannt.

Wie die Abbildung 1 zeigt, hat der Graph der Funktion die Form eines U zwischen den senkrechten Geraden $x = 0$ (y-Achse) und $x = 1$ oberhalb der x-Achse; das Minimum liegt genau in der Mitte, bei $x = \frac{1}{2}$. (Das Gesetz wurde zuerst 1939 von Paul Lévy entdeckt, geriet aber in Vergessenheit; etwa zehn Jahre später stießen mehrere Mathematiker erneut darauf.)

Dieser Sachverhalt ist nicht nur für die Mathematik von Interesse. Er liefert auch eine Erklärung für gewisse Situationen in gleichgewichtigen Spielen, wo einer der *gleich starken* Kontrahenten fast immer im Vorteil ist – ganz entgegen der egalitären Logik. Lassen wir die Philosophen und Soziologen ihre Lehren aus diesem bemerkenswerten und unerwarteten Gesetz ziehen, das einige von ihnen zweifellos als eine fundamentale Ungerechtigkeit der Natur deuten dürften. Solche Denkfallen und Paradoxien gibt es in der Wahrscheinlichkeitsrechnung zuhauf.

Determinismus, Berechenbarkeit, Vorhersagbarkeit, Komplexität

Determinismus und Linearität haben unser Denken Jahrhunderte hindurch beherrscht. Am Ende des 20. Jahrhunderts scheinen wir uns auch vom kartesianischen Weltbild zu verabschieden. Es war René Descartes (1596 bis 1650), der die Welt im 17. Jahrhundert auf den Kurs steuerte, dessen Stationen und Ziele bald seine kühnsten Träume übersteigen sollten: die Rationalisierung der Welt, ihre Erkundung und Beherrschung durch die Methoden der Messung, des Quantifizierens und Analysierens.

Nach den revolutionären Vorarbeiten Johannes Keplers (1571 bis 1630), der die elliptischen Planetenbahnen berechnete, bescherte Isaac Newton (1643 bis 1727) mit seinen Gesetzen der Mechanik der deterministischen Gedankenwelt ein solides Fundament. Im 18. Jahrhundert wurde dieses Weltbild dann konsolidiert und vorangetrieben, wozu zum Beispiel Leonhard Euler (1707 bis 1783) bedeutende Beiträge leistete. Auch der berühmte Philosoph Immanuel Kant erklärte 1755 die Entstehung der Welt aus mechanischen Prinzipien.

Einen Höhepunkt erlebte das mechanistische Weltbild im 19. Jahrhundert. In seiner Schrift »Essai philosophique sur les probabilités« (1814) schreibt Pierre Simon de Laplace:

»Eine Intelligenz, welche zu einem bestimmten Zeitpunkt alle in der Natur wirkenden Kräfte sowie die gegenseitigen Lagen der sie bildenden Elemente kennte und überdies umfassend genug wäre, um diese Größen der Analysis zu unterwerfen, würde in derselben Formel die Bewegungen

des größten Weltkörpers wie des leichtesten Atoms erfassen; nichts würde ihr ungewiss sein, und Zukunft und
Vergangenheit wären ihrem Blick gegenwärtig. Es lässt sich
eine Stufe der Naturerkenntnis denken, auf der sich der
ganze Weltvorgang durch eine mathematische Formel darstellen ließe, durch ein System von Differenzialgleichungen,
aus dem sich Ort, Bewegungsrichtung und Geschwindigkeit jedes Atoms im Weltall zu jeder Zeit ergäben.«

Diese Intelligenz, der »Laplace'sche Dämon«, verkörpert den
klassischen Standpunkt des Determinismus und begründet das
daraus entstehende mechanistische Weltbild. Das führt zu einem
heiklen ethischen Problem: dem des freien Willens. Anhänger
des klassischen Determinismus – wie auch religiöse Befürwor-
ter der uneingeschränkten Allmacht Gottes – müssten in letzter
Konsequenz einem unbefriedigenden Fatalismus frönen. Doch
lassen wir diesen Aspekt einmal beiseite und richten unser Augenmerk auf die Beschreibung der Welt.

Das Weltmodell als Uhrwerk war lange Zeit sehr nützlich – und
das ist es heute noch, allerdings in einem immer eingeschränkte-
ren Rahmen. Auch astronomische Vorhersagen müssen hinsichtlich der Zeiten und Entfernungen relativiert werden.

Astronomische Prognosen seien auf Jahrtausende sehr genau,
heißt es. Jahrtausende sind jedoch menschliche Maßstäbe, nicht
wirklich astronomische. Ein Zeitraum von tausend Jahren ist ver-
nachlässigbar klein gegenüber dem Alter des Universums: fünf
Tausendstel einer Sekunde relativ zu den 86 400 Sekunden eines
Tages. In solch kleinen Zeitintervallen verhalten sich die meisten
Makrosysteme noch wie ein berechenbares Uhrwerk. Auch eine
Million Jahre nehmen sich harmlos aus, stellen diese doch nur
fünf Sekunden des Tages dar. Eine astronomische Prognose für
diese Zeiträume ist also vergleichbar mit einer Wettervorhersa-
ge für die nächsten Sekunden oder Minuten. Tausend Lichtjahre
sind im kosmischen Maßstab auch nicht viel: verglichen mit dem

Radius des Universums gerade ein Milliardstel Prozent oder, in geläufigeren Dimensionen ausgedrückt, ein zehntel Millimeter relativ zu einem Kilometer.

Immerhin funktioniert die deterministische Denkart sehr gut, wenn sie auf stabile, lineare Makroprozesse angewandt wird, die dem Kausalitätsprinzip unterliegen, an das wir uns seit Jahrhunderten als grundsätzliche Spielregel der Natur gewöhnt haben: die Verkettung von Ursache und Wirkung im zeitlichen Sinn. Ein System, das wiederholt unter genau gleichen Bedingungen startet und den gleichen Einflüssen unterworfen ist, wird jedes Mal in genau gleicher Weise ablaufen. Allerdings sagt dieses Kausalitätsprinzip nichts darüber aus, wie stark kleine Änderungen der Ursachen die Wirkungen beeinflussen.

Die Erfahrung, dass kleine Änderungen in den Ursachen auch nur kleine Änderungen in den Wirkungen zur Folge haben, ist sehr tief in uns verwurzelt. Es ist das Prinzip der »fehlertoleranten« Systeme. Denken wir nur ans Autofahren: Auch eine Folge genügend ähnlicher Lenkradausschläge lässt uns, bei sonst weitgehend ähnlichen Bedingungen, die gleiche Strecke abfahren.

Es gibt aber auch Systeme, die extrem abhängig sind von den Startbedingungen und den Einflussfaktoren, instabile dynamische Systeme, in denen kleine zufällige Störungen große Wirkungen entfalten können. Eine solche sensible Abhängigkeit von den Anfangsbedingungen ist charakteristisch für chaotische Systeme. Bereits 1903 hat der große Henri Poincaré auf diesen Umstand aufmerksam gemacht (er war möglicherweise der letzte Universalist, der die gesamte Mathematik seiner Zeit verstand. Er schuf sogar eine neue Art Mathematik, die *Analysis situs*, heute besser als Topologie bekannt – im Kapitel *Basar des Bizarren* komme ich darauf zurück).

Die Naturwissenschaftler begannen vor ein paar Jahrzehnten zu ahnen, dass die exakt vorausberechenbaren dynamischen Systeme lediglich eine Ausnahmeerscheinung darstellen. Der Meteorologe Edward Lorenz entdeckte die extreme Sensibilität

gegenüber Anfangsbedingungen zuerst im Rahmen der Wetter-
vorhersagen, und bald nannte man sie den »Schmetterlingsef-
fekt«, um bildlich (und übertrieben) auszudrücken, dass unter
Umständen die Flügelschläge eines Schmetterlings in Brasilien
einen Wetterumschwung in Europa verursachen könnten.

Die meisten nichttrivialen mathematischen Probleme können
ohnehin nur in dem Maße als streng lösbar betrachtet werden,
in dem sie einer Linearisierung zugänglich sind. Die meisten Ereignisse in unserer Welt entpuppen sich jedoch als nichtlineare,
vernetzte Strukturen, die im Zusammenspiel von Zufall und ge-
setzmäßigem Ablauf oft aus dem Ruder laufen oder umkippen.
Dieses Umkippen ist jedoch keineswegs ein Einbahnprozess in
Richtung Chaos; auch chaotische Prozesse können sich unvermit-
telt in geordnete Strukturen verwandeln. Über instabile dynamische Prozesse entstand so die Chaos- oder Komplexitätstheorie,
die modische Erforschung komplexer sensibler Systeme, die eher
ein interdisziplinäres Sammelsurium von Untersuchungsobjekten
und Methoden ist als eine »Theorie«. Chaos hat, neben Gleichge-
wichten und periodischen Bewegungen, eine eigene dynamische
Qualität. Chaos eröffnet einen Weg, die Natur neu und vollständiger zu verstehen.

Heute hat sich die Ansicht durchgesetzt, dass fast alle dynamischen Systeme Chaos zulassen. Bei ihnen genügt eine beliebig
kleine Änderung der Ausgangspositionen oder der beeinflussen-
den Faktoren, um zu einem grundsätzlich anderen Resultat zu
kommen. Die Beschreibung unserer gewohnten Welt offenbart
immer mehr Unberechenbares, Nichtlineares, Chaotisches und
Unvorhersehbares. Ja selbst Deterministisches ist nicht immer
vorhersagbar[6] – und zwar prinzipiell nicht. Und manchmal ist es

---

[6] Der Topologe Stephen Smale hat untersucht, ob sich eine typische Diffe-
renzialgleichung eines dynamischen Systems stets vorhersagbar verhält. Die
überraschende Antwort lautet »Nein«. In der Tat kann eine vollständig deterministische Gleichung Lösungen besitzen, die allen Betrachtungen gegenüber
zufällig erscheinen.

nicht einmal exakt berechenbar, wie etwa ein Doppelpendel oder ein torkelnder Jupitermond; auch das berühmte Dreikörperproblem gehört hierher. Für *zwei* als Massepunkte gedachte Körper gibt es eine exakte Lösung der Newton'schen Bewegungsgleichungen in geschlossener Form (Kepler-Ellipsen). Das Verhalten von *drei* Körpern ist dagegen außerordentlich kompliziert; soweit wir heute wissen, existieren dafür keine Lösungen in geschlossener Form.

Mathematisch gesehen sind alle Systeme höchst chaosverdächtig, die mehr als zwei »Freiheitsgrade« (Bewegungsmöglichkeiten, Bestimmungsfaktoren) besitzen; dies trifft praktisch auf alle komplexen Naturprozesse zu:

- Wetter: Aerodynamische Turbulenzen und Klimaentwicklung sind genauso unberechenbar wie tropfende Wasserhähne.

- Biologie: Der Lebensprozess ist eine Gratwanderung zwischen Ordnung und Chaos, der permanente Versuch, Chaos zu vermeiden; auch Mutationen sind kleine Katastrophen, und Epidemiewellen sind verheerende Auswirkungen oftmals winziger Ursachen.

- Wirtschaft und Gesellschaft: Die Entwicklung der Börsenkurse sowie das soziale Verhalten unter Berücksichtigung psychologischer, irrationaler Faktoren sind im Detail nicht vorhersagbar.

Chaos und Fröhlichkeit

Den mathematischen Ansatz für die systematische Erforschung dieses interdisziplinären, komplexen Gebietes entwickelte der Mathematiker Benoît Mandelbrot.[7] In der Tat war es die Mathe-

---

[7] Es ist kaum möglich, die im Laufe der letzten Jahrzehnte entstandene Flut von originellen Ideen samt ihren Urhebern zu nennen. Hier wäre zuerst Ilya Prigogine zu nennen (Nobelpreis für Chemie 1977); er und seine Mitarbeiter untersuchten vor allem irreversible Prozesse und den Zeitbegriff bei chaotischen

matik, die in der Form einer wahrhaft fröhlichen Wissenschaft die anschaulichsten und »spielerischsten« Ideen zur Komplexitätstheorie beitrug. (Eine weitere Art der Komplexität, nämlich die *algorithmische*, lernen wir im übernächsten Kapitel kennen.)

Neben Attributen wie »Periodenverdopplung«, »Verzweigungsbaum«, »Bifurkationskaskade« und »Attraktor« – auf die ich nicht eingehe – kann dieser Denkschule vor allem die grundlegende geometrische Eigenschaft *selbstähnlich* zugeordnet werden. In Zusammenarbeit mit Naturwissenschaftlern, Technikern, Ökonomen und Linguisten gelangte Mandelbrot nämlich zu der Überzeugung, dass zahlreichen bislang nur unvollkommen beschriebenen Phänomenen ein einheitliches Prinzip zugrunde liegt: die *Selbstähnlichkeit*. Dies legt die Vermutung nahe, dass chaotische Prozesse räumlich leicht modelliert werden können, zumal es sich bei der Selbstähnlichkeit primär um einen geometrischen Begriff handelt, der ursprünglich ohne einen Blick auf die in Rede stehenden chaotischen Prozesse untersucht wurde.

Die Mathematik kennt schon lange sonderbare geometrische Formen, die sie teils der Natur abgeschaut, wie die Küstenlinien, oder die sie künstlich konstruiert hat, wie die logarithmische Spirale, den unendlichen binären Baum, den Cantor-Staub oder die Koch'sche Schneeflockenkurve. Diese exotisch anmutenden Formen führten lange Zeit ein Schattendasein. Wenn auch unbeschränkte Flächen endlichen Inhalts (wie zum Beispiel die Fläche zwischen der Gauß'schen Glockenkurve und der x-Achse) bekannt waren, so hatte man doch etwas Mühe, sich Kurven unendlicher Länge auf beschränktem, sogar beliebig kleinem Raum vorzustellen, die noch dazu eine Dimension größer als 1 haben; oder Flächen mit positivem Volumen; oder fraktale Raumdimensionen, die nicht ganzzahlig sind. Aber die Natur half nach und

---

Vorgängen. Auf zwei Pionierarbeiten aus den siebziger Jahren möchte ich noch stichwortartig (und höchst unvollständig) hinweisen: die »Katastrophentheorie« von René Thom und die »Synergetik« von Hermann Haken. (Der Topologe Thom erhielt 1958 die Fields-Medaille.)

machte den Naturwissenschaftlern immer mehr Formen bewusst, die die Eigenschaft der Selbstähnlichkeit aufweisen: nicht nur Küstenlinien und Bäume, sondern auch Schneckengehäuse, Stoßzähne und vieles mehr.

Anfang der siebziger Jahre begann der Mathematiker Benoît Mandelbrot[8] mit einer systematischen Untersuchung dieser fragmentarischen, selbstähnlichen Formen, die nicht nur einen hohen ästhetischen Reiz entfalten (wer kennt nicht sein berühmtes Apfelmännchen?), sondern zudem mit Hilfe von Computerprogrammen in allen Variationen dynamisch generiert werden können. »The Fractal Geometry of Nature« nannte er sein 1977 veröffentlichtes Buch, das zehn Jahre später auch auf deutsch erschien (»Die fraktale Geometrie der Natur«). Mandelbrot, der in Polen geboren wurde und lange Zeit in Frankreich gelebt hat, wurde Professor für Mathematik an der Harvard University. Sein Hauptthema hat er auf der ersten Seite seines Buches folgendermaßen formuliert:

> »Wolken sind keine Kugeln, Berge keine Kegel und Küstenlinien keine Kreise; die Baumrinde ist nicht glatt, und ein Blitz bewegt sich nicht auf geraden Linien. Ganz allgemein möchte ich behaupten, dass viele Muster der Natur so irregulär und fragmentarisch sind, dass die Natur im Vergleich zur gewöhnlichen Geometrie nicht einfach ein höheres, sondern ein grundlegend verschiedenes Maß an Komplexität zeigt.«

Im Wechselspiel von konkreten Erscheinungen, ihrer Beschreibung, der Entwicklung und Begründung mathematischer Modelle und Fiktionen demonstriert Mandelbrot den breiten Nutzen dieses Prinzips bei der Analyse zahlreicher Phänomene in Na-

---

[8] Benoît Mandelbrot (1924–2010) wandte seine fraktale Mathematik auch auf die Finanzmärkte an.

tur und Gesellschaft: Sein Werk vermittelt eine »fraktale Sicht« der dynamischen Systeme, des Erdreliefs, der Turbulenz, der Struktur des Weltalls, des biologischen Wachstums, der Riesenmoleküle, der Populationsdynamik von Räuber und Beute, des Rauschens in Informationskanälen, des Sekundenherztodes, der Preisentwicklungen auf den Märkten und vieles mehr. Auch ergaben sich für höchst reale Objekte wie Flusssysteme, Farne oder die Zotten der Darmwände gebrochene fraktale Raumdimensionen. Der Raum, den die Arterien des Menschen einnehmen, hat die fraktale Dimension 2,7.

Die geometrisch-fraktale Modellierung der chaotischen Prozesse ist ja gerade deshalb so erfolgreich, weil diese Prozesse selbst, als Elemente der gesamten Evolution, eine fraktale Struktur besitzen: vom kosmischen Schöpfungsakt bis zur geistigen Kreativität der Individuen. Die Wechselwirkungen zwischen Chaos und Ordnung führen zum Phänomen der Selbstorganisation von Systemen im Universum. Ordnung stabilisiert Vorhandenes, Chaos dagegen ermöglicht Veränderungen und Entwicklungen. Das schöpferische Element der Natur liegt zweifellos im Chaos. Denn nicht nur materielle, sondern auch geistige Prozesse unterliegen dem chaotischen Zufall. So wird heute die Kreativität mehr und mehr als die geistige Manifestation des Chaos gedeutet. Immer wenn etwas Neues entsteht, mischt das Chaos mit: bei wissenschaftlichen Entdeckungen genauso wie bei »Marketingstrategien aus der Sackgasse«. Kreative Intelligenz wirkt dabei – lokal – dem Prinzip der Zunahme von Entropie entgegen, sie hält die lokale Ordnung nicht nur aufrecht, sondern erhöht sogar ihren Grad: Liegt hier nicht der tiefgreifendste Dualismus zwischen Ordnung und Chaos? Ist das nicht ein legitimer Ansatz für die »Zähmung des Zufalls« in vielen Bereichen? Meistens ist der chaotische Prozess in eine Art Makroordnung, eine Ordnung auf einer gröberen Skala, eingegliedert: Die einzelnen Schneeflocken bewegen sich auf völlig verschiedenen, sehr komplizierten Bahnen; dennoch nehmen sie alle an der allgemeinen Fallbewegung teil.

Chaos und Ordnung überlagern sich auf immer gröberen Skalen. Aus der Sicht der jeweils übergeordneten Skala sind statistische Prognosen über die chaotischen Ereignisse möglich, sofern die Ereignisse in genügend großer Anzahl oder in ausreichender Wiederholung auftreten. Über wesentliche Bahncharakteristika der Schneeflocken bei gegebener Luftströmung wird man sicher einiges herausfinden. Über wesentliche (etwa wirtschaftliche oder soziologische) Verhaltensweisen einer beliebigen Gruppe von Menschen in bekanntem Umfeld wird man sicher auch einiges finden, das eine Vorhersagbarkeit fördert. Warum sollte man dann nichts über die Bahneigenschaften der Kugel bei einem gegebenen, real existierenden Roulette aussagen können? Ganz klar, man kann.

Der Zufall im Roulette und seine – *partielle* – Zähmung

Ein typisches dynamisches System wird gewöhnlich weder völlig zufällig noch völlig vorhersagbar sein. Das Roulette der Praxis ist ein solches typisches dynamisches System.

Der reine Zufall ist natürlich blind. Somit kann sich eine wie auch immer geartete »Zähmung des Zufalls« nur darauf beziehen, nach Informationen zu suchen, mit deren Hilfe sich *Abweichungen* vom Zufall nutzen oder aber zumindest teilweise *Vorausberechnungen* anstellen lassen. Das führt zu Roulettekategorien, die in der Praxis tatsächlich vorkommen – und deren Vorkommen sogar die Regel ist –, wie das *fehlerhafte*, das *bedienungsabhängige* bzw. *gleichmäßige* und das *ballistische* Roulette. Kurze Erläuterung:

(1) Beim *fehlerhaften* Roulette wird nach statistisch signifikanten, das heißt überzufälligen Fehlern in der Physik und Geome-

trie der Nummernfächer gesucht – gemäß der Hypothese, dass kein Mensch etwas vollkommen Exaktes machen kann; auch Abnutzungserscheinungen können sich als Fehler manifestieren, die eine Auswirkung haben. Der alte lateinische Spruch »Est modus matulae« (Jeder Kessel hat sein Maß) trifft auch auf das Menschenwerk Roulettekessel zu.

(2) Beim *bedienungsabhängigen* bzw. *gleichmäßigen* Roulette wird versucht, eine gleichmäßige Handhabung des Geräts und der Kugel durch den Croupier zu entdecken – gemäß der Hypothese, dass kein Mensch auf Dauer etwas vollkommen Zufälliges tun kann (etwas vollkommen Zufälliges ist ja im Grunde genommen auch etwas vollkommen Exaktes – nämlich die perfekte Unordnung). Ein Muster der gleichmäßigen Handhabung ist so etwas wie eine Unterschrift des betreffenden Croupiers (*Muster-* und *Signaturanalyse*), wobei die Wurffolgen voneinander nicht mehr völlig unabhängig sind (*Markov-Ketten*).

(3) Das *ballistische* Roulette stellt schließlich die Herausforderung dar, den wahrscheinlichsten Einfallbereich der Kugel aufgrund der beobachteten oder gar gemessenen Anfangsbedingungen des Wurfes zu prognostizieren – und seinen Einsatz vor der Spielabsage (»rien ne va plus«) anzubringen. Genau wie es ein Schüler des Dämons von Laplace mit Hilfe der Newton'schen Mechanik bewerkstelligen würde. Diese Herausforderung ist zu meistern, da das Streuverhalten der Kugel – im stochastischen Teil ihres Laufs – nachweislich keine Gleichverteilung über die ganze Scheibe aufweist.

Diese Kategorien führen der Reihe nach zum Kesselfehlerspiel, zum Wurfweitenspiel und zur Ballistik (mit oder ohne Computer; im letzten Fall handelt es sich um die Kesselguckermethode, genauer gesagt um eine Art visuelle Ballistik, die in den achtziger Jahren viel Aufsehen erregte). Auch eine geschickte Kombination des Wurfweitenspiels mit der Kesselguckermethode kann zum Erfolg führen – denn immerhin besteht vor jedem (weitgehend gleichmäßigen) Wurf die Information über den engeren Abwurfort der Kugel (dieser engere Abwurfort ist einfach das Ergebnis bzw. die Nummer des vorangegangenen Wurfs).

Regiert ausnahmsweise der reine Zufall – wozu unter anderem eine fehlerfreie Maschine *und* eine ausreichend zufällige Handhabung gehören –, dann haben wir es mit dem *klassischen* Roulette der grauen Theorie zu tun, das uns eine negative Gewinnerwartung beschert – und an dem die Spielbanken ein vitales Interesse haben.[26] Im folgenden Kasten finden Sie die erschöpfende Grundstruktur und Theorie des klassischen Roulette kompakt dargestellt.

Die Theorie des klassischen Roulette in drei Sätzen

(1) Es sollen die folgenden Axiome gelten:
  (1a) die 37 Elementarereignisse sind gleich wahrscheinlich (Laplace-Axiom; Laplace-Experiment);
  (1b) die Wiederholungen solcher Experimente sind unabhängig (Bernoulli-Axiom; Bernoulli-Experiment).

(2) Bei N (unabhängigen) Wiederholungen des Zufallsexperiments ergeben sich nach der Binomialverteilung für ein Ereignis mit Wahrscheinlichkeit p die folgenden wahrscheinlichkeitstheoretischen Maße für die Häufigkeiten:
  (2a) Mittelwert $\mu = N \cdot p$;
  (2b) Varianz $V = N \cdot p \cdot (1 - p) = \sigma^2$ bzw. Standardabweichung $\sigma = \sqrt{V}$.

(3) Daraus und aus dem Gewinnplan der Spielregeln (mit Einsatzminimum und Einsatzmaxima je Tisch) folgt die mathematische Erwartung zu:

(3a) $1 \cdot (18/37) + (-1) \cdot (18/37) + (-1/2) \cdot (1/37)$
$= -1/74 \approx -1{,}35\%$ des Einsatzes auf allen Einfachen Chancen;[9]

(3b) $((36-k)/k) \cdot (k/37) + (-1) \cdot ((37-k)/37) = -1/37$
$\approx -2{,}7\%$ des Einsatzes auf jeder anderen Chance mit der Wahrscheinlichkeit $k/37$ ($k = 1, 2, 3, 4, 6, 9, 12$).

Anmerkung: Die Kolmogoroff'schen Axiome des Wahrscheinlichkeitsraumes gelten *immer*.

Dem Thema der systematischen Auffindung und klugen Nutzung aller notwendigen Informationen, um eine empirisch positive Gewinnerwartung zu erreichen, habe ich einige Bücher im Sinne einer rationalen Aufklärung gewidmet; sie behandeln alle Facetten dieser immer wieder faszinierenden Materie.[10]

---

[9] Zéro-Regel bei Einfachen Chancen (Rot, Schwarz, Gerade, Ungerade, Manque (1–18), Passe (19–36)): Bei Erscheinen des Zéro stehen dem Spieler zwei praktisch gleichwertige Möglichkeiten offen: er kann seinen Einsatz sperren lassen, oder aber er verzichtet sofort auf eine Hälfte seines Einsatzes zugunsten der Bank und lässt sich die andere Hälfte auszahlen. Voraussetzung für das Halbieren des Einsatzes ist lediglich, dass sich dieser hinsichtlich des Minimums auch tatsächlich halbieren lässt, dass also die Hälfte ein ganzzahliges Vielfaches des Minimum beträgt. Ist der Einsatz gesperrt, und kommt im darauf folgenden Coup die vorher gesetzte einfache Chance, so wird der Einsatz lediglich wieder frei. Kommt jedoch weder diese einfache Chance noch Zéro, so ist der gesperrte Einsatz verloren. Kommt nach dem ersten Zéro ein zweites, so wird der bereits gesperrte Einsatz doppelt gesperrt. Nun müsste die gesetzte einfache Chance zweimal hintereinander erscheinen, damit der Einsatz befreit würde. Beim dritten Zéro hintereinander ist der Einsatz verloren.

[10] Durch entsprechende Maßnahmen sind die Casinos stets in der Lage, eine ausreichende Zufälligkeit herzustellen; oft vernachlässigen sie dies aber – vor allem, wenn für sie keine Gefahr zu drohen scheint... Daraus ergibt sich eine recht einleuchtende Verhaltensempfehlung für die Praxis, falls Sie einen signifikanten (Informations-)Vorteil optimal nutzen wollen: Die Gewinne aus der Nutzung sollten wie zufällig aussehen, am besten sogar unauffällig sein.

Einen allgemeineren Einstieg in den Themenbereich bietet mein Buch »Die Welt als Spiel – Spieltheorie in Gesellschaft, Wirtschaft und Natur«. Ihm liegt auch die Idee zugrunde, Spiele als ein Modell für die Welt und das tägliche Leben zu sehen. Denn jeder Auswahlvorgang ist auch ein Spielproblem: die Evolution, die Berufs- oder Partnerwahl, Entscheidungen jeder Art. Dabei kommt es auf die Qualität der Informationsgewinnung genauso an wie auf die richtigen Strategien, mit den oft vagen, ungewissen Informationen umzugehen.

Wahrscheinlich, glaubwürdig, plausibel: Kategorien der Ungewissheit

Bei fast allen Auswahlvorgängen müssen wir uns mit zahlreichen konkreten Informationen und mit der Beurteilung ihrer Relevanz auseinandersetzen. Speziell geht es oft darum, ungewisse Ereignisse hinsichtlich der Wahrscheinlichkeit ihres Eintretens – oder auch hinsichtlich der Erwartung, die ein Wetteinsatz haben würde – zu bewerten. Einerseits hängen die zu erzielenden Erkenntnisse in starkem Maße von der Verarbeitung der vorhandenen Informationen ab, andererseits bestimmen aber begriffliche Differenzierungen verschiedene Erkenntnisarten. Zum Beispiel führen die Adjektive »wahrscheinlich«, »glaubwürdig« und »plausibel«, die nur ähnliche Bedeutungen haben, zu unterschiedlichen Einsichten über die Ungewissheit eines Ereignisses.

Die Frage, ob Ereignisse unabhängig zu betrachten sind oder nicht, ist sehr wesentlich und entscheidend für alles weitere, ganz egal, ob sich die Aussagen auf die Vergangenheit, die Gegenwart oder die Zukunft beziehen. Würden die Ereignisse in einer Kette von Indizien etwa für eine Tat als voneinander unabhängig angesehen werden, dann erschiene ja die Tat um so unwahrscheinlicher, je länger oder dichter die Indizienkette wäre (denn das Produkt nicht negativer Zahlen kleiner als eins ist kleiner als jeder einzelne Faktor); und bei nur einem Indiz wäre der Beweis mit höchster Wahrscheinlichkeit erbracht ...

Die Adjektive *wahrscheinlich*, *glaubwürdig* und *plausibel* für ein Ereignis bezeichnen alle mehr oder weniger den Grad der Ungewissheit dieses Ereignisses. Diese Begriffe sind mathematisch exakt definiert und miteinander verknüpft worden, weil das Adjektiv *wahrscheinlich* allein zur Beschreibung des Ungewissheitsgrades nicht ausreicht. Immer mehr setzt sich die Erkenntnis durch, dass es *unterschiedliche Kategorien von Ungewissheit* gibt, und diese Erkenntnis entspringt weder einer Grundsatzdiskussion über die Natur des Zufalls noch einem unwiderstehlichen Drang nach Haarspalterei, sondern gewöhnlichen Lebenssituationen und umgangssprachlichen Deutungen.

Information wird letztlich immer in Bezug auf bestimmte Fragen gesucht und analysiert. Fragen wir nach dem Alter einer bestimmten Dame. (Dieses Beispiel und die begleitenden Überlegungen entnehme ich leicht geändert den Aufzeichnungen von Jürg Kohlas, der an der Universität Freiburg/Schweiz auf diesem Gebiet – Synthese von Logik und Wahrscheinlichkeitsrechnung – forscht und lehrt.) Nehmen wir an, die gesuchte Angabe sei nicht verfügbar – etwa aus einem Dokument –, doch könnten wir zum Beispiel die im Folgenden skizzierten drei verschiedenen Arten von Informationen zum Alter der Dame erhalten:

Eine erste Auskunftsperson erklärt, sie habe die Dame gesehen und sie sei offenkundig *jung*. Dies ist zweifellos eine Information, wenn auch eine *unscharfe* oder *vage*. Es ist unmöglich, damit eine klare Abgrenzung zu anderen Begriffen wie »alt« vorzunehmen – eine typische Eigenschaft umgangssprachlicher Information. Dennoch klärt sich mit einer solchen Angabe das Bild der Dame schon einigermaßen. Offenbar ist sie nicht achtzig; ein Alter zwischen zwanzig und dreißig oder vierzig erscheint plausibel, wobei das Alter der Auskunftsperson, die die Dame als jung bezeichnet, berücksichtigt werden muss. Es wäre zweifellos ein Informationsverlust, wollte man diese Angabe wegen ihrer Vagheit verwerfen.

Eine zweite Auskunftsperson glaubt, die Dame aufgrund der Beschreibung zu kennen, und diese Bekannte ist achtzehn Jahre alt. Das ist an sich eine exakte Information, die jedoch nicht ganz sicher ist, weil es sich bei der Bekannten der Auskunftsperson vielleicht gar nicht um die fragliche Dame handelt. Möglicherweise ist also die Information wertlos – ein Beispiel für eine bedingte, *unzuverlässige* oder zumindest nicht völlig zuverlässige Information. Unter bestimmten Annahmen enthält sie eine präzise Angabe; falls diese Annahmen jedoch nicht zutreffen, enthält sie keinerlei Information zur gestellten Frage. Diese Art unzuverlässiger Information ist typisch für Sensoren (die defekt sein können) und für Aussagen von Zeugen (die sich irren können).

Eine dritte Auskunftsperson weiß schließlich, dass die fragliche Dame soeben ihr Abitur bestanden hat. Das Abitur wird bekanntlich meistens zwischen achtzehn und zwanzig abgelegt; aber auch in einem späteren Lebensabschnitt ist dies noch möglich. Es gibt sogar statistische Daten, die diese Aussage präzisieren. Dies ist eine *verteilte* Information. Sie ist typisch für die meisten auf Erfahrung oder Statistik gestützten Informationen über Häufigkeiten von verschiedenen möglichen Ergebnissen oder Ereignissen (Häufigkeits*verteilungen*). Das ist die Art von Information, auf der die Wahrscheinlichkeitsrechnung gewöhnlich aufbaut. All zu oft wird Ungewissheit a priori mit dieser Form identifiziert. Die ersten beiden Beispiele zeigen jedoch klar, dass die Unsicherheit einer Information keineswegs nur statistischer (*verteilter*) Natur sein muss.

Die drei Beispiele weisen auf drei unterschiedliche Arten partieller, mangelhafter Information hin, deren Verarbeitung mit Hilfe des klassischen Wahrscheinlichkeitskalküls weder stets möglich noch zweckmäßig ist. Es ist wichtig, mit allen dreien umgehen zu können. Zudem sollte man sie möglichst miteinander verknüpfen, um ein Gesamtbild der verfügbaren Information zu erhalten.

Dass die verfügbare Information selten exakt und unfehlbar ist, sondern meist eher summarisch, vage, mit Vorbehalten versehen, unzuverlässig und sogar widersprüchlich, ist keineswegs nur negativ zu bewerten. Bei genauerer Überlegung stellt sich heraus, dass die auf den ersten Blick mangelnde Qualität der Information einem weitgehend universellen *ökonomischen Prinzip der Informationsverarbeitung* entspricht. Menschliche Denkprozesse beruhen größtenteils auf der Umgangssprache. Unscharfe Qualifikationen wie groß und klein, jung und alt, arm und reich, gesund und krank beinhalten konzise, wenn auch vage Informationen, die offenbar für den größten Teil der alltäglichen Kommunikationsbedürfnisse ausreichen. Erfahrung umfasst Wissen, das *in den meisten Fällen* zutrifft – eine Quelle für die Heuristiken – und oft genügt, um sehr komplexe Probleme zu meistern. Deshalb erscheint es sinnvoll, das erwähnte ökonomische Prinzip auf dem Gebiet der Informationsverarbeitung zu nutzen. Standen zu Beginn der Synthese von Logik und Wahrscheinlichkeitsrechnung die Entscheidungstheorie und die Unternehmensforschung (Operations Research) allein da, so ist nach und nach eine Vielzahl von Theorien (Künstliche Intelligenz, Expertensysteme, Theorie der Hinweise und Indizien, Evidenztheorie usw.) und Anwendungen (Fuzzy-Logik in industriellen Produkten und Robotern, Steuerung der Autofokussierung von Kameras usw.) bekannt geworden. Das *plausible* und *wahrscheinliche Schließen* wird in Expertensystemen für die medizinische und technische Diagnostik eingesetzt, bei der Bildverarbeitung und der Überwachung verschiedenartigster Prozesse.

Ungewissheiten graduell definieren und verknüpfen

An einem konkreten Beispiel soll nun gezeigt werden, wie die Begriffe *Glaubwürdigkeit* und *Plausibilität* – wie auch ihre Maße

– zweckmäßig und den Wahrscheinlichkeitsbegriff ergänzend verwendet werden können. Das folgende Schema gehört zu den wohl häufigsten Situationen des Schließens: Aus A folge B (wenn es regnet, wird die Wäsche nass), aber es ist nicht ganz sicher, ob A gilt (ob es regnen wird). Doch angenommen, die Wahrscheinlichkeit von A, p(A), sei bekannt: Was kann dann bezüglich B gefolgert werden?

Aufgrund der vorliegenden Information kann B gefolgert werden, wenn A wahr ist. Man hat daher ein Argument für B, das mit Wahrscheinlichkeit p(A) gültig ist, und dies misst die Zuverlässigkeit, mit der B aus der vorliegenden Information geschlossen werden kann.

Man kann sagen, dass eine Hypothese wie B (dass die Wäsche nass wird) im Lichte der vorhandenen Information umso glaubwürdiger ist, je zuverlässiger sie aus dieser geschlossen werden kann. Die Glaubwürdigkeit – das heißt das Gewicht der Gründe, die die Hypothese glaubwürdig machen – lässt sich sogar zahlenmäßig durch die Wahrscheinlichkeit ausdrücken, mit der die Hypothese gefolgert werden kann. So ist im vorliegenden Beispiel der *Grad der Glaubwürdigkeit* der Hypothese B durch

$$sp(B) = p(A)$$

ausgedrückt (sp kommt vom englischen *support, degree of support*), der Grad, bis zu dem die Hypothese durch die vorliegende Information *gestützt* wird (das Maß der belastenden Argumente – was belastet den Angeklagten?).

Es ist sehr wichtig zu sehen, dass das *Gegenteil* von B (die Wäsche bleibt trocken) nun nicht etwa den Grad der Glaubwürdigkeit $1 - sp(B)$ hat, wie man aus der Gewohnheit der Wahrscheinlichkeitsrechnung voreilig folgern könnte. In der Tat haben wir bislang noch kein Argument für das Gegenteil von B (wenn es nicht regnet, könnten ja die Kinder die Wäsche nass spritzen oder der

Nachbar, wenn er den Rasen sprengt, und so fort). Das bedeutet aber nichts anderes, als dass der Grad der Glaubwürdigkeit des Gegenteils von B im Lichte der bislang vorhandenen Information mit Null bemessen werden muss, was wiederum nicht heißt, dass das Gegenteil von B unmöglich ist, sondern nur, dass noch kein konkretes positives Argument dafür vorliegt. (Solche Überlegungen hatte bereits Jakob Bernoulli in seinem 1713 erschienenen Werk »Ars conjectandi«, von dem an früherer Stelle schon die Rede war, angestellt und in diesem Zusammenhang von »reinen« Argumenten gesprochen. Diese Betrachtungsweise ist jedoch in der nachfolgenden Entwicklung der Wahrscheinlichkeitstheorie außer Acht gelassen und erst in jüngster Zeit wieder aufgegriffen worden.)

Grundlegend für eine Theorie des Schließens unter Ungewissheit auf dieser Grundlage ist nun, dass gezeigt wird, wie beim Eintreffen neuer Information die bisher erarbeiteten Grade der Glaubwürdigkeit revidiert werden können. Neue Information bedeutet möglicherweise neue Argumente für oder gegen die betrachtete Hypothese. Es geht darum, zu einer neuen Synthese der vorhandenen Argumente zu gelangen, wobei man sich eventuell auch mit widersprüchlichen Argumenten auseinandersetzen muss. Das erfordert die Entwicklung eines Kalküls, der auch in einer widersprüchlichen Lage zu einer sauberen, logisch korrekten Synthese führt.

Die Betrachtung kann nun noch in eine andere Richtung ausgeweitet werden. Bislang haben wir nur gefragt, inwiefern eine Hypothese aus der vorhandenen Information gefolgert werden kann, das heißt notwendigerweise richtig sein muss – was zum Grad der Glaubwürdigkeit führt. *Es können aber auch alle Argumente in Betracht gezogen werden, die eine Hypothese nicht widerlegen*, insbesondere jene, die die Hypothese zwar nicht beweisen, aber auch ihr Gegenteil nicht belegen. Je wahrscheinlicher oder zuverlässiger solche Argumente sind, um so weniger spricht gegen die fragliche Hypothese – umso *plausibler* ist sie. Daher definiert man den *Grad der Plausibilität* einer Hypothese, pl(B) (pl für *plausibility*), als die »Gegenwahrscheinlichkeit des Grads der Glaubwürdigkeit des Gegenteils der Hypothese«:

$$pl(B) = 1 - sp(\text{nicht } B).$$

Betrachten Sie diese Definition ruhig als Kuriosum; seien Sie aber versichert, dass dies kein perfides Wortspiel ist. Manche formale Definitionen wie die des Plausibilitätsgrades sind vielleicht etwas gewöhnungsbedürftig, aber im Grunde genommen nicht schwer zu verstehen. Schließlich gehen wir meist intuitiv im täglichen Leben damit um, allerdings speziell bei widersprüchlichen Informationslagen formal nicht sehr korrekt.

Je kleiner der Plausibilitätsgrad pl(B) ist, desto weniger verträglich ist die Hypothese B mit der Information, desto mehr Zweifel an der Hypothese sind aufgrund der vorliegenden Information angebracht. In der Tat kann das Komplement 1 − pl(B) als Maß für den *Grad des Zweifels* an einer möglichen Hypothese oder Aussage B betrachtet werden (das Maß der entlastenden Argumente – was entlastet den Angeklagten?). Der Grad des Zweifels einer Hypothese ist also gleich dem Grad der Glaubwürdigkeit des Gegenteils der Hypothese, denn aus

$$pl(B) = 1 - sp(\text{nicht } B)$$

folgt sofort

$$1 - pl(B) = sp(\text{nicht } B).$$

Wenn nichts gegen eine Hypothese spricht, dann erhält diese den Plausibilitätsgrad 1. Je näher der Plausibilitätsgrad einer Hypothese bei 1 liegt, desto verträglicher ist sie mit der vorliegenden

Information, desto weniger Zweifel an ihr legt die Information nahe.

Es ist auch möglich, dass nichts für und ebenfalls nichts gegen eine Hypothese spricht. Sie hat dann den Grad der Glaubwürdigkeit 0 und den Grad der Plausibilität 1. Auf diese Weise kann das Fehlen jeglicher Aussagekraft einer Information in Bezug auf eine bestimmte Frage zum Ausdruck gebracht werden. Das löst überdies auch die Widersprüche auf (oder lässt sie erst gar nicht aufkommen), die dem so genannten Prinzip des unzureichenden Grundes entspringen. (Es besagt, dass wir für Annahmen, deren Gewissheit wir nicht beurteilen können, »Gleichwahrscheinlichkeit« unterstellen dürfen. Danach darf zum Beispiel jedem Angeklagten eine A-priori-Schuld von fünfzig Prozent unterstellt werden – während in unserem erweiterten Begriffssystem noch gar keine Rede ist von der *Wahrscheinlichkeit* einer behaupteten Schuld.)

Die neuen Überlegungen und Formalismen sind eher als eine Erweiterung und Differenzierung der klassischen Gegebenheiten zu betrachten, ähnlich wie die Einstein'sche Relativitätstheorie als Erweiterung der Newton'schen Mechanik gilt. Eine mathematische *Theorie der Argumentation* scheint in einem gewissen Gegensatz zur klassischen mathematischen *Entscheidungstheorie* zu stehen, die sich als Theorie des rationalen Handelns begreift. Aber die rationalen Entscheidungsprinzipien, die dieser Theorie zugrunde liegen, werden bei weitem nicht allgemein von real Handelnden akzeptiert und befolgt – oft aus guten Gründen, wie Kohlas meint:

»Die Rolle der Mathematik ist es auch, nicht nur Modelle rationalen Handelns zu entwickeln, sondern ebenso sehr Modelle des vernünftigen Argumentierens zur Verfügung zu stellen, Methoden zur Modellierung von Argumenten, von Schlüssen und ihrer Gewichtung. So zeichnet sich am Horizont eine neue, argumentative mathematische Theorie der Entscheidungsvorbereitung oder -unterstützung ab. Diese begnügt sich damit, Argumente für und wider mögliche Handlungen aufzubereiten, und wird damit möglicherweise in manchen Fällen der Informationslage besser gerecht als die präskriptive Entscheidungstheorie, die den Anspruch erhebt, die beste Handlung auszuwählen, jedoch in Wirklichkeit nur selten über die dazu notwendigen Informationen tatsächlich verfügt.«

Außerirdische Intelligenzen?

Diese faszinierende Frage soll der in ihren elementaren Grundlagen vorgestellten Theorie der Argumentation unterzogen werden: Wie glaubwürdig und wie plausibel sind Behauptungen, es gebe außerirdische Zivilisationen und Schätzungen ihrer Anzahl? (Es konnte noch nie bewiesen werden, dass im Weltall außer auf der Erde intelligente Wesen existieren.) Doch beginnen wir zuerst mit den Schätzungen der letzten Jahrzehnte – wobei ich für die Faktoren eine Schere aus zurückhaltenden und optimistischen, aber durchaus möglichen Werten verwende.

Vor etwa fünfunddreißig Jahren ersann der Radioastronom Frank Drake eine Formel zur Abschätzung der Anzahl außerirdischer Zivilisationen, zu denen wir innerhalb unserer heimischen Galaxis, der Milchstraße, Kontakt aufnehmen könnten. Drake war ein Wegbereiter der systematischen Suche nach außerirdischer Intelligenz, ein Forschungsprogramm der US-Raumfahrtbehörde NASA, das den Namen SETI erhielt (*S*earch for *E*xtra-*T*errestrial *I*ntelligence).

Wie der 1996 verstorbene Astronom Carl Sagan berichtet, bediente sich Drake 1974 einer 305 Meter großen Parabolantenne in Puerto Rico, um eine ausgetüftelte, binär kodierte Botschaft an eine mögliche Zivilisation in dem fernen Sternhaufen M13 zu schicken. Sie wird dort erst in 24000 (vierundzwanzigtausend) Jahren eintreffen – und noch einmal so lange wird eine etwaige Antwort zu uns unterwegs sein. Ein bisschen irrwitzig ist das Unternehmen schon: Man stelle sich vor, eine Ameisenkolonie aus Kapstadt schickt einen (unsterblichen) Kundschafter, der etwa einen halben Kilometer pro Jahr zurücklegt, nach Hammerfest, um nachzusehen, ob es dort auch so etwas wie eine Ameisenkolonie gibt.

Die sehr einfach strukturierte Formel von Drake bildet noch heute die Grundlage des SETI-Programms:

$$N = S \cdot f_p \cdot n_e \cdot f_l \cdot f_i \cdot f_c \cdot \lambda.$$

Lassen wir alle Faktoren der Formel von links nach rechts Revue passieren.

- N ist die gesuchte Anzahl *heute* lebender außerirdischer Zivilisationen mit interstellarer Kommunikationstechnologie *in unserer Galaxis*.
- S, die Zahl der Sterne in unserer Milchstraße, wird auf über 100 Milliarden geschätzt, gelegentlich sogar bis zu 400 Milliarden; legen wir für unsere Betrachtungen einfach den Mittelwert dieser Extrema zugrunde: 250 Milliarden.[11]
- f_p ist der Anteil der Sterne mit irgendwelchen Planeten – vielleicht die Hälfte, vielleicht ein Drittel; sagen wir zwischen 10 und 30 Prozent, das sind dann zwischen 25 und 75 Milliarden.
- n_e bezeichnet den Anteil der Planeten (oder Monde), auf denen Leben *möglich* ist. Falls das Sonnensystem typisch ist, hat jeder f_p-Stern etwa 10 Planeten, von denen einer wie die Erde auf einer Umlaufbahn in einer gemäßigten Zone kreist, in der Wasser in allen drei Formen vorkommt: flüssig, fest und als Dampf. Dort könnte Leben existieren, wie wir es kennen.

---

[11] Spiegel-Online 20.02.2011: »Weltallteleskop *Kepler:* Astronomen vermuten heute bis zu 300 Milliarden Sterne und 50 Milliarden Planeten in unserer Milchstraße«

Nehmen wir an, dass zwischen 30 und 60 Prozent der von Planeten umkreisten Sterne sonnensystemtypisch sind: Macht eine Schere zwischen 7,5 und 45 Milliarden potenziell fruchtbarer Planeten. (Die Kette »Minimum an Minimum und Maximum an Maximum« für die Schätzungen bilden wir weiter; somit vergrößert sich auch die Schere.)

- f_l ist der Anteil der potenziell fruchtbaren Planeten, auf denen es tatsächlich Leben gibt oder gegeben hat. Tippen wir auf 10 bis 30 Prozent der potenziell fruchtbaren Planeten, so erhalten wir zwischen 750 Millionen und etwa 13,5 Milliarden lebender Planeten.

- f_i ist, als Anteil lebender Planeten, auf denen sich *intelligentes* Leben entwickelt, besonders schwer zu schätzen, weil wir kaum Konkretes über den Ursprung der Intelligenz wissen. Möglicherweise hängt er weitgehend vom Zufall ab. Vielleicht stellt Intelligenz aber eine zwangsläufige Organisationsstufe im Rahmen des Prinzips der Komplexität dar. Falls wir als Wahrscheinlichkeit für Intelligenz zwischen einem und zehn Prozent nehmen, sind in der Milchstraße seit ihrem Bestehen etwa 7,5 Millionen bis grob über eine Milliarde Planeten mit intelligentem Leben entstanden.

- f_c bezeichnet den Anteil der intelligenten Arten, der über eine interstellare Kommunikationstechnologie verfügt. Da wir von der Steinzeit bis zum Radioteleskop nur 10 000 Jahre gebraucht haben, könnte der Sprung von der Intelligenz zur Kommunikationstechnologie sehr schnell vollzogen werden. Schätzen wir f_c auf 40 bis 60 Prozent der intelligenten Arten, erhalten wir bisher eine Schere zwischen drei Millionen und etwa 500 Millionen Planeten mit außerirdischen Zivilisationen in unserer Galaxis seit ihrem Bestehen. Timothy Ferris, der Astrophysik an der University of California in Berkeley lehrt, kommt in seinem Buch »Das intelligente Universum« auf vier Millionen technologisch hoch stehende Zivilisationen. Isaac Asimov, der bekannte Sciencefiction-Autor, der als Biochemi-

ker Professor an der Boston University School of Medicine
war, gelangt in seinem Buch »Extraterrestrial Civilizations« zu
einer Schätzung von 390 Millionen. Alles Werte, die sich innerhalb unserer Schere befinden. Für den weiteren Argumen-
tationsgang legen wir die zurückhaltende Ferris-Schätzung
von vier Millionen zugrunde.

- λ (»lambda«): Wie lange überleben technologisch erfahrene
Arten durchschnittlich, bezogen auf das Alter des Universums? Die Lösung der Drake'schen Gleichung – unsere beste Schätzung, wie viele kommunikative Welten es *heute* in der
Milchstraße gibt – hängt stark von deren durchschnittlicher
Lebensdauer ab.[27] Je länger sich technologisch hoch stehende
Gesellschaften halten, desto mehr sind *heute* vorhanden und
desto aussichtsreicher wird es folglich, mit ihnen in Verbindung zu treten. Gehen wir von zehn Millionen Jahren aus,
dann lassen Berechnungen vermuten, dass gegenwärtig ein
paar tausend derartiger Zivilisationen in unserer Galaxis existieren. Verfallen dagegen technologisch fortgeschrittene Gesellschaften nach etwa zweitausend Jahren, kommen wir mit
der gleichen Berechnung nur auf ein paar Zivilisationen in der
Milchstraße, die heute existieren. Da unsere galaktische Spirale einen Durchmesser von etwa hunderttausend Lichtjah-
ren hat, können wir im letzten Fall den interstellaren Plausch
glatt vergessen. (Der Grund dürfte einleuchtend sein. Stellen
Sie sich Millionen von Glühwürmchen vor, etwa gleichverteilt
auf einer großen Fläche, wobei jedes im Laufe der Nacht zu
einem zufälligen Zeitpunkt nur einmal punktuell aufleuchtet:
Sehr unwahrscheinlich, dass zwei nicht allzu weit voneinander
entfernte Glühwürmchen gleichzeitig leuchten. Beträgt dagegen die Leuchtdauer ein paar Sekunden, dann wird es zu
jedem Zeitpunkt Tausende von leuchtenden Glühwürmchen
geben, und auch entsprechend viele, die einander recht nahe
sind.)

Die Lebensdauer führt noch zu einer weiteren überraschenden Feststellung: Je länger kommunikative Zivilisationen durchschnittlich währen, desto weniger davon gibt es, die so primitiv sind wie unsere. Bei einer Lebensdauer von mehreren Millionen Jahren müssen demnach die meisten außerirdischen Zivilisationen zwangsläufig höher entwickelt sein als wir. (Auch für diesen Schluss liegt das Argument klar auf der Hand: Wir befinden uns praktisch erst am Anfang der technischen Höherentwicklung, während heute eventuell existierende außerirdische Zivilisationen erwartungsgemäß etwa die Hälfte ihrer Lebensdauer bereits hinter sich haben. Hinsichtlich Entwicklung und Technologie sind wir folglich für sie, was etwa Werkzeug gebrauchende Tierarten für uns sind.)

Wie steht es nun mit den Ungewissheitskategorien *Glaubwürdigkeit* und *Plausibilität*? (Die Hypothese B ist klar: Es gibt außerirdische, technologisch hoch stehende Zivilisationen. In der Implikation »Aus A folgt B« stellt A die Summe aller Voraussetzungen für B dar. Aber genauso wie beim Schluss »Wenn es regnet, wird die Wäsche nass« ist es nicht ganz sicher, ob A gilt.)

Man hat jedenfalls ein Argument für B, das mit Wahrscheinlichkeit $p(A)$ gültig ist, und dies misst die Zuverlässigkeit, mit der B aus der vorliegenden Information geschlossen werden kann. B ist umso glaubwürdiger, je zuverlässiger A ist.

Nun ist aber f_p und damit A um einiges zuverlässiger geworden, denn immerhin haben Astronomen in den letzten Jahren etliche Planeten anderer Sterne entdeckt. Zwischen Oktober 1995 und Januar 1996 wurden drei bis dahin unbekannte Sonnensysteme indirekt mittels der durch die wechselseitige Anziehung verursachten Radialgeschwindigkeit nachgewiesen: *51 Pegasi, 70 Virginis* und *47 Ursae Majoris*; diese Stern-Planeten-Systeme liegen zwischen 35 und 50 Lichtjahre von uns entfernt. (Die Distanz zum nächsten Nachbarstern, *Alpha Centauri*, beträgt etwa 4,3 Lichtjahre.) Bis zum Jahr 2010 wurden noch hunderte von

Planeten außerhalb des Sonnensystems entdeckt, von denen einige aufgrund ihrer Position bezüglich ihres Muttersterns Leben, wie wir es kennen, beherbergen könnten – denn dort könnte es Wasser in fester (Eis), flüssiger oder gasförmiger (Dampf) Form geben.

Natürlich wissen wir immer noch nicht sehr viel Konkretes über die anderen Faktoren der Voraussetzung A. Wir sind eben in der Lage eines Kommissars, der Indizien für einen Mord hat, aber weder eine Leiche noch einen Verdächtigen – geschweige denn ein Geständnis. Immerhin spricht einiges dafür, dass die verschiedenartigen Voraussetzungen für Leben sehr wahrscheinlich sind. Insbesondere die interstellare Chemie: Kohlenstoff, Wasserstoff, Stickstoff und Sauerstoff – die vier Grundelemente, aus denen 99 Prozent unserer Umgebung bestehen –, sind auch die Grundelemente der anderen innergalaktischen Sterne. »Leben« ist dann ein Materiezustand, der unter geeigneten Bedingungen zwangsläufig nach den Gesetzen der Physik und Chemie entsteht. Und das meinen nicht nur Nobelpreisträger wie Manfred Eigen oder Christian de Duve. Es gibt gute Gründe dafür, dass von frühesten Zeiten an alle notwendigen Informationen für den Beginn und die Fortsetzung dieser Selbstorganisation in der Materie selbst steckten, wie der Astrophysiker Hubert Reeves in seinem Buch »Die kosmische Uhr« überzeugend darstellt. Der Grad der Glaubwürdigkeit, $sp(B) = p(A)$, dürfte jedenfalls eine Zahl sein, die ich näher bei der Eins als bei der Null vermute.

Und nun zur Plausibilität: Gibt es Argumente, die das Gegenteil der Hypothese belegen? Eigentlich nicht – mir sind jedenfalls keine bekannt. Der Grad der Plausibilität dürfte demnach praktisch gleich 1 sein. Auch dürfte es kaum gegen B sprechen, dass wir (zumindest nachprüfbar beziehungsweise im Rahmen des SETI-Projekts) noch keinen Kontakt mit außerirdischen Zivilisationen hatten, zumal wir Menschen im Maßstab der astronomischen Raumzeit nicht viel mehr als einen Punkt besetzen.

(Berichte über Ufos werde ich nicht in die Waagschale werfen. Auch die Glaubwürdigkeit menschlicher Zeugen, die behaupten, von Außerirdischen entführt worden zu sein oder mit ihnen Sex gehabt zu haben, möchte ich nicht einer Plausibilitätsbetrachtung unterziehen, denn ich vermute, dass hier eher ein psychisches Problem vorliegt.[28])

Alles in allem spricht einiges für die Hypothese – und praktisch nichts dagegen. Daher meine persönliche Synthese: ½ < sp(B) = p(A) ≤ 1 und pl(B) ≈ 1. Somit wäre auch der Grad des Zweifels – der Grad der Glaubwürdigkeit des Gegenteils der Hypothese, nämlich dass es in unserer Galaxis keine außerirdischen Zivilisationen gibt –, praktisch null:

$$1 - pl(B) = sp(nicht\ B) \approx 0.$$

Irgendwann wird es die Menschheit vielleicht konkret erfahren. Auf eines sollten wir uns einstellen: Die Kommunikation wird höchstwahrscheinlich mathematisch geprägt sein.

Grade der Zufälligkeit: feiner als Wahrscheinlichkeiten

Die Logik ist in all ihren Folgerungen dogmatisch und kompromisslos. Wer A sagt, muss auch B sagen. Andererseits aber gilt: Wenn ich meinen Hund liebe, muss ich nicht auch seine Flöhe lieben.

Auch die Fiktionen Zufall und Wahrscheinlichkeit müssen nicht ewig in einer engen Symbiose zusammenleben. Möglicherweise lässt sich Zufälligkeit auch anders darstellen und messen als durch Wahrscheinlichkeiten. Warum sollte der Zufall nicht einmal fremdgehen und sich aus einer anderen Perspektive betrachten lassen? Der letzte Abschnitt dieses Kapitels soll in neuere Überlegungen zum Thema Zufall münden.

Nehmen wir ein einfaches Muster, zum Beispiel das Ergebnis des zehnmaligen Werfens einer unverfälschten Münze. Dann gibt es $2^{10} = 1024$ verschiedene, gleichwahrscheinliche Folgen von Kopf und Zahl. *Trotz der Gleichwahrscheinlichkeit aller Folgen* erscheint uns aber die Folge

(K, K, K, K, K, K, K, K, K, K)

weniger zufällig als etwa die Folge

(K, K, Z, K, Z, Z, K, Z, Z, K).

Und die Folgen

(Z, Z, Z, Z, Z, K, K, K, K, K)

oder

(Z, K, Z, K, Z, K, Z, K, Z, K)

erscheinen uns zufälliger als die erste, aber ebenfalls weniger zufällig als die zweite. Ist das nur ein subjektives Gefühl? Oder ist die Wahrscheinlichkeit nicht das zweckmäßige Maß für den Zufall? Was könnte »zufälliger« beziehungsweise »weniger zufällig« heißen?

Vor etwa dreißig Jahren bot eine Kombination aus Komplexitäts- und Informationstheorie eine Lösung an: Eine Zahlenfolge kann als zufällig gelten, wenn sie sich explizit nicht kürzer, das heißt mit weniger Informationsangaben oder Symbolen, darstellen lässt. Die erste Folge beispielsweise kann man knapp ausdrücken als »wiederhole zehnmal K«. Bei zufälligen Folgen darf es keine derartige Kurzform geben – was bei der zweiten Folge sicherlich zutrifft.

Befriedigend ist diese Definition aber nicht, denn sie taugt höchstens dazu, die Entscheidung »nicht zufällig« zu treffen. Differenziert messbar wird der Zufall damit nicht. Zudem kann niemand für eine Folge nachweisen, dass sie nicht doch auf irgendeine Art knapper zu beschreiben ist. In der Praxis ist es ohnehin problematisch, mit der Komplexitätstheorie zu hantieren. Datenreihen werden meist mit statistischen Tests auf Zufälligkeit geprüft, die etwa abfragen, ob die Werte ausreichend ungleichmäßig verteilt sind oder ob gewisse Muster in den Daten Regelmäßigkeiten aufweisen. Das sind immerhin praktikable Daumenregeln. Es kommt aber häufig vor, dass man keine passende Regel parat hat – was dann? Außerdem kennen statistische Tests nur grobe Ergebnisse: »möglicherweise zufällig« und »nicht zufällig«; manchmal wird bei letzterem Ergebnis noch zwischen »signifikant« und »hochsignifikant« (jeweils nicht zufällig) unterschieden.

Kürzlich hat Steve Pincus, freiberuflicher Mathematiker aus Guilford, Connecticut (USA), eine neue Methode ausgetüftelt, um den Zufallsgrad einer Zahlenfolge graduell zu messen: von »gar nicht zufällig« über »so lala« bis »zufällig«. Die mangelhafte Auswertung medizinischer Daten war seine Motivation, sagt Pincus; seine Frau ist Ärztin. Daher hat er sein Verfahren bisher hauptsächlich in der Medizin angewandt. Zum Beispiel untersuchte er Schwankungen gewisser Hormone im Blut oder die Gehirnströme von Patienten, während diese operiert wurden. Aber auch an Börsendaten hat sich Pincus bereits versucht: Ihm zufolge verhielt sich der S&P500, ein bekannter Index des US-Wertpapierhandels, in den Jahren 1987 und 1988 alles andere als zufällig. Mit einer Ausnahme: »Es gab eine Periode von zwei Wochen, in der er fast völlig unvorhersehbar war – die zwei Wochen vor dem Börsencrash von 1987.«

Pincus' Verfahren quantifiziert Zufälligkeit, wodurch sich auch zwei Zahlenfolgen miteinander vergleichen lassen – mitunter auch welche, die die gleichwahrscheinlichen Ergebnisse eines Zufallsexperiments ausdrücken. Zudem erlaubt die Methode auch Aussagen über kurze Datenreihen. Von den $2^5 = 32$ möglichen Folgen aus insgesamt fünf Nullen oder Einsen zum Beispiel sind ihr zufolge genau vier zufällig: 11001, 10011, 00110 und 01100.

Pincus definiert die Zufälligkeit einer Zahlenreihe dadurch, wie schwer ihre Glieder vorhergesagt werden können. Dabei spielen die Häufigkeiten von Mustern aus Zweierblöcken, Dreierblöcken usw. eine entscheidende Rolle. Die von Pincus ersonnene Formel der »angenäherten Entropie«[29] bestimmt nun ein Maß für die Abweichung der verschiedenen Muster von einer (zuvor definierten) Norm.

In einer 1997 veröffentlichten Arbeit (siehe Literaturverzeichnis) stellt Pincus zusammen mit Rudolf Kalman von der ETH Zürich die Grundidee seiner Methode sowie ein paar Anwendungsbeispiele dar. Sie bestätigen, dass die Ziffern der Kreiszahl π (Pi) in der Tat recht unregelmäßig sind – was man von kniffligen statistischen Tests her schon wusste. Die beiden Mathematiker konstruieren aber auch einige Zahlenfolgen, die nach ihrer »angenäherten Entropie« zwar als zufällig gelten, nicht aber nach zentralen Sätzen der klassischen Wahrscheinlichkeitstheorie. Das ist ein Problem, denn auf die Wahrscheinlichkeitstheorie gründet immerhin nahezu die gesamte Statistik. Kalman sieht in dem Widerspruch aber keine Schwäche des neuen Ansatzes. Für ihn ist die von Kolmogoroff axiomatisierte Wahrscheinlichkeitstheorie »höchstens in sich logisch stimmig, doch bar eines überzeugenden Beweises dafür, dass sie mit der Realität übereinstimmt«.

Ein Zitat aus einer Erzählung Rabindranath Tagores bringt so manchen komplexen Sachverhalt – und vor allem so manchen Widerspruch – auf den Punkt: »Die Glühwürmchen sagten zu den Sternen: Die Gelehrten sagen, dass ihr nicht ewig strahlen werdet. Die Sterne antworteten nicht.«

So ist es wohl auch bei endlichen statistischen Überlegungen mit Hilfe der Fiktionen Zufall und Wahrscheinlichkeit. Wir sollten nie übersehen, dass das Gesetz der großen Zahlen einen unendlichen Prozess beschreibt, während alle realen Beobachtungen zwangsläufig nur endlich sein können.

5

Basar des Bizarren

Der Fluss fließt. Der Tiger springt. Die Sonne bombardiert uns mit Photonen. Bewegung ist Veränderung und nur möglich in der Zeit. Auch die Zeit verrinnt. *Alles fließt,* sagte schon Heraklit. Dennoch haftet dem Wesen vieler Dinge und Kreaturen über mehr oder minder lange Zeiträume eine gewisse innere Beständigkeit an. Treffe ich nach Jahrzehnten einen Schul- oder Jugendfreund, so kann es sein, dass ich ihn nicht sofort wieder erkenne (und ihm wird es meistens ebenso ergehen). Aber spätestens nach kurzer Unterhaltung wird es klar sein: Er ist es. Und wenn dann freudig festgestellt wird: »Du hast dich nicht verändert« oder »Du bist ganz der Alte«, dann ist damit sicher nicht gemeint, man sei unverändert jung und schön geblieben. Die Bedeutung liegt vielmehr darin, dass jeder im Wesen des anderen den Teil wieder erkannt hat, der unverändert bleibt, der ihm seine unverwechselbare Identität verleiht – *trotz* aller Stürme und Erosionen, die das Leben in Jahrzehnten mit sich bringt.

Menschen haben entdeckt, dass auf unterschiedlichen Gebieten inmitten zahlreicher Arten der Veränderung eine Beständigkeit existiert: Die religiös-philosophische Lehre des Buddhismus weist diese Eigenheit auf, der Kubismus in der Malerei ebenfalls und auch die Topologie[1] in der Mathematik.

---

[1] Tatsächlich ist das Konzept der Beständigkeit in der Veränderung (das Konzept der *Invarianz* unter gewissen *Transformationen*) in verschiedenen Bereichen der Mathematik genauso fundamental. Es steht im Mittelpunkt der Gruppen-

Die Seele des Gebildes

Die Topologie (griechisch *topos*: Ort oder Stelle, und *logos*: Kunde) hat sich als ein eigenes, zentrales mathematisches Gebiet entwickelt. Die Frage, um die es geht: Welche Eigenschaften eines geometrischen (beziehungsweise geometrisch deutbaren) Objekts bleiben beständig (*invariant*), wenn es »plastisch verformt« wird? Dabei ist Verbiegen, Dehnen, Zusammendrücken und Verdrehen erlaubt – die spezifischen Elemente einer plastischen Verformung, auch *topologische Transformation* oder *stetige Abbildung* genannt. Es wird vorausgesetzt, dass das deformierte (oder *abgebildete*) Objekt vollkommen elastisch ist und beliebig vieler solcher (gedanklicher) Manipulationen unbeschadet übersteht. Topologie ist also die Geometrie von Gebilden, die sich mit Eigenschaften befasst, die durch plastische Verformung (dieser Gebilde) nicht zerstört werden – *die unter topologischen Transformationen (bzw. stetigen Abbildungen) invariant bleiben*. Eine derartige Eigenschaft stellt eine topologische Invariante dar. Es ist eine Eigenschaft einer Art Seele des Gebildes.

Erlauben Sie mir eine kurze Anmerkung über das Verstehen in der Mathematik: Es ist schwierig, den Inhalt des letzten Absatzes auf Anhieb zu begreifen, weil wir damit im Alltag kaum etwas zu tun haben. Das Ungewohnte besteht darin, die offensichtlichen, statischen Erscheinungen wie Form und Größe *nicht* zu beachten und stattdessen eine Reihe gar nicht offensichtlicher Eigenschaften zu berücksichtigen, die ungewohnte dynamische Gedankenexperimente – fiktive Konstruktionen – erfordern. Das mag gelegentlich kompliziert erscheinen, ist es aber im Grunde nicht – nur ungewohnt ist es, wie gesagt. Da man aber ungewohnte Gedankengänge nicht beliebig durch gewohnte ersetzen kann – sonst würde ihnen ja nichts Ungewöhnliches anhaften –, gibt

---

theorien, die die Symmetrien untersuchen. Felix Kleins »Erlanger Programm« (Seite 126) zielte darauf ab, die verschiedenen bekannten Arten der Geometrie mit Hilfe dieses Begriffs der Invarianz zu ordnen.

es leider keinen Königsweg zum mathematischen Denken. Auch für Berufsmathematiker waren diese Überlegungen ungewohnt. Schließlich ist die moderne Topologie mit knapp hundert Jahren noch blutjung im Vergleich zur Geometrie Euklids.

Dem Ausdruck »plastische Verformung« verdankt die Topologie ihren Spitznamen »Gummigeometrie«. Beispielsweise behalten beliebige Punkte auf der Oberfläche eines Reifens ihre relative Position zueinander, gleich wie stark der Reifen gedehnt, verbogen oder verdreht wird; die *Nachbarschaftsbeziehungen* der Punkte bleiben bestehen. Statt Gummigeometrie könnten wir auch »Nachbarschafts- oder Umgebungsgeometrie« sagen. *Plastische Verformungen* schließen jene Operationen aus, bei denen das Objekt – immer gedanklich – aufgeschnitten oder zerrissen wird – auch wenn es anschließend an den Schnitt- oder Zerreißstellen wieder »geklebt« wird. Dagegen ist das Aufschneiden eines Gebildes durchaus gestattet, um eine bestimmte Transformation durchzuführen, die anders nicht möglich wäre. Voraussetzung ist, dass die aufgeschnittenen Kanten anschließend wieder so zusammengefügt und geklebt werden, dass die Punkte, die vor dem Aufschneiden nah beieinander waren, auch hinterher benachbart sind.

Topologen bewerkstelligen diese Operationen (plastisches Verformen, Aufschneiden und Kleben) *formalrechnerisch*. Eine elementare Vorstufe ähnlicher Kalkültechniken erlebt bereits der Gymnasiast mit der Einführung in die gewöhnliche Differenzialrechnung für Funktionen f(x) einer reellen Veränderlichen. Jeder wesentliche Rechenschritt wird durch Grenzübergänge zu beliebig kleinen Größen (*Infinitesimale*) beziehungsweise durch beliebige Annäherung an eine zu untersuchende Stelle vollzogen.

Wenn die Topologie eine Art Gummigeometrie ist, was unterscheidet sie dann von der vertrauteren, starren Schulgeometrie? Geometrie bedeutete ursprünglich Vermessung der Erde. Dies waren die Wurzeln der späteren Geometrie Euklids, von den alten Ägyptern vor mehr als zweieinhalb tausend Jahren entwickelt,

um Land vermessen und Häuser bauen zu können. Entfernungs-
und Winkelmessungen stehen hier im Vordergrund, die Metrik
(oder Abstandsfunktion) regiert. Doch bei der Topologie ist das
anders: Spezielle äußere Form, Ausdehnung und Abstände sind
unwesentlich. Die Topologie untersucht die grundlegenden Aspekte der geometrischen Existenz, und für sie ist ein Kreis nichts
anderes als ein ausgezeichneter Repräsentant einer *einfach geschlossenen Kurve* mit einem eindeutigen Inneren und Äußeren, wie in
Abbildung 2 dargestellt (diese Eigenschaft wird durch den Jordan'schen Kurvensatz, benannt nach Camille Jordan, bewiesen).

Topologisch gesehen spielt es keine Rolle, ob wir eine derartige Kurve betrachten oder eine Ellipse oder einen einfachen
Kreis. Dies bedeutet, dass wir komplexe Gebilde mit Hilfe struk-
turtreuer Transformationen auf einfache, überschaubare Figuren
bringen, also trotz abstrakt empfundener Abbildungsoperationen
Komplexes auf Einfaches reduzieren können – ohne Verlust wesentlicher Details. Die Abstraktion als Vereinfachungsprozess.

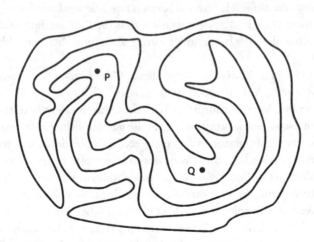

Abb. 2   Zum Jordan'schen Kurvensatz: Ein Repräsentant einer einfach
geschlossenen Kurve, die die Ebene in Innen und Außen teilt. Liegt P
innen oder außen? Und Q?

Millionen konkreter Sachverhalte unter einem Hut – drei Beispiele

Die drei folgenden Sachverhalte stammen aus der konkreten Welt und geben jeweils Anlass zu einer a priori nicht einsichtigen Behauptung. Deren jeweiliger Beweis wird vom gleichen topologischen Satz gewährleistet.

(1) Ein Bergsteiger beginnt am Montag früh um sechs Uhr mit dem Aufstieg und erreicht mittags um zwölf den Gipfel. Am Dienstag früh um sechs beginnt er den Abstieg und ist mittags um zwölf wieder unten. Mit der Frage, wie schnell oder wie gleichmäßig er an den beiden Tagen vorankommt, brauchen wir uns nicht zu befassen. Uns interessiert nur die folgende Behauptung: Es gibt an beiden Tagen einen Zeitpunkt zwischen sechs Uhr morgens und zwölf Uhr mittags, zu dem der Bergsteiger genau auf derselben Höhe ist, egal wie er jeweils vorankommt. Wie könnten wir diese Behauptung beweisen?

(2) Es gibt zu jeder Zeit antipodische (genau gegenüberliegende) Punkte auf der Erde, die die gleiche Temperatur und den gleichen Luftdruck haben. Diese Punkte sind ständig in Bewegung, und obwohl wir sie gar nicht aufspüren wollen, können wir beweisen, dass sie immer existent sind. Dies ist kein meteorologisches, sondern ein mathematisches Phänomen.

(3) Legen Sie ein rechteckiges Stück Seidenpapier so in eine Schachtel, dass es den Boden ganz bedeckt. Nun knüllen Sie es zu einem kleinen Ball zusammen und lassen es in der Schachtel, wo es sich von selbst aufknüllen wird. Topologisch gesehen können Sie sicher sein, dass sich mindestens ein Punkt des Papiers direkt über demselben Punkt auf dem Boden der Schachtel befindet, über dem er auch war, bevor Sie das Papier zusammengeknüllt haben.

Bevor ich Ihnen den (topologischen) Hut zeige, unter den alle diese Fälle (und unzählige mehr) passen, überlegen wir uns einen speziellen Beweis für die Behauptung im ersten Fall (Bergsteiger). Stellen Sie sich vor, Aufstieg und Abstieg werden von zwei Bergsteigern gleichzeitig vollzogen und bis ins Detail genau wiederholt. Beide beginnen ihren Marsch um sechs Uhr am Morgen desselben Tages, der eine unten, der andere oben am Gipfel, und jeder ahmt genau nach, wie der erste Bergsteiger ursprünglich jeweils am Montag und Dienstag vorankam. Da sich beide in entgegen gesetzter Richtung bewegen, werden sie natürlich irgendwann (zwischen sechs und zwölf Uhr) auf gleicher Höhe sein. Da sie den Auf- und Abstieg nur wiederholen, können wir sicher sein, dass unser erster Bergsteiger an den beiden Tagen zur gleichen Zeit auf der gleichen Höhe war.

Die anderen Beispiele sind nicht ganz so einsichtig, und man muss schon eine Weile hin und her überlegen, bis man eine Beweisidee hat, die mit den *speziellen* Elementen des Beispiels zurechtkommt. Genau das möchte sich der Mathematiker aber ersparen. Er möchte vielmehr von Besonderheiten *absehen* (das ist der Abstraktionsprozess) und einen künstlichen Sachverhalt schaffen, in dem dann relevante Aussagen formuliert und bewiesen werden können. Das ist die Denkökonomie in der Mathematik: ein zentraler Aspekt dieser Wissenschaft, die »Wissen auf Vorrat« darstellt. Bloß nicht bei jedem konkreten Problemchen das Rad neu erfinden! Vielleicht gibt es bereits einen Sachverhalt oder einen Satz, ein Vorratswissen, das für die Behauptungen der drei disparaten Beispiele auf einen Schlag den Beweis liefert?

Jawohl, so ist es: Die so genannte »Fixpunkttheorie« ist der gemeinsame Hut für den Beweis der drei Behauptungen. Ich greife eine einfache Fassung eines geeigneten Fixpunktsatzes[2] heraus, um zu veranschaulichen, was gemeint ist:

---

[2] Es handelt sich hier um eine spezielle Fassung des Brouwer'schen Fixpunktsatzes – von jenem Luitzen Brouwer stammend, der uns bereits als »Intuitionist« begegnet ist.

Wird das komplette Intervall [0, 1] reeller Zahlen vermöge einer *stetigen* Transformation T auf sich selbst abgebildet, in Zeichen T: [0, 1] → [0, 1], dann gibt es (mindestens) einen Punkt x*, der auf sich selbst abgebildet wird: T(x*) = x*. Dabei wird x* »Fixpunkt« der Transformation (Abbildung, Funktion) genannt.

Die Stetigkeit ist wesentlich. Sie besagt, dass die Transformation keine Sprünge machen darf, dass man also die Kurve – als graphische Darstellung der Abbildung – durchgehend zeichnen können muss. Sehen wir uns eine derartige graphische Darstellung in der Ebene, spezieller im Einheitsquadrat, an.

Man beachte, dass der Fixpunkt von T notwendigerweise der Schnittpunkt des Graphen von T mit dem der Diagonalen D: x → x oder D(x) = x (für alle x) ist; die Diagonale D stellt die Menge aller möglichen Fixpunkte dar.

Dank dieses abstrakten Fixpunktsatzes lassen sich, bei geeigneter Interpretation, die Behauptungen der drei Beispiele beweisen. Versuchen Sie es.

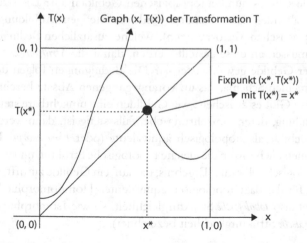

Abb. 3 Grafische Darstellung einer stetigen Abbildung mit Fixpunkt T(x*) = x* im Einheitsquadrat.

Topologische Strukturgleichheit

Für den Mathematiker, der eine durch einen Begriff definierte Objektklasse untersucht, steht das Klassifikationsproblem stets im Mittelpunkt. Das ist die Frage nach allen im Wesentlichen verschiedenen Repräsentanten der betrachteten Objektklasse. Ich erinnere nur an das Klassifikationstheorem für Gruppen.

Wann immer zwei spezielle Objekte sich im Wesentlichen – das heißt hinsichtlich ihrer Struktur – als gleich herausstellen, geschieht dieser Nachweis mit Hilfe einer speziellen, strukturtreuen Transformation oder Abbildung, die die Strukturgleichheit offenbart. Diese spezielle Abbildung, die eine eindeutige, punktweise Zuordnung vom ersten auf das zweite Objekt bewirkt, muss nicht nur die Struktur bewahren, sondern sie muss auch eine Umkehrung besitzen, die das zweite auf das erste Objekt abbildet, wobei diese Umkehrabbildung ebenfalls strukturtreu zu sein hat. Bei den Gruppen nennt man eine solche strukturtreue Abbildung einen (Gruppen-) Isomorphismus (siehe Anmerkung 22).

Wie sieht es nun bei topologischen Gebilden aus? Die strukturerhaltenden Zuordnungen sind die stetigen Abbildungen (die plastischen Verformungen). Welche zusätzlichen Bedingungen müssen an diese gestellt werden, damit die *Strukturgleichheit* zweier Gebilde gewährleistet ist? Die Bedingungen folgen dem allgemeinen Schema, das im vorangegangenen Absatz beschrieben ist: Gibt es zwischen zwei Gebilden eine umkehrbare stetige Abbildung, deren Umkehrung ebenfalls stetig ist, dann werden die Gebilde als »topologisch äquivalent« (oder *homöomorph*) bezeichnet: Sie besitzen die gleiche topologische Struktur, und jedes (topologisch relevante) Ergebnis, das auf ein Gebilde zutrifft, gilt auch für das dazu topologisch äquivalente. (Homöomorphie bedeutet also *topologische* Strukturgleichheit, so wie Isomorphie die *algebraische* Strukturgleichheit bezeichnet).

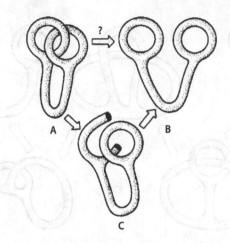

Abb. 4 Rätsel der ineinander verschlungenen Doppelringe: Kann A in B transformiert werden, ohne einen der Doppelringe zu zerschneiden, wie in C dargestellt?

Ein Beispiel für plastische Verformungen liefert das Rätsel der beiden in der Abbildung 4 dargestellten Doppelringe (aus Devlin 1994, siehe Literatur).

Ist es möglich, den ineinander verschlungenen Doppelring A plastisch so zu verformen, dass sich die Ringe voneinander lösen und wir den Doppelring B erhalten? Oder sind wir darauf angewiesen, einen Ring, wie in C dargestellt, durchzuschneiden, die Ringe zu trennen und dann die Schnittstellen wieder zu verkleben? (Damit diese Operation topologisch zulässig ist, müssen die zwei Enden wieder so zusammengefügt werden, wie dies ursprünglich der Fall war – also ohne die Enden zu verdrehen.)

Es *ist* möglich, A in B zu überführen, ohne einen der Ringe zu zerschneiden. Dazu ist es nur erforderlich, das Gebilde in geeigneter Weise zu dehnen und zu verformen. Abbildung 5 zeigt die Lösung.

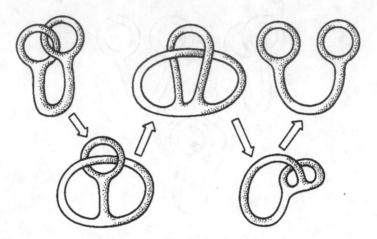

Abb. 5 Lösung des Rätsels der ineinander verschlungenen Doppelringe.

Die dargestellten, ineinander verschlungenen Doppelringe lassen auch an Knoten denken. Tatsächlich hat sich im Laufe der Zeit eine regelrechte Knotentheorie entwickelt. Verknotungen sind die unmittelbarsten topologischen Wesenszüge von Kurven im Raum. Da aber Mathematiker mit dem dreidimensionalen Raum allein nicht zufrieden sind, haben sie auch die höherdimensionalen verknoteten Analoga untersucht. Ich gehe auf die Knotentheorie, so faszinierend sie sein mag, nicht weiter ein.

Nach den Kurven kommen die Flächen. Und nach den Flächen – wie könnte es anders sein – die höherdimensionalen Verallgemeinerungen, genannt »Mannigfaltigkeiten« (Raumformen). Diese und eine wilde Vielfalt von Objekten und Räumen werden von den Topologen untersucht. Dabei kommen gelegentlich skurril anmutende Resultate ans Tageslicht, beispielsweise der berühmte »Satz vom Igel«: Ist eine Billardkugel ringsherum mit Haar bewachsen, so kann man sie nicht kämmen, ohne dass dabei ein Wirbel entsteht.

Da der Stetigkeitsbegriff ein topologischer ist und Stetigkeits-
betrachtungen fast überall eine wichtige Rolle spielen, ist die Topologie einer der Eckpfeiler der Mathematik geworden. In den
Naturwissenschaften spielt sie eine immer wichtigere Rolle, insbesondere in der mathematischen Physik. Im halben Jahrhundert
ihrer Hauptentwicklungsperiode, zwischen 1920 und 1970, ist
das Gebiet jedoch sehr abstrakt geworden. Dabei hat die Vorgeschichte der Topologie ähnlich punktuell und harmlos begonnen wie die der Chaostheorie – die beiden wirken an mehreren
Berührungsstellen und Überlappungsbereichen synergetisch zusammen und befruchten sich gegenseitig.[3]

Eine kleine Vorgeschichte

Geschichtlich markieren oft isolierte Beispiele den Anfang einer
Wissenschaft. Erst später wird das Gemeinsame der Einzelaspek-
te entdeckt und unter einem einheitlichen Dach geordnet. Nicht
nur die Theorien über Zufall und Wahrscheinlichkeit sowie über
Chaos und Komplexität folgten diesem Muster, sondern auch
die Gruppentheorie und die Topologie. Der Beginn der Topologie wird gewöhnlich auf das Jahr 1735 zurückgeführt, das Jahr,
in dem Leonhard Euler das Königsberger Brückenproblem löste. (Wenn Mathematiker sagen, sie hätten ein Problem »gelöst«,
meinen sie damit nicht immer im positiven Sinne. Wenn zum
Beispiel die *Widerlegung* einer Vermutung gelingt, gilt diese somit
auch als gelöst, das heißt als entschieden.)

---

[3] So zum Beispiel bei Benoît Mandelbrots Dimensionstheorie fraktaler Gebilde, bei Ilya Prigogines Arbeiten über die Irreversibilität chemischer Prozesse,
bei René Thoms Katastrophentheorie oder bei Hermann Hakens Synergetik.
Darüber hinaus sind wichtige Teile des Gebiets der Differenzialgleichungen dynamischer Systeme in diesem Überlappungsbereich angesiedelt.

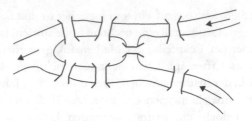

Abb. 6 Die sieben Brücken über der Alten und der Neuen Pregel: Das Königsberger Brückenproblem als eines der Urprobleme der modernen Graphentheorie.

Das Königsberger Brückenproblem

Die Pregel gabelt sich beim Zusammenfluss der Alten und der Neuen Pregel und lässt somit eine echte Insel entstehen. Sieben Brücken verbinden alle Ufer (siehe Abbildung 6). Frage: Können die Bürger von Königsberg alle sieben Brücken jeweils nur einmal in einem Zuge überqueren?

Euler hat die Frage verneint – und zugleich das verallgemeinerte Problem desselben Typs gelöst (beziehungsweise entschieden). Dabei kommt es nicht auf die genauen Lagen oder Größen der Brücken an, sondern darauf, wie sie – über welche Gebiete – verbunden sind.

Die Euler'sche Polyeder-Formel

Es gibt auch ein paar vereinzelte frühere Entdeckungen. Rund hundert Jahre vor Eulers Lösung des Petersburger Brückenproblems war René Descartes bereits klar, dass für ein Polyeder mit E Eckpunkten, K Kanten und F Flächen die invariante Beziehung $E - K + F = 2$ gilt. 1751 hat Euler dafür einen Beweis veröffentlicht.

Das Möbius'sche Band

Der große Carl Friedrich Gauß hat zwar mehrmals darauf hingewiesen, wie wichtig es sei, die grundlegenden geometrischen Eigenschaften von Figuren zu untersuchen, doch abgesehen von einigen Anmerkungen über Knoten (und Verkettungen) hat er wenig dazu beigetragen.

Ein Schüler von Gauß, August Möbius, war der erste, der eine topologische Transformation als eine derartig umkehrbar eindeutige Zuordnung zwischen Figuren definiert hat, dass nahe gelegenen Punkten in der einen Figur auch eng benachbarte in der anderen entsprechen. Im Jahre 1858 entdeckten er und Johann Listing die Existenz einseitiger (oder *nichtorientierbarer*) Flächen, deren berühmteste das Möbius'sche Band ist. Man nehme einen längeren, rechteckigen Papierstreifen, verdrehe ihn um 180 Grad und verklebe die Enden. Versucht man, das, was wie seine beiden Seiten aussieht, mit verschiedenen Farben anzumalen, so hat die Verdrehung zur Folge, dass die Farben irgendwo aufeinander stoßen: Das Möbius'sche Band hat in Wirklichkeit nur eine Seite. Weitere Überraschung: Schneidet man das gesamte Band längs der Mitte auf, so zerfällt es keineswegs in zwei Stücke, sondern bleibt in einem Stück erhalten. *Zwei* (verkettete und in sich verdrehte) Bänder erhält man erst nach nochmaligem Durchschneiden.

Gebilde, Löcher, Henkel und das Geschlecht eines Knopfes

Eine volle Kugel ist topologisch äquivalent zu einem vollen Würfel und zu jedem anderen vollen Polyeder, und das gilt auch für ihre jeweiligen Oberflächen. Betrachten wir von nun an nur die geschlossenen Oberflächen dieser Gebilde.

Unter einem Torus kann man sich einen Fahrradschlauch oder einen Rettungsring vorstellen. Ist er zu einer Kugel äquivalent? Nein: Es gibt zwischen Torus und Kugel keinen Homöomorphismus (das heißt keine Verformung, die eine topologische Strukturgleichheit bewerkstelligen würde). Das kann wie folgt grob gezeigt werden: Eine beliebige geschlossene Linie auf einer Kugel kann stets auf einen Punkt zusammengezogen werden, ohne dass sie die Kugel verlässt. Anders auf dem Torus. Dort gibt es durchaus geschlossene Linien, die sich innerhalb der Oberfläche nicht zu einem Punkt zusammenziehen lassen, wie man sich leicht vergegenwärtigen kann – zum Beispiel der Kreis, der sich auf dem Torus abzeichnen würde, wenn er wie ein Rad über einen frisch gestrichenen Boden gerollt würde, oder der Kreis, den ein Bandmaß beschriebe, mit dem die Dicke des Torus gemessen werden soll (siehe Abbildung 7). Der Umstand, dass eine beliebige geschlossene Kurve auf einer Fläche zu einem Punkt zusammengezogen werden kann, ohne diese Fläche zu verlassen, ist nun eine topologische Eigenschaft. Eine solche müsste erhalten bleiben, wenn Kugel und Torus äquivalent wären.

Für Mathematiker ist es immer wichtig, entscheiden zu können, wann zwei Objekte strukturgleich sind und wann nicht,

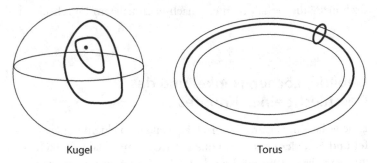

Kugel   Torus

Abb. 7 Auf der Kugeloberfläche kann jede geschlossene Kurve zu einem Punkt zusammengezogen werden; auf einer Torusoberfläche dagegen nicht. Diese Eigenschaft ist eine topologische.

sowie alle möglichen Objekte einer Kategorie zu klassifizieren. Dies führt dazu, dass für jede Klasse ein Standardobjekt als Repräsentant ausgezeichnet wird.

Für die zweidimensionalen topologischen Flächen im gewöhnlichen dreidimensionalen Raum geht man von der Standardfläche Kugel aus. Nun ist aber ein Torus mit einer Kugel nicht äquivalent, wie wir gerade gesehen haben. Daher die Frage: Was müsste an der Kugel geändert werden, um eine solche Äquivalenz herzustellen? Den pfiffigen Topologen fiel eine surrealistisch anmutende Lösung ein: Sie schnitten auf der Kugel zwei Löcher heraus und verbanden diese mit einem schlauchförmigen Gebilde, einem Henkel (denken Sie ruhig an den Henkel einer Kaffeetasse). Und siehe da: Torus und Kugel mit Henkel erweisen sich als äquivalent. (Auch mit dem geistigen Auge kann man nachvollziehen, wie sich eine Kugel mit Henkel plastisch-stetig zu einem Ring verformt und umgekehrt. Versuchen Sie es!)

Und wenn der Torus ein Doppeltorus ist, ich meine, also *zwei* Löcher[4] hat wie eine Acht? Kein Problem. Er ist äquivalent zu einer Kugel mit *zwei* Henkeln. Wir ahnen schon, wie es weitergeht. Dennoch: Es gibt ja unzählige dreidimensionale Gebilde – beliebig geformte, durchlöcherte Klumpen zum Beispiel. Sind die etwa auch äquivalent zu einer Kugel mit Henkeln?

Ja, sagen die Mathematiker in ihrem Hauptsatz der Flächentopologie: Jede geschlossene zweiseitige[5] Fläche ist topologisch

---

[4] Die Bezeichnung »Loch« ist für einen Torus nicht ganz korrekt. Der Torus bildet eine glatte Oberfläche, die keineswegs irgendein Loch (mit Rand) aufweist. Wenn wir etwa auf einem riesigen Torus leben würden, könnten wir über seine Oberfläche wandern, ohne jemals ein Loch zu entdecken. Das Loch hängt vielmehr damit zusammen, wie dieses besondere Gebilde im dreidimensionalen Raum eingebettet ist. Mit anderen Worten: Das Loch ist hier keine Eigenschaft der Fläche, sondern des sie umgebenden Raumes.

[5] Die Einschränkung auf zweiseitige (oder orientierbare) Flächen ist notwendig. (Das Möbius'sche Band ist einseitig oder nichtorientierbar; allerdings ist es keine geschlossene Fläche, sondern besitzt einen Rand.) Den Fall einseitig geschlossener Flächen im Raum (wie etwa die – nicht realisierbare – Klein'sche Flasche) lasse ich hier außer Betracht. Für sie gilt aber ein analoger Klassifikationssatz.

äquivalent zu einer Kugel mit einer bestimmten Anzahl von Henkeln. Damit besitzt die Topologie ein einfaches, überschaubares Repräsentantensystem aus Standardflächen. Diese Art der Abstraktion, das Zusammenfassen von unzähligen Objekten zu Merkmalklassen, ist charakteristisch für die Mathematik. Die Anzahl von Henkeln an der Kugel (oder, gleichwertig, die Anzahl der Löcher am Torus) ist eine topologische Invariante und wird »Geschlecht« genannt (das ist kein Witz). Es bestimmt die Merkmalklasse des Objekts. Da ein Knopf mit vier Löchern äquivalent zu einer Kugel mit vier Henkeln ist, besitzt er das (topologische) Geschlecht 4, während die normale Kugel (ohne Henkel) das Geschlecht 0 besitzt – wie auch ein Gummibärchen.

Es gibt noch weitere topologische Invarianten und Eigenschaften, mit denen gearbeitet wird und die auch in der reellen und komplexen Analysis zur Anwendung kommen.

Mannigfaltigkeiten und die Poincaré-Vermutung

Die Flächen, die in der Topologie untersucht werden, sind keineswegs immer nur zweidimensional wie eine Kugel- oder eine Brezeloberfläche. Sie können beliebig viele Dimensionen haben. Da sich Mathematiker nun mal gern in höherdimensionalen Räumen bewegen, beginne ich mit ein paar Bemerkungen darüber.

n Dimensionen kinderleicht

Beispielsweise besitzt ein Würfel im vierdimensionalen Raum nicht nur Länge, Breite und Höhe, sondern noch eine Ausdehnung mehr, die wir uns zwar räumlich nicht vorstellen können, mit der sich aber rechnen lässt wie mit den uns vertrauten drei anderen Dimensionen. Besitzt ein Punkt des gewöhnlichen Würfels die Koordinaten x, y und z, kurz als *Vektor* (x, y, z) zusammengefasst, so wird ein Punkt des vierdimensionalen Würfels einfach mit den Koordinaten (x, y, z, u) bedacht.

Seit Albert Einstein fügt die Physik den üblichen drei Raumausdehnungen noch die Zeit als eine vierte Dimension hinzu: Ein Punkt der Raumzeit besitzt die Koordinaten (x, y, z, t). Auch die Kosmologen lehren uns, dass das Universum, in dem wir leben, die dreidimensionale Oberfläche eines vierdimensionalen Gebildes ist, das topologisch einer vierdimensionalen Kugel (*Hyperkugel*) äquivalent ist.[30] Rechnerisch macht es jedenfalls keinen Unterschied, ob ein Punkt nur entlang der x-Achse bewegt wird oder räumlich fixiert im Zeitablauf betrachtet wird – sich also entlang der t-Achse »bewegt«.

Weiter: Die Menge der Punkte (x, y, z, u, v) ergibt den fünfdimensionalen Raum, und ein Punkt des n-dimensionalen Raums hat n Koordinaten: $(x_1, x_2, \ldots, x_n)$. So einfach ist das. Es »gibt« sogar Räume mit unendlich vielen Dimensionen.

Mannigfaltigkeiten und ihre Mikrostruktur

Die Verallgemeinerung der Topologie von Flächen zu höheren Dimensionen ist von Bernhard Riemann eingeführt worden. Die so verallgemeinerten, höherdimensionalen Flächen werden (n-dimensionale) »Mannigfaltigkeiten« genannt. Natürlich können wir sie mit unseren Augen genau so wenig direkt wahrnehmen wie etwa Radiowellen, Magnetfelder oder Gammastrahlung. Nur von zweidimensionalen Mannigfaltigkeiten im dreidimensionalen Raum können wir uns eine etwas unmittelbarere Vorstellung machen (ähnlich wie nur im sichtbaren Bereich der elektromagnetischen Strahlung, dem des Lichts, Abbilder der Außenwelt in unser Gehirn gelangen können). Um in höheren Dimensionen

»sehen« zu können, brauchen Mathematiker besondere Begriffe und Werkzeuge – so wie ein Arzt für gewisse Untersuchungen der Organ- oder Zellstruktur zum Beispiel ein Röntgen- oder EKG-Gerät benötigt.

Das Instrument, mit dem sich die Topologen die Strukturen, die sie untersuchen, sichtbar machen, sind eben gerade die topologischen Abbildungen und Operationen. Da Transformationen aber punktweise definiert sind, müssen sie die (mathematische) Mikrostruktur ihrer Objekte genau kennen. Das legen sie mit Hilfe logisch einwandfreier, zweckdienlicher Begriffe und Definitionen fest. Wie kann man sich nun die Mikrostruktur höherdimensionaler Mannigfaltigkeiten vorstellen?

Jede (zweidimensionale) Fläche (im gewöhnlichen dreidimensionalen Raum), wie gekrümmt oder kompliziert auch immer sie sein mag, kann man sich stets als Menge von kleinen, runden, zusammengeklebten Flicken vorstellen, von denen jeder topologisch gerade so aussieht wie ein Flicken in der gewöhnlichen Ebene. Man sagt, die *lokale* Struktur einer Fläche ist in topologischer Hinsicht die gleiche wie die der uns vertrauten euklidischen Ebene. Ist das einmal erkannt, lässt sich die Verallgemeinerung auf n Dimensionen leicht begreifen: Eine n-dimensionale Mannigfaltigkeit ist ebenso aus kleinen Flicken zusammengesetzt, die aber statt aus der Ebene aus dem n-dimensionalen Raum herausgeschnitten sind – immer gedanklich und rechnerisch.

Sie meinen, das sei so abstrus und abstrakt, dass es mit der Realität nichts mehr zu tun hat? Weit gefehlt! Das Unvorstellbare kann sogar ein Schlüssel zur Realität sein. Erinnern wir uns an das Dreikörperproblem (Seite 162): Die Bewegung dreier Körper oder Massepunkte unter dem Einfluss der Schwerkraft ist in Wirklichkeit das Problem einer achtzehndimensionalen Mannigfaltigkeit mit drei Lagekoordinaten und drei Geschwindigkeitskoordinaten pro Massepunkt. Dieses Problem ist bis heute keiner exakten, geschlossenen Lösung zugänglich. Es gibt bedeutend mehr als drei Massepunkte auf der Welt. Und mit der

Hinzunahme eines jeden weiteren Massepunktes erhöht sich die Dimension der problematischen Mannigfaltigkeit um sechs.

Die Poincaré-Vermutung

Doch kehren wir zu den niedrigeren Dimensionen zurück. Denn bei der Poincaré-Vermutung geht es in erster Linie um die dreidimensionalen Oberflächen vierdimensionaler Körper.

Von allen geschlossenen zweidimensionalen Oberflächen dreidimensionaler Gebilde sind nur die vom Geschlecht der Kugel »einfach zusammenhängend«. So heißt die bereits beschriebene Eigenschaft, dass jede geschlossene Kurve auf der Oberfläche zusammenziehbar ist, ohne dass sie die Fläche verlässt.

Die dreidimensionale Oberfläche der vierdimensionalen Hyperkugel ist ebenfalls einfach zusammenhängend. Doch im Gegensatz zum vorherigen Fall ist nicht bekannt, ob die dreidimensionale Hyperkugeloberfläche (und ihre Geschlechtsgenossen) die einzigen einfach zusammenhängenden sind, ob es in einer vierdimensionalen Welt nicht noch andere Körper geben mag, die nicht dem Geschlecht der Hyperkugel angehören und dennoch einfach zusammenhängen. Dies glaube er nicht, hatte im Jahre 1904 der berühmte Mathematiker Henri Poincaré (1854 bis 1912) geäußert. Mit anderen Worten: Er war davon überzeugt, dass sich in diesem Punkt der um eine Dimension höhere Raum nicht von dem uns vertrauten unterscheide. Doch einen Beweis dafür hatte er nicht. »Diese Frage würde uns zu sehr vom rechten Weg wegführen«, sagte der französische Gelehrte, ehe er sich anderen Dingen zuwandte. Die Poincaré-Vermutung sollte fast hundert Jahre ungelöst bleiben.

Anfang 1986 hatten zwei Topologen, der Portugiese Eduardo Rêgo und der Brite Colin Rourke, einen Beweis vorgelegt. Die enormen Schwierigkeiten, die mit diesem Problem verknüpft sind, lassen sich daran ermessen, dass Experten mehrere Monate benötigten, um in Rêgos und Rourkes Arbeit einen Fehler zu entdecken. Das war kein Einzelfall; denn an der Poincaré-Vermutung haben sich schon zahlreiche Mathematiker eine blutige Nase geholt. (Poincaré selbst hatte bereits einen Beweis veröffentlicht, ihn dann aber als falsch erkannt und zurückgezogen.) Doch worin liegen bei diesem Problem die Schwierigkeiten? [31]

Normalerweise wachsen mit der Verallgemeinerung mathematischer Sachverhalte auf höheren Dimensionen die Schwierigkeiten, sie zu ergründen. Nicht so in diesem Fall.

Trotz aller Anstrengungen, die Vermutung zu beweisen oder zu widerlegen, widerstand die Frage bis 1960 hartnäckig allen Lösungsversuchen. Dann konnte jedoch der amerikanische Mathematiker Stephen Smale die Vermutung für alle fünf- und höherdimensionalen Mannigfaltigkeiten beweisen. Das Ergebnis war so bedeutsam, dass ihm für seine Leistung die Fields-Medaille verliehen wurde. Doch bei drei und vier Dimensionen versagten Smales Methoden. Es sollten noch rund zwanzig Jahre vergehen, bevor ein anderer Amerikaner, Michael Freedman, 1981 in der Lage war, die Vermutung für vierdimensionale Mannigfaltigkeiten zu lösen. Nun blieb also nur das Problem der dreidimensionalen Mannigfaltigkeiten übrig, für die Poincaré seine Vermutung ursprünglich formuliert hatte.

Warum sind gerade die dreidimensionalen Mannigfaltigkeiten im vierdimensionalen Raum so renitent? Die quälende enge Lücke rührt daher, dass zweidimensionale Mannigfaltigkeiten im dreidimensionalen Raum keine ernsthafte Komplexität erlauben und die vier- und höherdimensionalen Mannigfaltigkeiten in den fünf- und höherdimensionalen Räumen ausreichend Platz haben, um sich hübsch neu ordnen zu lassen. Bei den dreidimensionalen Mannigfaltigkeiten im vierdimensionalen Raum liegt eine enorme Herausforderung an die Kreativität: Einerseits ist der zugrunde liegende Raum groß genug, um interessante Komplexitäten zuzulassen, andererseits sind aber die dreidimensionalen

Mannigfaltigkeiten darin doch zu sehr eingepfercht, um leicht vereinfacht werden zu können.

Als ob *eine* Differenzialrechnung nicht schon genug wäre ...

Selbst wenn man von der Renitenz der ursprünglichen Poincaré-Vermutung absieht, gibt es noch eine weitere merkwürdige Eigentümlichkeit im vierdimensionalen Raum, eine dramatische Überraschung, die ausgerechnet das Wesen unseres Universums betrifft.

Dazu müssen wir zwischen *stetig* und *glatt* unterscheiden können. Sehen wir uns die Abbildung 8 mit den beiden Linien A und B an.

Stetig ist eine Kurve, wenn sie, grob gesprochen, keine Unterbrechungen aufweist (innerhalb der Endpunkte), wenn sie gezeichnet werden kann, ohne den Stift vom Papier zu heben. Dabei kann sie durchaus Ecken und Spitzen haben, das sind Punkte, an denen die Kurve ganz abrupt ihre Richtung ändert. Beide Linien sind stetig.

Ändert eine Kurve ihre Richtung überall stetig, so dass an jedem Punkt eine Tangente angebracht werden kann, dann spricht

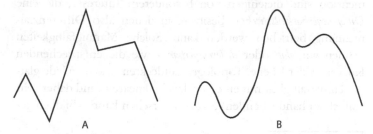

Abb. 8 Linien A und B zur Unterscheidung der Begriffe *stetig* und *glatt*. Stetige, aber an den Spitzen nicht glatte Linie A und durchgehend glatte Linie B (innerhalb der Endpunkte).

man von einer *glatten* (oder *differenzierbaren*) Kurve. »Differenzieren einer Funktion f an einem Punkt x« bedeutet *Approximieren durch eine lineare Funktion*. Das entspricht genau dem Anlegen einer Tangente am Punkt (x, f(x)) der Kurve, die die Funktion f darstellt. Die Kurve B in der Skizze ist überall glatt. Dagegen ist die (stetige) Linie A nicht überall glatt (sondern höchstens stückweise), denn sie besitzt Punkte beziehungsweise Spitzen, an denen es nicht möglich ist, *eine* Tangente anzubringen. Eine glatte Kurve ist stetig, aber eine stetige Kurve ist nicht notwendig glatt. (Stetige, durchgezogene Linien, die in keinem Punkt glatt sind, gibt es auch; die kann sich kein Mensch bildlich vorstellen, geschweige denn zeichnen – zumindest konnte das niemand, bevor die ersten Computerbilder von Fraktalen wie der Mandelbrot-Menge auftauchten.)

Stetigkeit ist gut, Glattheit (Differenzierbarkeit) ist besser. Denn damit lässt sich die Differenzialrechnung betreiben und anwenden – was sie zu einer der wichtigsten Methoden in Analysis und Physik macht. Viele von uns haben die »gewöhnliche« Differenzialrechnung in der Schule gelernt – und alsbald wieder vergessen.[6] Diese *Differenzialrechnung einer reellen Veränderlichen* ist, rein topologisch ausgedrückt, nichts anderes als das Studium der *Differenzierbarkeitsstruktur eindimensionaler Mannigfaltigkeiten*.

Unter allen topologischen Mannigfaltigkeiten beliebiger Dimension sind diejenigen von besonderem Interesse, die eine *Differenzierbarkeitsstruktur* besitzen, in denen also Differenzialrechnung betrieben werden kann. Solche Mannigfaltigkeiten nennen wir *glatt* oder *differenzierbar* – wie die entsprechenden Kurven in der Ebene. Topologen entdeckten, wie man jede glatte Mannigfaltigkeit mit einer stückweise linearen (und daher sehr einfach zu handhabenden) Struktur versehen kann – bildlich ge-

---

[6] Einige haben auch gelernt, dass die erste *Ableitung* der Wegfunktion x(t) eines Massepunktes nach der Zeit, x'(t) oder dx/dt geschrieben, dessen Geschwindigkeit v(t) und dass die nochmalige Ableitung, $x''(t) = d^2x/dt^2 = v'(t) = dv/dt$, dessen Beschleunigung b(t) ergibt.

sprochen, wie ein Ei zu biegen ist, bis es wie ein abgebrochenes Stück Hartkäse aussieht.

Es konnte bewiesen werden, dass die Differenzierbarkeitsstruktur in allen Räumen beliebiger Dimension eindeutig ist – dass es im Wesentlichen nur auf eine einzige Art möglich ist, Differenzial- und Integralrechnung zu betreiben –, mit einer einzigen, allerdings bedeutenden Ausnahme, nämlich für die vierdimensionale Raumzeit unseres Universums! Dieses Versagen war umso peinlicher, als dies ausgerechnet der Fall war, für den sich die Physiker naturgemäß am meisten interessierten. Die Vorstellung, dass es eine nicht der Norm entsprechende Methode der Differenziation in der vierdimensionalen Raumzeit gab, war einfach undenkbar.

Doch im Sommer 1982 stellte sich das Undenkbare als wahr heraus. Die Nachricht war weder ein verspäteter Aprilscherz noch eine Sommerlochsensation, sondern schlug im daran arbeitenden Wissenschaftlerkreis wie eine Bombe ein. Simon Donaldson, ein vierundzwanzigjähriger Student der Universität Oxford, konnte (auf der Grundlage von Freedmans Arbeit) ein Ergebnis beweisen, aus dem die Existenz einer nicht der Norm entsprechenden Differenzierbarkeitsstruktur auf unserer vierdimensionalen Raumzeit folgte. Mit anderen Worten: Die Analysis, die Physiker und Mathematiker in der ganzen Welt verwenden, ist nicht die einzig mögliche! Als ob *eine* Differenzialrechnung nicht schon genug wäre … Doch der Topologe Clifford Taubes brachte das Fass zum Überlaufen, als er später zeigte, dass die gewöhnliche Differenzierbarkeitsstruktur auf der Raumzeit nur eine unter *(überabzählbar) unendlich vielen* Möglichkeiten darstellt! Was ist so besonders an vier Dimensionen, dass dieses Phänomen nur dort auftritt? Welche Differenzialrechnung ist die aus physikalischer Sicht »richtige«? Der vierdimensionale Fall erscheint immer merkwürdiger.

Dass die Mathematiker ihre logisch stimmigen Fiktionen auch abseits der Realität pflegen, wird kaum jemanden stören. Wie ist es aber mit den Physikern, die immerhin mit möglichst wirklich-keitsnahen Modellen unsere (physikalische) Welt zu beschreiben versuchen und darin Differenzial- und Integralrechnung betrei-ben müssen? Verwenden sie die »richtige« Differenzierbarkeits-struktur? Oder ist es eher wie bei den verschiedenen Geometrien, wo es darauf ankommt, welcher Ausschnitt der Wirklichkeit be-trachtet wird? Gibt es vielleicht unter all diesen Strukturen eine »universelle«, die in gewissem Sinne alle anderen enthält? So scheint es. Weitere Fragen werden gestellt, weitere Antworten ge-sucht.

Perelman beweist Poincaré-Vermutung

Im April 2003 geriet die Presse wieder in helle Aufregung: Der russische Mathematiker Grigori »Grisha« Perelman habe mög-licherweise die Poincaré-Vermutung bewiesen! Es wurde sogar ein Foto des bärtigen Russen veröffentlicht. Nun, vielleicht hätte sich das Publikum sonst unter einem Mathematiker, der schon mal als »seltsamer Vogel« beschrieben wird, eher eine außerir-dische Kreatur mit zwei Köpfen vorgestellt – und nicht so sehr die Rasputin'sche Erscheinung, an die man bei seinem Anblick unwillkürlich denken mag …

Doch Perelman wird von seinen internationalen Kollegen als ernsthafter Mathematiker bezeichnet. Der arme russische Ge-lehrte hatte sich jahrelang im Sankt Petersburger Steklov-Institut verschanzt, musste sich mit dem Ersparten durchschlagen, das er zuvor von seinen Gehältern an verschiedenen Instituten in den USA zurückgelegt hatte. Als er im November 2002 still und leise ein Manuskript ins Internet stellte, konnten nur Spezialis-ten erkennen, dass hier jemand der Lösung eines der haarigsten Probleme der Mathematik dicht auf der Spur sein musste. Die Bezeichnung »Poincaré-Vermutung« kommt auf den 39 Seiten des Aufsatzes nicht einmal vor (im Frühjahr 2003 legte Perelman einen ausführlicheren Beweis vor). Ungläubig fragte ein Mathematiker per e-Mail an, ob Perelman etwa die berühmte Poincaré-Vermutung bewiesen habe. Die schlichte Antwort: »That's correct.«

Wenn das stimmt, dürfte es mit Stille und Armut vorbei sein. Längst wird der Russe durch die wichtigsten Institute der amerikanischen Ostküste gereicht, um sich den Fragen der Kollegen zu stellen. Jeder, der Perelman auf mögliche Schwachpunkte ansprach, heißt es, habe erkennen müssen: Er hat bislang auf alles eine Antwort.

Es gibt einen Grund, weshalb der Ausdruck »Poincaré-Vermutung« nicht in seiner Arbeit auftaucht. Denn der Beweis der Poincaré-Vermutung ist für Perelman nur ein Nebenschauplatz. Worum es dem Russen eigentlich geht, ist die (umfangreichere) »Geometrisierungs-Vermutung«, womit nicht weniger gemeint ist als die (bereits erwähnte) Idee der kompletten Klassifizierung dreidimensionaler Mannigfaltigkeiten von William Thurston aus den 1970er Jahren. Der Beweis dieser Vermutung hat die Gültigkeit der Poincaré-Vermutung zur Folge.

2006 hat Perelman auf dem Mathematiker-Kongress in Madrid die begehrte Fields-Medaille verliehen bekommen (die gilt als der Nobelpreis für Mathematik). Doch Perelman kam nicht nach Madrid. Die Veranstalter des Kongresses hatten ihn mehrfach eingeladen, ohne überhaupt eine Antwort zu bekommen. Der »geniale Einsiedler«, wie ihn die Neue Zürcher Zeitung nannte, mag keinen Rummel um seine Person.

Nach jahrelangen Prüfungen seines Beweises wurde ihm nun das Preisgeld (eine Million US-Dollar) von der Clay-Stiftung[7]

---

[7] Sieben wichtige Probleme haben bis zum Jahr 2000 den hartnäckigsten Bemühungen der Mathematiker widerstanden. Wer eines von ihnen löst, dem sollte nicht nur ewiger Ruhm winken, sondern auch die stolze Summe von einer Million US-Dollar. Es war der amerikanische Multimillionär Landon T. Clay, der das Clay Mathematics Institute of Cambridge, Massachusetts (CMI) und die Millennium-Preise stiftete. (Siehe mein Taschenbuch *Die Top Seven der mathemati-*

zugesprochen. Doch auch Geld interessiert ihn nicht – er verschmäht die Million. Das Clay-Institut informiert auf seiner Internetseite (www.claymath.org) in einer Notiz vom 1. Juli 2010, dass Perelman sich entschieden hat, die Million nicht anzunehmen: »Dr. Perelman has subsequently informed us that he has decided not to accept the one million dollar prize.« In dieser Notiz kündigt das Institut auch an, dass es Anfang 2011 mitteilen wird, wie das Preisgeld zum Wohle der Mathematik verwendet wird.

Das Vierfarbenproblem

Dieses Problem wurde berühmt und berüchtigt, weil es sich als diejenige offene Frage in der Mathematik herausstellen sollte, die am anschaulichsten zu formulieren, aber am schwersten zu beantworten war. Trotz seiner allgemeinen Bekanntheit liegt das Vierfarbenproblem nicht wirklich im Hauptstrom der Mathematik. Es ist mehr eine Ordnungsübung. Seine Lösung verdient aber dennoch Interesse, weil sie einige neuartige Ideen eingebracht hat und vor allem ein neues Licht auf den Begriff des mathematischen Beweises wirft. Die Wandlung, die dieser Begriff im Laufe der Zeit bereits erfahren hat, scheint sich fortzusetzen. Mehr davon später.

Eines Tages im Oktober 1852, kurz nach Beendigung seines Studiums am University College in London, war der junge Mathematiker Francis Guthrie – später sollte er Professor für Mathematik an der Universität von Kapstadt in Südafrika werden – damit beschäftigt, eine Landkarte der englischen Grafschaften zu kolorieren; dabei sollten Grafschaften mit einer gemeinsamen Grenzlinie jeweils verschieden eingefärbt werden. Plötzlich kam

---

schen Vermutungen; jetzt sind es allerdings nur mehr sechs – immerhin genügend für zahlreiche Mathematikerleben.)

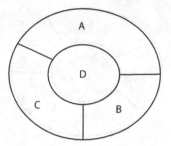

Abb. 9 Landkarte, die zeigt, dass man mit drei Farben nicht auskommt.

ihm der Gedanke, dass die *maximale* Anzahl von Farben, die nötig ist, eine *beliebige* Landkarte zu kolorieren, allem Anschein nach vier betragen müsse. Es gelang ihm jedoch nicht, diese Vermutung zu beweisen. Er schrieb an seinen Bruder Frederick, einem Physikstudenten am University College, der das Problem wiederum seinem Mathematikprofessor, dem großen Augustus de Morgan, unterbreitete.

Der Beweis, dass *mindestens* vier Farben notwendig sind, um eine beliebige Landkarte einzufärben, gelingt sehr schnell – durch ein Beispiel, das mit drei Farben nicht auskommt, wie die Landkarte der Abbildung 9 zeigt.

Guthrie und de Morgan gelang es auch, zu beweisen, dass es unmöglich ist, fünf Länder auf einer Karte so zu positionieren, dass jedes mit jedem der vier anderen eine gemeinsame Grenzlinie besitzt. Auf den ersten Blick könnte dies als Beweis dafür gelten, dass vier Farben stets ausreichend sind, doch handelt es sich bei genauerer Betrachtung keineswegs um einen gültigen Schluss.[8] Denn die Anzahl der erforderlichen Farben muss *nicht*

---

[8] Viele der zahlreichen falschen Beweise der Vierfarbenvermutung, die zwischen 1852 und 1976 (dem Jahr der Lösung des Problems) veröffentlicht wurden, beruhen auf genau diesem Fehlschluss.

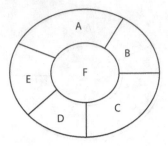

Abb. 10 Diese Landkarte zeigt, dass die Anzahl der erforderlichen Farben nicht der höchsten Zahl der aneinandergrenzenden Länder entsprechen muss.

der höchsten Zahl der aneinandergrenzenden Länder entsprechen, wie das Kartenbeispiel von Abbildung 10 zeigt.

In dieser Karte gibt es keine Konfiguration, in der jedes von vier Ländern eine gemeinsame Grenzlinie mit jedem der drei anderen besitzt. Trotzdem kann die Karte nicht mit drei Farben koloriert werden. Also entspricht die Anzahl der erforderlichen Farben *nicht* der höchsten Zahl der aneinandergrenzenden Länder.

Das Unterfangen, die Vierfarbenvermutung zu beweisen, gestaltet sich vor allem deshalb so überaus schwierig, weil sie *alle erdenklichen* Landkarten betrifft. Zu wissen, dass in Tausenden von konkreten Landkarten nie mehr als vier Farben benötigt wurden, nützt nicht das geringste, da ja immer noch eine Karte gefunden werden kann, die fünf Farben benötigt – wenn vielleicht auch erst in fünftausend Jahren. Gefordert ist vielmehr eine Beweisführung, die *alle* Fälle – nachvollziehbar – abdeckt. Dabei spielt die spezielle Gestalt der Länder keine Rolle, sondern nur ihre Lagen im Raum; insofern ist die Vierfarbenvermutung in der Tat ein Problem der Topologie; z. B. sind die drei Landkarten der Abbildung 11 topologisch äquivalent.

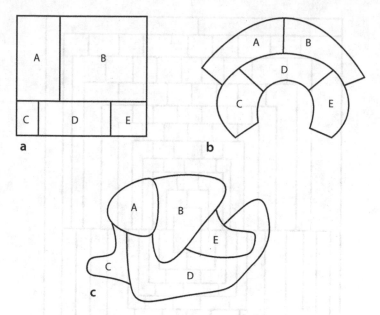

Abb. 11 Drei topologisch äquivalente Landkarten.

So sehr man sich über hundert Jahre lang bemüht hat, die Vermutung zu beweisen oder aber durch ein Gegenbeispiel, das fünf Farben erforderte, zu widerlegen: es ist bisher nicht gelungen. Auch die komplizierte Karte in Abbildung 12 kann – wenn auch nur unter Mühe – mit vier Farben koloriert werden. Martin Gardner hat sie für seine Kolumne *Mathematical Games* (*Scientific American*, April 1975) im Scherz entwickelt und behauptet, dies sei ein Beispiel, welches die berühmte Vierfarbenvermutung widerlege.

Zahlreiche Mathematiker – und noch viel mehr Amateure – untersuchten im Laufe der Zeit das Vierfarbenproblem. Es wäre jedoch falsch zu glauben, Mathematiker würden sich mehr als ein paar Monate oder Jahre lang ununterbrochen einem einzigen ungelösten Problem ausliefern (Ausnahmen bestätigen die Regel).

Abb. 12 Landkarte von Martin Gardner.

Zumindest hartnäckige Forscher erschließen dabei oft neue Fiktionen, die sich dann in anderen Bereichen der Mathematik als nützlich erweisen. Beim Versuch, das Vierfarbenproblem zu lösen, wurden Methoden entwickelt, die fast eigenständige Gebiete innerhalb der Topologie begründeten, zum Beispiel die Theorie der Netzwerke oder die Graphentheorie.

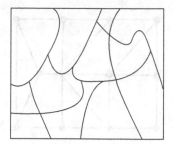 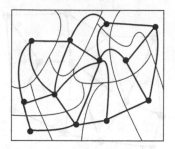

Abb. 13 Landkarte links ohne und daneben mit ihrem Netz.

In der Tat konnte das Vierfarbenproblem für Landkarten auf ein Netzwerkproblem zurückgeführt werden, das etwas leichter zu handhaben war. Dazu wird jeder Landkarte ein Netz wie folgt zugeordnet: In jeder Region der Karte wird ein Punkt markiert, der einen *Knoten* innerhalb des Netzes darstellt. Man könnte sich diese Punkte als die Hauptstädte der jeweiligen Länder vorstellen. Dann werden die Knoten so verbunden, dass sie eben ein Netz bilden, so wie ein Eisenbahnnetz Verbindungen zwischen den Hauptstädten schafft. Allerdings dürfen zwei Knoten nur dann miteinander verknüpft werden, wenn ihre entsprechenden Regionen auf der Landkarte eine gemeinsame Grenzlinie besitzen. Die Verbindungslinie darf in diesem Fall nur innerhalb der beiden betreffenden Regionen liegen und muss die gemeinsame Grenzlinie schneiden. Um im Bild des Eisenbahnnetzes zu bleiben: Die Schienen dürfen nicht über das Gebiet eines dritten Landes verlaufen. Abbildung 13 zeigt eine Landkarte ohne und daneben mit ihrem Netz (aus Knoten und dickeren Linien).

Nun können wir das Vierfarbenproblem für das Netzwerk umformulieren: Die Knoten des Netzes sollen so koloriert werden, dass zwei beliebige miteinander verbundene Knoten verschiedenfarbig sind. Wenn alle Netze auf diese Weise mit vier Farben angemalt werden können, dann gilt dies auch für alle

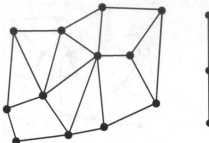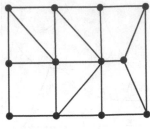

Abb. 14 Topologisch äquivalente Darstellungen einer Landkarte durch ihr Netz.

Landkarten und umgekehrt. Die beiden Formulierungen des Vierfarbenproblems stellen also vollkommen äquivalente Versionen des Problems dar, wobei es sich als einfacher erweist, die Netzwerke der Landkarten zu untersuchen. Sobald das zu einer Landkarte gehörige Netz vorliegt, können wir die Landkarte selbst wieder ausblenden (Abbildung 14 links). Und da es bei den Verbindungslinien ausschließlich auf deren topologische Eigenschaften ankommt, können wir ihnen eine andere Form geben, ja wir können sie sogar begradigen, wenn wir wollen (Abbildung 14 rechts).

Die lange Geschichte des Versuchs, diesem Problem beizukommen zieren große Mathematikernamen, von denen Sir William Hamilton vom Trinity College, Dublin, sowie der Amerikaner George Birkhoff als zwei der berühmtesten genannt seien. Und sie hat im ständigen Näherrücken an die Lösung des Problems zahlreiche Stufen des Fortschritts durchlaufen. Bereits 1890 bewies Percy John Heawood den so genannten Fünffarbensatz. Doch »vier Farben« sollten noch lange eine harte Nuss bleiben. 1922 wurde bewiesen, dass jede aus fünfundzwanzig oder weniger Ländern bestehende Landkarte mit vier Farben koloriert werden kann. Das ging scheibchenweise etwa ein halbes Jahr-

hundert so weiter: 1926 wurde der Beweis auf siebenundzwanzig
Länder ausgeweitet, 1938 auf einunddreißig und 1940 auf fünfunddreißig Länder. Hier trat zunächst eine Pause ein, bis es 1970
gelang, die Vermutung für alle Landkarten mit weniger als vierzig
Ländern zu beweisen. Die Zahl erhöhte sich sogar auf sechsund-
neunzig, bevor der eigentliche und komplette Beweis all solche
Teilergebnisse überflüssig machte.

Der erste mathematische Beweis dank Computerhilfe

Der Amerikaner Kenneth Appel und der aus Deutschland stammende Wolfgang Haken, zwei Mathematiker an der Universität
von Illinois, verkündeten im Jahre 1976, dass sie die Vierfarbenvermutung restlos bewiesen hätten. Das war an sich schon eine
Sensation, da es sich um eines der berühmtesten ungelösten Probleme der gesamten Mathematik handelte. Doch für viele Mathematiker war es auch eine dramatische Nachricht. Das Drama
bestand in der Art und Weise, wie der Beweis erzielt worden war.
Umfangreiche und wesentliche Teile der Beweisführung wurden
nämlich von einem Computer ausgeführt. Was aber in den Augen
der Kritiker noch schwerer wog: Die für das Programm maßgeb-
lichen Überlegungen beruhten ihrerseits ebenfalls auf computergenerierten Daten. Und, um die Sache gänzlich unübersichtlich
zu machen, das Programm beinhaltete die Möglichkeit, seinen
eigenen Ablauf zu modifizieren. Ein wesentlicher Teil des Beweises entzieht sich also der unmittelbaren Überprüfung durch
den Menschen.

Vier Jahre harter Arbeit und zwölfhundert Stunden Rechenzeit hatten Appel und Haken in die Lösung investiert. Der erfor-
derliche Rechenaufwand war so groß, dass kein Mathematiker je
hoffen konnte, alle Schritte per Hand zu überprüfen. Damit hatte sich der Begriff des »mathematischen Beweises« von Grund

auf gewandelt. Eine Befürchtung, die seit dem Aufkommen der
ersten Elektronenrechner in den fünfziger Jahren bestanden hatte, war schließlich Wirklichkeit geworden: Der Computer hatte
den Mathematiker bei einem wesentlichen Teil der Konstruktion
eines echten mathematischen Beweises abgelöst. Um den Beweis
anzuerkennen, muss man einfach nur *glauben*, dass das Computerprogramm genau die Rechnungen ausführt, die seine Schöpfer
von ihm erwarten. Und viele Mathematiker wollen nicht einfach
nur glauben, sie wollen, wie es die Tradition ihrer Disziplin verlangt, den Beweis nachvollziehen können, so wie auch Physiker
oder Molekularbiologen die Experimente ihrer Fachkollegen im
eigenen Labor reproduzieren.

Wann ist ein Beweis ein Beweis?

Bis weit in das 19. Jahrhundert hinein galten Theoreme als richtig, wenn sie anschaulich und einleuchtend waren. Das klingt gut,
muss aber nicht so sein. Denn einerseits wurden immer mehr
anschauliche und einleuchtende Aussagen entdeckt, die sich
mathematisch als falsch erwiesen; und andererseits wurden immer mehr Objekte und Monster gedanklich korrekt konstruiert,
von denen niemand eine bildliche Vorstellung hatte. Noch vor
der Wende zum 20. Jahrhundert versuchten Mathematiker daher, an die Stelle der nur durch Anschaulichkeit fundierten Begriffe strengere zu setzen. Höhepunkt dieser Bemühungen war
David Hilberts Programm, von dem schon verschiedentlich die
Rede war. Dies führte zur »Grundsatzkrise der Mathematik«, die
immer noch nicht überwunden ist. In der Praxis setzte sich indessen der so genannte Formalismus durch. Ein Beweis wurde
eine logisch einwandfreie Kette von Argumenten, durch die ein
Mathematiker andere von der Richtigkeit einer Annahme überzeugen musste. Durch das Nachvollziehen eines Beweises konnte sich ein Mathematiker davon überzeugen, dass die betreffende

Aussage zutraf, und auch die Gründe für die Wahrheit verstehen. Ein Beweis galt sogar nur deshalb als Beweis, weil er diese Gründe darlegte. Der Beweis des Vierfarbensatzes verlangte aber mehr als nur strengen gedanklichen Formalismus: Er erforderte Computerhilfe, ohne die der Beweis bislang nicht möglich gewesen wäre[9].

Indessen prophezeit der amerikanische Mathematiker John Milnor, in zwei Generationen werde ein Beweis ohnehin nur noch gelten, wenn ein Computer ihn geprüft habe. Vielleicht wird dies auf eine Klasse von Problemen tatsächlich zutreffen. Wenn Milnor jedoch uneingeschränkt Recht behielte, so die Ansicht der Kritiker computergenerierter Beweise, wäre das aus heutiger Sicht doppelt unbefriedigend. Erstens könne niemand überprüfen, ob der Computer in hunderten Stunden Rechenzeit auch das mache, was er solle. Und zweitens ginge die Ästhetik weitgehend verloren: Je knapper und origineller ein Beweis ausfällt, desto größer der ästhetische Genuss, während aufwendige Berechnungen, die gerade die Stärke von Elektronenrechnern sind, von den Mathematikern als langweilig empfunden werden.

Die Evolution der Ästhetik der Mathematik

Ich möchte eine Synthese versuchen und die beiden wesentlichen, sich gar nicht ausschließenden Möglichkeiten darlegen, die sich uns eröffnen werden.

Einerseits gibt es eine begründete Hoffnung für den Erhalt des gewohnten ästhetischen Genusses, denn zweifellos ist es gerade für die Mathematiker eine hochkarätige Herausforde-

---

[9] Die Situation ist tatsächlich eine grundlegend andere als etwa beim äußerst langwierigen Beweis des Klassifikationstheorems für Gruppen (beschrieben im Kapitel »Das Matrjoschka-Prinzip«), wo der Computer keineswegs eine *wesentliche* Rolle spielt.

rung, Aussagen wie den Vierfarbensatz auch ohne Computer beweisen zu können. Etwa zwanzig Jahre nach Appels und Hakens ausuferndem Computerbeweis gelang es vier in den USA arbeitenden Mathematikern, den Satz auf elegantere Weise zu demonstrieren. Der neue Beweis, den der bei A + T forschende Brite Paul Seymour und seine Kollegen vorlegten, ist viel klarer und zumindest für die Spezialisten nachvollziehbar. Allerdings stützt auch er sich auf Computerhilfe. Zwölf Stunden braucht eine Workstation für die lästigen Detailrechnungen. Das ist aber nur ein winziger Bruchteil des Aufwands, den Appels und Hakens Computer leisten musste. Der Weg ist nun frei für einen noch kürzeren und vielleicht letztlich sogar ganz und gar computerfreien Beweis. Und die Kritiker können wieder optimistisch in die Zukunft blicken, in der Hoffnung, dass uns die klassische Ästhetik der Mathematik erhalten bleibt.

Nun zur zweiten Möglichkeit, für den Fall, dass Milnor recht behalten sollte – zumindest für eine bestimmte Klasse von Problemen.

Als Appel und Haken ihren Bericht zur Veröffentlichung in der Zeitschrift *Illinois Journal of Mathematics* einreichten, veranlassten die Herausgeber eine Überprüfung des mit Hilfe des Computers durchgeführten Teils des Beweises, indem sie auf einem anderen Computer ein unabhängig erzeugtes Programm laufen ließen. Ist das aber nicht bereits eine – wenn auch für die Mathematik etwas ungewohnte – Art des Nachvollzugs? Schließlich können auch weitere, skeptische Spezialisten die Beweisideen von Appel und Haken in eigene Programme fassen und bestätigen ... oder widerlegen. Um das Beispiel des physikalischen oder biochemischen Experiments wieder aufzugreifen: Wesentliche Aspekte bei diesen Experimenten kann der Mensch ja auch nicht unmittelbar beobachten, etwa wenn ein Elektronenmikroskop zum Nachweis irgendwelcher Phänomene eingesetzt werden muss. Fachkollegen können die Ideen nur mit dem gleichen Instrument nachvollziehen. Seit dem Beweis des Vierfarbensatzes hat eben auch der Mathematiker ein Instrument, das ihm etwas sichtbar macht, das er sonst nicht sehen würde. Was dem Naturforscher das Mikroskop oder das Fernrohr, ist von nun an dem Mathematiker sein Computer – jedenfalls für bestimmte Probleme. Und wegen der Ästhetik ist es schlicht zu voreilig, sich in Grübeleien zu verlieren – denn universelle Ästhetik des Geistes kann sich wohl nicht auf bloßem Nachvollzug verhältnismäßig kleiner Gedankenkreise mit Bleistift und Papier beschränken. Im Gegenteil, wir sollten zuversichtlich sein, dass sich die Ästhetik – beziehungsweise eine ihrer Formen – eines Tages auch in computergenerierten Beweisen offenbaren wird.

6

Ja, mach nur einen Plan ...

Viele unserer täglichen Unternehmungen und Aktivitäten haben
das Ziel, etwas zum Funktionieren zu bringen beziehungsweise zu einer befriedigenden *Entscheidung* zu kommen. Dabei sind
oft viele Tätigkeiten im Zeitablauf zu koordinieren. Das gelingt
mehr oder weniger gut, je nachdem, wie günstig die angewandte Vorgehensweise ist. Und unter allen brauchbaren Resultaten,
die sich aus einer lösbaren Aufgabe ergeben, suchen wir jene,
die hinsichtlich des anvisierten Ziels günstiger sind als andere:
wir *optimieren*. So werden wir zum Beispiel bestrebt sein, gleiche
Qualität möglichst billig einzukaufen, für gleiches Anlagerisiko
eine möglichst hohe Rendite zu erzielen (oder für den gleichen
Ertrag das Risiko zu minimieren), Medikamente mit möglichst
harmlosen Nebenwirkungen zu verwenden und so fort. »Operations Research« oder Unternehmensforschung wird das Gebiet
genannt, das einen großen Teil dieser Probleme umfasst, wovon
die Optimierung einen zentralen Bereich ausmacht. Auch die Bezeichnung »Planungsforschung« ist für Optimierungsprobleme
mit Planungscharakter gebräuchlich. Unzählige spezielle Opti-
mierungstheorien verästeln sich unter dem umfassenden Begriff
der »Entscheidungstheorie«.

Zur Auffindung optimaler Lösungen müssen die Bewertungs-
kriterien nicht immer exakt und objektiv bezifferbar sein, etwa
durch einen Geldbetrag; manche Bewertungen können auch ge-
fühlsmäßige Präferenzen zum Ausdruck bringen, die man nur

ziemlich willkürlich auf eine Zahlenskala bringen kann.[1] Auch
können mehrere Bewertungen in Konkurrenz zueinander stehen.
Und schließlich hat man es mit der Tatsache zu tun, dass man
nicht der einzige ist, der optimieren möchte: Erst die Wechselwirkung der Strategien vieler Akteure – mitunter auch der Natur
oder des Zufalls – liefert das Ergebnis, mit dem man dann zumindest eine Zeitlang leben muss. (Auf diesen Aspekt der *Mehr-
Personen-Spiele* werde ich im nächsten Kapitel eingehen. Somit
bilden die klassischen Optimierungsaufgaben die – einfacheren
– *Ein-Personen-Spiele.*)

Die »verständlichsten« mathematischen Probleme des ganzen
Buches finden Sie zweifellos in diesem Kapitel. Sie sind deshalb
besonders verständlich, weil sie aus dem konkreten Alltag stammen und daher den Charme der Anschaulichkeit besitzen. Dieser
Eindruck täuscht aber: Es handelt sich nicht um Probleme, die
leichter lösbar wären als abstraktere. Anschauliche, bodenstän-
dige Probleme sind nicht selten besonders renitent. Häufig verlangen Lösungen der angewandten Mathematik die Entdeckung
verborgener Strukturen sowie die Konstruktion raffinierter Fiktionen – nicht anders als in der so genannten reinen Mathematik.
Besonders das riesige Gebiet der Optimierung erfordert im Bereich der relevanten Schlüsselfragen besondere Kreativität und
Phantasie. Ich beginne mit ziemlich willkürlichen Beispielen, die
auch dazu dienen sollen, Ihnen einige Stichwörter aus diesem
Gebiet zu vermitteln.

---

[1] In den meisten Fällen sind Geldbeträge zu optimieren (Gewinne zu maximieren, Verluste und Kosten zu minimieren). Die Wirtschaft verlangt es, und nicht
nur für sie es ein wichtiges Maß, das in fast alle Ziele eingeht – direkt oder indirekt. Sie können aber auch danach trachten, Ihr Leben so einzurichten, dass Ihre
subjektiv empfundene Zufriedenheit möglichst groß wird. Zu diesem Fragen-
kreis gibt es eine mathematische Nutzentheorie, deren entscheidende Ansätze
etwa ein halbes Jahrhundert zurückliegen.

Beispielbetrachtungen

Beispiel 1: Wenn meistens alles glatt läuft – lineare Programmierung

Viele Firmen stehen täglich vor Aufgaben der so genannten linearen Optimierung (auch lineare Programmierung genannt). Dabei geht es darum, einigen veränderlichen Größen (*Variablen*) wie x und y Werte so zuzuordnen, dass einerseits gewisse (lineare) *Bedingungen* wie die Ungleichung $5x - 3y \leq 12$ eingehalten werden, andererseits ein (linearer) Ausdruck wie $x + 0{,}5y$ einen möglichst großen Wert erhält; »linear« bedeutet, dass die Variablen x und y nur in der ersten Potenz vorkommen. Der zu maximierende Ausdruck wird auch *Zielfunktion* genannt.

Ein Beispiel: Eine Bank verfügt über hundert Millionen Euro. Davon werden x Millionen zu zehn Prozent Zins an Kreditnehmer verliehen, y Millionen in festverzinsliche Wertpapiere zu fünf Prozent investiert. Die Zinseinnahme

$$0{,}10x + 0{,}05y \text{ (Zielfunktion)}$$

ist zu maximieren. Oft wird dafür auch

$$0{,}10x + 0{,}05y \rightarrow \max$$

geschrieben. Zu den selbstverständlich einzuhaltenden Bedingungen

$$x \geq 0$$
$$y \geq 0$$
$$x + y \leq 100$$

kommt noch eine weitere: Der Gesetzgeber verlangt eine Reserve von mindestens 25 Prozent der Investitionen, eine Reserve,

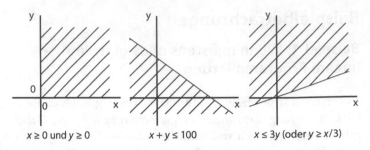

$x \geq 0$ und $y \geq 0$ $x + y \leq 100$ $x \leq 3y$ (oder $y \geq x/3$)

Abb. 15   Bereiche für die Ungleichungen $x \geq 0$ und $y \geq 0$, sowie $x + y \leq 100$ und $x \leq 3y$.

die in festverzinslichen Wertpapieren (zu fünf Prozent) gehalten werden kann, also $y \geq 0{,}25(x + y)$ oder $4y \geq x + y$, das heißt:

$$x \leq 3y \text{ (oder } y \geq x/3).$$

Das macht zusammen vier einzuhaltende lineare Ungleichungen, auch Restriktionen genannt. Zeichnen wir die Paare (x, y), die so eine Ungleichung erfüllen, schraffiert in ein (x, y)-Koordinatensystem, wie in Abbildung 15 dargestellt. Den Bereich, der durch die ersten beiden Ungleichungen $x \geq 0$ und $y \geq 0$ dargestellt wird, können wir sofort zum ersten Quadranten zusammenfassen.

Die Paare (x, y), die all diese Ungleichungen gleichzeitig erfüllen, bilden den gemeinsamen Bereich aus diesen drei schraffierten Flächen; es ist das Dreieck D in Abbildung 16.

Nun stellen wir die variable Zielfunktion $0{,}10x + 0{,}05y$ im Koordinatensystem dar: Es ist eine variable Gerade, die wir beliebig verschieben können; sie hat die Gleichung $0{,}10x + 0{,}05y =$ Konstante. In der Abbildung 17 auf der nächsten Seite ist diese Gerade konstanten Gewinns für verschiedene Konstante eingezeichnet.

Unter all diesen parallelen Geraden ist nun eine zu wählen, die mindestens einen Punkt mit dem Dreieck D gemeinsam hat (das heißt, der Wert der Zielfunktion ist realisierbar) und die Konstante

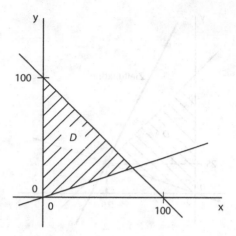

Abb. 16 Gemeinsamer Bereich (Schnittmenge D) der drei schraffierten Flächen von Abb. 15.

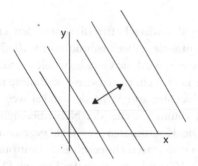

Abb. 17 Darstellung der variablen Zielfunktion mit der Gleichung $0{,}10x + 0{,}05y = $ Konstante.

möglichst groß macht; das ist eine Gerade, die möglichst weit rechts (zu größeren Werten hin) liegt, wie Abbildung 18 zeigt.

Die gesuchte Gerade geht offensichtlich durch den dick gezeichneten Eckpunkt von D und liefert das Ergebnis: Die Bank verleiht $x = 75$ Millionen zu zehn Prozent, $y = 25$ Millionen zu

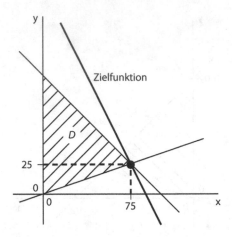

Abb. 18   Auswahl der Zielfunktion, die mindestens einen Punkt mit D gemeinsam hat und einen maximalen Wert.

fünf Prozent und erwirtschaftet die unter' den einzuhaltenden Restriktionen optimale Zinseinnahme von $0{,}10 \cdot 75 + 0{,}05 \cdot 25 = 8{,}75$ Millionen Euro. Wird die Gerade parallel nach links verschoben, so dass sie noch weitere gemeinsame Punkte mit D hat, fällt das Resultat schlechter aus. Wird sie parallel weiter nach rechts verschoben, ist zumindest eine der Nebenbedingungen verletzt. Anmerkung: Die Koordinaten des dick gezeichneten Punktes $(x, y) = (75, 25)$ erhält man rechnerisch als Schnittpunkt der beiden Geraden $x + y = 100$ und $x = 3y$, die das Dreieck D begrenzen.

Das geschilderte Beispiel mit zwei Variablen (x und y) stellt sich als recht einfach dar, doch kann sich dieselbe Aufgabe bei komplizierteren (und realistischeren) Problemen der linearen Programmierung als überaus schwierig erweisen.

Bei zwei Variablen führen die Restriktionen in der Form linearer Ungleichungen stets auf *konvexe* Polygone, das sind ebene Vielecke, die mit je zwei ihrer Punkte auch die dazugehörige Verbindungsstrecke beinhalten. Bei einem Problem mit drei Variablen führen die Nebenbedingungen zu einem dreidimensionalen Polyeder. Bei n Variablen erhalten wir ein n-dimensionales Polytop, welches sich zwar graphisch nicht mehr darstellen lässt, aber rechnerisch durchaus gemeistert werden kann.

In jedem dieser Fälle läuft das Problem darauf hinaus, jene Ecke der geometrischen Figur Polygon, Polyeder oder Polytop zu finden, wo die Optimierung stattfindet, das heißt, wo die Zielfunktion einen Extremwert erreicht. Wie geht man jedoch dabei vor? Bei einem Polytop können durchaus mehrere Millionen Ecken vorkommen, so dass eine erschöpfende Suche gewöhnlich ausscheidet. Wir benötigen folglich eine systematische Methode zur Identifizierung der optimalen Ecke.

Im Jahre 1947 entwickelte der amerikanische Mathematiker George Dantzig ein solches Verfahren – den so genannten Simplex-Algorithmus. Ausgehend von einer Ecke folgt man den Kanten von Ecke zu Ecke und bewegt sich um die gesamte Oberfläche des Polytops. An jeder neuen Ecke gibt es Verzweigungen. Die Entscheidung für einen bestimmten Weg hängt von verschiedenen Kriterien ab. Doch lassen wir die Details des Algorithmus beiseite.

In der Praxis, wenn man den Simplex-Algorithmus auf Probleme mit Hunderten oder Tausenden von Variablen anwendet, arbeitet er äußerst schnell und findet die optimale Ecke nach einer relativ kleinen Anzahl von Schritten. Die professionell erstellten Versionen dieses Verfahrens gehören zu den allerersten Programmpaketen, die für jedes auf wirtschaftliche Nutzung gerichtetes Computersystem im Einsatz sind. Weltweit. Es ist eines der erfolgreichsten und einträglichsten Verfahren der angewandten Mathematik.

Ein bedeutsamer und völlig unerwarteter Fortschritt gelang Anfang 1984 einem jungen Mathematiker namens Narendra Karmarkar von den Bell Laboratories in den USA. Mit Hilfe einer hoch entwickelten Mathematik, die unter anderem auf einer Folge von »Umformungen« des Polytops beruht, hatte er einen effizienten Algorithmus für die lineare Programmierung konstruiert. Die Suchrichtungen werden nicht mehr nur über die Kanten von Ecke zu Ecke auf der Oberfläche des Polytops geführt, sondern auch durch das Innere der zulässigen Menge. In einem Probelauf, in dem es um die Lösung eines Problems mit fünftausend Variablen ging, schnitt Karmarkars Algorithmus fünfzig Mal schneller ab als der Simplex-Algorithmus. Inzwischen wurden an den Bell Laboratories Probleme mit etwa achthunderttausend Variablen mit Karmarkars Algorithmus gelöst – der Computer brauchte dafür etwa zehn Stunden Rechenzeit. Die mit diesem Projekt befassten Wissenschaftler schätzen, dass der Simplex-Algorithmus für die gleiche Lösung einige Wochen gebraucht hätte.

Anwendungsmöglichkeiten für diesen effizienten Algorithmus gibt es in einer ganzen Reihe von Industriezweigen, etwa bei Telefon-, Kommunikations- und Flugnetzen. Um zum Beispiel automatische Verbindungen für Millionen von Ferngesprächen herzustellen, muss entschieden werden, wie sich Telefonkabel, Zwischenverstärker und Satellitenverbindungen möglichst vorteilhaft ausnutzen lassen – ein Mischungsproblem. Ein anderes Beispiel sind Fluggesellschaften, die noch ein großes Potenzial sehen, durch optimale Planung ihrer Flugnetze die Kosten für den Treibstoff zu vermindern.

Auf keinem Gebiet der auf die Wirtschaft angewandten Mathematik steht so viel auf dem Spiel wie in der linearen Programmierung.

Beispiel 2: Banales kann knifflig sein – das Stundenplanproblem

Herr Müller, Mathematik- und Physiklehrer, hat die jährliche Erstellung des Stundenplans an seinem Gymnasium übernommen. Durch Verhandeln und langwieriges Arrangieren ist es ihm bisher immer gelungen, einen befriedigenden Gesamtstundenplan auf die Beine zu stellen. Das tagelange Herumprobieren nach jeder Änderung, bis es endlich klappt, möchte Herr Müller mit Hilfe eines geeigneten Computerprogramms optimieren. Er bräuchte nur die Ausgangsdaten beziehungsweise die Änderungen einzugeben und dann das Programm laufen zu lassen, bis es eine gute Lösung ausspuckt. Da Herr Müller außerdem vorhat, das Programm anderen Gymnasien anzubieten, steht er vor folgendem allgemeinen Stundenplanproblem:

Sei K die Menge der Klassen, die unterrichtet werden müssen, L die Menge der Lehrer, S die Menge der Unterrichtsräumlichkeiten und T die Menge der Stunden oder Zeiteinheiten, die für den Unterricht zur Verfügung stehen.

Weitere Grunddaten sind erforderlich. Zum Beispiel muss die Lehrauftragsverteilung in einer Liste festgehalten werden. Die Elemente r_{kl} dieser »Bedarfsmatrix« $R = (r_{kl})$ geben die Anzahl der Stunden an, die Lehrer l der Klasse k zu geben hat. Da ein Lehrer nur zu bestimmten Stunden für den Unterricht zur Verfügung zu stehen braucht, ist folglich eine »Verfügbarkeitsmatrix« V für den Lehrer gegeben, deren Elemente v_{lt} den Wert 1 oder 0 annehmen, je nachdem, ob Lehrer l in der Zeiteinheit t unterrichten kann oder nicht. Eine andere Verfügbarkeitsmatrix $U = (u_{kt})$ gibt für die Klassen an, wann diese unterrichtet werden können. Und entsprechend gibt eine Verfügbarkeitsmatrix $W = (w_{st})$ für die Säle an, wann diese für den Unterricht frei sind.

Nun hat Herr Müller einen Stundenplan zu erstellen, der darüber Auskunft gibt, wann die Lehrer in welchen Sälen die einzelnen Klassen unterrichten, so dass die folgenden Restriktionen erfüllt sind:

1. Die gesamte Lehrverpflichtung eines jeden Lehrers muss untergebracht sein.
2. Unterricht darf nur zu Zeiten und in Sälen stattfinden, in denen dies aufgrund der Verfügbarkeiten auch tatsächlich möglich ist.

3. Die Einzigkeitsbedingungen müssen erfüllt sein:
   a) Eine Klasse kann nicht gleichzeitig bei verschiedenen Lehrern oder in verschiedenen Sälen Unterricht haben.
   b) Ein Lehrer kann nicht gleichzeitig verschiedene Klassen oder in verschiedenen Sälen unterrichten.
   c) Ein Saal kann nicht gleichzeitig von verschiedenen Klassen oder Lehrern besetzt sein.

So selbstverständlich diese Bedingungen sein mögen: sie müssen alle erst formalisiert werden, das heißt, in ein System von Gleichungen und Ungleichungen mit vielen Variablen überführt werden – bevor der erste Rechenschritt von Millionen überhaupt gemacht werden kann. Dabei weiß Herr Müller, dass es sich nur um ein vereinfachtes Modell handelt, bei dem verschiedene Erfordernisse der Praxis unberücksichtigt bleiben. Hier eine kleine Auswahl von zusätzlichen Restriktionen:
- Gewisse Fächer benötigen Doppelstunden;
- Löcher im Stundenplan sollen vermieden werden;
- die Unterrichtsstunden eines Faches sollen gleichmäßig auf die ganze Woche verteilt werden;
- besonders wichtige Inhalte sollen unterrichtet werden, wenn die Schüler am aufnahmefähigsten sind; und so weiter und so fort.

Diese und die vielen weiteren Restriktionen können dazu führen, dass es überhaupt keine zulässige Lösung gibt. Dann sind die Einschränkungen untereinander so abzuwägen und zu verändern, dass die Menge der zulässigen Lösungen nicht leer ist. Dass ist ein sehr kniffliges, sogar *höherdimensionales* Zuordnungsproblem, bei dem also die Elemente von mehr als zwei Mengen einander zugeordnet werden müssen, und trotzdem ist es leicht verständlich. Ob Herr Müller nicht doch wieder beim langwierigen Herumprobieren landet?

Ähnliche Probleme sind das tägliche Brot der Betriebslogistiker, die nicht nur optimale, zeitlich veränderliche Zuordnungen zwischen verschiedenartigen Aufgaben und Mitteln planen und steuern, sondern noch zahlreiche Restriktionen wie Verfügbarkeiten, Kapazitätsbeschränkungen und unvorhersehbare Störungen unter Termindruck berücksichtigen und beherrschen müssen.

Beispiel 3: Professionelles Geldspiel – das Arbitrageproblem

Frau Schmidt ist Chefin der Abteilung für Fremdwährungen einer Großbank. Dabei muss sie nicht nur den entsprechenden Bedarf durch Einkauf sicherstellen, sondern zugleich die Beschaffung der Fremdwährungen durch Ausnutzung von Kursdifferenzen im internationalen Zahlungsverkehr so optimieren, dass möglichst große Gewinne erzielt werden. Manchmal kann es günstiger sein, Euros zuerst an der Mailänder Börse in schweizer Franken zu verwandeln, um diese dann in Oslo in japanische Yen einzutauschen, bevor man sich damit die benötigten US-Dollars in London oder Zürich beschafft. Selbstverständlich bargeldlos und innerhalb von Minuten. »Arbitrage« heißt dieses Spiel der Währungstauschfolgen zwischen mehreren Börsenplätzen, das als ein Zuordnungsproblem mit Restriktionen dargestellt werden kann – und für das es bewährte Software gibt.

Beispiel 4: Vernetzte Ablaufplanung – Netzplantechniken

Familie Mayer hat den gewünschten Baugrund erstanden und macht sich an die konkrete Planung ihres Traumhauses. Ich brauche Ihnen nicht auszumalen, was bei diesem Projekt alles zu berücksichtigen ist und dass viele – auch formale – Tätigkeiten erst erledigt sein müssen, bevor andere in Angriff genommen werden können.

Bei Ablaufplanungen – wie wohl bei allen Planungsmethoden – wird das Projekt in einzelne Teilarbeiten (oder Vorgänge) zerlegt, die durch ihre Anfangs- und Endpunkte inhaltlich und zeitlich begrenzt sind. Die Reihenfolge der Teilabläufe und deren gegenseitige Beziehungen bilden die (Planungs-)Struktur. Die Vorgänge können nicht nur mehr oder weniger detailliert aufgelistet und zeitlich terminiert werden; sie lassen sich auch, zusammen mit ihren gegenseitigen Beziehungen, graphisch als ein *Netz von Knoten* (Ereignisse) *und Strecken* oder *Kanten* (Tätigkeiten) darstellen. Die Strecken werden mit den minimalen Zeiten bewertet, die für die Vorgänge nötig sind. Einige dieser Strecken werden *kritisch* genannt, nämlich wenn sie keine Zeitreserve aufweisen.

Familie Mayer könnte den folgenden groben Ablaufplan der Hauptaktivitäten in einer Liste festhalten (Tabelle 6).

Für die Schätzungen werden drei Kategorien angegeben: »real« oder die wahrscheinlichste Schätzung, »kurz« oder die optimistische und »lang« oder die pessimistische.

Das graphische Netz dieses Projekts könnte dann aussehen wie in Abbildung 19 dargestellt.

Tab. 6 Liste mit dem groben Ablaufplan der Hauptaktivitäten.

Aktivitäten		Schätzungen (in Tagen)		
		real	kurz	lang
a	Bauplanerstellung	15	9	21
b	Erhalt der Baugenehmigung	30	30	45
c	Vertragsabschlüsse	5	3	10
d	Materialtransport	2	2	3
e	Strom und Wasser für Baustelle	3	3	3
f	Fundament, Unterkellerung	10	8	15
g	Erdetransport für Garten	2	2	3
h	Hochziehen der Mauern	10	8	12
i	Dachkonstruktion, Abdeckung	12	7	14
j	Diverse Arbeiten	10	8	15
k	Fertigstellungsarbeiten	10	9	13

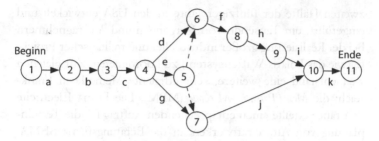

Abb. 19 Graphisches Netz des Projekts von Familie Mayer.

Die kleinen Kreise, Knoten genannt, stellen die Ereignisse dar, während die Pfeile, also die gerichteten Kanten, die Aktivitäten bezeichnen. Die gestrichelten Pfeile stellen so genannte *fiktive* Tätigkeiten dar, um die Kontinuität von Anfang bis Ende gewährleisten zu können.

Herr Mayer besitzt nicht nur einen PC, sondern auch eine kleine Software (mit den Programmteilen »CPM« und »PERT«; siehe nächsten Absatz), die ihm aufgrund der Planungsvorgaben wichtige Resultate mitteilt – zum Beispiel, dass der *kritische Weg* in diesem Netz fünfundneunzig Tage beträgt: der Weg zwischen Beginn und Ende des Projekts, der keine Zeitreserven beinhaltet. Es handelt sich also um die kürzeste Realisierungsdauer, bei der jede Tätigkeit die optimistische, kürzeste Zeit beansprucht. Jeder Tag Verzögerung in Richtung »wahrscheinlichste« oder gar »pessimistische« Schätzung verlängert die Realisierungsdauer entsprechend.

Die »Netzplantechnik«, wie dieses Gebiet allgemein genannt wird, ist in zahlreiche spezielle Netzplanmethoden aufgefächert, von denen die *Critical Path Method* (CPM) und die *Program Evaluation and Review Technique* (PERT) die bekanntesten sind. Diese wurden ursprünglich als reine Terminplanungsmethoden[2] in der

---

[2] Erst später wurden auch Kosten und Einsatzmittel in die gleiche Planungstechnik einbezogen, um eine ganzheitliche Projektbetrachtung und vor allem auch eine bessere Überwachung bei deren Ausführung zu erreichen.

zweiten Hälfte der fünfziger Jahre in den USA entwickelt und eingeführt, um Tausende von Vorgängen und Auftragnehmern bei der Realisierung großer industrieller und militärischer Projekte (wie das Polaris-Waffensystem) zu koordinieren. Zur gleichen Zeit entstand eine weitere, sehr effiziente Methode in Frankreich: die *Metra-Potential-Methode* (MPM). Die Firma Électricité de France erteilte einen entsprechenden Auftrag für die Terminplanung von Atomkraftwerken an die Beratungsfirma SEMA, Société d'Économie et de Mathématiques Appliquées (die zur Metra-Gruppe von Beratungsfirmen gehört – daher der Name der Methode).

Gegenüber heuristischen Planungsmethoden erweisen sich diese mathematisch fundierten Netzplantechniken in jeder Hinsicht als haushoch überlegen. Die enormen Vorteile liegen vor allem in wesentlich kürzeren, transparenteren und kostengünstigeren Realisierungen.

Beispiel 5: Dezentrales Instrument für unsere Umwelt – Petri-Netze

Frau Waldeck ist besonders umweltbewusst. Bei jedem Kauf eines Produkts möchte sie sich am liebsten den entsprechenden Lebenslauf zeigen lassen, um die Marke auszuwählen, die sich am wenigsten gegen die Umwelt versündigt hat. Leider gibt es noch kein allgemein praktikables Verfahren, um Produktlebensläufe, auch Ökobilanzen genannt, zusammenzustellen. Dabei beschäftigt sich die theoretische Informatik schon lange damit, formale Beschreibungsmittel für komplexe Prozesse zu entwickeln. Der Hamburger Informatikprofessor Arno Rolf preist einen Lösungsansatz: »Vor allem die Petri-Netzmethode eignet sich hervorragend zur mathematisch sauberen Modellierung komplexer Stoffströme.«

Der Mathematiker und Informatiker Carl Adam Petri entwickelte vor über dreißig Jahren die nach ihm benannte Netzmethode. Er wollte Systeme formal beschreiben, die nicht zentral gesteuert werden, in denen kein strenges Muster von Anfang und Ende (wie bei der Projektplanung) beziehungsweise von Ursache und Wirkung herrscht, in denen Ereignisse unabhängig voneinander auftreten und teilweise sogar Kreisläufe bilden können. Heute gehört Petris Methode zum Handwerkszeug jedes Informatikers.

Die Grundstruktur der Petri-Netze ist einfach: Passive Elemente (runde »Stellen«) und aktive Elemente (viereckige »Transitionen«) sind durch Pfeile miteinander verbunden (Abbildung 20).

Indem sich Objekte (die »Marken«) durch die Transitionen hindurch von Stelle zu Stelle bewegen, kommt Leben ins Netz. Die Pfeile vernetzen nicht alles irgendwie, sondern nach festen Regeln. Schließlich sind die Netze handfeste und präzise Objekte des mathematischen Modells. Vieles bleibt in unserem groben Modell unberücksichtigt: zum Beispiel die Töpfe, das Wasser, dass heute Samstag ist und dass die Sonne scheint – Modellbildung ist Willkür, Zweckmäßigkeit ihr einziges Erfolgsmaß.

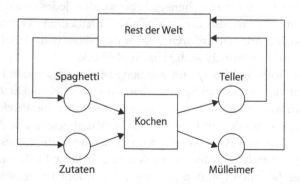

Abb. 20 Beispiel eines einfachen Petri-Netzes mit allen Elementen.

Während wir unsere Nudeln essen, entdecken wir überall Systeme aus passiven und aktiven Elementen, aus Objekten und Handlungen: Akten werden angelegt, über Leitungen wird telefoniert, chemische Substanzen gehen Reaktionen ein. Oder die Wirtschaft: Da wird Eisenerz gefördert, werden Bananen über den Ozean verschifft und Blumen über Kontinente geflogen, Öl und Müll verbrannt. Nützliche Produkte entstehen – und Umweltgifte; die Atmosphäre wird erwärmt.

Informatikdiplomanden an Arno Rolfs Institut kamen auf die Idee, diese umweltbelastenden Stoff- und Energieströme auf der Basis von Petri-Netzen zu modellieren: Die »Stoffstromnetze« wurden entwickelt – als methodische Grundlage für das ökologische Rechnungswesen. Petris Transitionen stehen hier beispielsweise für Produktion oder Transport, also für das Umwandeln von Stoffen; aus Rohstoffen und Vorprodukten werden Fertigprodukte, Abfälle und Schadstoffemissionen. Mit Stellen werden die Lagerorte der beteiligten Stoffe dargestellt. Pfeile zeigen die Wege der Stoffe: Sie verbinden Lagerorte mit Umwandlungsprozessen und die wiederum mit Lagerorten; Petris Netzmodell folgend sind nie zwei Orte oder zwei Prozesse direkt miteinander verbunden. Wechselt also ein Stoff den Lagerort, muss beispielsweise ein Transport zwischengeschaltet werden. Jedes aktive Element im Netz ist also nur mit passiven Elementen verbunden und umgekehrt; erst dadurch werden die Netze vom Anschauungsmittel zur formal handhabbaren Methode.

Jede Stoff- und Energieumwandlung an einer Transition können wir uns analog zum Spaghettikochen so vorstellen: Die Ressourcen werden den Eingangsstellen entnommen, die Produkte und Abfälle werden an den Ausgangsstellen abgelegt. Die Ausgangsstoffe eines Prozesses werden zu Eingangsstoffen eines anderen; so wandern die Stoffe im Netz von Stelle zu Stelle – nach Regeln, die ihnen von den jeweiligen Transitionen vorgeschrieben werden.

Die Eingangs- und Ausgangsstoffe jeder Transition können nun als Input- beziehungsweise Outputseite in einer Ökobilanz dargestellt werden. Und das Umwandeln der Stoffe wird durch Rechenvorgänge in den Transitionen simuliert. Um beispielsweise zu ermitteln, wie ein Holztransport die Umwelt belastet, werden nur die Holzmenge, das Transportmittel und die Entfernung per Hand eingegeben. Wie viel Verpackungsmaterial, Dieselöl und Sauerstoff durch den Transport verbraucht und wie viel Kohlendioxyd und andere Schadstoffe dabei in die Luft gepustet werden, wird automatisch berechnet – etwa aus Daten und Musterrechnungen, die sich zunehmend in computergestützten Umweltbibliotheken finden. Die dort schlummernden Informationen zum Leben zu erwecken und mit den Stoffstromnetzen zu koppeln ist eine reizvolle Perspektive.

Damit Ökobilanzen nicht zu Zahlenfriedhöfen werden, nutzt man die spezielle Struktur der Stoffstromnetze: Teilnetze können systematisch zu einer Transition zusammengefasst werden – und umgekehrt können Transitionen durch detailliertere Teilnetze verfeinert werden. Problemlos kann zwischen Überblicks- und Detailinformation hin- und hergewechselt werden, die Netze sind wahlweise Mikroskop oder Globus.

Eine Möglichkeit der Petri-Netze ist besonders bestechend: Die einzelnen Transitionen können, weil sie von Stellen begrenzt sind, als eigene kleine Welt betrachtet werden – relativ unabhängig vom jeweiligen Gesamtsystem. Man muss nicht das ganze Netz kennen, um die in der lokalen Umgebung fließenden Stoff- und Energieströme zu berechnen und zu steuern. Damit entsteht die ungeheure Chance, relativ unabhängig und folglich dezentral zu handeln – gemäß der Erkenntnis, dass es keine Rolle spielt, wo wir damit beginnen, unseren gesunden Menschenverstand einzusetzen und erkannte Fehler zu korrigieren.

Weil sie anschaulich und leicht zu handhaben sind, laden die Netze dazu ein, Alternativen und neue Ideen durchzuspielen, geplante Prozesse erst einmal zu simulieren. Wer sich eingehend damit befasst, träumt freilich davon, dass aus ihnen ein Universalwerkzeug des Umweltmanagements werden könnte. Den umweltblinden Wertschöpfungsketten der Ökonomen könnte mit »Schadschöpfungsketten« die ökologische Gegenrechnung präsentiert werden.

Ein Grundproblem der Ökobilanzierung wird mit den Stoffstromnetzen allerdings nicht gelöst: Es gibt (noch) keine Ökowährung beziehungsweise Ökosteuer, in der die ökologischen Kosten von Ressourcenverbrauch und Umweltverschmutzung ausgedrückt und verglichen werden könnten. Das ist jedoch kein mathematisches, sondern ein eminent politisches Problem.

Beispiel 6: Keine Erfindung der Zentralen Planwirtschaft – Warteschlangen

Wir haben alle schon die unerfreuliche Erfahrung gemacht, in einer Warteschlange zu stehen: an der Kasse im Supermarkt, an Grenzübergängen, am Postschalter und wo auch immer.

Warum gibt es Wartezeiten? Die Antwort ist relativ einfach: Die Nachfrage nach Dienstleistung ist zeitweise größer als das Angebot. Einige der häufigsten Ursachen liegen darin, dass die Nachfrage nicht gleichmäßig verteilt auftritt, sondern zeitweise gehäuft oder dass die Servicestelle eine zu niedrige Kapazität aufweist oder dass eine zufällige Anhäufung längerer Bearbeitungszeiten entsteht.

Ein Wartesystem kann wie folgt beschrieben werden: Kunden treffen ein, um eine Dienstleistung zu beanspruchen, sie warten, bis sie an die Reihe kommen, und verlassen schließlich das System, nachdem sie bedient worden sind. Der Ausdruck »Kunde« wird in einem sehr allgemeinen Sinne gebraucht und bezeichnet nicht notwendig einen Menschen; ein Kunde könnte also beispielsweise auch ein auf seine Starterlaubnis wartendes Flugzeug sein, ein Computerprogramm, das für seine Ausführung bereitsteht, oder ein Metallteil, das durch einen Arbeiter oder Automaten verarbeitet werden soll.

Ein Wort zu den Regeln der Servicereihenfolge. Im Postamt oder an der Supermarktkasse wird der Kunde, der zuerst da ist, auch zuerst bedient. *First come, first served* (FCFS) oder auch *first in, first out* (FIFO) wird diese Regel genannt. Nicht selten gibt es aber andere Prioritäten. Als ich an meiner Dissertation arbeitete, durften meine Programme nur nachts zwischen zehn und drei Uhr auf der Großrechenanlage laufen; tagsüber waren Leute mit höherer Priorität dran. In manchen Firmen herrscht für kurz zwischengelagerte Ware, die weder verderblich ist noch obsolet wird, sogar die Regel *last in, first out* (LIFO) – aus offensichtlichen Handhabungsgründen.

Schematisch lässt sich ein Wartesystem sehr einfach darstellen (Abbildung 21).

Die Kunden treffen an zufälligen Zeitpunkten ein, und die Service- beziehungsweise Bearbeitungszeiten sind verschieden lang; zudem können genau eine oder auch mehrere Servicestellen in Betrieb sein. Symbolisch wird das Wartesystem durch ein Tripel der Form A/B/C ausgedrückt, wobei A den Input, das heißt die statistische Verteilung der Zugänge, beschreibt, B

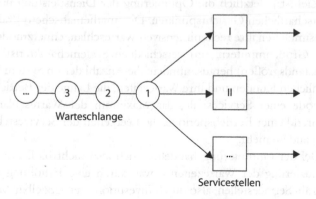

Abb. 21   Darstellung eines einfachen Wartesystems.

für die Servicezeitverteilung steht und C die Anzahl der parallelen Servicestellen darstellt. Speziell bedeutet das Wartesystem M/M/m, dass die Zugänge ebenso wie die Servicezeiten die so genannte Markov-Eigenschaft besitzen (einen Poisson-Prozess bilden beziehungsweise einer Exponentialverteilung gehorchen) und dass das System m parallele Stellen hat. Es wird dann versucht, das zeitabhängige (*transiente*) Verhalten des Systems mathematisch zu beschreiben. Lösungen sind meist nur unter starken Beschränkungen einfach zu erhalten. Da hier ausgiebig von der Wahrscheinlichkeitstheorie (und der Differenzial- und Integralrechnung) Gebrauch gemacht wird, kann man sich unschwer ausmalen, wie »unverdaulich« die Formeln werden. Schon im Fall des grundlegenden Modells M/M/1, also mit nur einer Servicestelle, bekommt der Mathematiker (sehr komplizierte) Besselfunktionen für die zeitabhängigen Zustandswahrscheinlichkeiten, welche die Länge der Warteschlange beschreiben. Angesichts der zunehmenden Komplexität, in der sich die Ergebnisse der Warteschlangentheorie (trotz großer Anschaulichkeit und konkreten Bezugs zur Realität) darbieten, werden Näherungsmethoden, die vor allem für den Praktiker brauchbare Resultate liefern, immer wichtiger.

Ziel ist ja letztlich die Optimierung der Dienstleistung unter wirtschaftlichen Gesichtspunkten. Die (mathematischen) Praktiker simulieren ihre rechenintensiven Warteschlangennetzmodelle auf Großcomputern, um verschiedene Systemcharakteristiken (Zustandsgrößen) herauszufinden: die Anzahl der im System befindlichen Kunden und ihre Wartezeiten, die Länge der Betriebsperiode einer Servicestelle, das Maximum der Warteschlange während einer Betriebsperiode, die Leerzeiten der Servicestellen und andere mehr.

Bei der Optimierung handelt es sich also nicht bloß um die Reduzierung der Wartezeiten – was durch eine Erhöhung der Anzahl Servicestellen, also durch Investition, stets erzielbar wäre. Vielmehr muss der Dienstleister darauf bedacht sein, den Service so zu gestalten, dass er selbst sein wirtschaftliches Ziel optimal erreicht.

Anmerkung: Zahlreiche Aspekte der Optimierung von Flüssen in Netzwerken – wie auch das Problem des Straßenverkehrs und der Stauvorhersage – sind mit Warteschlangennetzmodellen eng verwandt.

Beispiel 7: Mehrstufige Entscheidungen – dynamische Programmierung

Herr Petersen überlegt, ob er sich nicht einen neuen oder zumindest neuwertigen Mittelklassewagen kaufen sollte – von der gleichen Marke, die er seit Jahren gewohnt ist und mit der er gute Erfahrungen gemacht hat. Im letzten Halbjahr waren zwei größere Reparaturen angefallen, und besser wird das Auto mit der Zeit ja nicht. Beiläufig bespricht er das Thema mit einem guten Bekannten, einem Mathematiker.

»Das trifft sich gut«, meint dieser, »einer unserer Diplomanden rechnet gerade ein paar Beispiele zur dynamischen Optimierung durch.«

Etwa eine Woche später sehen sich die beiden wieder. Der Bekannte berichtet: »Es war nicht ganz leicht, zuverlässige Daten zu erhalten, etwa Ankaufs- und Verkaufswert dieses Autos für die verschiedensten Altersstufen oder Daten über die durchschnittlichen Unterhaltskosten und deren Entwicklung in Abhängigkeit vom Alter. Wir haben eine durchschnittliche Fahrleistung von fünfzehn- bis zwanzigtausend Kilometern im Jahr zugrunde gelegt. Die Berechnungen haben nun zu folgende optimale Strategie geführt:

Hat man ein Auto dieses Typs, das weniger als dreieinhalb Jahre alt ist, so behält man es. Andernfalls verkauft man es und kauft sich stattdessen ein anderthalb Jahre altes. Dieses behält man nun wieder, bis es dreieinhalb Jahre alt geworden ist, und so weiter.

Kauft man sich zum ersten Mal ein Auto, so wählt man natürlich ebenfalls eins aus, das anderthalb Jahre alt ist.«

»Das klingt plausibel«, meint Herr Petersen. »Erstens fährt man mit relativ neuwertigen Wagen am günstigsten, da bei diesen die Reparaturkosten in der Regel am geringsten sind. Und zweitens ist die Anschaffung eines neuwertigen Wagens billiger als die eines fabrikneuen, da im Gebrauchswert wohl kaum, im Kaufpreis jedoch ein beträchtlicher Unterschied zwischen diesen besteht.«

Dies ist ein Beispiel für ein Erneuerungsproblem, das sich auch für andere Investitionsgüter stellt. Die Lösung derartiger Probleme, bei denen nach dem günstigsten Erneuerungszeitpunkt von Anlagen, Anlageteilen, Katalysatoren in einem Reaktor und dergleichen gefragt wird, hat für die industrielle Praxis einen hohen Stellenwert, ja sie stellt nicht selten eine Überlebensfrage für den Industriebetrieb dar, denn der Produktivitätsverlust überalterter Anlagen wird schnell größer als die finanziellen Mittel für eine rechtzeitige Erneuerung – ganz abgesehen von den erheblichen Gefahren, die von überalterten Anlagen ausgehen können.

Die »dynamische Optimierung« (oder auch »dynamische Programmierung«) ist eine besonders geeignete, spezielle Methode der Optimierungstheorie, mit der eine bestimmte Art sequentieller Entscheidungsprobleme gelöst werden kann. Ich möchte die Grundidee dieser Aufgabenstellung in größerer Allgemeinheit skizzieren. Gleichzeitig lade ich Sie ein, diesen recht einfachen, aber allgemeinen Gedankengang übungshalber mit zu vollziehen. Denken Sie ruhig an das Autoerneuerungsbeispiel, falls Sie der größeren Anschaulichkeit halber einen konkreten Bezug haben möchten.

Wir betrachten ein technisches, wirtschaftliches oder anderes System in seinem zeitlichen Verlauf von einem Anfangszeitpunkt t' bis zu einem Endzeitpunkt t"; mit anderen Worten, wir betrachten einen so genannten Prozess. Insbesondere bei wirt-

schaftlichen Aufgabenstellungen heißt das Zeitintervall [t', t'']
»Planungshorizont«.

Wir nehmen an, dass der Planungshorizont in n Zeitstufen
oder -perioden eingeteilt werden kann, so dass auf jeder Stufe
alle das Verhalten des Systems im zeitlichen Ablauf beschrei-
benden Größen konstant sind und sich nur von Stufe zu Stufe[3]
ändern.

Der Zustand des Systems werde zu jedem Zeitpunkt t aus
dem Intervall [t', t''] durch eine Zustandsvariable x beschrieben.
Zu Beginn der ersten Stufe (Zeitpunkt t = t') befinde sich unser
System in dem vorgegebenen Zustand $x_0 = x'$. Nun wird eine
Entscheidung y_1 gefällt, durch die das System in den Zustand x_1,
der von x_0 und y_1 abhängt, übergeht, eine Abhängigkeit, die wir
einfach in der Form $x_1 = x_1(x_0, y_1)$ ausdrücken. Dieser Zustand
bleibt konstant bis zum Ende der ersten Stufe. Erst zum Zeitpunkt, der den Beginn der zweiten Stufe markiert, wird dann eine
Entscheidung y_2 gefällt, die das System in den Zustand $x_2 = x_2(x_1,
y_2)$ überführt und so weiter. Ein solcher Prozess ist *steuerbar*, das
heißt, zu Beginn jeder der n Stufen wird eine gewisse Entscheidung y_i gefällt, die seinen weiteren Verlauf bestimmt (man nennt
ihn deshalb auch Entscheidungsprozess).

Außerdem sei jedem Zustand (jeder Stufe) des Systems ein
bestimmter Gewinn u_i zugeordnet. Der Gewinn auf einer Stufe
hängt, wie der Stufenzustand selbst, direkt nur vom Zustand der
Vorstufe und von der zum Stufenbeginn gefällten Entscheidung
ab: $u_i = u_i(x_{i-1}, y_i)$.

In dieser Weise fahren wir fort, bis wir am Ende des Prozesses
(Ende der n-ten Stufe) das System in den Zustand $x_n = x''$ überführt haben. Die Abbildung 22 stellt den Sachverhalt dar.

---

[3] Bei unserem Beispiel der Autoerneuerung wurde ein Planungshorizont von
zehn Jahren in vierzig gleich große Zeitperioden von einem Vierteljahr unter-
teilt. Im Prinzip kann man sich die Zeitstufen Δt beliebig klein denken; beim
Grenzübergang $\Delta t \rightarrow 0$ erhält man dann kein *diskretes* dynamisches Optimierungsproblem mehr, sondern ein *kontinuierliches*.

Die Folge der Entscheidungen $\{y_1, y_2, \ldots, y_n\}$ bewirkt eine Steuerung des Prozesses und wird auch »Politik« genannt. $U = u_1 + u_2 + \cdots + u_n$ stellt den Gesamtgewinn dar.

Nun kann die Aufgabe der dynamischen Programmierung formuliert werden: *Gesucht ist eine Steuerung des Prozesses, die den Gesamtgewinn maximiert.*

Eine derartige Steuerung $\{y_1{}^*, y_2{}^*, \ldots, y_n{}^*\}$ heißt »optimale Steuerung«, »optimale Politik« oder auch »optimale Entscheidungsfolge«.

Deuten wir die u_i als Verluste oder Kosten, so ist U natürlich zu minimieren. Diesen Fall können wir jedoch aufgrund des »Dualitätsprinzips der Optimierung«[4] auf denjenigen der Maximierung des Gewinns als »negativen Verlust« -U zurückführen.

Das Ziel, die Formulierung eines allgemeinen Problems der dynamischen Programmierung, ist somit erreicht, doch möchte ich dieses faszinierende Problemgebiet nicht verlassen, ohne ein grundlegendes Resultat wenigstens zu erwähnen, nämlich das so genannte »Optimalitätsprinzip von Bellman«: Eine optimale (Unter-)Politik $y_j{}^*, y_{j+1}{}^*, \ldots, y_n{}^*$ eines auf der Stufe j beginnenden Teilprozesses ist nur abhängig von dem Wert x_{j-1} der Zustandsvariablen zu Beginn der Stufe j und nicht direkt von den vorhergehenden Entscheidungen $y_1, y_2, \ldots, y_{j-1}$ des Gesamtprozesses. (Erinnert das nicht wieder einmal an die Erkenntnis, dass es keine Rolle spielt, wo wir damit beginnen, unseren gesunden Menschenverstand einzusetzen und erkannte Fehler zu korrigieren?)

Das Optimalitätsprinzip von Bellman wird auch oft wie folgt formuliert: *Jede Unterpolitik einer optimalen Politik ist optimal.* Logisch äquivalent dazu: Ist zumindest eine Unterpolitik nicht opti-

---

[4] Das »Dualitätsprinzip der Optimierung« besagt, dass die Minimierung jeder Zielfunktion z zum gleichen Ergebnis führt wie die Maximierung der Zielfunktion $-z$. Und umgekehrt kann jede Maximumaufgabe $z \rightarrow$ max in die Gestalt $-z \rightarrow$ min gebracht werden. Stellen in unserem obigen Fall U Kosten oder Verluste dar, dann gilt es, diese zu minimieren. Das ist wiederum äquivalent zur Maximierung des (negativ genommenen) Ausdrucks $-U$. (Man beachte nur, dass $-U$ positiv ist, wenn U negativ ist.)

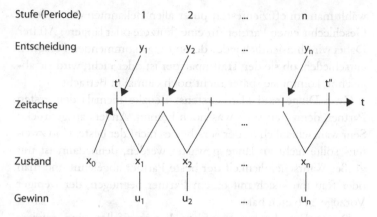

Abb. 22 Schematische Darstellung aller Elemente eines dynamischen Entscheidungsprozesses.

mal, so kann auch die Politik des Gesamtprozesses nicht optimal sein. (Die Umkehrung gilt selbstverständlich nicht: Eine spezielle optimale Unterpolitik beweist nicht, dass auch die Politik des Gesamtprozesses optimal ist; eine optimale Entscheidung schützt uns also nicht vor einer künftigen Fehlentscheidung.)

Beispiel 8: Wie findet man oder frau den Traumpartner?

Bei allen Optimierungsproblemen geht es darum, unter einer bestimmten Anzahl von Alternativen möglichst effizient die beste auszuwählen. Manchmal liegt die Schwierigkeit aber darin, dass zu Beginn noch völlig unklar ist, wie gut die einzelnen Möglichkeiten sind. Wir betrachten das folgende wichtige Problem[5]: Wie

---

[5] Es ist in der Fachliteratur unter dem Stichwort »Sekretärinnenproblem« zu finden. Das hier angegebene Beispiel habe ich in leicht abgewandelter Form dem lustigen Bändchen *In Mathe war ich immer schlecht...* von Albrecht Beutelspacher entnommen.

wählt man am effizientesten unter allen Bekannten des anderen Geschlechts einen Partner für eine (kürzere oder längere) Affäre? Dabei wird hinsichtlich jeder der in Frage kommenden Personen entschieden, ob sie der Traumpartner ist oder nicht; wird sie abgelehnt, kommt sie später nicht noch einmal in Betracht.

Zwei Dinge sind klar. Erstens: Behalte niemals den ersten Partner, denn wer weiß, was noch kommt. Anders ausgedrückt: Sehr wahrscheinlich ist der »erstbeste« nicht der beste. Und zweitens sollte nicht zu lange gewartet werden, denn dann ist mit großer Wahrscheinlichkeit der beste Partner abgelehnt und man oder frau muss sich mit einem Partner begnügen, der weniger Vorzüge zu bieten hat.

Dieses Entscheidungsproblem hat zweifellos eine gewisse Ähnlichkeit mit den mehrstufigen Entscheidungen der dynamischen Programmierung – ist aber mit weniger Information (mehr Ungewissheit) behaftet. Wie im richtigen Leben.

Die Strategie liegt auf der Hand. Da zu Beginn keinerlei nützliche Information vorliegt, wird man oder frau zuerst eine gewisse Anzahl von Möglichkeiten testen müssen – wobei die Testprozedur hier nicht zur Debatte steht. *Diese anfänglichen Möglichkeiten werden verworfen.* Danach wird das Testverfahren fortgeführt – und der erste Partner ausgewählt, der besser ist als alle vorherigen.

Die Frage, um die es hier geht: Wie viele potenzielle Partner müssen sich ohne Aussicht auf Erfolg dem Testverfahren unterwerfen? Die Mathematik hat bewiesen, dass rund 37 Prozent der in Frage kommenden Bekannten einer Testprozedur ohne Erfolgsaussicht unterzogen werden sollen; genauer ist es ein Bruchteil von $1/e$, wobei $e \approx 2{,}718$ die (transzendente) Euler'sche Zahl ist. Interessanterweise ist der Prozentsatz unabhängig von der Anzahl der Testpartner: Egal, ob zehn oder tausend Kandidaten ernsthaft in Erwägung gezogen werden, stets ist es die beste Strategie, zunächst 37 Prozent auszuprobieren und diese zu verwerfen.

Bohrende Fragen – zumindest aus der Sicht des zu testenden Anwärters – können nicht ausbleiben: Was ist, wenn ich, der Idealpartner, unter den ersten 37 Prozent und damit von vornherein ausgeschlossen bin? Und was ist, wenn ich, der beste, erst am Ende getestet werden soll und also gar nicht zum Zug komme? Ist das Verfahren nicht total unfair? Nein, es ist das beste Verfahren. Denn mit einer Wahrscheinlichkeit von immerhin $1/e \approx 37$ Prozent findet man oder frau tatsächlich den Traumpartner! (Sollte einem einer der geschilderten Nachteile widerfahren, könnte man danach trachten, sich bei einer erneuten Wahl wieder in Positur zu bringen – oder aber selbst aktiv zu werden.)

Auch der aktiv Suchende kann in der Praxis Schwierigkeiten bekommen, die optimale Strategie zu befolgen – zum Beispiel wenn er sich in einen Kandidaten, der verworfen werden soll, verliebt.

Weitere Beispiele – ganzzahlige Optimierung

In Wirtschaft und Technik spielen Probleme, in denen gewisse Variable nur ganzzahlige Werte annehmen können, eine besonders wichtige Rolle, führen doch Optimierungsaufgaben, in denen Stückzahlen vorkommen oder die Alternative »wahr« oder »falsch« auftritt, auf natürliche Weise zu ganzzahligen Problemen. Historisch gesehen waren es die Transport- und Zuordnungsprobleme, zu deren Lösung die ersten Verfahren entwickelt wurden. Diese Klasse von ganzzahligen linearen Programmen besitzt die bequeme Eigenschaft, dass die zugehörigen gewöhnlichen linearen Programme (Simplexverfahren) bei ganzzahligen Ausgangswerten von selbst ganzzahlige Resultate ergeben. Bei anderen (nichtlinearen) Typen von ganzzahligen Optimierungsaufgaben ist dies nicht der Fall – woraus sich außerordentlich schwierige Probleme ergeben, die zum großen Teil noch gar nicht gelöst sind.[6]

Das Rucksackproblem

Zu den einfachsten ganzzahligen Optimierungsproblemen gehört das »Rucksackproblem«. Der Name rührt von folgender Interpretation her: Ein Wanderer möchte n verschiedene Dinge auf eine Bergtour mitnehmen. Diese Dinge haben für ihn den Wert w_j, und ihr Gewicht sei g_j $(j = 1, 2, ..., n)$. Ferner sei x_j die Anzahl, die der Wanderer vom j-ten Gegenstand mitnimmt. Das Gewicht des Rucksacks sei durch b beschränkt. Welche und wie viele Gegenstände sollen mitgenommen werden, damit der Wert des Rucksackinhalts maximal wird?

Sie mögen einwenden, es sei nicht realistisch, den Wert w_j des j-ten Gegenstandes unverändert hoch zu veranschlagen, wenn man mehrere davon mitnimmt $(x_j > 1)$, da deren Nutzen mit der Anzahl in der Regel abnimmt. Sie haben recht: Ein zweiter, identischer Schraubenzieher hat in den meisten Fällen einen geringeren Wert als der erste. Dann müssen Sie aber das Modell dahingehend verfeinern, dass der Wert w_j keine Konstante ist, sondern in gewünschter Weise für jeden Gegenstand j von dessen Anzahl x_j abhängt: $w_j = w_j(x_j)$.

Diese Optimierungsaufgabe tritt nicht nur auf, wenn ein Raum mit gewissen Dingen bepackt wird und die wertvollste Ladung zu bestimmen ist, sondern auch, wenn ein Raum in verschieden wertvolle Teile zerschnitten werden soll und man jene Zerschneidung sucht, die den größten Wert für die einzelnen Teile ergibt.

---

[6] Einer der Gründe dafür ist recht hinterhältig: Rundet man die optimale Lösung eines nichtganzzahligen Optimierungsproblems auf den nächsten ganzzahligen Wert, so erhält man nicht zwangsläufig die optimale Lösung des zugehörigen *ganzzahligen* Optimierungsproblems!

Beispiel: Zerschneidung einer Glasplatte in Fensterscheiben verschiedener Größen.

Für Rucksackprobleme stehen relativ schnelle Lösungsverfahren zur Verfügung, für die oft die dynamische Programmierung (Beispiel 7) herangezogen wird.

Das Rundreiseproblem

Auch das »Rundreiseproblem« (syn. »Problem des Handlungsreisenden« oder »Travelling Salesman Problem«) lässt sich leicht beschreiben: Ein Reisender soll n Städte besuchen und wieder zum Ausgangsort zurückkehren. Wie muss er seine Rundreise planen, damit die Kosten möglichst niedrig sind? Anstatt der Kosten kann auch der Weg (oder die Zeit) minimiert werden.

Dieses Problem wurde berühmt, weil sich in ihm Einfachheit der Fragestellung mit Schwierigkeit der Lösung verbindet. Die Schwierigkeit liegt vor allem bei der »Berechnungsstrategie«, da eine Lösung offensichtlich existiert! Wird jeder Ort nur einmal im Verlauf der Rundreise besucht, so gibt es nämlich die astronomische Zahl von $(n - 1)! = 1 \cdot 2 \cdot 3 \cdot ... \cdot (n - 1)$ möglichen Touren, wobei eine oder auch mehrere minimale Kosten aufweisen. Zum Beispiel liegt 15! bereits in der Größenordnung von $1{,}3 \cdot 10^{12}$ (1300 Milliarden oder 1,3 Billionen). Eine erschöpfende Aufzählung aller Möglichkeiten, »vollständige Enumeration« genannt, ist für ein Rundreiseproblem der »Ordnung 30« auch für die schnellste Computerwelt jenseits von Gut und Böse, da 30! ungefähr gleich $2{,}65 \cdot 10^{32}$ ist: Selbst bei Auflistung einer Milliarde (10^9) Touren pro Sekunde würde ein Supercomputer $2{,}65 \cdot 10^{32 - 9} = 2{,}65 \cdot 10^{23}$ Sekunden brauchen. Vergleichsweise bilden etwa $3 \cdot 10^{16}$ Sekunden bereits eine Milliarde Jahre. Es handelt sich um eine *kombinatorische Optimierungsaufgabe*, bei der der Rechenaufwand exponentiell mit der Ordnung n des Problems ansteigt. Andererseits existieren überraschend wenige wichtige theoreti-

sche Aussagen zu diesem Problem. Wie hat man sich bisher aus
der Klemme gezogen?

»Branch and bound« oder »Teile und herrsche«

Wortwörtlich »verzweige und beschränke« heißt die schlaue Ver-
legenheitslösung. Ich möchte diese »Verzweigungsmethode«, wie
sie auch genannt wird, nur kurz andeuten. Die Grundidee ist, wie
meistens, recht einfach:

Man konzipiert einen Entscheidungsbaum, der in systemati-
scher Weise alle potenziellen Möglichkeiten enthält. Die Adjektive
systematisch und *potenziell* besagen bereits, dass die Möglichkeiten
in Wirklichkeit nur angedeutet werden, allerdings in systemati-
scher Weise – dass man also nur mit einem strukturierten Schema arbeitet. So ein Schema wird »Entscheidungsbaum« genannt.
Er besteht aus Entscheidungsknoten und Verzweigungen oder
Ästen. Auf diesem Schema wird dann eine geordnete Suchreihenfolge festgelegt: Ausgehend von einem ersten Knoten führen
Verzweigungen beziehungsweise Äste zu weiteren Knoten, bis
der Entscheidungsbaum am Ende prinzipiell alle Möglichkeiten
des Problems, das heißt alle potenziellen Entscheidungen, auf-
fächert. Das ist der »Branch«-Teil.

Nun wird der Baum gemäß der Suchreihenfolge systematisch
beschritten. Dabei wird diese Suche von gewissen Kriterien
begleitet, die eine Entscheidung darüber ermöglichen, ob auf
dieser oder jener Astfolge weitergesucht werden soll. Das Entscheidende an der Methode sind diese Kriterien, die zum Teil
aus den Restriktionen gewonnen werden und die darüber hinaus
vielleicht auch schon recht gute Werte der Zielfunktion widerspiegeln. Wird ein Kriterium an einer Stelle des Astes verletzt,
oder übersteigt (bei einer Minimierung von Kosten) ein teilwei-
ser Zielfunktionswert bereits einen wie auch immer gewonnenen

bisherigen besten Referenzwert (Oberschranke), so braucht diese Astfolge nicht weiter verfolgt zu werden – sie wird verworfen. Das ist der »Bound«-Teil: das Verwerfen der schlechten Astfolgen und die Beschränkung auf die noch aussichtsreichen. Es ist, als ob ich extrem kurzsichtig wäre und auf einem Riesenobstbaum, dessen Äste weit in den Himmel ragen, nach Früchten suchte: Sehe ich einen toten Ast, könnte ich ihn sofort verwerfen, weil ich auf ihm das Gesuchte sicher nicht finden würde.

Nach diesem Prinzip gelingt es beim »Branch and bound« -Verfahren, die Anzahl der untersuchten Äste auf einen kleinen Bruchteil aller Möglichkeiten zu reduzieren und am Ende (mindestens) eine gesuchte Nadel im Heuhaufen zu finden, ohne jeden Halm einzeln in die Finger genommen zu haben.

Das Steiner-Problem

Ein Problem, das dem Rundreiseproblem ähnelt und vergleichbare Komplexität aufweist, bildet folgende Frage: Wie findet man das kürzeste Netzwerk heraus, das eine beliebige Anordnung von beispielsweise hundert Punkten durch gerade Linien verbindet?[7] Ein sehr einfaches Beispiel mit vier rechteckig angeordneten Punkten ist in Abbildung 23 dargestellt. Das Netzwerk als Problem diesmal – nicht als Mittel zur Lösung anderer Probleme. Nicht einmal die schnellsten Computer und die besten mathematischen Denker haben dieses Problem *exakt* lösen können. Dabei fehlt es keineswegs an Anwendungen: Die Konstruktion von Telefon-, Pipeline- und Straßennetzen ist volkswirtschaftlich

---

[7] Das Problem hat der Schweizer Mathematiker Jakob Steiner (1796 bis 1863) aufgeworfen; er lehrte Geometrie an der Universität Berlin. Man spricht auch vom Steiner-Problem. Es kann nicht gelöst werden, indem man einfach Verbindungslinien zwischen den Punkten zieht – wohl aber dadurch, dass man Hilfspunkte, so genannte Steiner-Punkte, hinzufügt, die als Verzweigungspunkte des Netzes dienen (siehe Skizze).

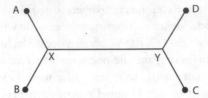

Abb. 23   Optimales Netz für vier rechteckig angeordnete Punkte A, B, C und D. X und Y stellen die Steiner-Punkte dar; jeder Winkel beträgt 120 Grad.

relevant. Die vielleicht nützlichste Anwendung ist das Design elektronischer Schaltkreise: Je kürzer ein Netz von Leiterverbindungen in einem integrierten Schaltkreis ist, desto weniger Zeit benötigt es zum Laden und Entladen und desto schneller arbeitet es. Schaltkreise gehorchen jedoch einer »eingeschränkten« Geometrie, da die Leiterverbindungen in der Regel nur vertikal und horizontal verlaufen – im Gegensatz zu Straßen- und Telefonnetzen.

Eine weitere (dreidimensionale) Anwendung ist die Konstruktion von Minimalflächen, beispielsweise in der Architektur: Wie bestimmt man zu einer gegebenen Berandung die optimale Form der eingespannten Fläche? Optimal heißt hier: wenig Material benötigend, um leichte, einfach zu erstellende Strukturen zu schaffen. Seifenhäute liefern gute Modelle für Minimalflächen. Mit ihnen können Gebilde erkundet werden, die oft so schwierig sind, dass sie nicht präzise mathematisch beschrieben werden können. Durch Experimente gelingt es aber, zahlreiche mathematische Probleme zu lösen, die mit Flächen und ihren Randlinien zusammenhängen. Genau so entstanden mehrere Dächer von olympischen Gebäuden in München, die wie über Spinnennetze gelegte Seifenhäute wirken: Formen, die noch niemals zuvor für Gebäude verwandt wurden.

Besonders kombinatorische Optimierungsaufgaben mit ihrer astronomischen Anzahl von Möglichkeiten werden die Mathematiker noch lange ärgern – und faszinieren. Im folgenden Abschnitt versuche ich zu erklären, weshalb diese Probleme trotz modernster Schnellrechner so schwierig bleiben.

Komplexität – algorithmisch gesehen

Bei jedem Algorithmus hängt die Anzahl der Rechenschritte (oder die Laufzeit) vom Umfang der Eingabedaten des Problems ab. Für diesen Umfang der Eingabedaten hat sich in der mathematischen Umgangssprache auch die Bezeichnung »Dimension« des Problems eingebürgert. Somit können wir die *Effizienz* eines Algorithmus durch die Art messen, *wie* die Laufzeit mit der Dimension des Problems variiert. 1965 wurde vorgeschlagen, dass die beiden extremen Fälle, die grob dem entsprechen, was nach aller Erfahrung als »gute« und »schlechte« Algorithmen gilt, *polynomiale* und *exponentielle* Laufzeit sind.

Wenn die Laufzeit für eine Problemdimension n wie eine feste Potenz, etwa n^2 oder $10n^{17} + 3n^5$, wächst, dann läuft der Algorithmus in *polynomialer Zeit* (Polynomialzeit-Algorithmus). Wächst sie wie 2^n oder schneller, etwa $3^n + n^{100}$ oder gar n!, so läuft er in *exponentieller Zeit* (Exponentialzeit-Algorithmus). Demnach ist der aus der Schule her bekannte euklidische Algorithmus (der den größten gemeinsamen Teiler zweier natürlicher Zahlen bestimmt) »gut« oder effizient, weil er in linearer Zeit (der ersten Potenz von n) abläuft, während sich die Faktorzerlegungsmethode (Seite 35 f.) als »schlecht« oder ineffizient erweist, weil ihre Laufzeit exponentiell ist. Desgleichen ist auch kein Algorithmus für das Rundreiseproblem bekannt, der (in diesem Sinne) effizient wäre.

Tab. 7 Komplexität: Computerrechenzeit in Abhängigkeit der Laufzeitfunktion L und des Datenumfangs n eines Problems.

L	Umfang der Daten: n (Dimension)					
	10	20	30	40	50	60
n	0,00001 s	0,00002 s	0,00003 s	0,00004 s	0,00005 s	0,00006 s
n^2	0,0001 s	0,0004 s	0,0009 s	0,0016 s	0,0025 s	0,0036 s
n^3	0,001 s	0,008 s	0,027 s	0,064 s	0,125 s	0,216 s
2^n	0,001 s	1,0 s	17,9 m	12,7 T	35,7 J	36600 J
3^n	0,059 s	58 m	6,5 J	385500 J	$2 \cdot 10^{10}$ J	$1,3 \cdot 10^{15}$ J

(s: Sekunden; m: Minuten; T: Tage; J: Jahre)

Im Jahre 1798 hat Thomas Malthus eine berühmte Abhandlung über Demographie geschrieben, in welcher er das lineare Wachstum der Nahrungsvorräte dem exponentiellen Wachstum der Bevölkerung gegenüberstellte. Der entscheidende Punkt ist, dass bei langen Laufzeiten exponentielles Wachstum unweigerlich die Oberhand gewinnt, wie langsam auch immer es beginnt. (Somit spielt im obigen Ausdruck $3^n + n^{100}$ das Polynomialglied n^{100}, so Furcht erregend es aussehen mag, gegenüber dem Exponentialglied 3^n für große n kaum eine Rolle.)

Nehmen wir an, dass ein Computer eine elementare Rechenoperation pro Millionstel Sekunde (0,000001 s) ausführt. Die Tabelle 7, deren Werte Sie mit einem Taschenrechner leicht und schnell überprüfen können, zeigt für einen gegebenen Datenumfang n und eine gegebene Laufzeitfunktion, wie viel Zeit der Computer benötigt, um die Rechnung durchzuführen.

Man beachte die geradezu explosive Wachstumsgeschwindigkeit für die zwei Exponentialfunktionen. Die Rechenzeit für n = 50 bei der Laufzeitfunktion von 3^n beträgt 20 Milliarden Jahre, deutlich mehr als das vermutete Alter des Universums, und für n = 60 ist die Rechenzeit sogar noch 65 000 mal so lang.

Jedes Optimierungsproblem hat eine Zielfunktion $z = z(x)$, deren Wert minimiert oder maximiert werden soll. Die Unterscheidung polynomial/exponentiell wird nun eine neue und interessante Wendung nehmen. (Denken Sie daran, dass diese Unterscheidung bisher nur in grober Form getroffen wurde.)

Sei **P** die Klasse von Problemen, die durch Algorithmen gelöst werden können, die in polynomialer Zeit ablaufen: Das sind die *leichten* Probleme, die einen *guten*, effizienten Algorithmus haben. Eine (vermutlich) allgemeinere Klasse, welche die meisten interessanten, schwierigen Probleme enthält, heißt **NP**: die Klasse jener Probleme, die sich in *nichtdeterministischer polynomialer Zeit* lösen lassen. Erläuterung: Wir nehmen irgendein Optimierungsproblem mit seiner Zielfunktion $z(x)$, die minimiert werden soll. Angenommen, für eine gegebene Zahl b sei es möglich, in polynomialer Zeit *festzustellen*, ob das Problem eine – zulässige – Lösung x mit $z(x) < b$ hat. Dann gehört das Problem definitionsgemäß der Klasse **NP** an. Beachten Sie, dass der schwierige Teil – die optimale Lösung zu *finden* – nicht verlangt wird.[32]

Nun ist offensichtlich jedes Problem aus **P** auch in **NP**. Gilt aber auch die Umkehrung? Mit anderen Worten: Wenn es möglich ist, eine Lösung in polynomialer Zeit zu *testen*, kann man sie dann auch in polynomialer Zeit *finden*? Kaum anzunehmen[8]. Wir erwarten eher, dass die beiden Komplexitätsklassen **P** und **NP** unterschiedlich sind, dass $P \neq NP$ gilt, dass die Klasse **NP** also echt umfangreicher ist als die Klasse **P**. Es scheint, als sei es nicht allzu schwer, dies zu entscheiden, aber dem ist nicht so. Das Vertrackte daran ist: Es erweist sich als äußerst schwierig zu beweisen, dass ein Problem *nicht* in polynomialer Zeit gelöst werden *kann*. Man müsste sich dazu *alle möglichen Algorithmen* ver-

---

[8] Und auch kaum auszudenken! Erinnern wir uns: Die geheime Nachrichten-übermittlung, die PIN-Codes und die elektronischen Unterschriften (Kryptologie) basieren darauf, dass die Faktorzerlegungsmethode *schwierig* ist. Aber das Undenkbare hat sich in der Mathematik schon häufiger durchgesetzt. Hier brächte es nicht nur Nachteile, sondern auch Vorteile. Denn würde sich das Undenkbare (auf der Basis theoretischer Einsichten, die heute noch völlig fehlen) als wahr herausstellen, könnte man für die interessanten Optimierungsprobleme der Wirtschaft wirklich effiziente Algorithmen angeben.

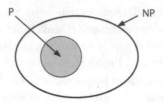

Abb. 24 P liegt in **NP**. Das Rundreiseproblem liegt in **NP**. Liegt es nun in oder außerhalb von **P**?

gegenwärtigen und zeigen, dass jeder ineffizient ist. Nichtexistenzbeweise sind oft renitent, man denke an die Quadratur des Kreises, an die Lösung der Gleichung fünften Grades, an den Beweis des Parallelenaxioms oder an die Begründung der Kontinuumhypothese. Die Tatsache, dass für ein **NP**-Problem, das nicht schon offensichtlich in **P** liegt, noch kein effizienter Algorithmus gefunden wurde, beweist aber keineswegs, dass es keinen gibt – ganz abgesehen davon kann man von keinem Problem bislang mit Sicherheit sagen, es liege in **NP**, nicht aber in **P**.

Ein weiterer merkwürdiger Wesenszug besteht darin, dass alle Probleme, von denen man hoffen konnte, sie lägen in **NP**, nicht aber in **P**, einander in starkem Maße ebenbürtig sind. Und das macht es schwer zu entscheiden, wo man anfangen soll. Im Jahre 1971 entdeckte der amerikanische Mathematiker Richard Karp, dass es eine Unterkategorie von **NP**-Problemen gibt, die in gewissem Sinne Archetypen für die gesamte Klasse der **NP**-Probleme sind. Er nannte sie die »**NP**-vollständigen« Probleme. Wenn Mathematiker, so lautete Karps Schlussfolgerung, jemals ein **NP**-vollständiges Problem befriedigend lösen können, dann verfügen sie über die technischen Mittel, alle **NP**-Probleme befriedigend zu lösen. Das bewies – ebenfalls 1971 – auch Stephen Cook von der Universität Toronto, indem er zeigte: Sollte für irgendein Einzelproblem aus **NP**, das aber offensichtlich nicht bereits in **P** liegt, ein Polynomialzeit-Algorithmus entdeckt werden, dann könnte man mit diesem Algorithmus alle anderen Probleme aus einer großen Klasse schwieriger Probleme, einschließlich der **NP**-schwierigen, effizient lösen.

Diese Erkenntnis hat unsere Fähigkeit, großzahlige Kombinationen zu bestimmen, nicht zu verbessern vermocht, aber sie hat die Bemühungen der Mathematiker merklich konzentriert, wodurch die Lösung **NP**-schwieriger Probleme möglicherweise näher gerückt ist.

Bei der Suche nach guten Lösungen in Problembereichen, wo Polynomialzeit-Algorithmen nicht zu haben sind, verhalten sich die Mathematiker wie Menschen, die einen vorläufigen Frieden suchen, weil ein endgültiger (noch) nicht erreichbar ist – auch wenn sie sich fortwährend das Ende aller Konflikte vorstellen mögen. Die Hoffnung ist, dass sich nach der Lösung nur eines Schlüsselproblems der großen Zahlen, sei es das Rundreiseproblem oder der Sumpf menschlicher Konflikte, alle Probleme, die damit verbunden sind, anschließend auflösen.

Die Frage, ob **P** = **NP** gilt (wie es noch nicht ausgeschlossen werden kann) oder **P** ≠ **NP** (wie es plausibel erscheint), ist jedenfalls das herausragende ungelöste Problem der theoretischen Informatik, das wohl den Mathematikern des 21. Jahrhunderts überlassen werden muss. Es ist auch eines der Millenniums-Probleme, für deren Lösung die Clay-Stiftung eine Million US-Dollar ausgesetzt hat.[9]

Optimierung bei mehrfacher Zielsetzung

Alle bisher betrachteten Optimierungsprobleme, wie komplex auch immer sie durch ihre Kombinatorik sein mögen, haben nur *eine* Zielvorgabe. Es handelt sich um beinahe künstliche Ideal-

---

[9] Siehe mein Taschenbuch *Die Top Seven der mathematischen Vermutungen*.

fälle, Optimierung mit *einfacher* Zielsetzung ist Reduktionismus. Denn das Leben ist viel härter, es ist der wahre Prüfstand für strategische Schlauheit. Sehr oft sollen im rauen Alltag mehrere Ziele simultan erreicht werden: Marktanteil, Umsatz, Gewinn und Qualität sind zu maximieren, alle Arten von Kosten und Risiken sind dagegen gleichzeitig zu minimieren. Auch die Auswahl eines Mitarbeiters wird in der Regel nach den verschiedensten Kriterien erfolgen: Ausbildung, Erfahrung, soziale Kompetenz, Führungseigenschaften, Teamfähigkeit, Einschätzung der Integrität, Offenheit, Kreativität, Auslandserfahrung, nützliche Sprachkenntnisse, bisherige Leistungen und Beurteilungen, Gesundheit usw. Je nach Art der zu bewältigenden Aufgaben wird man diese Faktoren mit verschiedenen Gewichten versehen, bevor sie in einen Vergleich mit anderen Bewerbern eingehen und zu einer abschließenden Beurteilung führen (siehe auch das Beispiel 8, Seite 251).

Neben einer *passiven* (aus vorhandenen Möglichkeiten zu erfolgenden) optimalen Auswahl ist auch die *aktive* optimale Gestaltung Teil unseres Lebens. Der mehrstufige Entscheidungsprozess bei der dynamischen Programmierung ist ein Beispiel für die aktive Gestaltung einer optimalen Politik. Aber auch Gestaltungen in Form von Eingriffen in die Natur zeugen von diesen Bemühungen. Natürliche Zuchtwahl bei Pflanzen und Tieren, aber auch gentechnische Eingriffe mit dem Ziel, Lebensmittel mit bestimmten Eigenschaften zu erzeugen oder Erbkrankheiten zu besiegen, sind an der Tagesordnung.

Aus der Praxis wissen wir, dass Zielkonflikte das Auffinden einer optimalen Lösung zumindest erheblich erschweren. Die optimale Entscheidung bei *mehrfacher* Zielsetzung, auch »Vektormaximum-Problem« genannt, ist ein kniffliges Problemfeld der Entscheidungstheorie. Die Diskrepanz zwischen den konkurrierenden Intentionen und der Knappheit der zur Verfügung stehenden Mittel, sie zu realisieren, konfrontiert in der Regel jeden vor eine Entscheidung gestellten Menschen mit der Tatsache, dass

keine der möglichen Alternativen eine simultane maximale Er-
füllung aller von ihm gesteckten und gleichzeitig verfolgten Ziele
gestattet. Nicht nur die sagenhafte »Eier legende Wollmilchsau«
bestätigt diesen Sachverhalt. Auch die Natur selbst zeugt von
dem notwendigen Anpassungskompromiss: »Das Ausleseprinzip
der Lebewesen durch optimale Anpassung an freie ökologische
Nischen erfordert Verhaltensweisen und Organe, die bezüglich
verschiedenster Teilziele (des obersten Überlebenszieles) optimal
angepasst sein müssen«, schreibt Vitus Dröscher in seinem Buch
»Überlebensformel«. Und weiter:

> »Selbst Organe, deren Zweck offenbar besser erfüllt würde,
> wenn sie anders geformt wären, werden verständlich, wenn
> sich erweist, dass sie mehrere Funktionen haben und ihre
> Gestalt einfach den bestmöglichen Kompromiss zwischen
> den verschiedenen Anforderungen bildet. Der Specht-
> schnabel dient als Pinzette beim Aufpicken von Larven, als
> Schaufel beim Suchen im Laub, als Meißel beim Bau der
> Spechthöhle, als Resonanzboden bei der Lauterzeugung
> und als Instrument zur Gefiederpflege: Würde er nur je-
> weils einer dieser Aufgaben zu dienen haben, so hätte er
> sicher eine andere, dem betreffenden Zweck angemessene
> Form.«

Der Entscheidende ist hier die Natur selbst, und sie verfährt nach
dem Prinzip *Versuch und Irrtum*: Versuch durch zufällige Mutation
und Entscheidung durch den gesiebten Zufall der Selektion – ein
Prinzip, das von weit reichender Bedeutung ist. Angesichts der
Evolution drängt sich hinsichtlich des diskutierten »**P** = **NP**«-
Problems die folgende Frage auf: Kann die Evolution als eine
Art Algorithmus – der vielleicht auf einer kosmischen nicht-
deterministischen Turing-Maschine abläuft – gedeutet werden?
Wenn ja, muss sie trotz aller Kombinatorik ein äußerst effizienter
Algorithmus sein, da ihr offensichtlich zahllose komplexe Opti-

mierungen gelungen sind und laufend gelingen – in einem Zeitraum, der uns Menschen jedenfalls nicht entfernt dazu reichen
würde, die Möglichkeiten des Rundreiseproblems für nur dreißig
Städte aufzulisten.[33]

7

Das Gefangenendilemma

Im Jahre 1994 wurde der Nobelpreis für Ökonomie den Amerikanern John Nash und John Harsanyi (aus Ungarn stammend) sowie dem Deutschen Reinhard Selten für ihre »Beiträge zur Entwicklung der nichtkooperativen Spieltheorie« verliehen. Ein paar Wochen lang war die Spieltheorie in aller Munde, vor allem hierzulande – immerhin war Professor Selten, mathematischer Ökonom an der Universität Bonn, der erste Deutsche, der mit diesem Preis ausgezeichnet wurde. Dennoch lagen die prämierten Erkenntnisse bereits fünfundzwanzig bis über vierzig Jahre zurück, waren also nicht mehr ganz neu.

1944, fünfzig Jahre zuvor, fiel der Startschuss der modernen Spieltheorie als Mathematik der Interessenkonflikte. Es war das Jahr, in dem zwei Emigranten in den USA, der in Ungarn geborene Mathematiker John von Neumann und der aus Österreich stammende Ökonom Oskar Morgenstern, ihr grundlegendes Werk »Theory of Games and Economic Behavior« (Spieltheorie und wirtschaftliches Verhalten) publizierten.[34]

Leben, Wechselwirkung mit der Umwelt, bedeutet Konflikt. Um Konflikte zu lösen – präventiv oder reagierend –, bedarf es möglichst kluger Entscheidungen. Und jede Entscheidungssituation kann als Spielsituation aufgefasst werden:

- So bilden die klassischen Optimierungsaufgaben des vorangegangenen Kapitels die *Ein-Personen-Spiele* – sie erfahren ihren größten Komplexitätsgrad durch eine mehrfache Zielsetzung.

- *Zwei-Personen-Spiele* sind die einfachsten und bisher am meisten analysierten Situationen, in denen Akteure in Wechselwirkung treten.

- Aber auch für *n-Personen-Spiele* mit drei oder mehr Akteuren verfügt man heute über eine Fülle exakter Aussagen; n kann dabei sehr groß sein, so dass der einzelne Spieler in der Masse untergeht.

Zu Beginn des Buches habe ich folgenden Vergleich angeführt: Die Mathematik verhält sich zur Wirklichkeit wie ein Gesellschaftsspiel zum Leben. Doch so wie die Mathematik allmählich immer zahlreichere und tiefere Strukturen der Wirklichkeit aufdeckt oder erklärt, nähert sich die Spieltheorie immer mehr dem Leben.

Zum einen wurden zunehmend wirklichkeitsnahe Modelle und Strategien für Konflikt- und Spielsituationen entwickelt, die sich, zumindest ansatzweise oder indirekt, auf moderne Kriegführung – und auch -vermeidung – ebenso anwenden lassen wie auf Firmenmanagement und Konkurrenzkonflikte in der Wirtschaft.[1] Wir erleben heute den zaghaften Beginn einer weltweiten Wirtschaftsrealität, die immer stärker von *Global Players* geprägt sein wird.

Zum anderen sind spezielle Computerspiele geschaffen worden, zum Beispiel das dynamische System *Game of Life*; es erlaubt Gedankenexperimente über Zustandsänderungen, die sich wiederum als Aspekte des Lebens interpretieren lassen. Ich muss es mir aber aus Rücksicht auf den Buchumfang versagen, auf Begriffe wie *Zellularautomaten* und *künstliches Leben* (oder *künstliche Intelligenz*) näher einzugehen.

Damit ist die Annäherung der Spieltheorie an das Leben aber noch nicht zu Ende. In den letzten zwanzig bis dreißig Jahren hat die Spieltheorie – vom großen Publikum kaum bemerkt – auch

---

[1] Siehe auch den Abschnitt *Angewandte Spieltheorie: illusorischer Nutzen?*, Seite 311.

Einzug in die Biologie, die Wissenschaft vom Leben, gehalten: von der präbiotischen Evolution über Populationsgenetik und -ökologie bis hin zur Soziobiologie. Eine wahre geistige Revolution. In der Evolutionsbiologie hat die spieltheoretische Betrachtungsweise zu einem *Neodarwinismus auf Gen-Ebene* geführt, der selbst Phänomene rational hat erklären können, die traditionell einem Schöpfergott zugeschrieben wurden. Ausgezeichnete populäre Darstellungen sind die Bücher »Das egoistische Gen« von Richard Dawkins und »Spielpläne: Zufall, Chaos und die Strategien der Evolution« von Karl Sigmund.

Bei-Spiele

Die mathematische Spieltheorie befasste sich zuerst mit dem Studium von Gesellschaftsspielen, Brettspielen wie Dame oder Schach, sowie von Kartenspielen[2]. So gebe ich einige einfache Beispiele an, vor allem um die gebräuchlichsten spieltheoretischen Bezeichnungen zu illustrieren.

Knobeln

Dieses bekannte Spiel stellt den beiden Spielern A und B die drei Strategiealternativen P (Papier), S (Schere) und St (Stein) zur Wahl. Die möglichen Ergebnisse werden nach den Regeln
- Papier wickelt Stein ein
- Stein macht Schere stumpf
- Schere schneidet Papier

---

[2] Diese Ursprünge haben große Ähnlichkeit mit denen der Wahrscheinlichkeitsrechnung, die sich in erster Linie aus einfachen Häufigkeitsüberlegungen bei Würfel- und Kartenspielen (und auch Roulette) entwickelte.

	Bimatrix		Spieler B	
		P	S	St
Spieler A	P	0 / 0	1 / −1	−1 / 1
	S	−1 / 1	0 / 0	1 / −1
	St	1 / −1	−1 / 1	0 / 0

Abb. 25 Bimatrix für das Knobeln.

ermittelt und lassen sich für beide Spieler in Form einer so genannten *Bimatrix*, einem Doppelschema, darstellen (»Bimatrix-Spiel«): In jedem der 3 × 3 = 9 Felder steht das Ergebnis (1 für Gewinn, -1 für Verlust, 0 für Unentschieden) für Spieler A links unten, für Spieler B rechts oben (Abbildung 25).

Die beiden Einträge in jedem Kästchen ergeben stets die Summe null, weil das, was der eine Spieler gewinnt, vom anderen bezahlt wird. Man nennt solche Spiele *Nullsummenspiele*. Statt einer Bimatrix genügt in diesem Fall eine gewöhnliche Matrix, die die Ergebnisse für einen Spieler auflistet (Abbildung 26); die Ergebnisse für den anderen Spieler ergeben sich dann durch bloßen Vorzeichenwechsel. Bei einem Nullsummenspiel spricht man daher auch von einem *Matrixspiel*.

Wer mogelt, kann auf die gegnerische Strategie optimal antworten (mit S auf P, St auf S, P auf St) und immer gewinnen. Wird ehrlich blind gespielt, so hat man die Möglichkeit, mittels eines Zufallsmechanismus unabhängig vom Gegenspieler mit je ein Drittel Häufigkeit zwischen P, S und St hin und her zu wech-

Matrix für Spieler A		Spieler B			Matrix für Spieler B		Spieler B		
		P	S	St			P	S	St
	P	0	-1	1		P	0	1	-1
Spieler A	S	1	0	-1	Spieler A S		-1	0	1
	St	-1	1	0		St	1	-1	0

Abb. 26 Matrix für Spieler A und Matrix für Spieler B bei einem Nullsummenspiel.

seln, was jeder der neun Kombinationen die gleiche Häufigkeit 1/9 und somit für Spieler A ebenso wie für Spieler B das mittlere Resultat

$$(1/9) \cdot (0 - 1 + 1 + 1 + 0 - 1 - 1 + 1 + 0) = 0$$

liefert. Weicht einer der Spieler auf eine andere Häufigkeitsverteilung für P, S und St aus[3], während sein Gegner bei der Ein-Drittel-Strategie bleibt, so zeigt ein einfaches Durchrechnen, dass er sich nicht verbessern kann. Es herrscht also ein gewisses *Gleichgewicht.*

---

[3] Die Häufigkeiten für P, S und St müssen dabei ≥ 0 sein, und ihre Summe muss 1 betragen. Es ist wichtig, dass der Gegenspieler keinerlei verräterisches »Muster« herausfindet, aus dem er Schlüsse ziehen und die wirkungsvollste Erwiderung wählen könnte. Am besten wird dies dadurch sichergestellt, dass man die Entscheidung selbst offen lässt und sie einem Zufallsmechanismus anvertraut – gemäß dem Motto: »Unwissenheit ist die beste Methode gegen die Preisgabe von Information« (John von Neumann). Die toten Briefkästen der Geheimdienste illustrieren dieses Prinzip: Wenn ein Agent seinen Verbindungsmann nicht kennt, kann er ihn auch nicht verraten.

Das Offenbarungsspiel

In diesem Spiel ist Spieler A ein außerirdisches, intelligentes Wesen, kurz Alien genannt, das die Wahl hat, seine Existenz durch Offenbarung kundzutun (O) oder nicht (N). Spieler B ist ein Mensch, der die Wahl hat, an die Existenz dieses Alien zu glauben (G) oder in Ungläubigkeit zu verharren (U) – ganz ohne Wahrscheinlichkeits- oder Plausibilitätsbetrachtungen, wie wir sie im Kapitel *Zufall, Glück und Chaos* angestellt haben. Die Bimatrix der Abbildung 27 drücke die Präferenzen der beiden Spieler aus:

Aus der Bimatrix können wir ablesen:

- Für das Alien ist ein Mensch, der »nicht sieht und doch glaubt«, das höchste der Gefühle (4) und Unglaube trotz Offenbarung die größte Blamage (1); dass der Mensch auf Offenbarung hin glaubt, ist dem Alien lieber (3), als dass er bei Nichtoffenbarung ungläubig bleibt (2).
- Für den Menschen ist ein auf Offenbarung begründeter Glaube das beste (4), bei Unglaube trotz Offenbarung muss er sich selbst dumm vorkommen (1); die Trotzhaltung »Du offenbarst dich nicht, also glaube ich nicht« ist diesem Menschen immer noch lieber (3) als blinder Glaube (2).

Die Trotzhaltung N, U (»Keine Offenbarung, kein Glaube«) ist auf folgende Weise im Gleichgewicht: Beharrt das Alien darauf, sich

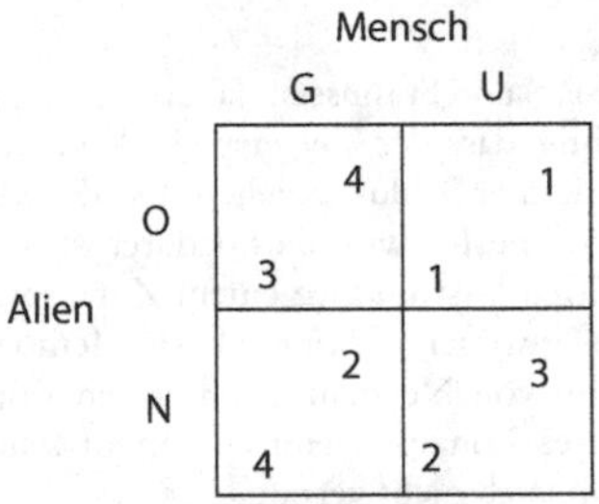

Abb. 27   Bimatrix für das Offenbarungsspiel.

nicht zu offenbaren, so kann der Mensch nur verlieren (3 → 2), wenn er zum Glauben übertritt; und beharrt der Mensch in seinem Unglauben, so kann sich das Alien nur blamieren (2 → 1), wenn es sich doch noch offenbart.

Das Chicken Game

Zu Zeiten, als der Rock 'n' Roll noch in den Kinderschuhen steckte, war dieses Hasardspiel unter amerikanischen Teenagern sehr populär. Die Regeln sind einfach. Die beiden Gegner fahren aufeinander zu, womöglich in gestohlenen Autos. Wer ausweicht, ist »chicken« und hat verloren.

Bei diesem Spiel sind die Interessen der Gegner nicht *absolut* entgegengesetzt. Schließlich wollen beide einen Zusammenstoß vermeiden. Differenzen gibt es lediglich darüber, wer ausweichen soll.[4] Insofern handelt es sich hier nicht um ein Nullsummenspiel.

In einem wirklichen Chicken-Spiel ist die Auszahlung sehr schwer abzuschätzen, da sie von mehreren Unwägbarkeiten abhängt: von den Reparaturkosten, von der Gefahr, in Polizeigewahrsam zu landen, und von den Kosten der körperlichen Verletzungen. In solchen Fällen stellt ein Mathematiker ein zuerst einfaches Modell auf, beispielsweise mit folgenden Regeln: Wenn beide Fahrer ausweichen, ist nichts passiert; wenn nur einer der beiden Fahrer ausweicht, muss er dem anderen zehn Dollar zahlen; und wenn keiner ausweicht, muss jeder hundert Dollar für seinen ramponierten Wagen berappen. Die Bimatrix für dieses Modell ist schnell aufgestellt (Abbildung 28).

---

[4] Gewisse Kämpfe im biologischen Bereich tragen diese Merkmale, wie wir noch sehen werden. Selbst im Krieg kann es vorkommen, dass beide Lager gewisse Entwicklungen vermeiden wollen. Während des Kalten Krieges zwischen den USA und der Sowjetunion wies die Kubakrise (1962) deutliche Parallelen zu einem Chicken-Spiel auf (siehe Robert Kennedy: »Dreizehn Tage: Wie die Welt beinahe unterging«, mit Beiträgen des Spieltheoretikers Anatol Rapoport).

	Der andere weicht aus	Der andere weicht nicht aus
Ich weiche aus	0 0	+10 –10
Ich weiche nicht aus	–10 +10	–100 –100

Abb. 28 Bimatrix für das Chicken Game.

Wie würden *Sie* Chicken spielen? Das für Sie ungünstigste Ergebnis – der Zusammenstoß – ist auch für Ihren Gegner das schlechteste. Wenn Sie ausweichen, maximieren Sie Ihre Mindestauszahlung. Weichen Sie nicht aus, minimieren Sie die Maximalauszahlung Ihres Gegners. Sie sind in derselben Lage wie Ihr Gegner, sollten aber das tun, was der andere *nicht* tut. Allerdings wissen Sie leider nicht, was er vorhat. Man kann leicht zeigen, dass es sich auszahlt, auf Kollisionskurs zu bleiben, solange die Wahrscheinlichkeit, dass der andere ausweicht, über 90 Prozent liegt; wenn die Wahrscheinlichkeit kleiner ist, sollte man selbst ausweichen. Beträgt die Wahrscheinlichkeit genau 90 Prozent, liefern Ihnen beide Strategien rechnerisch dasselbe – eine *indifferente* Situation. (Natürlich sollte ein rational denkender Mensch überhaupt nicht Chicken spielen.)

Das Gefangenendilemma (*Prisoner's Dilemma*)

Die Bezeichnung für dieses elementare Zweipersonenspiel, das wegen seines Modellcharakters bekannt geworden ist, hat Albert W. Tucker 1950 kreiert.

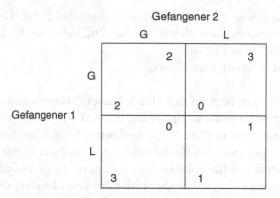

Abb. 29 Bimatrix für das Gefangenendilemma.

Man muss sich dazu das folgende Szenario vorstellen: Nach einem gemeinsamen Verbrechen werden zwei Gangster in Einzelhaft gehalten, ohne Möglichkeit, miteinander zu kommunizieren. Jeder Gefangene hat nun die Wahl zwischen Gestehen (G) und Leugnen (L). Je nachdem, wozu sich die beiden entscheiden, wird das Gericht das maximale Strafmaß von fünf Jahren Gefängnis gemäß der Bimatrix von Abbildung 29 um die angeführte Anzahl von Jahren reduzieren.

Ziel jedes Gefangenen ist es, seine eigene Auszahlung – den Strafnachlass in Jahren – zu maximieren.

- Gefangener 1 sagt sich: Bei L bin ich besser dran, einerlei, was Gefangener 2 tut (3 Jahre Strafnachlass sind besser als 2, und 1 ist besser als 0), also wähle ich L.
- Gefangener 2 sagt sich dasselbe, wählt also auch L.
- Gefangener 1 denkt sich aus, was Gefangener 2 denkt, und das Analoge tut Gefangener 2. Beide kommen zu dem Schluss: Wir landen bei L, L.
- Beide Gefangenen denken sich: Bei G, G wären wir aber besser dran, da 2 besser ist als 1. Also schwenken sie beide auf G um.

- Gefangener 1 sagt sich: Wenn Gefangener 2 auf G umge-
  schwenkt ist, kann ich mich verbessern, indem ich für L votie-
  re, da 3 besser ist als 2.
- Und so weiter, und so fort.

Das Dilemma liegt auf der Hand. Dieses Zweipersonenspiel ermöglicht eine einfache Erklärung der Kräfte, die bei vielen Es-
kalationssituationen am Werk sind, etwa beim Wettrüsten, bei
Preiskriegen oder bei Werbefeldzügen. Das Spiel ist nicht rein
kompetitiv – es hat keine konstante Summe. Es gibt nämlich ein
gemeinsames Ziel, das beide Spieler erreichen können, wenn sie
kooperieren. Doch die gemeinsame optimale Strategie wird durch
individuelles Streben unterlaufen.

Bleibt das Dilemma bei Spiel*wiederholungen* unverändert bestehen, oder kann es entschärft werden? Bei Wiederholungen
kann immerhin jeder der beiden Spieler auf Informationen über
das Verhalten des Gegenspielers in früheren Partien zurückgreifen. Auf diese Schlüsselfrage komme ich zurück.

Gleichgewicht – der rote Faden

Bereits im 17. Jahrhundert schlugen berühmte Gelehrte wie
Christiaan Huygens (1629 bis 1695) und Gottfried Wilhelm
Leibniz (1646 bis 1716) vor, menschliche Konflikte im Rahmen
einer eigenen Disziplin wissenschaftlich zu untersuchen. Im 19.
Jahrhundert erdachten führende Ökonomen einfache mathematische Modelle zur Analyse spezieller Situationen bei Konkur-
renzverhalten.

Der berühmte deutsche Logiker Ernst Zermelo (1871 bis
1953), der vor allem auch Bahn brechende Fortschritte in der
Mengenlehre erzielte, bewies 1912 den ersten allgemeinen mathematischen Satz in der Spieltheorie. Danach existiert bei jedem
endlichen Spiel mit *vollständiger Information*, etwa beim Dame- oder

Schachspiel[5], eine optimale Lösung mit *reinen Strategien*. Bei einer reinen Strategie ist kein Zufallszug (wie etwa beim Knobeln) notwendig. Und bei einem Spiel mit vollständiger Information hat jeder Spieler in jedem Stadium des Spiels Kenntnis von allen vorangegangenen Zügen (seinen eigenen und denen der anderen Spieler) sowie allen erlaubten zukünftigen Zugmöglichkeiten.[6] Es handelt sich um einen typischen Existenzsatz, der zwar besagt, dass es einen Weg gibt, dieses Spiel optimal zu spielen, aber keinen detaillierten Plan angibt, wie man in einem komplexen Spiel vorgehen muss, um zu gewinnen. (Da beispielsweise beim Schach die Anzahl möglicher Zugfolgen etwa in der Größenordnung 10^{130} liegt, wird man die optimale Strategie – zumindest mit heute vorstellbaren Mitteln – praktisch niemals finden.)

Angeregt durch die Untersuchung einiger elementarer Zweipersonenspiele führte der große französische Mathematiker Émile Borel (1871 bis 1956) um 1920 den Begriff der *gemischten* (oder *randomisierten*) Strategie ein – bei der eine Zufallsauswahl von Spielzügen in Betracht kommen kann. Für Zweipersonen-Nullsummenspiele bewies dann 1928 John von Neumann (1903 bis 1957), dass es stets optimale gemischte Strategien gibt und sich auch ein *Wert* für ein solches Spiel festlegen lässt. Verweilen wir ein bisschen bei diesem wichtigen klassischen Satz der Spieltheorie.

Minimax-Denken: vorsichtiger Zweckpessimismus

Wenn die Spieler ihre Strategien richtig mischen, können sie *immer* ihre Mindestauszahlung maximieren oder, was auf dasselbe

---

[5] Die Stoppregel, nach der jede Position im Schachspiel höchstens dreimal erlaubt ist, garantiert die Endlichkeit dieses Spiels.
[6] Eine vollständige Information bedeutet aber nicht, dass die gegnerische *Strategie* bekannt ist!

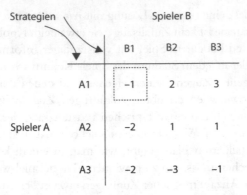

Abb. 30 Auszahlungsmatrix für Spieler A; die für Spieler B hat die gleichen Auszahlungselemente, aber mit gegenteiligen Vorzeichen.

hinausläuft, den Maximalgewinn des Opponenten minimieren. Das gilt für alle endlichen Zweipersonen-Nullsummenspiele. Und die können grundsätzlich als (einfache) Matrixspiele dargestellt werden. Ich möchte hier die üblichen Gesellschaftsspiele mit ihrer unüberschaubaren Strategiemenge vermeiden und wähle eine einfache Matrix mit wenigen Zeilen und Spalten. Das zugehörige Spiel steht als Modell für zahlreiche Spiele; man kann es sich etwa in folgender Form vorstellen: Jeder der beiden Spieler schreibt eine Zahl, die Nummer seiner Strategie, auf einen Zettel, ohne dass der Gegner Einsicht nehmen kann. Dann wird mittels der bekannten Auszahlungsmatrix von beiden gemeinsam festgestellt, welcher Spieler an den andern eine Zahlung zu leisten hat und wie hoch diese ist. Die angenommene Auszahlungsmatrix für Spieler A ist in Abbildung 30 aufgestellt; die für Spieler B hat die gleichen Auszahlungselemente, aber mit gegenteiligen Vorzeichen.

Welche Strategie soll gewählt werden? Welches Verhalten ist rational?

• Spieler A überlegt: Meine Strategie A1 bringt mir einen Verlust 1 (»Gewinn« oder Auszahlung: −1) ein, wenn der Gegner

B1 wählt, dagegen einen Gewinn von 2 beziehungsweise 3, wenn er sich für B2 beziehungsweise B3 entscheidet. Meine Strategie ist durch einen Verlust der Höhe 2 bedroht, während nur ein Gewinn 1 in Aussicht steht. Mit der Strategie A3 kann ich gar nichts gewinnen. Es handelt sich nur darum, ob mein Verlust 3, 2 oder 1 beträgt. Die Strategie A1 ist also für mich die beste.

- Spieler B überlegt: Meine Strategie B1 bedeutet auf jeden Fall für meinen Gegner einen Verlust, ich kann mir dadurch einen Gewinn von 1 oder 2 sichern. Mit der Strategie B2 riskiere ich einen Verlust der Höhe 2, falls der Gegner die Strategie A1 wählt. Entscheide ich mich für B3, so droht gar ein Verlust von 3. Ich kann also nichts Besseres tun, als B1 zu wählen.

Nach diesen Überlegungen schreibt Spieler A auf seinen Zettel A1, Spieler B auf den seinigen B1. Dann stellen beide fest, dass Spieler A verloren hat und an seinen Gegner den Betrag 1 zahlen muss.

Hat Spieler A nachträglich einen Grund, seine Wahl zu bereuen? Nein, denn jede andere hätte ihm noch größeren Verlust zugefügt. Er hat so gut wie möglich gespielt, aber er ist von Anfang an benachteiligt. Das Spiel ist nicht *fair*.

Nun sollen diese Überlegungen eine Spur allgemeiner gehalten werden. Spieler A ist an einem möglichst großen Auszahlungswert interessiert, Spieler B an einem möglichst kleinen – natürlich in der Matrix von Spieler A. Man spricht deshalb vom *Maximum*- beziehungsweise *Minimumspieler*. Jeder Spieler muss mit dem bestmöglichen Verhalten seines Gegners rechnen. Spieler A kann nur über die Zeilennummer in der Matrix entscheiden, über die Spalten verfügt der Gegner.

Durchmustert der Maximumspieler seine Strategien, so wird er in jedem Fall vorsichtshalber den für ihn ungünstigsten Ausgang erwägen. Er bestimmt also in jeder Zeile das Minimum. In der obigen Matrix lauten die Minima: $-1, -2, -3$. Unter diesen

Zeilenminima sucht er den höchsten Wert heraus. Da $-1 > -2$ > -3 ist, beträgt das *Maximum der Zeilenminima* -1. Das ist das Beste, was er vernünftigerweise zu erwarten hat.

Entsprechend schließt der Minimumspieler, nachdem er die jeweils für ihn ungünstigste Entscheidung seines Gegners erwogen hat, dass das Minimum der Spaltenmaxima für ihn der bestmögliche Ausgang ist, da er ja nicht damit rechnen kann, dass Spieler A sich selbst schaden will. Die Spaltenmaxima sind -1, 2 und 3. Ihr Minimum beträgt somit -1.

Beide Spieler kommen also von ihren gegensätzlichen Interessen her zum selben Element der Auszahlungsmatrix, -1, das dem Strategienpaar (A1, B1) entspricht. Welche Besonderheit führt sie darauf?

> Dieses Element ist zugleich Maximum in seiner Spalte und Minimum in seiner Zeile. Ein solches Element stellt ein Gleichgewicht dar.

Nicht jede Matrix enthält ein derartiges Gleichgewichtselement, wie etwa das Knobeln zeigt. Durch geeignetes *Mischen der Strategien* gelangen die Spieler dennoch zu einem Gleichgewicht. In ähnlicher Weise wird auch ein Pokerspieler zu einer optimalen gemischten Strategie finden, wenn er seine Aktionen »Passen« und »Bluffen« (irreführen bzw. *verkehrt signalisieren*: hoch bieten bei schwachem Blatt oder niedrig bieten bei starkem Blatt) klug bestimmt und abwechselt.

Wenn die Spieler ihre Strategien richtig mischen, gibt es somit stets einen oder mehrere Gleichgewichte mit gleichen Matrixelementen. Die Zahl, die dabei als Matrixelement an jedem Gleichgewichtspunkt auftritt, wird definitionsgemäß als *Wert des Spiels* festgelegt und mit v (*value*) bezeichnet. Spieler A kann sich durch rationales Verhalten (vernünftige Strategiewahl) den Gewinn v sichern, unabhängig davon, was Spieler B tut. Ebenso kann Spieler B durch vernünftiges Verhalten verhindern, dass er einen größeren Verlust als v erleidet, unabhängig davon, was Spieler A tut. Verhalten sich beide Spieler in diesem Sinne rational, so beträgt die Auszahlung genau v. Dies führt zu drei Fällen:

(1) $v > 0$ bedeutet, dass Spieler A gewinnt, Spieler B verliert;

(2) $v < 0$ bedeutet einen negativen Gewinn, das heißt einen Verlust für Spieler A und einen Gewinn für Spieler B (wie in unserem Beispiel, wo $v = -1$ ist);

(3) $v = 0$ bedeutet, dass keine Auszahlungen erfolgen. Ist der Wert $v = 0$, so wird das Spiel als *fair* bezeichnet.

Es ist dann klar, was man unter einer *optimalen Strategie* versteht: Es ist eine Strategie, die einem Spieler mindestens einen Gewinn des Betrags v sichert beziehungsweise einen höheren Verlust als v verhindert.

Das *Minimax*-Denken bewertet jede Strategie nach ihrem schlechtest möglichen Ergebnis, nimmt also an, dass der andere den schmerzhaftesten Gegenzug findet. Für den vorsichtigen Zweckpessimismus, mit dem Schlimmsten zu rechnen, spricht viel. Vor allem billigt diese Einstellung dem Gegner eine mindestens ebenbürtige Intelligenz zu. Die Unterschätzung des Gegners hat schon zu zahllosen Niederlagen geführt.[7]

Das Gleichgewichtstheorem für Baumspiele

Für die Darstellung von Spielen können Modelle herangezogen werden, die die Züge deutlich zum Vorschein bringen, zum Beispiel das *Baummodell*.

---

[7] Das Minimax-Prinzip ist die offizielle Entscheidungsdoktrin der US-Streitkräfte: sich bei der Wahl einer Strategie in erster Linie nicht nach den Absichten des Feindes, sondern nach dessen Kapazitäten zu richten – nach dem Schlimmsten, was der Gegner tun könnte (und nicht danach, was er am ehesten tun wird).

In der Anfangssituation, symbolisiert durch einen Punkt, wird jede mögliche Wahl durch eine von ihm ausgehende Strecke ausgedrückt. Beim Schach zum Beispiel hat Weiß zwanzig Wahlmöglichkeiten, das Spiel zu eröffnen. Nachdem die Entscheidung für irgendeine von ihnen gefallen ist, kommt der nächste Spieler an die Reihe, der wiederum vor einer Anzahl von Möglichkeiten steht. Sie werden ebenfalls durch Strecken veranschaulicht. An jeder Verzweigungsstelle steht die Nummer des Spielers, der in der entsprechenden Situation am Zug ist. Durch jede Wahl wird ein Schritt auf einen Endzustand hin getan, der eine *Partie als einen Streckenzug* eindeutig kennzeichnet. Wegen der offensichtlichen Analogie wird ein solches mathematisches Gebilde als *Baum(graph)* bezeichnet.

Ein Spiel hat so viele Partien, wie sein Baum Endpunkte besitzt. »Spielende« bedeutet Ankunft an einer Baumspitze; dort stehen dann untereinander die Ergebniszahlen (Auszahlungen, *pay-offs*) für die Spieler. Die Baumdarstellung in Abbildung 31 zeigt ein (fiktives) Dreipersonenspiel mit acht Partien.

Es sollte eigentlich klar sein, was man unter einem *Baumspiel für n Spieler* zu verstehen hat. Wir gehen davon aus, dass jeder Spieler im Laufe der Partie die Strategien seiner n − 1 Mitspieler erfährt. Dann kann er seine eigenen möglichen Strategien daraufhin durchmustern, ob sie ihm eine Verbesserung seiner Auszahlung liefern, falls die n − 1 Mitspieler an ihren zunächst gewählten Strategien festhalten. Ist das Ergebnis negativ, so hat unser Spieler keinen Grund, seine Strategie zu ändern. Kommen alle n Spieler (jeder für sich) zu diesem Ergebnis, herrscht *Gleichgewicht*. Gibt es das immer? Ja: Der Amerikaner Harold W. Kuhn bewies 1950 das »Gleichgewichtstheorem für Baumspiele« (wonach jedes Baumspiel mindestens ein Gleichgewicht besitzt). Dieser Satz ist, mathematisch gesehen, kombinatorischer Natur: Man operiert nur mit endlich vielen Möglichkeiten. Der Beweis gelingt mit Hilfe eines Verfahrens, das ich schon erläutert habe, nämlich mit der (mathematischen) Induktion nach der Höhe N des Baum-

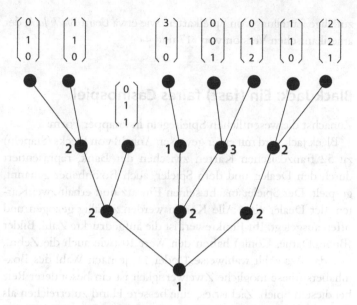

Abb. 31 Dieser Baumgraph zeigt ein (fiktives) Dreipersonenspiel mit acht Partien.

wipfels. Die mit dem Begriff Baumspiel verbundene Vorschrift, sowohl alle Schritte als auch alle Strategiemöglichkeiten müssten bekannt sein (Spiel mit vollständiger Information), ist für die Gültigkeit des Kuhn'schen Gleichgewichtssatzes entscheidend.[8] Dagegen können im Laufe des Spiels durchaus Zufallszüge vorkommen: entweder durch das zufällige Mischen reiner Strategien der Spieler oder aber im Rahmen der Spielregeln selbst, zum Beispiel durch Würfeln (»Mensch ärgere dich nicht«) oder durch die

---

[8] Lässt man die vollständige Information fallen, so ändert sich der Strategiebegriff grundlegend, da der Spieler seine Entscheidungen unter Umständen festlegen muss, ohne zu wissen, wo im Baum jede einzelne von ihnen wirksam wird. Als Beispiel sei das Spiel »Finanzamt und Steuerpflichtiger« nach R. Selten genannt (siehe die Originalarbeit von 1982 oder das Buch von K. Jacobs).

zufällige Zuteilung von Spielkarten, wie etwa beim *Black Jack*, der amerikanischen Version von »17 und 4«.

Black Jack: Ein (fast) faires Casinospiel

Zunächst die wesentlichen Spielregeln in knapper Form:

Black Jack wird mit einer gewissen Anzahl von Decks (Stapeln) zu 52 französischen Karten zwischen der Bank, repräsentiert durch den Dealer, und dem Spieler, auch Boxinhaber genannt, gespielt. Der Spieler macht seinen Einsatz und erhält zwei Karten, der Dealer eine. Alle Karten werden zufällig gezogen und offen ausgelegt. Ihr Punktewert ist die aufgedruckte Zahl; Bilder (Bube, Dame, König) haben den Wert 10 (wie auch die Zehn), und das Ass zählt wahlweise 1 oder 11, je nach Wahl des Boxinhabers (diese mögliche Zweiwertigkeit ist ein besonderer Reiz bei diesem Spiel). Ziel ist es, eine bessere Hand zu erreichen als der Dealer, ohne die Punktezahl 21 zu überschreiten. Dazu kann der Spieler weitere Karten verlangen (»kaufen«).

Ergeben die beiden ersten Karten 9, 10 oder 11 Punkte, darf der Spieler seinen Einsatz verdoppeln (*double down*) und erhält noch genau eine Karte.

Haben die ersten beiden Karten gleichen Punktewert – bilden sie *ein Paar* –, darf sie der Spieler gegen einen zweiten, gleich hohen Einsatz in zwei Hände teilen (oder *splitten*). Für jede Hand kann er dann weitere Karten verlangen. Werden zwei Asse gesplittet, erhält der Spieler auf jedes Ass nur *eine* weitere Karte.

Beim Kaufen weiterer Karten kann es sein, dass die Punktezahl für die Hand des Spielers 21 überschreitet: er hat sich »überkauft« – und somit ist diese Partie (und sein Einsatz) für ihn verloren.

Am Ende der Entscheidungen des Spielers komplettiert der Dealer seine Hand. Dabei muss er bis zu einem Punktestand von 16 noch ziehen (eine weitere Karte nehmen) und ab 17 stehen bleiben. Andere Optionen hat der Dealer nicht – der damit für das Spiel lediglich eine »Automatenfunktion« erfüllt. Und natürlich kann er sich auch überkaufen, in welchem Fall der Spieler gewinnt, falls dieser sich nicht bereits selbst überkauft hat.

Nun werden die Blätter des Spielers und des Dealers, sofern sich keiner überkauft hat, bewertet und miteinander verglichen. Ist die Punktezahl des Spielers größer, gewinnt er den Betrag seines Einsatzes. Hat der Dealer eine höhere Punktezahl, so ist der Einsatz an die Bank verloren. Ein Punktegleichstand wird als unentschieden (*stand off* oder *égalité*) bewertet (kein Gewinn, kein Verlust).

Erreicht der Spieler die Punktezahl 21 mit seinen ersten beiden Karten (Ass und Bild oder Zehn), hat er einen »Black Jack«, der ihm einen Gewinn vom Anderthalbfachen seines Einsatzes bringt – sofern der Dealer nicht auch einen Black Jack hat.

Es gibt auch die Möglichkeit für den Spieler, sich gegen einen Black Jack der Bank zu versichern, falls die erste Karte des Dealers ein Ass ist. Dies ist jedoch eine separate, hier gar nicht relevante Wette, auf die ich nicht weiter eingehe.

Soviel zu den Spielregeln, die von Casino zu Casino noch leicht variieren können – zum Beispiel im Hinblick darauf, ob fortgesetztes Splitten oder auch Verdoppeln nach Splitten erlaubt ist oder nicht.

Das Casinospiel Black Jack erfreut sich einer wachsenden Beliebtheit. Immerhin hat der Spieler gewisse Entscheidungs- und Aktionsmöglichkeiten, die der Bank nicht zustehen. Zum Beispiel kann er bei zwölf Punkten schon stehen bleiben oder bei siebzehn noch kaufen. Und gegen einen zusätzlichen Einsatz beim Verdoppeln und Splitten kann er seine durchschnittliche Auszahlung erhöhen, wenn die Situation für ihn günstig ist. Auf der anderen Seite hat der Spieler auch einen offensichtlichen Nachteil: Er hat verloren, sobald er sich überkauft – auch wenn sich die Bank schließlich ebenfalls überkauft. Die Kernfrage lautet daher: Kann der Spieler diesen Nachteil durch eine geschickte Strategie wettmachen?

In den sechziger Jahren begannen einige Wissenschaftler und auch Amateure, dieses Spiel eingehend zu untersuchen. Julian Braun, Mathematiker bei IBM Chicago, simulierte Millionen von Partien auf damaligen Großrechenanlagen, um die optimale Strategie herauszufinden. Da die Spielkartenzuteilungen zufällig erfolgen, mussten für jede ausgeteilte Kombination (Spielerkarten, Dealerkarte) alle weiteren Aktionsmöglichkeiten des Spielers in ausreichendem Umfang simuliert werden. In den USA entstanden bald optimale Spielsysteme und zahlreiche Bücher, wovon »Beat the Dealer« des Mathematikprofessors Edward Thorp schnell Weltruhm erlangte. Das alles ist aber nur von praktischem Nutzen, wenn man vorhat, in den USA selbst zu spielen; denn die optimalen Strategien für die in den USA gültigen Regeln lassen sich nicht einfach auf die europäischen Verhältnisse übertragen.

Auf dem deutschsprachigen Markt sind mir nur ein paar wenige Werke bekannt, die allgemeinverständlich, praxisorientiert *und* wissenschaftlich fundiert sind, nämlich die Bücher von Charles Cordonnier und von Michael Rüsenberg (siehe Literatur). Das Buch von Cordonnier baut auf die anerkannten elementaren wahrscheinlichkeits- und entscheidungstheoretischen Grundlagen auf, während die Bücher von Rüsenberg sowohl ausführliche Übungen zur Basisstrategie für den Einsteiger als auch die wissenschaftlichen Kartenzählmethoden behandeln. Zudem gehen diese Werke sehr detailliert auf die in Europa (und speziell in Deutschland, Österreich und den Niederlanden) üblichen Spielregeln ein, – die, zumindest in wichtigen Punkten, zu einer anderen optimalen Strategie führen können als die in den USA gültigen.

Die vollständige Baumstruktur des Black-Jack-Spiels lässt sich kaum übersichtlich darstellen, da es zahlreiche anfängliche Kartenverteilungen gibt. Hinzu kommt, dass von jeder Entscheidung, die eine Karte bewegt, in aller Regel genau so viele Äste ausgehen, wie es verschiedene Möglichkeiten zu ziehender Karten gibt, die wiederum Ausgangspunkt einer weiteren Entscheidung sein können. Es ist dennoch klar, wie die Teilspielbäume je nach anfänglicher Verteilung aufzubauen sind – nämlich genau nach dem Entscheidungsdiagramm des Spielers, wie in Abbildung 32 schematisch dargestellt (hier ohne Berücksichtigung der Regelvarianten »fortgesetztes Splitten« und »Verdoppeln nach Splitten«). Zudem handelt es sich offensichtlich um ein Spiel mit vollständiger Information.

Der Kuhn'sche Gleichgewichtssatz für Baumspiele garantiert nun, dass es für den Black-Jack-Spieler eine Gleichgewichtsstrategie gibt. Sie wird *Basisstrategie* genannt und benutzt als Informa-

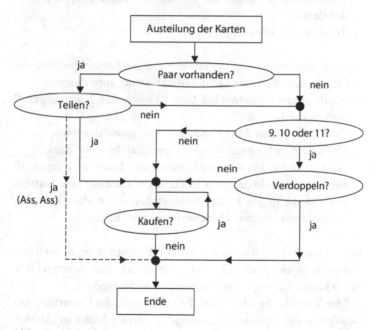

Abb. 32 Schematisches Entscheidungsdiagramm des Black-Jack-Spielers.

tion zu Beginn der Entscheidungen lediglich die ersten beiden Karten des Spielers und die erste Karte der Bank.[35]

Wie sehen einige ihrer Merkmale aus, und welchen Wert hat das Spiel?

Einerseits werden zahlreiche Elemente der Basisstrategie vom gesunden Menschenverstand bestätigt, wie beispielsweise die folgenden Empfehlungen:

- Kaufe keine Karte mehr ab 12 Punkten gegen 4 bis 6 der Bank.
- Teile (Ass, Ass) gegen 2 bis 10, jedoch nicht gegen ein Ass der Bank.
- Teile (8, 8) gegen 2 bis 9 der Bank.
- Verdopple den Einsatz bei 10 oder 11 Punkten gegen 2 bis 9 der Bank.
- Teile nie (10, 10) und (5, 5).

Andererseits liefert die optimale Strategie Empfehlungen, die auf den ersten Blick gar nicht einsichtig sind, zum Beispiel:

- Kaufe *trotz 18 Punkten* bei (Ass, 7) noch eine Karte gegen 9 bis Ass der Bank.
- Teile (9, 9) gegen 2 bis 9 *mit Ausnahme gegen 7* der Bank.
- Versichere dich *niemals* gegen einen Black Jack der Bank.
- Hast du 16 Punkte mit *zwei* Karten, dann kaufe noch gegen 10 der Bank; hast du dagegen 16 Punkte mit *drei oder mehr* Karten, dann bleibe gegen 10 der Bank stehen (dabei darf kein Ass vorkommen, das mit 11 bewertet werden kann).

Die optimalen Verhaltensweisen der Basisstrategie werden gewöhnlich in ein paar Tabellen übersichtlich zusammengefasst. Nach kurzer Übung kann man sie sich leicht merken.

Der Wert des Spiels – hier die mathematische Erwartung bei Befolgung der optimalen Strategie – variiert leicht in Abhängigkeit von den gebotenen Spielregeln, liegt aber im Bereich zwischen −0,0070 und −0,0083 (zwischen −0,70 und −0,83 Prozent) und kommt einem fairen Spiel ziemlich nahe, jedenfalls näher als andere Casinospiele. Ein Vergleich mit zwei gängigen Spielweisen, die jedoch nicht annähernd optimal sind, ist sehr aufschlussreich.

- Da ist zum Beispiel die Strategie des Spielers, der sich niemals überkauft, sondern bei einem Punktestand bis 16 lediglich hoffen kann, dass sich der Dealer seinerseits überkauft – was bei einer zehnwertigen Karte oder einem Ass der Bank eher unwahrscheinlich ist. Seine Ängstlichkeit kommt ihm teuer zu stehen: Er verliert zwischen 6 und 8 Prozent seiner Einsätze.

- Was aber, wenn der Spieler die gleiche Strategie verfolgt wie der Dealer, also bis 16 kauft und ab 17 stehen bleibt und weder verdoppelt noch splittet? Führt das nicht zu einem fairen, ausgeglichenen Spiel? Es gibt Spieler, die glauben, dadurch gleiche Chancen zu haben wie die Bank. Aber das ist nicht der Fall – diese »Nachahmungsstrategie« ist fast so ruinös wie die ängstliche. Rufen wir uns den Grund in Erinnerung: Wenn sich Spieler und Dealer beide überkaufen, entsteht kein Unentschieden, sondern der Spieler verliert, da er vor dem Dealer kauft und sein Einsatz sofort abgezogen wird, wenn seine Punktezahl 21 übersteigt. Das bringt ihm einen Nachteil von etwa 5,7 Prozent seiner Einsätze.

Ein konkreter Vergleich in Euro und Cent ist noch anschaulicher. Setzen Sie zum Beispiel jedes Mal das Minimum von 5 Euro auf Ihre Box, so verlieren Sie bei Befolgung der Basisstrategie pro Spiel durchschnittlich 3 oder 4 Cent. An einem Casinoabend – fünf Stunden, bei etwa einem Spiel pro Minute – beträgt der getätigte Gesamteinsatz über 1.500 Euro. (Der größte Teil dieses Einsatzes wird durch rückfließende Zwischengewinne bestritten, so dass Sie als Spielkapital nur einen Bruchteil davon benötigen, und das auch nur, um etwaige ungünstige Schwankungen im Spielverlauf zu überstehen.) Dank der optimalen Strategie kostet Sie der Black-Jack-Abend im Mittel 12,50 Euro – wobei Sie sogar die *besten* Chancen haben, den Abend mit Gewinn abzuschließen. Dagegen bezahlen die weniger klugen Spieler für das gleiche Spielvergnügen statistisch zwischen 90 und 120 Euro.

Das Gleichgewichtstheorem für nichtkooperative Spiele

Bei vielen Bimatrixspielen gibt es keine Gleichgewichtssituation. So sagen uns zum Beispiel die Pfeile in der Bimatrix von Abbildung 33, wie sich das Spiel im Kreise drehen würde, wenn die Spieler abwechselnd darüber nachdächten, wie sie auf die gerade vorliegende Strategie des Gegners am besten antworten.

Auch beim Nullsummenspiel »Knobeln« ist der ungleichgewichtige Kreislauf offensichtlich, wie die Bimatrix (aus reinen Strategien) zeigt (Abbildung 34).

Allerdings haben wir beim Knobeln gesehen, dass die Spieler Gleichgewicht herstellen können, wenn sie ihre drei Strategien (P, S, St) *statistisch* mit Häufigkeiten von jeweils 1/3 und unabhängig

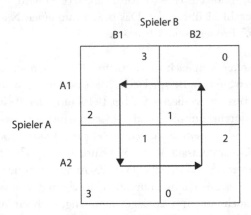

Abb. 33   Bei zahlreichen Bimatrixspielen gibt es keine Gleichgewichtssituation (siehe Haupttext).

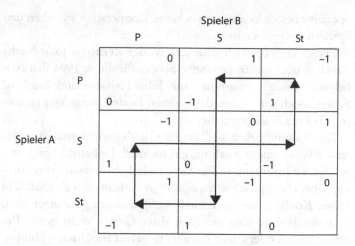

Abb. 34 Ungleichgewichtiger Kreislauf beim Knobeln.

voneinander spielen. In diesem Fall hat dann keiner der beiden
Spieler mehr einen Grund, von seiner *gemischten Strategie* (1/3,
1/3, 1/3) abzugehen.[9]

Die Verallgemeinerung dieses speziellen Sachverhalts auf
den Fall von n Spielern, deren jeder eine endliche Anzahl von
Strategien zur Verfügung hat, führt zu einem Existenzsatz für
einen Gleichgewichtspunkt: In jedem solchen *n-Personenspiel* gibt
es mindestens einen Gleichgewichtspunkt aus *gemischten* Strategien.[10] Das ist das *Gleichgewichtstheorem von Nash für nichtkooperative
n-Personen-Spiele* (1950/51). Die Gleichgewichtspunkte müssen
dabei nicht den gleichen Wert haben. Und das Adjektiv »nichtko-

---

[9] Neben (1/3, 1/3, 1/3) gibt es unendlich viele *gemischte Erweiterungen* der drei
reinen Strategien, nämlich alle (p, q, r) mit p, q, r ≥ 0 und p + q + r = 1.
[10] Dieser Gleichgewichtssatz ist allgemeiner als der für Baumspiele. Mathematisch gesehen ist letzterer *kombinatorischer* Natur, während der allgemeinere *topologischer* Natur ist.

operativ« besagt lediglich, dass keine Kooperation zwischen den Spielern vorgesehen ist.

Dieses Gleichgewichtstheorem ist der Kern von John Nashs Arbeiten über nichtkooperative Spiele, für die er 1994 den Nobelpreis erhielt – zusammen mit John Harsanyi und Reinhard Selten. Doch was trugen die anderen beiden Preisträger zu diesem Teil der Spieltheorie bei?

Die Anwendbarkeit von Nashs Gleichgewichtssatz ist in gewisser Weise eine Ausnahme, ein Idealfall: Er betrifft Spiele mit *vollständiger* Information. Für viele reale Lebenssituationen kommen aber eher Spiele mit *unvollständiger* Information als Modell in Frage. Konfliktsituationen sind häufig dadurch gekennzeichnet, dass die Akteure über die Ziele ihrer Gegner nicht genau Bescheid wissen oder deren Lage nicht genau einschätzen können. Jeder weiß, dass er im Alltag unzählige Entscheidungen ohne Kenntnis der Gesamtsituation und der möglichen Folgen (oder »Auszahlungen«) über den Daumen peilen muss – sei es bei der Partnerwahl oder im Beruf, in der Politik oder bei der Wahl eines Arztes. Harsanyi hat in den Jahren 1967/68 mehrere Aufsätze veröffentlicht, in denen er eine Lösungsmethode für Spiele mit unvollständiger Information entwickelte. Er hat damit den Anwendungsbereich der Spieltheorie wesentlich erweitert – sie der Wirklichkeit angenähert.

Auch Seltens Beitrag bewirkte eine Annäherung der Theorie an die Wirklichkeit. Als Existenzsatz (*es gibt* mindestens einen Gleichgewichtspunkt) bietet die Aussage keinerlei Hinweis darauf, wie ein derartiger Punkt zu finden ist. Und da *mindestens* einer existiert, können auch mehrere existieren – mitunter beliebig viele. Sind die nun alle gleich »gut« oder »stark« oder wie auch immer man es nennen könnte? Oder haben sie unterschiedliche Qualität? Wie entscheiden sich die Spieler oder Marktteilnehmer zwischen den verschiedenen Nash-Gleichgewichten? Ohne zusätzliche Kriterien ist es in einer solchen Situation nicht mehr möglich, rationales Verhalten zu prognostizieren. Hier setzt der wesentliche Beitrag von Reinhard Selten (zu diesem Fragenkomplex) an. 1965 kreierte er den Begriff des »*teilspielperfekten* Gleichgewichts« und zeigte, dass es unter den Gleichgewichtspunkten welche geben kann, die irgendwie »faul« sind und nicht ganz »koschere« Konfliktsituationen kennzeichnen. Selten versuchte, in mehreren Schritten zu einer Lösung zu kommen, in der kein Mitspieler mehr *unglaubwürdige Drohungen* (als strategische Alternativen) aufrechterhalten kann. Es ist zum Beispiel unglaubwürdig, wenn ein Arbeitnehmer mit der Kündigung des Arbeitsverhältnisses droht, um eine Lohnerhöhung durchzusetzen, obwohl er bereits mehr verdient, als er in anderen Firmen bekäme. Da er sich im Falle der Kündigung selbst schaden würde, weiß der Vorgesetzte, dass er diese Drohung nicht wahr machen wird. Die Nichtbeachtung der Drohung, also die Abweichung vom betrachteten Nash-Gleichgewicht, stellt den Akteur, dessen Verhalten beeinflusst werden soll, besser. Ein anderes Beispiel: In einer Stadt fordert ein Kaufmann eine bis dahin monopolistische Handelskette durch Eröffnung eines Geschäftes heraus. Der Angegriffene hat nun zwei Möglichkeiten: Entweder er akzeptiert den Konkurrenten und damit Einkommenseinbußen, oder er droht mit einem harten Preiskrieg. Wäre der Preiskrieg zu teuer, wird die Drohung unglaubwürdig.

Wie diese Beispiele andeuten, hat der Begriff des teilspielperfekten Gleichgewichts wesentlich zur Analysierbarkeit (und Prognostizierbarkeit) von Verhandlungskonflikten beigetragen. Er hat auch Fragen der *Glaubwürdigkeit der Wirtschaftspolitik* in den Mittelpunkt makroökonomischer Diskussionen gerückt. Eine unglaubwürdige Wirtschaftspolitik wird in der Regel ganz andere als die von ihr beabsichtigten Wirkungen haben. (Zum Beispiel ist die deutsche Einkommensteuergesetzgebung durch ihre enorme Komplexität, die vorgibt, jedem Besteuerungseinzelfall gerecht zu werden, am Ende höchst ungerecht, wie die Mehrheit der Fachleute zugibt.)

Es ist sicher keine Übertreibung zu konstatieren, dass viele in den letzten Jahrzehnten erzielte Fortschritte in der Theorie der Wettbewerbspolitik, der Informationsökonomie, der Theorie der Wirtschaftspolitik, der Arbeitsmarkttheorie, der Finanzmarkt- theorie usw. ohne die von Nash, Selten und Harsanyi entwickel- ten Instrumente nicht möglich gewesen wären.

Gleichgewichtstheoreme der mathematischen Ökonomie ha- ben eine lange Tradition. Einige spezielle Varianten sind bekannt geworden als Tauschgleichgewicht, Produktionsgleichgewicht, Expansionsgleichgewicht und Oligopolgleichgewicht (Oligopol: Beherrschung des Marktes durch wenige große Unternehmen). Die Existenz eines jeden solchen Gleichgewichts ist durch ma- thematische Sätze garantiert – allerdings unter oft idealisierten, wirklichkeitsfernen Voraussetzungen. Gerade deshalb gibt es auch auf diesem Gebiet, wie nicht anders zu erwarten, noch zahl- reiche ungelöste Probleme.

Evolutionäre Spieltheorie und Kooperation

Zweipersonen-Nullsummenspiele sind von Natur aus nichtko- operativ, denn der Gewinn des einen Spielers muss vom anderen bezahlt werden; ihre Interessen sind diametral entgegengesetzt. (Vermutlich wurde aber die Bedeutung der Nullsummenspiele auf Kosten von anderen wichtigen Spielen anfänglich überbe- wertet.)

Bei Mehrpersonenspielen können *Koalitionen* gebildet werden, um an ein Ziel zu gelangen, das ihre Mitglieder als Einzelspieler nicht erreichen würden. Eine effiziente Koalition wird eine Aus- zahlung erhalten, die größer ist als die Summe der Auszahlungen der Einzelspieler, da sonst die Zusammenarbeit keinerlei zwin- gende Berechtigung hätte. Bereits im biologischen Bereich gibt es zahlreiche Beispiele für derartige Kooperationen, etwa wenn sich Raubtiere einer Art zu Jagdgemeinschaften zusammenschließen, wie dies bei Wölfen, Löwen oder Hyänen üblich ist. Über das bloße Verfolgen der Beute hinaus kommt eine gemeinsame Strategie ins Spiel, die Kraft und Schnelligkeit überwindet. Die soziobiologische Komponente ist zweifellos ein wichtiger Aspekt der Evolution. Selbst die Symbiose zwischen verschiedenartigen Lebewesen kann als eine auf dem Prinzip Eigennutz basierende Art Zusammenarbeit im Rahmen des allgemeinen Lebenskampfes gedeutet werden.

Unter den in diesem Buch aufgeführten Zweipersonenspielen ist das Gefangenendilemma bislang das einzige, bei dem eine Kooperation in Betracht kommt. Allerdings ist sie äußerst ungewiss, es sei denn, das Spiel wird öfters wiederholt. Dann käme es vielleicht auf einen Versuch an. Immerhin gibt es weitere Runden. Und auch ein Gedächtnis … Doch mehr davon später.

Warum kommt eine Kooperation beim *Chicken-Spiel* eigentlich nicht in Betracht? Immerhin möchten beide Kontrahenten den Zusammenstoß vermeiden. Neben diesem gemeinsamen Ziel möchte aber jeder über den anderen obsiegen, und das kann er nur, wenn er auf Kollisionskurs bleibt und der andere ausweicht. Wenn beide zu vorsichtig sind und immer ausweichen, vermeiden sie zwar den größtmöglichen Verlust, aber keiner kann etwas gewinnen. Beide wären schließlich »chicken«.

Das tägliche Leben ist voll von Chicken-Spielsituationen, harmloseren und ernsteren. Jeder von uns spielt vergleichbare Spielchen, oft mehrmals täglich, und dabei müssen wir uns jedes Mal entscheiden, ob wir eine Auseinandersetzung *eskalieren* lassen oder nicht.[11]

---

[11] Einige Beispiele in diesem Abschnitt habe ich den Kapiteln 7 und 8 des bereits erwähnten Buches »Spielpläne« von Karl Sigmund entnommen; auch der Abschnitt *Eskalieren oder Nachgeben?*, sowie einige der anschließenden Betrachtungen, folgen im Wesentlichen Sigmunds Buch.

Eskalieren oder Nachgeben?

Wann zahlt sich eine Eskalation aus? In den meisten Fällen nur, wenn der andere nachgibt. Einerseits wird man nicht wegen jeder Kleinigkeit auf die Barrikaden steigen. Und andererseits wäre nichts verheerender, als immer nur nachzugeben. Welche Strategie also verfolgen? Hier ist eine geschickte, *gemischte* Strategie angebracht. Ohne Erfolgsgarantie hat derjenige die besten Chancen, das Richtige zu tun, der sich seiner Stärken, aber auch seiner Schwächen bewusst ist.

Hohe Politiker und Manager müssen täglich folgenreich entscheiden, ob sie einen Konflikt intensivieren wollen oder nicht. Dabei werden Signale vermittelt, Absichten erkundet und hinterfragt, Positionen abgesteckt und bekräftigt oder wieder verworfen. Abgesehen von rhetorischen und diplomatischen Zutaten, bleiben oft nur die Knochen eines »Chicken« zurück.

Wann ist Eskalation lohnend? Mit dieser grundlegenden Frage werden Tiere in freier Wildbahn so oft konfrontiert wie die hohen Tiere von Politik und Wirtschaft. Rituelle Turnier- oder *Kommentkämpfe* unter Artgenossen zählen zu den aufregendsten Schauspielen im Tierreich. Doch oft lässt sich beobachten, dass dabei gewisse Hemmschwellen nicht überschritten werden. Die Tiere messen ihre Kräfte, ohne sich dabei ernsthaft zu verletzen. Und manchmal weichen sie buchstäblich in letzter Sekunde aus, statt Hörner, Geweih oder Hauer einzusetzen.

Die Analogie mit dem Chicken-Spiel ist frappierend. Und tatsächlich gelang im Wesentlichen auf der Grundlage dieses Hasardspiels eine stichhaltige evolutionstheoretische Erklärung der Kommentkämpfe. Die beiden Streithähne sind ja nicht allein auf der Welt, sondern gehören zu einer größeren Population von Spielern – für die sie ja nur Teil der »anderen« sind. Beide messen sich an derselben Bevölkerung von Gegenspielern, in der sie die durchschnittliche Häufigkeit des Eskalierens kennen gelernt haben. Nehmen wir dafür 10 Prozent an (beziehungsweise 90 Prozent Wahrscheinlichkeit für das Ausweichen), wie beim Chicken-Spiel. Ein beidseitiges Eskalieren und folglich eine ernsthafte Verletzung wird es nur in einer von hundert Auseinandersetzungen geben (10 % · 10 % = 1 %).

Entschlossenheit zu demonstrieren müsste stets ein gewinnbringendes strategisches Verhalten sein. Wieso aber wird keine Zunahme der Eskalationshäufigkeit beobachtet? Wenn die Wahrscheinlichkeit, dass ein Populationsmitglied ausweicht, mehr als 90 Prozent beträgt, zahlt sich die Eskalation aus und nimmt daher zu. Wenn aber die Wahrscheinlichkeit des Eskalierens über 10 Prozent ansteigt, ist das Ausweichen die bessere Strategie – wodurch Ausweichen zu- und Eskalieren erneut abnimmt. Die durchschnittliche Eskalationsbereitschaft pendelt sich also durch einen Mechanismus der natürlichen *Selbststeuerung* auf 10 Prozent ein.

Evolutionsstabile Strategien und Asymmetrien

Die Strategie, mit 10 Prozent zu eskalieren, ist *evolutionsstabil* in folgendem Sinne: Wenn sich praktisch alle Mitglieder der Population darauf einpendeln, kann kein *mutantes* Verhalten – keine abweichlerische Minderheit – eindringen. Der Begriff der *evolutionsstabilen gemischten Strategie* ist für die evolutionäre Spieltheorie von zentraler Bedeutung und beeinflusst auch die eher ökonomisch orientierte Spieltheorie.

Gerade im Hinblick auf gewisse Strategieeigenschaften gibt es ein Spielmerkmal, das besonders bei Auseinandersetzungen in der Natur wichtig ist. Es ist die Eigenschaft eines Spiels, *symmetrisch* oder *asymmetrisch* zu sein. Im Gegensatz zum Chicken-Spiel ist der Kampf der Geschlechter[36] ein *asymmetrisches* Spiel: Die Spieler haben unterschiedliche *Rollen*. Solche Situationen treten in künstlicher Form bei Brettspielen und im Sport häufig auf. Weiß ist beim Schach im Vorteil, eine Fußballmannschaft hat es bei Heimspielen besser usw. Da jedes Spiel, sofern es kein endgültiges ist, auch von Wiederholungen lebt, sorgen gewisse Regeln für einen Ausgleich, um eine künstliche Symmetrie herzustellen. Auf ein Heimspiel folgt ein Auswärtsspiel, und um bei Dame oder Schach Symmetrie zu erzeugen, kann im Laufe der Partien jeder Spieler abwechselnd als erster beginnen.

In der Natur sind die Asymmetrien deutlicher ausgeprägt. In Konfliktsituationen zwischen Männchen und Weibchen, zwischen Eltern und Nachkommen, zwischen Arbeiterbienen und Königinnen oder zwischen Raubtieren und ihrer Beute sind die Rollen der Akteure sehr unterschiedlich.

Im Laufe seines Lebens kann ein Individuum seine Rolle wechseln. Aus einem Eindringling kann ein Besitzer werden und aus einem Schwächling ein Kraftmeier oder umgekehrt. Vermutlich bilden sich in solchen Fällen *bedingte* Strategien heraus, zum Beispiel: »Wenn du ein Kleinkind bist, bestehe auf einer langen Nestfütterung; wenn du eine Mutter bist, halte die Nestfütterung möglichst kurz und versuche, nochmals zu werfen.« Eine Bevölkerung kann ein vielfältiges Verhalten aufweisen, auch wenn alle Mitglieder dieselbe Strategie verwenden – etwa: »Wenn du schwach bist, weiche dem Kampf aus; wenn du stark bist, dann stelle dich ihm.« Diese Strategie ist eine *bedingte*, aber keine grundlegend *gemischte* – da die Entscheidung keinen Zufallszug enthält. Eskalation und Rückzug führen hier auch zu verschiedenen Auszahlungen. Die schwächeren Individuen versuchen einfach das Beste aus ihrer Lage zu machen.

Die Anwendbarkeit mathematischen Denkens[12] in der Soziobiologie wird auch durch ein weit reichendes Resultat von Reinhard Selten illustriert, der bewies, *dass es in asymmetrischen Spielen keine evolutionsstabilen Strategien geben kann, die gemischt sind.* Im We-

---

[12] Eine Standardreferenz für *mathematische* Aspekte der Selektion ist das Buch »Evolutionstheorie und dynamische Systeme« von J. Hofbauer und K. Sigmund.

sentlichen beruhen diese Aussage darauf, dass hier eine Strategie nie auf ihresgleichen stoßen kann, so wie etwa im symmetrischen Chicken-Spiel ein entschlossener Draufgänger auf einen anderen. Im asymmetrischen Pokerspiel bieten sich für die Alternativen »Passen« und »Bluffen« zwar gemischte Strategien an, doch kann es nach Seltens Ergebnis keine *evolutionsstabile* Bereitschaft zu bluffen geben.

»Drohgebärden mögen über eine geringe Bereitschaft anzugreifen hinwegtäuschen, aber es ist zu erwarten, dass derlei Desinformation nach einer Weile durchschaut wird und so an Wirksamkeit verliert. Der Bluff und andere Arten des Schwindelns sind vorübergehender Natur – was nicht bedeutet, dass sie selten vorkommen. Täuschung und Betrug gehören zum Umfeld des Spiels, doch halten Schwindler und Betrüger die Dinge auch im Alltag gehörig in Schwung.« (K. Sigmund)

Das Gefangenendilemma (kurze Erinnerung)

Obwohl das Gefangenendilemma ein teuflisch einfaches Spiel ist, hat es zu zigtausend wissenschaftlichen Veröffentlichungen geführt. *Gestehen oder Leugnen* beziehungsweise *Mitmachen oder Verweigern* – das ist die Frage. Abbildung 35 zeigt noch einmal die Bimatrix.

Wie wird der rationale Spieler *beim einmaligen Spiel* handeln? Er wird auf jeden Fall verweigern. Das ist die optimale Wahl, ganz gleich, was der andere macht. Denn gegen einen, der mitmacht, bringt Verweigern drei Jahre Strafnachlass bzw. drei Punkte, Mitmachen nur zwei. Und gegen jemanden, der verweigert, bringt Verweigern immerhin einen Punkt, Mitmachen aber gar nichts. Verweigern ist somit in jedem Fall die beste Strategie. Natürlich

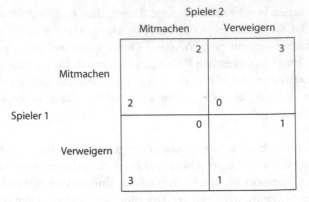

Abb. 35   Bimatrix des Gefangenendilemmas.

denkt der andere auch so, wenn er rational eingestellt ist. Und wir hatten ja das beidseitige Verweigern bereits als Gleichgewichtspunkt ausgemacht. Dennoch könnte jeder der beiden Verweigerer eine höhere Auszahlung erhalten, wenn *beide* mitmachen würden – der Lohn für die Zusammenarbeit.

Bei entsprechenden psychologischen Experimenten entscheiden sich die Versuchspersonen oft zur Kooperation. Dieser Begriff ist ja so positiv besetzt[13], und ein gutes Gewissen hat schließlich auch seinen Wert. Diese Überlegungen sollte man aber aus dem Spiel lassen, denn hier geht es nicht um Gefühle und Moral, Anstand oder Solidarität, sondern ausschließlich

---

[13] Kooperation kann auch aus dem Blickwinkel der übrigen Welt als hochgradig negativ und unerwünscht angesehen und sogar als Verbrechen gewertet werden – etwa wenn zwei Volksgruppen kooperieren, um eine ethnische Säuberung zu Lasten einer dritten Volksgruppe durchzuführen. Auch kartellmäßige Geschäftspraktiken und die meisten Formen von Korruption sind gut für die Beteiligten, aber schädlich für den Rest der Gesellschaft. Diese Beispiele zeigen, dass man die Erkenntnisse über die Mechanismen der Kooperation gelegentlich *umgekehrt* verwenden wird, um zu zeigen, wie Kooperation verhindert anstatt gefördert werden kann.

um die Auszahlung. (Allerdings lässt es das Axiomensystem von Neumann und Morgenstern durchaus zu, *andere* subjektive Präferenzen beziehungsweise Auszahlungen zu wählen und so zu einer *anderen* Nutzenfunktion zu kommen – um dann aber ein *anderes* konkretes Problem zu lösen.)

In seinem bereits zitierten Buch lädt uns Karl Sigmund ein, uns das Spiel als Gedankenexperiment in einem gefühlsneutralen, *evolutionären* Rahmen vorzustellen:

»Nehmen Sie an, dass die Bevölkerung aus zwei Spielertypen besteht: den Mitmachern und den Verweigerern. Jeder hat in seinem ganzen Leben nur eine einzige Möglichkeit zu spielen, und zwar gegen einen zufällig ausgewählten Fremden. Keiner weiß, was der andere vorhat. Jeder gewonnene Punkt entspricht einem Nachkommen. Und die Nachkommen sind vom selben Typ wie ihr Vorfahre – Verweigerer oder Mitmacher. Da die Verweigerer unter allen Umständen besser abschneiden, nimmt ihr Bevölkerungsanteil unweigerlich zu. Ganz gleich, was wir für das Richtige halten, die Zusammenarbeit wird eliminiert.«

Das Argument zeigt eindrücklich, dass das Gefangenendilemma eigentlich gar kein Dilemma ist. Verweigern ist die einzige Lösung.

Wiederholung: Zauber und Zwang

Play it once again, Sam, for old time's sake: In der Wiederholung liegt's, das Wiederaufleben schöner Momente – oder aber das Gefühl des Aufbruchs nach dem Motto »Neues Spiel, neues Glück«. (Erinnern wir uns an eine weniger romantische These dieses Buches: Verstehen ist im Wesentlichen bloß Gewöhnung durch Wiederholung – sowie Einbettung in das bisher Verstandene. Forschen dagegen ist eher *Hinterfragen und Erweitern* des – angeblich – Verstandenen.)

Gesellschafsspiele, Sport, so manche Künste und nicht zuletzt unsere Emotionen leben von der Wiederholung. Auch Spieltheoretiker wissen, dass Spiele durch Wiederholungen ganz eigene Reize entwickeln. Zum Beispiel das Gefangenendilemma: Wenn schon die Zusammenarbeit rational denkender Spieler beim einmaligen Spiel keine Chance hat – vielleicht klappt's bei mehreren Anläufen?

Übrigens ist das Spiel nicht auf Gefangene und Gefängnisse beschränkt. Es steckt in *jedem* Geschäft, was den Wiederholungsgedanken als wirklichkeitsnah rechtfertigt. Jeder Geschäftspartner erwartet sich von dem Austausch einen Vorteil. Für ein *isoliertes* Geschäft wäre der Vorteil aber größer, wenn die eigene Leistung unterbliebe oder zumindest kleiner geriete – beziehungsweise wenn die Gegenleistung des anderen größer ausfiele. Gewöhnlich sorgt eine Autorität dafür, dass die Verlockung zum Verweigern nicht allzu groß wird: Ein enormer Aufwand an Erziehung, Justiz, Polizei und gesellschaftlichem Druck zwingt auch die Selbstsüchtigsten auf den mühevollen Pfad der Zusammenarbeit. Dennoch kommt es auch *ohne* Zwang zu Kooperation zwischen den Egoisten: ganz einfach durch die Aussicht auf Wiederholung. Ein Mitmensch, der seine Partner regelmäßig übertölpelt, steht bald alleine da. Die Hoffnung auf weitere Geschäfte stärkt die Geschäftsmoral.

Bei einem Geschäft erwartet sich *jeder* Partner zu Recht einen Vorteil. Die Interessen der Spieler sind weder diametral entgegengesetzt noch deckungsgleich, was nicht nur für das Gefangenendilemma, sondern auch für die meisten Partnerschaftsspiele gilt. Ein großer Gewinn des anderen steht nicht im Widerspruch zum eigenen Erfolg; es sind keine reinen Null- beziehungsweise Konstantsummenspiele. Die meisten wirtschaftlichen und sozialen Wechselwirkungen ähneln daher mehr dem Gefangenendilemma als etwa dem Pokerspiel.

Tit For Tat oder das wiederholte Gefangenendilemma

Sehen wir also, ob es beim wiederholten Gefangenendilemma zur Zusammenarbeit kommt. Ist die Anzahl der Wiederholungen von vornherein fest gewählt, dann wird unsere Hoffnung enttäuscht. Im letzten Spiel der Serie liegt ja wieder nur das einfache Gefangenendilemma vor, dessen Ergebnis wir kennen: keine Zusammenarbeit. Etwaiges Wohlverhalten in den vorausgegangenen Spielen darf darauf keinen Einfluss haben. Die zielstrebige Maximierung der eigenen Punktezahl lässt keinen Platz für Dankbarkeit – was vorbei ist, ist vorbei. Daher ist das vorletzte Spiel ohne mögliche Nachwirkung und somit auch wieder nur ein einfaches Gefangenendilemma. Und so fort zurück bis zum ersten Spiel.

Es ist die Möglichkeit *weiterer* Wiederholungen, die zur erwarteten Zusammenarbeit verlocken kann. Das Ende der Auseinandersetzung darf nicht von vornherein bekannt sein – was in den meisten Lebenssituationen glücklicherweise auch zutrifft. Diese *Open-end*-Serie von Spielen wird erreicht, wenn es mit einer gewissen Wahrscheinlichkeit stets zu einer weiteren Runde kommt. Beträgt diese Wahrscheinlichkeit beispielsweise 90 Prozent, so kann man im Mittel mit zehn Wiederholungen rechnen. (Es können sich auch bedeutend mehr als zehn Wiederholungen ergeben oder gar keine, das ist im Vorhinein nicht bekannt.)

Eine *Strategie* für ein derart fortgesetztes Spiel ist ein Programm oder Plan der Absichten des Spielers, wonach dieser in jeder Runde zwischen »Verweigern« und »Mitmachen« zu entscheiden hat. Diese Entscheidung kann von verschiedenen Faktoren beeinflusst sein, etwa von der Schrittzahl (etwa: »Jede dritte Runde verweigern, sonst mitmachen«), vom Zufall (etwa: »Würfeln und bei einer Sechs verweigern«) oder auch vom bisherigen Spielverlauf (etwa: »Wenn der andere bisher öfter verweigert hat, so verweigere nun ebenfalls«). Aber natürlich kann sie nicht vom *künftigen* Spielverlauf abhängen, da dieser noch nicht bekannt ist; kein Spieler weiß, was der andere vorhat, und Verabredungen sind nicht zugelassen.

Je kleiner die Wahrscheinlichkeit der Spielwiederholung, desto mehr gleicht das Spiel dem einfachen Gefangenendilemma. Im derart wenig oft wiederholten Spiel wird wieder das unbedingte Verweigern zur besten Strategie.

Ist die Wiederholwahrscheinlichkeit dagegen groß genug, entsteht eine ganz andere Situation. In ihr gibt es keine Strategie, die für *jeden* Fall die beste Antwort liefert. Was aber tun, wenn jede Entscheidung eine Hypothek auf die Zukunft wirft? Man kann die Gedanken des anderen nicht lesen. Man kann nur sicher sein, dass er darauf aus ist, seine Auszahlung zu maximieren. Kann unter diesen Umständen eine Lösung gefunden werden? Die Frage ist schwer, und so zerbrachen sich darüber viele Spieltheoretiker jahrzehntelang den Kopf. Dann hatte 1978 ein junger amerikanischer Politikwissenschaftler namens Robert Axelrod den hervorragenden Einfall, die Spieltheoretiker zu einem Turnier einzuladen.

Vierzehn Bewerber aus den fünf Disziplinen Psychologie, Ökonomie, Politologie, Mathematik und Soziologie reichten ihre Programme ein, und Axelrod ließ diese nach einem ausgefeilten Verfahren in seinem Computer übereinander herfallen. Wie bei einer Fußballmeisterschaft trat jede Strategie gegen jede andere an. Zusätzlich spielte jede gegen eine Kopie ihrer selbst und gegen die Zufallsstrategie, die in jedem Schritt mit gleicher Wahrscheinlichkeit zwischen Verweigern und Mitmachen wählt. Insgesamt bestand das Turnier aus 210 Runden, und der ganze Ablauf wurde mehrmals wiederholt.

Die Überraschung war perfekt: Das kürzeste, unscheinbarste und simpelste aller Programme gewann. Es heißt *Tit For Tat* und besteht darin, im ersten Zug die Kooperation zu wählen und dann immer zu tun, was der andere im vorigen Zug getan hat.

Erst wohlwollend »mitmachen«, dann nach dem Prinzip »wie du mir, so ich dir« verfahren.

Eingereicht wurde dieses Programm von dem Psychologen Anatol Rapoport, Professor an der Universität Toronto, der sich so lange und intensiv wie kein anderer mit dem Gefangenendilemma befasst hatte. Insofern ist sein Turniersieg nicht erstaunlich. Was allerdings überrascht, ist die Tatsache, dass *Tit For Tat* grundsätzlich nie einen Zweikampf gewinnt. Ein Spieler kann nach dieser Strategie auf keinen Fall mehr Punkte bekommen als der Kontrahent. Denn er ist *nett* in dem Sinne, dass er niemals als erster verweigert. Im Verlauf des gesamten Rennens hat er nie die Nase vorn (fällt allerdings auch niemals weit zurück).

Etwa die Hälfte der Strategien des Turniers waren nett, und diese schnitten durchweg besser ab als die weniger netten – die ausbeuterischen. Trafen zwei nette Strategien aufeinander, dann kam es zu einer ununterbrochenen Zusammenarbeit. Die ausbeuterischen Strategien verhedderten sich dagegen in Punkte zehrende Geplänkel.

In ihrem Erfolg gegen die ausbeuterischen unterschieden sich aber die netten Strategien stark untereinander. Der Vorteil der *Tit-For-Tat*-Strategie lag in ihrer Flexibilität; sie war rasch im Vergelten und ebenso rasch im Vergeben. Die trägeren unter den netten Strategien schnitten nicht so gut ab; den Ärger in sich hineinzufressen ist offenbar ebenso schädlich wie lang anhaltender Groll. Da die eindeutige und schnelle Antwort eines *Tit-For-Tat*-Spielers signalisiert, dass in gleicher Münze heimgezahlt wird, kann er viele bald zur Zusammenarbeit bekehren. Offene und zuverlässige Wesen wecken eben mehr Vertrauen.[14]

Ein beträchtlicher Teil der Programme des Wettstreits bestand aus mehr oder weniger netten Varianten, die darauf abzielten,

---

[14] Die Abrüstungsverhandlungen zwischen den großen Machtblöcken USA und UdSSR begannen unter Michail Gorbatschow dem Muster einer *netten* Strategie zu folgen. (In den Jahrzehnten des Kalten Krieges symbolisierte Andrej Gromyko, »Mister Njet« genannt, die Verweigerungsstrategie.)

gelegentlich einen Vorteil herauszuschinden. All diese raffiniert ausgedachten Hackenschläge gingen ins Leere. Was *Tit For Tat* am überzeugendsten vermittelte, war, dass sich Gier nicht lohnt. Für den klugen Egoisten kommt es ja nur auf das eigene Wohlbefinden an.

Noch einmal *Tit For Tat* oder Die Fortsetzung des wiederholten Gefangenendilemmas

Der Erfolg von *Tit For Tat* bedeutet nicht, dass es die beste aller möglichen Strategien ist. Die gibt es nämlich nicht. Tatsächlich fand Robert Axelrod bei der anschließenden Diskussion mühelos Strategien, die noch besser abgeschnitten hätten, wenn sie angetreten wären – zum Beispiel *Tit For Two Tats*, eine Strategie, die Verweigerungen des Kontrahenten toleriert, solange sie vereinzelt auftreten, und nur selbst verweigert, wenn sich der andere in den letzten *zwei* Zügen verweigert hat.

Axelrod veröffentlichte eine Analyse und lud sodann zu einem weiteren Turnier. Inzwischen war das Interesse am Spiel weit über den Kreis der Spieltheoretiker hinaus geweckt, und auch zahlreiche Computerfreaks drängten sich um die Teilnahme. Es war zu erwarten, dass der neuerliche Wettbewerb nunmehr um Klassen anspruchsvoller würde.

Unerschrocken reichte Anatol Rapoport wieder *Tit For Tat* ein. Der namhafte britische Biologe John Maynard Smith setzte auf *Tit For Two Tats*. Aber diese Strategie, die das erste Turnier gewonnen hätte, belegte im zweiten nur den vierundzwanzigsten Platz. *Tit For Tat* hätte folglich noch weiter unten in der Rangordnung stehen müssen. Aber weit gefehlt: *Tit For Tat* gewann verblüffenderweise auch das zweite Turnier! Wie ist das zu erklären? Offenbar führt *lineares* Denken hier in die Irre.

Militärs stehen im Verruf, sich gern auf den Krieg von gestern vorzubereiten. Auch viele Roulettespieler suchen in den Mustern vergangener Zufallsfolgen Lücken und Schwächen (die sie oft »Gesetze« nennen), um diese dann zu einem Gewinnsystem umzumünzen. So versuchten auch die Teilnehmer am zweiten Turnier, die Schwächen der Strategien vom ersten zu meiden, um so eine bessere Strategie ins neuerliche Rennen zu schicken. Sie hätten auch vortrefflich abgeschnitten – aber eben im ersten Turnier (genauso wie Spielsystemtüftler im Roulette mühelos für jede vorliegende Zufallsfolge ein Gewinnsystem angeben können – im Nachhinein). Viele aus dem ersten Turnier gezogene Lehren hoben einander im zweiten wechselseitig wieder auf. Nur Rapoport hatte anscheinend keine Lehren gezogen – mit Erfolg. Ob *Tit For Tat* auch ein drittes Turnier gegen vielleicht Tausende von Wettbewerbern (die alle durch die Lehren aus den ersten beiden Turnieren klüger geworden wären) gewonnen hätte?

Tit For Tat Superstar – eine einfache evolutionäre Variante der tausendfachen Fortsetzung des wiederholten Gefangenendilemmas

Mit den vorhandenen Strategien entwarf Axelrod eine Turniervariante, die nach dem bereits vorgestellten evolutionären Gedankenexperiment aufgebaut ist: Die Teilnehmer bilden eine *Population*, deren Zusammensetzung sich je nach Erfolg ändert. Die erfolgreichen Strategien werden kopiert, und die erfolglosen sterben allmählich aus. Mit der Zusammensetzung des Teilnehmerfeldes können sich aber auch die Anforderungen an eine erfolgreiche Strategie ändern. Der Erfolg beeinflusst die Zusammensetzung und die Zusammensetzung den Erfolg: ein Rückkopplungsprozess, dessen Entwicklung sich meist gar nicht leicht bestimmen lässt. Axelrod simulierte die Wirkung der natürlichen Auslese in seinem Computer. In jeder Generation fand ein Turnier statt – eine Fortsetzung des wiederholten Gefangenendilemmas mit den überlebenden Strategien aus dem letzten Turnier. (Nach diesem Prinzip arbeiten die so genannten »genetischen Algorithmen«.)

Erwartungsgemäß setzte sich *Tit For Tat* sofort an die Spitze. Weniger selbstverständlich war, dass diese Strategie den Vorsprung immer weiter ausbaute und noch nach tausend Generationen über die höchste Zuwachsrate verfügte! Es gab andere Strategien, die sich anfangs viel versprechend vermehrten und dann doch einen Wachstumsknick erlebten, dahinvegetierten und schließlich verschwanden. Dies traf besonders auf jene zu, deren Erfolg auf der rücksichtslosen Ausbeutung Schwächerer beruhte. Bald hatten sie ihre Opfer aus dem Feld gedrängt. Damit hatten sie sich aber auch ihrer eigenen Existenzgrundlage beraubt. Wenn ein *Tit-For-Tat*-Spieler hingegen von anderen Spielern profitierte, so zogen diese anderen aus der Wechselwirkung mindestens ebensoviel Nutzen und wurden dadurch im eigenen Kampf ums Dasein gefördert. Diese Art des Erfolgs ist nachhaltig: Sie führt zu noch mehr Erfolg.

Das Schöne an der Entwicklung zu mehr Zusammenarbeit ist, dass sie nicht umgekehrt ablaufen kann. Ein einzelner *Tit-For-Tat*-Spieler unter lauter Verweigerern und ein einzelner Verweigerer unter lauter *Tit-For-Tat*-Spielern haben jeweils keine Chance und werden aus der Bevölkerung verdrängt. Aber während *Tit-For-Tat*-Spieler, wenn sie eine (relativ kleine) kritische Masse ausmachen, in die Population eindringen können, bleibt diese Möglichkeit den Verweigerern verwehrt. Denn zwei *nette* Spieler sind natürliche Verbündete, zwei Verweigerer sicherlich nicht. In diesem Sinne wird die Tendenz zur Kooperation bevorzugt.

Obwohl man sicherlich nicht sämtliche zwischenmenschliche Beziehungen auf das wiederholte Gefangenendilemma zurück-

führen wollen wird, laden die geschilderten Mechanismen geradezu ein, über soziale Verhaltensweisen und moralische Prinzipien
zu sinnieren. Karl Sigmund:[15]

»Spieler, die nicht mehr zurückschlagen können, sind für
Ausbeuter ein gefundenes Fressen ... Es ist gefährlich,
wenn eine Bevölkerung ihre Widerstandskraft gegen Ausbeuter einbüßt. Wer sich ausbeuten lässt, zahlt die Rechnung
nicht allein: da er die Ausbeuter unterstützt, gefährdet er die
gesamte Gemeinschaft ... Bei aller gebührenden Zurück-
haltung lässt sich jedoch festhalten, dass der brutal einfache
Grundsatz, Gleiches mit Gleichem heimzuzahlen, in einer
Gesellschaft von Egoisten zur Zusammenarbeit führen
kann, die scheinbar höhere Forderung aber, erlittenes Un-
recht nicht zu vergelten, diese Zusammenarbeit untermi-
niert. Wer die andere Wange hinhält, statt auf Provokation
zu antworten, zerstört die Grundlage der Gegenseitigkeit.«

Eine unerbittliche Erkenntnis: Opferlämmer und Gimpel gefährden eine Gemeinschaft weit mehr als die ohnehin vorhandenen
Parasiten und Ausbeuter. Haben Sie ausreichende körperliche
Abwehrkräfte, werden Sie etwa einem Grippevirus standhalten;
die *mangelnde Abwehrkraft* ist somit die eigentliche Gefahr.

Wir verlassen an dieser Stelle das klassische Gefangenendilemma. Der interessierte Leser findet die spannende Fortsetzung in
Sigmunds Buch. (Nur so viel sei verraten: Die Maxime der so-
fortigen gegenseitigen Vergeltung ist auch für die evolutionäre
Spieltheorie *nicht* der Weisheit letzter Schluss.)

---

[15] »Spielpläne«, Seite 297.

Die Tragödie der Allmende[16]

Im Jahre 1968 schrieb der Biologe Garrett Hardin von der University of California einen wichtigen und einflussreichen Artikel, der in der Zeitschrift *Science* unter dem Titel »The Tragedy of the Commons« erschien.

Durch die Nutzung der Allmende können die Dorfbewohner eine gewisse Zahl zusätzlicher Schafe ernähren. Solange diese Anzahl in kleinerem Rahmen bleibt, ist alles in Ordnung. Doch dann kommt der eine oder andere auf die Idee, durch ein weiteres Schaf etwas mehr Nutzen aus der Situation zu ziehen. Das zusätzliche Schaf, das der Dorfbewohner dann auf die Allmende führt, kommt nur ihm selbst zugute, während der Schaden, der durch die Überweidung entsteht, mit allen anderen Dorfbewohnern geteilt wird. Diese können ihren Nachteil nur vermindern, indem sie selbst weitere Schafe auf die Allmende bringen. So beutet jeder die Weide nach Kräften aus und zerstört sie dabei: die Tragödie der Allmende. Mit anderen Worten: *Ungehemmte Ausbeutung führt zu schnellem Ruin.* (Mathematisch kann das Problem als ein n-Personen-Gefangenendilemma gedeutet werden, wobei n > 2 ist.)

Ähnliches lässt sich an gewissen Darmbakterien beobachten, die unter normalen Umständen harmlos und sogar gutartig sind, aber wie in einer Torschlusspanik in ein virulentes Stadium übergehen können, sobald stärkere Anzeichen für Verletzung, Krankheit oder Altersschwäche ihres menschlichen Wirts auftreten. Derartige Anzeichen verkünden den baldigen Tod des Wirtsorganismus und beschleunigen ihn sogar noch durch das Auslösen der Virulenz. Hier findet das Dilemma weniger zwischen dem Wirt (der keinerlei Entscheidungsspielraum hat) und den Mikroben statt als vielmehr zwischen den Mikroben selbst, während dem Wirtsorganismus die Rolle der Allmende zukommt.

---

[16] Eine *Allmende* ist ein der ganzen Gemeinde gehörendes Land, das die Dorfbewohner gemeinsam bewirtschaften und nutzen. Der Ausdruck kommt vom Mittelhochdeutschen *al(ge)meinde, almende* und bedeutet »was allen gemein ist«. Im Mittelalter waren Allmenden weit verbreitet.

Obwohl es praktisch keine Allmenden mehr gibt, ist uns die Tragödie erhalten geblieben – und zwar in viel größerem Ausmaß. Allmenden können beliebige Bestandteile unseres Planeten sein, die gemeinschaftlich genutzt werden können: Ozeane, Luftmassen, Regenwälder … Hardin diskutierte nach dem Modell der Allmende Aspekte wie Überbevölkerung, Umweltverschmutzung, Überfischung und Ausbeutung erschöpfbarer Ressourcen. Das begründet den wichtigen Modellcharakter dieses »Spiels«. Er kam zu dem Schluss, dass die Menschen weltweit die Notwendigkeit erkennen müssten, die Freiheit nationaler und individueller Entscheidungen einzuschränken und einen »gemeinschaftlichen Zwang, auf den man sich gemeinschaftlich geeinigt hat«, zu akzeptieren. Doch wie könnte ein solcher Zustand im Zeitalter des Rambo-Kapitalismus erreicht werden?

Angewandte Spieltheorie: illusorischer Nutzen?

Die Anwendbarkeit der Spieltheorie wird sehr kontrovers diskutiert. So wird behauptet, ihr werde kaum je eine kriegsentscheidende Bedeutung zukommen, ja sie sei nicht einmal für die Sandkastenspiele der Generalstäbler von nennenswertem Nutzen; und sie sei sogar für das Schachspiel, diese Idealisierung militärischen Manövrierens, ohne praktischen Wert, denn obwohl sie beweisen könne, dass es optimale Strategien gibt, liefert sie keinerlei Hinweis darauf, wie solche Strategien auszusehen haben. Das ist durchaus richtig, denn die Spieltheorie ist eben mehr ein Erklärungsmuster, als dass sie konkrete Handlungsanweisungen gibt.[17] Doch das ist nur die Rückseite der Medaille.

---

[17] Erinnern wir uns: Auch die Kolmogoroff'schen Axiome der Wahrscheinlichkeitstheorie liefern keinerlei Rezept für die Berechnung *konkreter* Wahrscheinlichkeiten.

Ihre Vorderseite braucht den kritischen Blick keineswegs zu scheuen. Einerseits muss die Spieltheorie die Ergebnisse bestätigen, die der gesunde Menschenverstand findet; sonst wäre sie kein Modell der Wirklichkeit. Andererseits muss sie aber noch mehr bieten; denn sonst wäre sie zwecklos. Professor Selten: »Ein Manager, der in Spieltheorie ausgebildet ist, ist viel besser in der Lage, in einer konkreten Situation einen Überblick zu gewinnen, als jemand, der damit nicht vertraut ist. Das wird häufig nicht gesehen.« Außerdem: Werden die klassischen Optimierungsaufgaben zur Theorie der *Ein-Personen-Spiele* gerechnet, so lässt sich nicht von der Hand weisen, dass der Simplex-Algorithmus und zahlreiche Optimierungsverfahren, wie etwa Transport- oder Zuordnungsalgorithmen und die Netzplantechniken, enorme praktische, konkrete Vorteile gebracht haben und laufend bringen. (Im Übrigen besteht in gewissem Sinne eine Äquivalenz zwischen der Theorie der Matrixspiele und der der linearen Programme.)

Gemeinsame Wurzeln des Verhaltens in Ökonomie und Biologie

John von Neumann führt einen anschaulichen Vergleich zwischen Astronomie und Ökonomie durch: Bis zu Tycho Brahe und Johannes Kepler sammelte die Astronomie jahrtausendelang Beobachtungsmaterial an. Galileo Galilei und Isaac Newton formulierten die Grundgesetze über Kraft, Masse und Bewegung. Von da an konnten die astronomischen Vorgänge einheitlich erklärt und besser berechnet werden. Auf das beschreibende Stadium folgte die Grundlegung der Theorie. Was die Newton'sche Mechanik für die Astronomie war, so von Neumann, ist nun die Spieltheorie für die Ökonomie, speziell für die darin enthaltenen Interessenkonflikte – *und auch für die Evolutionsbiologie*, könnten wir heute hinzufügen. Sowohl Ökonomie als auch Biologie stecken wichtige Bereiche des Lebens ab. Die weitgehend einheitliche begriffliche Mathematisierung einiger zentraler Aspekte dieser Lebensbereiche hätte sich vermutlich weder Adam Smith (»Wohlstand der Nationen«, 1776) noch Charles Darwin (»Entstehung der Arten«, 1859) träumen lassen. Und es ist erst ein Anfang – aber ein viel versprechender.

Dennoch lässt sich bei weitem nicht alles berechnen, geschweige denn vorhersagen. Es sollte aber stets unser Ziel sein, Phänomene zu erklären, um Erkenntnisse zu gewinnen. Ohne Erklärungsmuster könnten sich nicht einmal diejenigen bestätigt fühlen, die schon immer gewusst haben, dass das Leben sehr komplex und sogar unberechenbar ist.

Kritik der reinen Rationalität

Der Begriff des rational handelnden *Homo oeconomicus* birgt einige Tücken. Schließlich sind wir Menschen ja nicht frei von Emotionen und Hoffnungen. Bereits zur Zeit der Weltwirtschaftskrise in den dreißiger Jahren zeigte der Kulturhistoriker Johan Huizinga, dass der *Homo ludens irrationalis* genauso auf Börsen zu Hause ist wie in den Casinos. Nirgends, sagte Börsen-Altmeister André Kostolany, sei er innerhalb einiger weniger Quadratmeter so vielen Dummköpfen begegnet wie auf dem Börsenparkett. Wahrscheinlich hat er sich nie an Roulettetischen aufgehalten. Auch ein kurzer Besuch an den Black-Jack-Tischen zeigt, dass selbst bei diesem nahezu fairen Spiel von zahlreichen Gästen eindeutig ungünstige Verhaltensweisen bevorzugt werden, die zwischen fünf und acht Prozent Verlust bringen. Das Wissen um die optimale Strategie kann den Unterhaltungswert doch nicht mindern – ganz im Gegenteil!

Die Spieltheorie, zumal die ökonomisch orientierte, postuliert trotzdem den *Homo rationalis*. Das Postulat ist in doppelter Hinsicht problematisch. Erstens gibt es gar keine wie auch immer geartete objektive und absolute Rationalität, wie ich im letzten Kapitel noch ausführen werde. Na gut, wir können ja so tun, als ob: Rational im Sinne der Spieltheorie soll ein Mensch genannt werden, wenn er sich für die optimale Strategie entscheidet, falls er davon Kenntnis erlangen kann. Nun steht aber immer noch die Tatsache im Raum, dass die Menschen auch in diesem abgeschwächten Sinne generell nicht rational handeln. Damit wird die eminent wichtige Frage nach der empirischen Gültigkeit der rationalen Spieltheorie aufgeworfen.(Bei der Anwendung der Spieltheorie auf die Biologie stellt sich das Problem nicht, denn in der Natur ist die Optimierung ein Ergebnis der Evolution und nicht der rationalen Überlegung.) Bis heute gilt es geradezu als Gütesiegel theoretischer Analysen, wirtschaftliches Verhalten zu »erklären«, indem es auf ein (vereinfachtes) Nash-Gleichgewicht rationaler Akteure zurückgeführt wird. Neuere Ergebnisse der experimentellen Wirtschaftsforschung zeigen jedoch, dass reale Menschen des Öfteren Strategien wählen, die kein Nash-Gleichgewicht darstellen.

Reinhard Selten hat wie kein anderer immer wieder auf diesen Widerspruch zwischen theoretischen Prognosen und experimentellen Resultaten hingewiesen. Er zog daraus den radikalen Schluss, dass die Spieltheorie keine positive, deskriptive, sondern eine normative Theorie darstellt: Sie habe weniger damit zu tun, wie sich reale Menschen tatsächlich verhalten, sondern besage lediglich, wie sich rationale Akteure verhalten sollten. »Entscheidungen werden nicht gemacht«, sagt Selten, »sie quellen auf«. Dabei spiele Rationalität nur eine begrenzte Rolle, sei nur einer von mehreren »Beratern«. Wie komplex der Prozess in Wirklichkeit sei, zeige sich, wenn man über sich selbst nachdenke. Selten: »Wir können die eigene Entscheidung nicht voll verstehen und nicht ganz kontrollieren.« Dafür sprächen auch die Ergebnisse von Experimenten: In Unkenntnis der wahren Gründe versuchten Menschen oft, ihr Verhalten im nachhinein rational zu erklären. Offenbar wollten oder konnten sie nicht einsehen, dass auch sie nur eingeschränkt rational seien. Die Konsequenz des Professors: Im Labor seiner Fakultät lässt er Verhalten bei »eingeschränkter Rationalität« untersuchen. Studenten dürfen dort spielen – für Geld und ganz im Sinne der Forschung. Selten:

> »Was jetzt beginnt, ist die Abwendung vom übertriebenen Bild des Homo oeconomicus, der voll rational ist in dem Sinne, dass er über unbegrenzte Denk- und Rechenmöglichkeiten verfügt. Die Spieltheorie muss modifiziert werden von der idealen normativen hin zur realistischen deskriptiven Spieltheorie, wobei die vollrationale Spieltheorie sozusagen als philosophische Disziplin weiterleben wird.«

Dies ist das Eingeständnis, dass volle gegenüber eingeschränkter Rationalität bislang ähnlich überbewertet wurde wie früher die Null- und Konstantsummenspiele gegenüber anderen, wichtigeren Spielen.

Bis jetzt ist es eine offene Frage, worauf die Abweichungen der experimentellen Resultate von den theoretischen Prognosen genau beruhen. *Wie* welche Entscheidungen aufgrund welcher Kriterien aus welchen Ebenen unseres Weltbildes zustande kommen – diese realen Mechanismen liegen im Dunkeln und dürften nicht weniger komplex sein als das Leben selbst. Stellt das nicht auch die Optimierungs- mitsamt der Nutzentheorie in Frage? Immerhin bilden sie das Fundament der gesamten neoklassischen Theorie vom Verhalten und Zusammenspiel der Menschen auf Märkten und in Organisationen. Reinhard Selten verlässt diesen neoklassischen Pfad. Er hält Abweichungen von der Rationalität nicht für zufällig oder abnorm, sondern für die Regel. So ist die Experimentalökonomie sein bevorzugtes Forschungsfeld geworden. Aus Laborresultaten versucht Selten, tatsächliche Handlungsmuster abzuleiten. Seine und die Ergebnisse anderer Experimentalökonomen lassen vom Bild des rational Entscheidenden kaum etwas übrig. Manchmal zeigt sich sogar,

dass die Menschen selbst die schlichtesten Annahmen der neoklassischen Ökonomen nicht erfüllen wollen.

Das Wechselspiel zwischen experimentellen Einsichten und
der Entwicklung neuer theoretischer Konzepte, die wirklich-
keitsnäher werden müssen, verspricht jedenfalls eine spannende
Zukunft.

Epilog

Erkenntnis und Wirklichkeit

Nimmt die Mathematik im Orchester der wissenschaftlichen und kulturellen Instrumente hinsichtlich der Tragweite ihrer Erkenntnisse eine besondere Stellung ein? Wohin führt es, wenn sie über sich selbst nachdenkt? Können wir mit ihrer Hilfe zu absoluten, objektiven Aussagen gelangen? Ist die Welt vielleicht gar »mathematisch«? (Und wie wollen wir diese Frage überhaupt verstehen?) Diese Betrachtungen lassen uns ein paar besondere Grenzpunkte aus der Vogelperspektive erkennen – singuläre Punkte, die weit reichende Folgen für unser gesamtes Weltbild haben.

Mathematik: nur *ein* Aspekt im konzertierten Erkenntnisbild

Unsere Beschreibung der Welt beruht auf der Wahrnehmung, die wir von ihr haben. Die Beschäftigung mit der Frage, wie Wahrnehmung funktioniert, wie Vorstellen, Bewusstsein und Denken zustande kommen, bildet seit jeher ein Kernstück der Philosophie. Waren aber früher die meisten Philosophen der Meinung, das Wesen des menschlichen Geistes könne nur aus geistiger Tätigkeit selbst, das heißt durch *Selbstreflexion* ergründet werden, so sind heute die Ergebnisse der modernen Hirnforschung unerlässlich, will man sich eine befriedigende Übersicht zu diesem Thema verschaffen.[1]

Im großen Erkenntniskonzert, das durch die Philosophie verarbeitet und harmonisch nach außen getragen wird (oder werden sollte, wie zahlreiche Wissenschaftler meinen), spielt kein Instrument allein eine ausschlaggebende Rolle. Hin und wieder ertönt ein erstaunliches Solo (und manchmal auch ein »synergetisches« Duo), aber es ist keineswegs so, dass die Mathematik stärker hervortreten würde als andere Instrumente. Jede Fremdsprache, die Sie beherrschen, ist eine große Bereicherung, aber sie vermag Ihnen die »letzten Fragen« auch nicht zu beantworten. Die Mathematik kann nur Probleme in Angriff nehmen, die in ein mathematisches Modell gebracht werden können. Somit ist sie ebenso wenig ein Königsweg zu irgendwelchen »tieferen« Erkenntnissen wie die anderen Fächer.

> Wenn Philosophie, Kunst und Wissenschaft nur eine einzige gemeinsame Grunderkenntnis teilten, dann die, dass es keine Wahrnehmung gibt und somit keine Beschreibung, die absolute Wahrheit für sich in Anspruch nehmen können.

Folglich kann auch keine Sprache imstande sein, etwas verständlich zu vermitteln, das von einer grundlegend anderen Seinsart und Qualität wäre als das Wahrgenommene. Genau das gilt aber auch für die Sprache der Mathematik, mit ihren eigenen Objekten und Denkregeln: Sie ist anders, aber nicht glorreicher.

Was den heutigen Entwicklungsstand der Mathematik betrifft, neige ich ebenfalls zu einem eher konservativen Standpunkt:

---

[1] Siehe zum Beispiel Valentin Braitenberg und Inga Hosp (Hg.): »Die Natur ist unser Modell von ihr: Forschung und Philosophie«, oder auch Ulrich Schnabel und Andreas Sentker: »Wie kommt die Welt in den Kopf? Reise durch die Werkstätten der Bewusstseinsforscher«

Trotz der großen kulturellen Bereicherung, die uns diese streng auf Logik aufgebaute Disziplin beschert, gibt es keinen Grund anzunehmen, sie hätte ein höheres Niveau erreicht als die meisten anderen Wissensgebiete.[2]

»Dieser Satz ist falsch«: Selbstreferenz

Es war schon mehrmals die Rede vom Internationalen Mathematiker-Kongress im Jahre 1900 in Paris und vom berühmten Forschungsprogramm David Hilberts, das zwei wesentliche Ziele hatte: die Nachweise,

- dass die Mathematik konsistent ist (keine Widersprüche enthält) und
- dass sie vollständig ist (alles, was richtig ist, lässt sich auch beweisen).

Nach einer Periode intensivster Arbeit an Hilberts Programm kam dann der aus Brünn stammende Logiker Kurt Gödel 1930 (als vierundzwanzigjähriger Doktorand an der Universität in Wien) zu einem schockierenden Ergebnis, indem er zeigte:

Mathematische Theorien beinhalten immer Aussagen, die sich aufgrund der Axiome und der Logik des Schließens nicht beweisen lassen – so genannte unentscheidbare Aussagen.

---

[2] Möglicherweise bildet ausgerechnet die Philosophie die große *negative* Ausnahme. Viele Philosophen scheinen immer noch nicht mit den Grundlagen der Relativitätstheorie und der Quantentheorie, die uns zum Teil grundlegend andere Realitätsbegriffe beschert haben, zurecht zu kommen.

Das ist der Inhalt des berühmten Gödel'schen »Unvollständigkeitssatzes«. Ein Abgrund hatte sich aufgetan: Im Rahmen eines gegebenen Axiomensystems gibt es immer Aussagen, die sich in der durch dieses Axiomensystem bestimmten Terminologie formulieren lassen, aber aufgrund dieser Axiome weder bewiesen noch widerlegt werden können. Dies bedeutet, dass die Gesamtheit mathematischer Wahrheiten nicht aus einem einzigen, endlichen Axiomensystem abgeleitet werden kann. Eine Vermutung könnte sich eines Tages als wahr oder falsch erweisen – oder als unentscheidbar.

Im Mittelpunkt der manchmal skurrilen Überlegungen Gödels stehen Aussagen, die sich auf sich selbst beziehen, wie etwa »Ich bin nicht beweisbar« oder »Diese Behauptung enthelt fier Vehler.« Ein solcher Selbstbezug kann bewirken, dass sich die Aussage nicht zu Ende denken lässt, sondern in einem Kreislauf des Widerspruchs immer wieder in Frage stellt. Der einzige Ausweg besteht in der Schlussfolgerung, es gebe wahre Aussagen, die sich nicht beweisen lassen.

Bei entsprechender Vorsicht muss uns selbstbezügliches Denken aber nicht in Widersprüche verstricken. Wir können die Bedienungsanleitung einer Schreibmaschine auf dieser Schreibmaschine tippen. Wir können über unser Hirn nachdenken und auch darüber, wie wir denken. Das führt mitten hinein in das Abenteuer der Selbstwahrnehmung und des Ich-Bewusstseins, das in Fragen gipfelt wie: Ist das »Ich« nur eine Konstruktion unseres Gehirns oder ein Trick der Evolution?

Gödels Resultat schockierte die Welt der Mathematiker, bedeutete es doch, dass das Programm des großen David Hilbert zum Scheitern verurteilt war und, schlimmer noch, dass der Mathematik inhärente Grenzen gesetzt sind. Das Resultat gab Anlass zu einer Flut von Arbeiten und Aussagen, von denen ich einige kurz erwähnen möchte.

Der britische Logiker Alan Turing versuchte daraufhin, mit einem anderen Ansatz weiterzukommen. Vielleicht ließe sich, überlegte er, im Voraus bestimmen, welche Aussagen unentscheidbar seien. Die Frage, die sich Turing stellte, lautete, ob es ein automatisches Verfahren, eine *Prozedur*, geben könnte, mit der sich unentscheidbare Aussagen auffinden ließen. Hatte Gödel die Existenz von unbeweisbaren und unwiderlegbaren Wahrheiten demonstriert, so wollte Turing diese methodisch auffinden. Und beweisen, dass sie unentscheidbar sind. Die dazu notwendige Formalisierung des Begriffs *Prozedur* führte zum Konzept einer Rechenmaschine, zuerst allerdings als rein gedankliches Konstrukt. Damit konnte Turing beschreiben, was er unter einer *berechenbaren Funktion* (der Prozedur, dem Programm) verstand. Tatsächlich entdeckte er dabei jedoch, dass es nicht möglich ist, die unentscheidbaren Aussagen von vornherein zu finden.

Was ursprünglich als Gedankenexperiment zur Definition einer Rechenvorschrift begonnen hatte, fand sehr bald Anwendung in der Konstruktion von Rechenmaschinen und Lösungsalgorithmen. Turings Satz könnte wie folgt formuliert werden: Es gibt kein allgemeines Verfahren, um für jede gegebene Rechenmaschine M mit Programm P zu entscheiden, ob P anhalten wird oder nicht. Folglich besteht die einzige Möglichkeit, die Laufzeit eines Programms zu ermitteln, darin, dieses laufen zu lassen und abzuwarten – eventuell bis in alle Ewigkeit. Das bedeutet aber genau die Unlösbarkeit des »Halteproblems«, das darin besteht, eine allgemeine Methode zu finden, mittels derer sich entscheiden ließe, ob eine beliebige Rechenmaschine endlos laufen oder ein Ergebnis ausdrucken und sich dann selbst abschalten wird. Eine wichtige Konsequenz aus der Unlösbarkeit des Halteproblems besteht auch in der Praxis darin, dass es kein Verfahren, auch kein Computerprogramm geben kann, das immer korrekt voraussagt, ob ein Programm wunschgemäß arbeiten wird oder nicht.

Gödels Satz löste noch weitere Überlegungen aus, die sich in Erkenntnissen über die Grenzen unseres Wissens niederschlugen. Das Problem zu bestimmen, welche Sätze S sich durch eine gegebene mathematische Theorie M beweisen lassen, ist als das »Entscheidungsproblem« bekannt. Der Logiker Alonzo Church zeigte 1936, dass es unlösbar ist. Dieses Resultat, als »Churchs Satz« berühmt, besagt also, dass es keinen einfachen Weg gibt, im Voraus zu sagen, ob ein Satz durch die mathematische Theorie M bewiesen werden kann oder nicht. Liegt in deren Rahmen eine zu beweisende Aussage S vor, so kann man nur probeweise beginnen, etwas durch M zu beweisen und darauf zu achten, ob S unter den Implikationen auftaucht. Sollte S in Wirklichkeit eine unentscheidbare Aussage im Rahmen der Theorie M sein, so strickt man weiter bis in alle Ewigkeit und hofft jeden Augenblick auf den befreienden Beweis für die Aussage S.

Diese Erkenntnis schiebt natürlich jedem Versuch, eine wie auch immer geartete universelle Maschine zur automatischen Erarbeitung von Beweisen relevanter Sätze zu entwickeln, einen Riegel vor, was wiederum den Philosophen Emil Post veranlasste zu untersuchen, inwieweit Gödels Satz zeigt, dass die Mathematik ihrem Wesen nach *schöpferisch* und nichttechnisch ist. Und der berühmte Alfred Tarski, der sich dem Wahrheitsbegriff wie kaum ein anderer gewidmet hatte, benutzte Gödels Satz, um die logisch-semantische Undefinierbarkeit von »Wahrheit« zu beweisen.

Viele Logiker benutzten Gödels Techniken der Selbstreferenz, um eine verwirrende Vielfalt verwandter Ergebnisse aus dem Unvollständigkeitssatz abzuleiten. Auch Gödel selbst bewies – unterstützt von J. Barkley Rosser – eine weit reichende Folgerung aus seinem Unvollständigkeitssatz:

> Keine inhaltsreichere mathematische Theorie kann ihre eigene Widerspruchsfreiheit beweisen.

Es gelingt in aller Regel also nicht, sich selbst aus dem Sumpf zu ziehen.

Auch die Informatiker mischten mit. Ging es in Gödels Satz um die *Existenz* von Wahrheiten und bei Turing und Church um das *Auffinden* von Wahrheiten, so fragten die Informationstheoretiker nach der *Struktur* beziehungsweise der *logischen Tiefe* von Wahrheiten – in Begriffen von Informationseinheiten (Bits). Angeregt durch Gödels Satz, stießen sie, allen voran Charles Bennett und Gregory Chaitin von IBM, auf höchst bemerkenswerte Folgerungen. Chaitin bewies einen Satz, aus dem sich Gödels Satz problemlos ableiten lässt, während sich Bennett die Frage stellte, ob denn Wahrheiten *einfach* seien, und sich mit deren »algorithmischer Komplexität« (Seite 259 f.) befasste. In seinem Buch »Der Ozean der Wahrheit« interpretiert Rudy Rucker die Tragweite ihrer Resultate:

> »Chaitin zeigte, dass wir die Existenz eines einfachen Geheimnisses des Lebens nicht widerlegen können, aber Bennett beweist, dass, selbst wenn uns jemand das Geheimnis des Lebens verraten würde, es für uns ein unglaublich schwieriges Problem wäre, daraus ein nützliches Wissen zu ziehen. Das Geheimnis des Lebens ist vielleicht gar nicht wissenswert!«

Selbstreproduktion – natürlich künstlich

Die Fähigkeit der Selbstreproduktion ist ein wesentliches Merkmal des Lebens. Staunenswert dabei ist, dass diese spezielle Fähigkeit nicht nur auf biologische Wesen beschränkt ist. Zum Beispiel sind Computerviren nichts anderes als Programme, die sich selbst reproduzieren.

Vor einigen Jahren gelang es dem Computerwissenschaftler William Dowling zu beweisen, dass es kein Allheilmittel gegen

Computerviren geben kann.[3] Der Umstand, dass dieser Beweis die Technik der Gödel'schen Selbstreferenz verwendet, zeigt, dass Selbstreproduktion aufs engste mit Selbstreferenz verknüpft ist.

Es ist denn auch sicher kein Zufall, dass der erste, dem ein Entwurf für künstliches Leben gelang, ein Mathematiker und Logiker war, nämlich John von Neumann (übrigens ein Kollege Gödels in Princeton). Dieser kreative und sprühende Geist, der sich zeit seines Lebens mühelos über Grenzen hinwegsetzte und auf den Gebieten der mathematischen Logik, der Sozial- und Wirtschaftswissenschaften und der Quantenphysik Arbeiten verfasste, war vermutlich auch der erste, der Gödel richtig verstanden hatte. Er wies nach, dass Automaten beziehungsweise Roboter denkbar sind, die sich selbst reproduzieren, und dass sich ein genetisches Programm nicht selbst zu enthalten braucht.

Das eigentliche Problem der Selbstreproduktion ist nicht technischer, sondern informationstheoretischer Natur. Lebewesen besitzen ein kodiertes Programm, das sie anweist, Kopien ihrer selbst herzustellen – einschließlich dieses Programms. Von Neumanns logischer Entwurf eines selbstreproduzierenden Automaten bestand denn auch aus zwei Teilen: einer flexiblen Konstruktionseinheit, die imstande ist, je nach Anleitung die Bestandteile herzustellen und zu verarbeiten; und einer Instruktion, welche die Konstruktionseinheit so steuert, dass sie eine Kopie des Automaten baut. Dies entspricht einerseits der Dualität zwischen Rechenmaschine und Programm, andererseits jener zwischen Zelle und Erbsubstanz.

Das Ergebnis, dass selbstreproduzierende Automaten logisch (und technisch) möglich sind, stimmt nachdenklich. Jedenfalls wäre für viele Menschen ein Nachweis der Unmöglichkeit selbst-

---

[3] Zwar lässt sich jeder Stamm dieser Viren mit hinreichendem Aufwand löschen. Aber es kann grundsätzlich kein universelles Abwehrprogramm geben, das uns vor allen möglichen Viren zu schützen vermag. (Für Programmierer, die solche Viren von Fall zu Fall aufspüren können, wird es immer Arbeit geben – wenigstens ein positiver Aspekt.)

reproduzierender Automaten (und somit der Untauglichkeit einer mechanistischen Erklärung dieser wesentlichen Eigenschaft des Lebens) vermutlich weitaus leichter zu verkraften gewesen als die Erkenntnis, dass manche Aussagen über ganze Zahlen grundsätzlich unentscheidbar sind. Aber ist das nicht auch ein Hinweis darauf, dass beides, Lebensformen *und* Fiktionen, sich nicht auf eine wie auch immer geartete absolutistische Erkenntnis reduzieren lassen?

Absolutismen und Superlogik: Fehlanzeige

Zu Beginn des Buches habe ich geschrieben, es sei ein Privileg des Menschen, Unmögliches, Paradoxes und Unsinniges zu formulieren. Das scheint besonders auf philosophisch, religiös oder gar esoterisch angehauchte Mitmenschen zuzutreffen. Aber so wichtig es ist, Antworten auf Fragen zu finden und dadurch Erkenntnis zu erlangen, so scheint es doch fast noch von größerer Bedeutung zu sein, Fragen zu erkennen, die sinnlos sind – und jene stillschweigenden Voraussetzungen darin zu entdecken und zu beseitigen, die nicht zutreffen.

Die Notwendigkeit, dies zu tun, resultiert aus der Erkenntnis, dass es keine Wahrnehmung gibt, die absolute Wahrheit für sich in Anspruch nehmen kann. Was wir für wirklich halten, hängt von unserer jeweiligen Interpretation beziehungsweise Theorie ab. Wir können die Wirklichkeit nicht zur Grundlage unserer Philosophie machen, weil wir ohne eine Theorie nicht erkennen können, was am Universum real ist. Stephen Hawking:

> »Wie können wir wissen, was real ist, wenn wir uns nicht an eine Theorie oder ein Modell halten, mit dem wir den Realitätsbegriff interpretieren? ... Eine Theorie ist eine gute

Theorie, wenn sie ein elegantes Modell ist, wenn sie eine umfassende Klasse von Beobachtungen beschreibt und wenn sie die Ergebnisse neuer Beobachtungen vorhersagt. Darüber hinaus hat es keinen Sinn zu fragen, ob sie mit der Wirklichkeit übereinstimmt, weil wir nicht wissen, welche Wirklichkeit gemeint ist ... Es hat keinen Zweck, sich auf die Wirklichkeit zu berufen, weil wir kein modellunabhängiges Konzept der Wirklichkeit besitzen.«[37]

Auch die Vorstellung einer absoluten und objektiven Rationalität würde eine ebensolche Wirklichkeit und Wahrheit bedingen. Der Ökonom Maurice Allais, Nobelpreisträger 1988, beschreibt den rational Handelnden wie folgt:

(1) »er verfolgt Ziele, die in sich kohärent, nicht widersprüchlich sind,« und

(2) »er verwendet geeignete, angepasste Mittel, um sie zu erreichen«.

Doch ist es, wie ich im Abschnitt »Kritik der reinen Rationalität« gezeigt habe, sehr schwer, beim Verhalten des Homo oeconomicus zwischen subjektiver und objektiver Rationalität zu unterscheiden. Mathematiker und Ökonometriker fordern deshalb eine *operationale* Definition der Rationalität, das heißt deren experimentelle Ermittlung, die sie dann als *rationale Norm* proklamieren können. An ihr kann in konkreten oder gedachten Situationen getestet werden, ob sich Versuchspersonen rational verhalten würden oder nicht. Der Ökonometriker Hans Schneeweiß hält in seinem Buch »Entscheidungskriterien bei Risiko« dagegen:

»Ein Nachteil der operationalen Methode ist, dass man an jeder als rational proklamierten Verhaltensweise ihre Rationalität bezweifeln kann; auch können jederzeit neue typische Verhaltensnormen für rational erklärt werden. Das Problem der Rationalität ist also immer offen, selbst dann, wenn ein weitgehend allgemeiner Konsens erzielt werden kann.«

Verfallen wir dennoch nicht in den Irrtum zu meinen, jeglicher Rationalitätsbegriff sei ohnehin subjektiv und daher wertlos: Oft gibt es intersubjektive, nachprüfbare Indikatoren oder Maße (wie zum Beispiel Wahrscheinlichkeiten oder Erwartungen), die zu Entscheidungen bei Unsicherheit herangezogen werden können. Wir können immer wieder nur rational zu handeln versuchen, indem wir unseren gesunden Menschenverstand selbstkritisch einsetzen und erkannte Fehler in einem nie aufhörenden Prozess korrigieren.

Dabei spielt es keine Rolle, wo wir damit beginnen. Wir sollten uns nur bewusst sein, dass es Prioritäten gibt; denn oft ist mehr getan, wenn wir ein paar *richtige Dinge* tun, als wenn wir irgendwelche *Dinge richtig* tun. Natürlich ist auch die Logik eine wichtige Grundlage für rationales Verhalten: Eine Handlung, die aufgrund falscher Berechnungen oder Deduktionen unternommen wird, ist offenbar unrational.

Apropos Logik: Auch sie bietet uns keinen absoluten Anker. Zudem ist sie inzestuös: Wir brauchen Logik, um *über* Logik reflektieren zu können. Entsprechende Fragen (Welche Logik soll benutzt werden? Darf das *Prinzip vom ausgeschlossenen Dritten* als wahr angenommen werden?) müssen unter Verwendung der zweiwertigen Logik der Umgangssprache erörtert werden – auch wenn über logische Systeme diskutiert wird, die drei verschiedene Zustände für Aussagen zulassen. Darüber hinaus ist es unmöglich, die Widerspruchsfreiheit eines logischen Systems allein im System zu beweisen. Alles in allem scheint es keine allumfassende Superlogik zu geben, in deren Rahmen sich jede mögliche Logik als Sonderfall verstehen ließe.

Der Traum vieler Sozialphilosophen: futsch

Quantenphysik, Kosmologie, Mathematik, Logik: alles mehr oder weniger Grenzbereiche, mögen Sie einwenden, bei denen es nicht verwunderlich ist, dass man an Grenzen stößt. Leider bleibt aber der alltägliche und fühlbare Lebensbereich auch nicht von grundsätzlichen Unmöglichkeiten verschont. Und das bereits bei wenigen Alternativentscheidungen in einer kleinen Gemeinde. Wie einigen sich zum Beispiel die Gemeinderatsmitglieder, wenn sie zwischen dem Bau einer Schule, eines Schwimmbads oder einer Umgehungsstraße wählen müssen?

Selbstverständlich setzen wir voraus, dass jeder an der Wahl Beteiligte für alle Alternativen eine widerspruchsfreie (und somit rationale) Präferenzordnung hat: Zieht er die Alternative x der Alternative y vor und y der Alternative z, so soll er x auch z vorziehen. Diese Eigenschaft wird *transitiv* genannt.[4]

Hat nun jedes Mitglied die Alternativen nach seinen Präferenzen geordnet, dann sollte das Kollektiv durch eine demokratische Entscheidung (ein mehr oder weniger kompliziertes Wahlverfahren) ebenfalls zu einer eindeutigen Präferenz kommen. Es ist dies eine zentrale Frage der politischen Ökonomie: Wie können aus individuellen Präferenzen auf demokratischer Basis gesellschaftliche Präferenzen abgeleitet werden?

Am Beispiel der Alternativen »Bau einer Schule, eines Schwimmbads oder einer Umgehungsstraße« lässt sich zeigen, dass die kollektive Präferenz im Allgemeinen bei keinem noch so raffinierten Auswahlverfahren transitiv beziehungsweise rational

---

[4] Zum Beispiel sind Verwandtschaftsverhältnisse *transitiv*, Freundschaften dagegen nicht: Sind A und B Freunde, B und C ebenfalls, dann folgt daraus nicht, dass A und C befreundet sind; sie müssten sich ja nicht einmal kennen oder könnten sogar verfeindet sein.

sein muss, auch wenn alle individuellen Präferenzen es sind. Dieses Abstimmungsparadoxon könnte folgende Mehrheitsentscheidung zur Folge haben: Der Bau des Schwimmbads wird dem Bau der Schule, der Bau der Schule dem Bau der Umgehungsstraße und der Bau der Umgehungsstraße wird dem Bau des Schwimmbads vorgezogen usw. Diese kollektive Präferenz ist nicht mehr transitiv, kollektive Rationalität wird nicht erreicht.

Solche Paradoxien bei Mehrheitsentscheidungen sind spätestens seit dem Marquis de Condorcet (1743 bis 1794), dem »letzten« der französischen Aufklärungsphilosophen des 18. Jahrhunderts, bekannt und stellen keine spitzfindig ausgedachten Ausnahmefälle dar, sondern vielmehr, wie wir heute wissen, die Regel.

> Bei mehr als einem Entscheidungsträger und bei mehr als zwei Alternativen gibt es kein noch so kompliziertes Auswahlverfahren, welches sowohl demokratisch ist als auch zu rationalen kollektiven Entscheidungen führt.

Dies ist die dramatische Konsequenz des Unmöglichkeitssatzes von Kenneth Arrow, Sozial- und Wirtschaftswissenschaftler mit mathematischem Background. Es gibt also kein prinzipiell widerspruchsfreies Auswahlverfahren in der Demokratie – was nicht etwa heißen soll, dass Demokratie und Vernunft keine gemeinsamen, miteinander verträglichen Bereiche hätten; dies gilt nur nicht zwangsläufig. Insofern ist Demokratie kein sozialpolitisches Allheilmittel, sie kann Barbarei nicht verhindern.

Im Jahre 1951 publizierte Arrow sein Buch »Social Choice and Individual Values«, das eine Flut von Diskussionen und Forschungen auslöste. Im Jahre 1972 erhielt er für seine »bahnbrechenden Arbeiten zur allgemeinen Theorie des ökonomischen

Gleichgewichts und der Wohlfahrtsökonomie« den Nobelpreis für Wirtschaftswissenschaften.

Der Unmöglichkeitssatz zeigt, dass alle Versuche, ein *perfektes demokratisches Wahlsystem* zu konstruieren, das nie zu paradoxen Ergebnissen führt, zum Scheitern verurteilt ist. Jedes Wahlschema wird bisweilen Unzulänglichkeiten aufweisen. Somit ist auch der *Marktmechanismus* kein Auswahlverfahren, das rationale kollektive Entscheidungen garantiert. Diese Konsequenz zerstörte die Träume unzähliger Sozialphilosophen, die über ein Jahrhundert lang nach gerechten, nicht manipulierbaren Wahlsystemen gesucht hatten.

Auch die gerechte Sitzverteilung in Parlamenten gehört zu den Fundamenten der Demokratie. Die Wahlergebnisse sind im Allgemeinen nicht ganzzahlig, im Gegensatz zu den Parlamentssitzen. Ähnliche Probleme entstehen auch immer, wenn bei einer Auflistung oder Zuteilung *gerundet* werden muss.

Die Mathematiker Michel L. Balinski und H. Peyton Young zeigten 1980, dass das allgemeine Rundungsproblem unlösbar ist. Daher gibt es auch keine vollkommen befriedigende Lösung des Problems, wie die Parlamentssitze aufgrund eines Wahlergebnisses auf die verschiedenen Parteien verteilt werden sollen. (Die *Vernunft der Demokratie* besteht im Grunde genommen in der Einigung über ein nicht vollkommen befriedigendes System.)

Ist die Welt nun mathematisch?

Die mathematischen Strukturen sind inhaltlich a priori bedeutungslos. Diese Tatsache kann aber mühelos auf den Kopf gestellt werden: Da sie sich auf nichts Konkretes beziehen, kann argumentiert werden, dass sie sich auf alles nur Mögliche beziehen. Das beobachtbare Universum ist nur eine dieser Möglichkeiten. Selbst Nicolas Bourbaki, Pseudonym für die berühmteste formalistische Richtung, schreibt zum großen Problem der Beziehungen zwischen der empirischen und der mathematischen Welt:

»Dass eine innige Verbindung besteht zwischen experimentellen Phänomenen und mathematischen Strukturen, scheint in ganz unerwarteter Weise bestätigt zu werden durch die jüngsten Entdeckungen der zeitgenössischen Physik. Aber wir wissen gar nichts über die Gründe dieser Tatsache (angenommen, man könnte wirklich diesen Worten eine Bedeutung beimessen) … Aber einerseits hat die Quantenphysik gezeigt, dass diese makroskopische Anschauung der Wirklichkeit [die unmittelbare Raumanschauung] die ganz andersartigen mikroskopischen Erscheinungen völlig verdeckt, Erscheinungen, die mit Gebieten der Mathematik zusammenhängen, welche gewiss nicht zum Zweck ihrer Anwendung auf die experimentelle Wissenschaft ausgedacht worden waren. Und andererseits hat die axiomatische Methode gezeigt, dass die Wahrheiten, aus denen man die Mathematik zu entwickeln hoffte, nur spezielle Aspekte von allgemeinen Begriffsbildungen waren, deren Bedeutung nicht auf diese Bereiche beschränkt war. So zeigte es sich am Ende, dass diese innige Verbindung von Mathematik und Wirklichkeit, deren harmonische innere Notwendigkeit wir bewundern sollten, nichts weiter war als eine zufällige Berührung zweier Disziplinen, deren wirkliche Beziehungen viel tiefer verborgen sind, als a priori angenommen werden konnte.«

Wat nu: zufällig oder nicht? Wenn es tief verborgen eine Beziehung gibt, kann die Berührung zwischen Empirie und Mathematik so zufällig gar nicht sein. Somit besteht die einfachste Auffassung der Mathematik in der Annahme, dass die Welt in einem tieferen Sinn wirklich mathematisch *ist*. Auch die Tatsache, dass mathematische Zusammenhänge (oft mehrfach) entdeckt und nicht bloß erfunden werden, deutet darauf hin, dass die Mathematik existiert, ob es Mathematiker gibt oder nicht. Insofern muss die Welt wohl auch logisch sein.

Entspringt nun die Mathematik der Struktur der Welt oder die Struktur der Welt der Mathematik? Die Frage ähnelt sehr derjenigen, die sich Valentin Braitenberg in einem Aufsatz gestellt hat: »Entspringt die Logik dem Gehirn oder das Gehirn der Logik?«[5] Eine entschiedene Antwort darauf zu haben hieße Wissenschaftstheorie besser verstanden zu haben – oder dies zumindest zu glauben –, als es uns zur Zeit vergönnt ist, meint Braitenberg ironisch.

Dennoch beschleicht mich Unbehagen: Hat die so gestellte Frage überhaupt einen Sinn? Drehen wir uns nicht erst dadurch im Kreis, dass wir stillschweigend voraussetzen, entweder das eine oder das andere – entweder die Henne oder das Ei – müsste unbedingt zuerst da gewesen sein? Wenn die Logik ein Grundpfeiler des Universums ist, dann hat sie auch dem Gehirn ihren Strukturstempel aufgedrückt und die Gehirnfunktionen mitgeprägt – was der Mensch durch Selbstreflexion nun mühsam herausfindet. Wäre dagegen die Logik kein Grundpfeiler der Welt, müsste wohl postuliert werden, zumindest gewisse Gehirnfunktionen seien nicht von dieser Welt und hätten einen *unabhängigen* schöpferischen Ursprung – würden also manches, das sie hervorbringen, aus einer Quelle *außerhalb* der Welt schöpfen. Das scheint mir aber gar nicht plausibel. Am einfachsten dürfte schon die Annahme sein, wir seien mit Haut und Haaren – mit Gehirn und Geist – Produkt der Evolution und integraler Bestandteil dieser Welt; und die Denkstrukturen, die unserem Gehirn entspringen, stellten nur einige (zweifellos unfertige) Ausprägungen innerhalb eines (vielleicht ebenfalls unfertigen) Rahmens potentieller Möglichkeiten dar.

Die einfachste Auffassung der Mathematik als Annahme, dass die Welt in einem tieferen Sinn wirklich mathematisch *ist*, befriedigt aber nicht restlos. Zwar hat sich auch Albert Einstein gewundert:

---

[5] In: »Die Natur ist unser Modell von ihr«.

»Wie ist es möglich, dass die Mathematik, die doch ein Produkt des freien menschlichen Denkens ist und unabhängig von der Wirklichkeit, den Dingen der Wirklichkeit so wunderbar angepasst ist?«

Doch muss man nicht Logiker sein, um die hier gemachten Voraussetzungen anzuzweifeln. Erstens darf hinterfragt werden, inwieweit das menschliche Denken so vollkommen frei ist, und zweitens muss bezweifelt werden, dass es überhaupt unabhängig von der Wirklichkeit sein kann. Soviel zu den Voraussetzungen.

Scheuen wir uns nicht quer zu denken und den Spieß einfach umzudrehen. Wie wär's mit folgender Ansicht: Erstens ist die Behauptung, die Welt sei mathematisch, sinnlos oder bestenfalls trivial; und zweitens gibt es gewichtige Gründe dafür, weshalb die Welt *nicht* mathematisch ist – zumindest nicht präzise genug beschreibbar durch die Mathematik, wie wir sie bis heute kennen.

Kann schon sein, dass uns die Welt mathematisch erscheint, wenn der Blick auf den physikalisch-kosmologischen *Rahmen* eingeengt ist. Das aber ist zweifelhafter Reduktionismus, der dem Umfang der Behauptung nicht gerecht wird. Alle mathematischen Theorien sind logisch stimmig und widerspruchsfrei. Ob sie jedoch die Welt als solche hinreichend zu beschreiben vermögen, ist aber mehr als zweifelhaft.

Was *erklärt* uns denn die Mathematik wirklich von den Inhalten, das wir sprachlich nicht präzise zu formulieren vermögen? Und wie ist es mit ganz konkreten Phänomenen, etwa mit dem Dreikörperproblem, dem Doppelpendel oder einem tropfenden Wasserhahn? Das Verhalten dieser paar Dinge kann nicht einmal mathematisch exakt beschrieben, geschweige denn prognostiziert werden. Und dann soll die Welt mathematisch sein? Eigentlich eine maßlose Übertreibung.

Dass »die Mathematik den Dingen der Wirklichkeit so wunderbar angepasst« ist, mag angesichts der unendlichen Anzahl mathematischer Beschreibungsmöglichkeiten fast als trivial erscheinen. Nehmen wir als Beispiel den freien Fall eines Körpers ohne Reibung auf der Erdoberfläche. Der (senkrecht, in Richtung der z-Achse) zurückgelegte Weg z(t) in Abhängigkeit der Zeit t wird durch die Gleichung $z(t) = -\frac{1}{2} gt^2$ beschrieben, wobei $-g$ die Beschleunigung der Erdanziehung (Normfallbeschleunigung) ist ($g \approx 9{,}81$ [Meter/Sekunde^2]). Wäre aber in Wirklichkeit z eine andere Funktion von t, etwa $z(t) = kt^\alpha$ mit einem Exponenten $\alpha \neq 2$, dann wäre die Mathematik ebenfalls in der Lage, dieses andersartige Fallgesetz korrekt zu beschreiben. So gesehen ist die Welt durchaus mathematisch – aber aus völlig trivialen Gründen! In etwa so, wie auch eine Katze genau da Löcher im Fell hat, wo sich ihre Augen befinden – oder auch wie das Leben biochemisch ist. Davon abgesehen: Wird die Welt nicht wesentlich mehr vom Zufall beherrscht als von der Mathematik?

Lassen wir die Kirche im Dorf und hängen die Welt nicht an der Mathematik auf; beide haben es nicht verdient. Als Erweiterung und Bereicherung unserer Sprache erscheint mir die Mathematik in weit höherem Maße weltlich zu sein als die Welt mathematisch ist.

Genau so wie es nahe liegende Dinge gibt, die durch unsere übliche Sprache nicht beschreibbar sind, gibt es auch wahrnehmbare Phänomene, die durch unsere Mathematik nicht berechenbar sind. Möglicherweise handelt es sich um Dinge und Wahrnehmungen, für die wir noch keine passende Sprache, keine adäquate Mathematik, also noch kein Erklärungsmodell gefunden haben. Das wirft aber schon die Frage nach der evolutionären Weiterentwicklung unserer Fiktionen auf.

Den obersten Zweck dieses Strebens brachte Erwin Schrödinger, der mit dem Kätzchen, auf den Punkt:

»Es erscheint selbstverständlich – und dennoch muss es unaufhörlich bewusst gemacht werden: Das Wissen, das sich hoch qualifizierte Spezialisten auf eng begrenzten Gebieten verschaffen, wird immer ein isoliertes Wissen bleiben und niemals einen Wert an sich verkörpern können, sondern einzig und allein nur insoweit es in einer Synthese mit allem anderen Wissen zur Beantwortung dieser einen Frage beizutragen vermag: Wer sind wir?«

Die Evolution unserer Fiktionen wird es vielleicht mit sich bringen, dass auch diese Frage in ferner Zukunft gar nicht mehr so im Mittelpunkt stehen wird.

Ein letzter Rückblick

Bei unseren Streifzügen habe ich mich bemüht, der Versuchung zu widerstehen, schillernde Modethemen der so genannten New-Age-Mathematik in das Zentrum zu rücken. Weder Computer noch Bilder haben eine grundlegende Rolle gespielt. Fertige Formeln auch nicht. Zugegeben: Die Denkregeln sind streng. Wenn Forscher beispielsweise Roboter konzipieren, entscheidet das reale Experiment, ob die Konzeption richtig ist. Die Richtigkeit mathematischer Fiktionen kann an der gewöhnlichen Realität aber meistens nicht verifiziert werden. Deshalb ist logische Strenge – als Mittel der Denkhygiene – unabdingbar.

Welche Einsichten haben uns nun die mathematischen Streifzüge vermittelt?

Die traditionelle Frage, ob die Objekte der Mathematik entdeckt oder erfunden werden, dürfte in den Hintergrund gerückt sein. Einige Dinge erfinden die Mathematiker, andere entdecken sie, und manchmal erfinden sie, um entdecken zu können. Vielleicht kann der Mensch sogar nur Dinge erfinden, die in einem bestimmten Sinne real sind und folglich auch entdeckt werden können – weil jede Erfindung im weitesten Sinn auch als Entdeckung deutbar ist.

Wahrscheinlich ist die Notwendigkeit, verschiedenartigste Objekte unseres Denkens zu ordnen, die wesentliche Einsicht, die uns die Exkursionen vermitteln; vielleicht auch die Zweckmäßigkeit kreativen Hinterfragens. Ohne Ideen gibt es keine Antworten, keine neuen Produkte. Alle Vorstadien zu einem fertigen Produkt sind Simulationen, jeder Gedanke ist Simulation. Aber die Umkehrung ist nicht minder wahr: Das fertige Produkt ist schließlich eine (Nach-)Simulation der Gedanken über das Produkt. Allen Produkten und Technologien, die unseren Alltag beherrschen, liegt Mathematik zugrunde. Computer, Röntgen oder Ultraschall, Autos, Roboter, Hochgeschwindigkeitszüge und Flugzeuge, automatisierte Banken, Kommunikationsnetze wären ohne Algebra, Geometrie, Topologie, Kombinatorik oder Zahlentheorie nicht denkbar. Die Mathematik ist die Technologie hinter den Technologien. »Hochtechnologie ist mathematische Technologie« (Roland Burlisch; siehe Literatur).

Der Nutzen unserer Streifzüge, so hoffe ich, ist auch für Sie nicht von der Hand zu weisen – und dennoch ist er nicht bezifferbar. Das gilt auch für den Nutzen der Mathematik als Ganzes. Anwendungs- kontra Grundlagenforschung ist eine von vielen falschen Alternativen, denn »dem Anwenden muss das Erkennen vorausgehen« (Max Planck). Jedenfalls darf bezifferbarer Nutzen nicht das einzige Forschungskriterium sein. Niemand kann heute sagen, was wir in zwanzig, fünfzig oder hundert Jahren werden wissen müssen.

»Wie die Geschichte zeigt, sind viele ausschließlich anwendungsorientierte Entwicklungen zusammen mit ihrer Anwendung obsolet geworden, während Theorien, die aus rein mathematischen Gründen entwickelt wurden, unerwartet fruchtbare Anwendungen ermöglichten.«

Das schreibt Gerd Faltings, Direktor am Max-Planck-Institut für Mathematik in Bonn und Empfänger der Fields-Medaille 1986, dem Nobelpreis für Mathematik entsprechend. In Zukunft müssen wir uns immer mehr fragen, ob die »reine« Mathematik für dann konkret gewordene Probleme, mit denen wir uns herumschlagen, nicht schon längst die Instrumente für eine Lösung entwickelt hat. Denn die Mathematik als Ganzes ist eine Vorratskammer des menschlichen Wissens, und jedes mathematische Problem hat seinen Wirkungsbereich.

Das konkrete Nutzen-Kosten-Verhältnis soll aber keineswegs verdrängt werden. Hans Magnus Enzensberger:

»Nebenbei bemerkt, gehört die mathematische Forschung zu den preiswertesten Kulturleistungen. Während der neue Teilchenbeschleuniger des Genfer CERN auf vier bis fünf Milliarden veranschlagt wird, nimmt das Max-Planck-Institut für reine Mathematik in Bonn, ein Forschungszentrum von Weltruf, nur 0,3 Prozent vom Haushalt der Max-Planck-Gesellschaft in Anspruch. Große Mathematiker wie Galois oder Abel waren zeit ihres Lebens bettelarm. Billigere Genies dürften schwer zu finden sein.«

Für den gestifteten Nutzen sei hier nur ein nachdenkenswürdiges Beispiel angeführt: Wirtschaft und Technik arbeiten heute allenthalben mit linearer Programmierung. Das für sie wichtigste allgemeine Lösungsverfahren ist der Simplex-Algorithmus. Von einem angemessenen Teil der Profite, die dieser *eine* Algorithmus laufend erwirtschaftet, könnte die gesamte Mathematik vermutlich üppig leben.

Die menschliche Vorstellungskraft können wir durchaus als einen Sinn deuten. Die Biologie legt uns nahe, dass sie genauso entstanden ist wie die anderen Sinne und dass sie unserem Überleben dient. »Die Wahrnehmung der Realität ist eine biologische Notwendigkeit«, sagt der französische Biologe und Nobelpreisträger François Jacob. Sinne können uns täuschen, aber die Evolution hat uns auch Gegenmittel in die Hand gegeben: rationale

– wenn auch nicht absolut objektive – Instrumente, die uns in
die Lage versetzen, Illusionen nicht zu ernst zu nehmen, sondern
mit ihnen auch spielerisch umzugehen. Die Fiktionen der Mathematik sind aber nicht nur geistige Spielzeuge einer Handvoll
Phantasten, sondern sie sind dadurch, dass sie uns helfen, eine
tiefere Realität der Welt um uns herum zu entdecken, wichtige
Instrumente für unser Überleben.

Anmerkungen

1 (Seite 23)

Es würde genügen zu zeigen, dass man stets irgendwann auf eine Zweierpotenz (also eine der Zahlen 2, 4, 8, 16, 32, 64, 128, …) stößt, da man dann nur noch einige Male fortgesetzt halbieren müsste, um ganz bestimmt auf die Zahl 1 zu treffen. Ja, es würde sogar genügen zu zeigen, dass man nach jedem $a_i > 1$ auf ein $a_{i+j} < a_i$ stößt, dass es also für jedes Glied a_i größer als 1 ein »späteres«, nachgeordnetes Glied a_{i+j} gibt, das kleiner ist als a_i. Denn dann gäbe es auch ein späteres Glied a_{i+j+k}, das kleiner wäre als a_{i+j} und so weiter, bis man schließlich beim kleinsten Glied 1 und damit bei der Schleife $1 \rightarrow 4 \rightarrow 2 \rightarrow 1$ angelangt ist. Bestechende Beweisidee, nicht wahr? Doch wie könnte das gezeigt werden?

Die Regeln, nach denen die Folge gebildet wird, bewirken ein Auf und Ab der Gliedergrößen. Während eine Aufwärtsbewegung (bei ungeradem a_i) nur isoliert vorkommen kann – da dann $3a_i + 1$ wieder gerade ist –, können Abwärtsbewegungen (= Halbierungen) fortgesetzt erfolgen, je nachdem wie oft der Faktor 2 im augenblicklichen Glied enthalten ist.

Es sieht so aus, als ob die Operation $3a_i + 1$ eine Art »potenzielle Anreicherung des Faktors 2« bewirkte – wobei dieser Gedanke selbstverständlich erst noch präzisiert werden müsste.

Dass das Problem etwas mit dem Faktor 2 zu tun hat, legt auch der Umstand nahe, dass Folgenglieder, die sich nur um 1 von einer Zweierpotenz unterscheiden, relativ »renitent« sind – in dem Sinn, dass es noch ziemlich oft oder lange insgesamt aufwärts geht, bevor es eine größere Abwärtsfolge gibt. Das Beispiel mit dem Anfangsglied 31 (= $2^5 - 1$) soll illustrieren, was gemeint ist:

31 ↗ 94 ↘ 47 ↗ 142 ↘ 71 ↗ 214 ↘ 107 ↗ 322 ↘ 161 ↗ 484 ↘ 242 ↘ 121
↗ 364 ↘ 182 ↘ 91 ↗ 274 ↘ 137 ↗ 412 ↘ 206 ↘ 103 ↗ 310 ↘ 155 ↗ 466
↘ 233 ↗ 700 ↘ 350 ↘ 175 ↗ 526 ↘ 263 ↗ 790 ↘ 395 ↗ 1186 ↘ 593 ↗
1780 ↘ 890 ↘ 445 ↗ 1336 ↘ 668 ↘ 334 ↘ 167 ↗ 502 ↘ 251 ↗ 754 ↘ 377
↗ 1132 ↘ 566 ↘ 283 ↗ 850 ↘ 425 ↗ 1276 ↘ 638 ↘ 319 ↗ 958 ↘ 479 ↗
1438 ↘ 719 ↗ 2158 ↘ 1079 ↗ 3238 ↘ 1619 ↗ 4858 ↘ 2429 ↗ 7288 ↘
3644 ↘ 1822 ↘ 911 ↗ 2734 ↘ 1367 ↗ 4102 ↘ 2051 ↗ 6154 ↘ 3077 ↗
9232 ↘ 4616 ↘ 2308 ↘ 1154 ↘ 577 ↗ 1732 ↘ 866 ↘ 433 ↗ 1300 ↘ 650 ↘
325 ↗ 976 ↘ 488 ↘ 244 ↘ 122 ↘ 61 ↗ 184 ↘ 92 ↘ 46 ↘ 23 (erstes Glied,
das kleiner ist als das Ausgangsglied) ↗ 70 ↘ 35 ↗ 106 ↘ 53 ↗ 160 ↘ 80 ↘
40 ↘ 20 ↘ 10 ↘ 5 ↗ 16 ↘ 8 ↘ 4 ↘ 2 ↘ 1 ↗ 4 ↘ 2 ↘ 1 usw.

Wie stark tritt der Faktor 2 in den aufeinander folgenden (3n + 1)-Gliedern auf, bevor es eine Mehrfachhalbierung gibt? Sehen wir uns ein paar solche Strecken aus (3n + 1)-Gliedern an. Die erste lautet (94, 142, 214, 322, 484). Der Faktor 2 kommt in jedem Glied mindestens einmal vor, im letzten Glied der aufsteigenden Strecke zweimal: (1, 1, 1, 1, 2). Die zweite aufsteigende Strecke aus (3n + 1)-Gliedern ist isoliert und lautet (364); hierin ist der Faktor 2 zweimal enthalten. Führt man diese Betrachtung weiter, so sieht man: Stets findet in der aufsteigenden Strecke aus (3n + 1)-Gliedern eine »Anreicherung« des Faktors 2 statt. Die hier längste vorkommende Strecke lautet: (958, 1438, 2158, 3238, 4858, 7288); die zugeordneten Häufigkeiten für den Faktor 2 lauten (1, 1, 1, 1, 1, 3). Bei diesem Lösungsversuch besteht das Problem darin, eine geeignete Bewertungsfunktion für die Anreicherung des Faktors 2 zu definieren.

Die (3n + 1)-Glieder haben aufgrund ihrer Konstruktion eine ganz bestimmte Struktur: Weil n ungerade ist, sind sie gerade, *und* sie lassen bei der Division durch 3 den Rest 1 (das ist unmittelbar aus der Form 3n + 1 ersichtlich). Sie stammen also *alle* aus der Menge {4, 10, 16, 22, 28, 34, 40, 46, 52, 58, 64, ...}; man sagt auch, sie sind von der Form 4 + 6n (n = 0, 1, 2, 3, ...), oder auch, sie lassen bei der Division durch 6 den Rest 4. Durch die (3n + 1)-Operation wird man zum Beispiel niemals auf eine *ungerade* Zweierpotenz stoßen, das sind Zahlen wie $2^3 = 8$ oder $2^5 = 32$, weil diese nicht die Form 4 + 6n haben (wohl aber die *geraden* Zweierpotenzen wie

$2^2 = 4$, $2^4 = 16$, $2^6 = 64$). Kann vielleicht daraus etwas Zielführendes abgeleitet werden?

Nahe liegend wäre es jedenfalls, alle Zahlen des Problems »2-adisch« zu repräsentieren, das heißt als Summe von Zweierpotenzen darzustellen. Vielleicht würde auch nur eine geschickte und zweckmäßige Definition einen überraschenden Fortschritt bewirken? Vermutungen und Fragen ohne Ende.

2 (Seite 27)

Für den Satz S des Beispiels (B-4) kann auch ein direkter Beweis angegeben werden. Ein kaum zehnjähriger Grundschüler hatte ihn gefunden:

Beweis. Setzen wir $s = 1 + 2 + 3 + \ldots + n$. Die folgende Gleichung ist zu beweisen:

$$s = \frac{n \cdot (n+1)}{2}.$$

Dazu schreiben wir die Summe s zweimal auf, einmal in aufsteigender und einmal in absteigender Reihenfolge und addieren dann die übereinander stehenden Ausdrücke:

$$s = 1 + 2 + 3 + \ldots + n-1 + n$$
$$s = n + n-1 + n-2 + \ldots + 2 + 1$$
$$2s = (n+1) + (n+1) + (n+1) + \ldots + (n+1) + (n+1)$$

oder $2s = (n+1) \cdot n$, da es genau n Terme $(n+1)$ gibt.

Dividiert man beide Seiten der letzten Gleichung durch 2, ergibt sich die zu beweisende Gleichung.

Der Grundschüler hieß Carl Friedrich Gauß (1777 bis 1855) und wurde einer der größten Mathematiker aller Zeiten. Mit achtzehn Jahren, in seinem ersten Studiensemester, gelang ihm der Nachweis, dass das reguläre Siebzehneck allein mit Zirkel und Lineal konstruierbar ist – ein bemerkenswerter Schritt über die bisherige Mathematik hinaus, die hierin nur bis zum regulären Fünfeck gelangt war. Mit zwanzig Jahren, 1797, bewies er den so genannten »Fundamentalsatz der Algebra«, wonach jede algebraische Gleichung n-ten Grades genau n (reelle oder komplexe) Wurzeln (Lösungen) hat. Den Satz, der Gegenstand seiner Dissertation (1799) war, hatten große Mathematiker seit dem 17. Jahrhundert vergeblich zu beweisen versucht – darunter d'Alembert, Euler und Lagrange.

3 (Seite 36)

Euklid aus Alexandria (ca. 365 bis ca. 300 v. Chr.) hat nicht nur das gesamte mathematische Wissen seiner Zeit zusammengetragen, systematisch geordnet und durch Beweise gesichert, sondern ist auch als Begründer der Axiomatik anzusehen. Von Euklids Schriften sind die »Elemente« nächst der Bibel das meist verbreitete Buch der Erde; es ist in über 1700 Ausgaben erschienen.

Von den Axiomen der Geometrie Euklids hat das *Parallelenaxiom* am meisten von sich reden gemacht. Es besagt, dass es zu einer gegebenen Geraden durch einen gegebenen Punkt genau eine Parallele gibt. Man hat lange Zeit versucht, dieses Axiom als (aus den anderen Axiomen) herleitbaren Satz hinzustellen; erst zu Beginn des 19. Jahrhunderts wurde nachgewiesen, dass es sich tatsächlich um ein Axiom handelt. Es gelang nämlich, »nichteuklidische« Geometrien zu konstruieren (C. F. Gauß, N. I. Lobatschewskij, J. Bolyai, B. Riemann), die sich von der Geometrie Euklids lediglich in der Aussage des Parallelenaxioms unterscheiden und dennoch in sich widerspruchsfrei sind.

4 (Seite 40)

Im vergangenen Jahrhundert wurden umfangreiche Theorien über die Verteilung der Primzahlen entwickelt. Die bekannteste brachte den »Primzahlsatz« hervor, der 1792 aufgrund umfangreicher Berechnungen von Carl Friedrich Gauß vermutet und 1896 unabhängig voneinander von dem Franzosen Jacques Hadamard (1865 bis 1963) und dem Belgier Charles de la Vallée-Poussin (1866 bis 1962) bewiesen worden ist. Dieser Satz sagt aus, dass die Anzahl der Primzahlen kleiner als n für große n immer besser durch den Ausdruck $n/\log(n)$ approximiert wird.

5 (Seite 40)

Der Abstand zweier aufeinander folgender Primzahlen kann in der Tat beliebig groß werden, wie die Folge $(n! + 2, \ n! + 3, \ n! + 4, \ \ldots, n! + n)$ relativ leicht zeigt. Dabei ist n! (gelesen: n Fakultät) kein Ausruf, sondern eine abkürzende Schreibweise für das Produkt aller Zahlen zwischen 1 und n. So hat beispielsweise n! für n = 5 den Wert 120, denn es ist 5! = 1 · 2 · 3 · 4 · 5 = 120. Die genannte Folge beinhaltet alle aufeinander folgenden natürlichen Zahlen zwischen n! + 2 und n! + n.

Nun ist die Zahl n! + 2 immer durch 2 teilbar, da ja 2 ein Faktor von n! ist. Aus demselben Grund ist n! + 3 stets durch 3 teilbar und so weiter. Schließlich ist auch n! + n durch n teilbar. Somit sind alle Zahlen der genannten Folge zusammengesetzt.

Diese Folge aufeinander folgender natürlicher Zahlen, von denen keine einzige eine Primzahl ist, lässt sich aber beliebig verlängern: n braucht nur entsprechend groß gewählt zu werden.

Der Leser beachte aber, dass n! gegenüber n immer schneller größer wird. In Wirklichkeit sind die Primzahlen doch nicht so dünn gesät, wie es auf den ersten Blick erscheinen mag. Ein Satz besagt nämlich, dass zwischen jeder natürlichen Zahl größer als eins und ihrem Doppelten eine Primzahl liegen muss (»Bertrand'sches Postulat«, für das im Laufe der Zeit mehrere Beweise angegeben wurden – von P. Tschebyscheff, S. Ramanujan und P. Erdös).

6 (Seite 50)

Zur Riemann'schen Vermutung sei nur soviel für daran Interessierte stichwortartig und ohne detaillierte Definition der komplexen Zahlen gesagt: Ausgangspunkt ist ein Ausdruck namens Zetafunktion in Form einer unendlichen Summe (von Kehrwerten), nämlich der *Reihe*

$$\zeta(x) = 1 + \frac{1}{2^x} + \frac{1}{3^x} + \cdots \text{ (x reell und x > 1),}$$

über die Leonhard Euler bereits 1737 bemerkte, er könne sie benutzen, um Resultate über Primzahlen zu beweisen (ζ ist das Symbol für das griechische z, genannt »zeta«).

1859 hat Bernhard Riemann diese Ideen erweitert, um eine analytische Theorie der Primzahlen zu begründen. Unter anderem erweiterte er die Zetafunktion auf die komplexen Zahlen z = (x, y), die – wie gewöhnliche Koordinaten eines Punktes der kartesischen Ebene – als Paare reeller Zahlen darstellbar sind. Von Interesse sind die Nullstellen dieser Zetafunktion, das heißt, die Lösungen der Gleichung $\zeta(z) = 0$. Ein Teil der Lösungen, nämlich die reinen reellen Nullstellen, sind leicht zu finden und haben die Form (−2, 0), (−4, 0), (−6, 0) und so fort.

Die berühmte Riemann'sche Vermutung besagt nun, dass *alle übrigen* Nullstellen die Form ($\frac{1}{2}$, y) beziehungsweise $\frac{1}{2}$ + iy haben. (Jede komplexe Zahl z = (x, y) kann gleichwertig durch x + iy dargestellt werden, wobei x und y reelle Zahlen sind und i = $\sqrt{-1}$ die »imaginäre Einheit« genannt wird.)

Sehr viele Einzelheiten in der Theorie der Primzahlverteilung hängen von der Riemann'schen Vermutung ab. Außerdem gibt es ein abstrakteres Analogon der Riemann'schen Vermutung, das für die algebraische Geometrie und die diophantischen Gleichungen wichtig ist.

1985 wurde ein Beweis der Riemann'schen Vermutung angekündigt, der sich jedoch als falsch beziehungsweise lückenhaft erwies. So schnell gibt die Zetafunktion ihre Geheimnisse nicht preis! Wer sie lüften will, braucht viel Kreativität, Zähigkeit und auch Glück; und wem es gelingt, den erwarten Erschöpfung, tiefe Befriedigung und Ruhm.

7 (Seite 62)

Der Leser erinnert sich zweifellos noch, wenn auch mit gemischten Gefühlen, an die *quadratische* Gleichung $ax^2 + bx + c = 0$ aus dem Mathematikunterricht. Die babylonischen Mathematiker um 1600 v. Chr. waren bereits in der Lage, spezielle quadratische Gleichungen zu lösen, obwohl sie noch keine algebraische Schreibweise besaßen, wie wir sie heute gewohnt sind. Die Lösungsformel des allgemeinen Falls (die hier nichts zur Sache tut) datiert aus der ersten Hälfte des 9. Jahrhunderts.

Für die wesentlich kniffligere Lösung der *kubischen* Gleichung, also einer Gleichung der Form $ax^3 + bx^2 + cx + d = 0$, sollte es noch weitere sechshundert Jahre dauern: Der venezianische Rechenmeister Niccolò Tartaglia (der »Stotterer«) war es, der im Jahre 1535 die Lösungsmethode entdeckte. Er verkündete seine Entdeckung öffentlich, hielt aber die Formel streng geheim. Dennoch konnte er die Zweifler davon überzeugen, dass er das Geheimnis zur Lösung kubischer Gleichungen wirklich besaß – Raten führt nicht zum Ziel. Er ließ sich einfach kubische Gleichungen geben, und wenn er nach einer Weile die Lösungen präsentierte, konnte sich jeder leicht davon überzeugen, dass diese korrekt waren (nämlich durch Einsetzen der Lösungswerte in die ursprüngliche Gleichung). Trotz größter Anstrengungen gelang es niemandem, hinter Tartaglias Geheimnis zu kommen.

Schließlich war es Geronimo Cardano (1501 bis 1576), Professor der Medizin und eine der (wegen seiner Mogelratschläge bei Spielen) schurkenhaftesten Figuren in der Mathematikgeschichte, der den armen Tartaglia überredete, ihm die Formel zu zeigen; er schwor, sie absolut geheim zu halten. Aber es kam, wie es kommen musste: In seinem Buch »Ars Magna« (1545) veröffentlichte Cardano Tartaglias Formel. Obwohl er darin auch ehrlicherweise auf Tartaglia als Urheber hinwies, trägt sie heute Cardanos Name. (Siehe auch das Kapitel »Das Matrjoschka-Prinzip«, das der Lösung solcher Gleichungen sowie ihrer aufregenden Geschichte gewidmet ist.)

8 (Seite 63)
Physische Unendlichkeiten werden seit langem vermutet – als *lokale* Unendlichkeiten, die als *Extrapolation* einer natürlichen Gesetzmäßigkeit durchaus Bestand haben und die auch *Singularitäten* genannt werden. Zum Beispiel nimmt die Stärke des elektrischen Feldes eines Elektrons um den Faktor 4 ab, wenn wir die Entfernung zum Elektron um den Faktor 2 vergrößern. Die einfache Schlussfolgerung aus diesem (Coulomb'schen) Gesetz besagt, dass sich die elektrische Kraft vervierfacht, wenn wir die Distanz zum Elektron halbieren. Wenn wir uns buchstäblich auf dem Elektron befinden, ist die elektrische Kraft rechnerisch unendlich groß – eine lokale Unendlichkeit.

Schwarze Löcher, das sind ausgebrannte, überdichte Reste eines ehemals aktiven Sterns, sind ein weiteres Beispiel. Wenn er sehr viel Masse hat, fällt der sterbende Stern – buchstäblich – bis auf einen Punkt zusammen, und es ergibt sich rechnerisch eine unendlich große Dichte, weil alle Masse in einem Raum zusammengepresst wird, dessen Volumen gleich Null ist. (Bei einer unendlich großen Dichte entkommt nicht einmal ein Lichtstrahl, weswegen ein schwarzes Loch, das daher seinen Namen hat, nicht direkt beobachtet werden kann.)

9 (Seite 64)
Nach der Speziellen Relativitätstheorie Einsteins ist es unmöglich, dass sich Signale schneller ausbreiten als Licht. Trotzdem soll es dem Kölner Physikprofessor Günter Nimtz gelungen sein, Information tragende Mikrowellen auf 4,7fache Lichtgeschwindigkeit zu beschleunigen. Die überlichtschnell übermittelte Information: Mozarts 40. Symphonie in g-Moll.

Physiker aus der Quantenmechanik kennen den so genannten »Tunnel-effekt«, er tritt in Reaktionen bei H-Bomben und Rechnerchips auf, und auch beim Urknall soll er eine Rolle gespielt haben. Dieses seltsame Tunnelphänomen erlaubt Teilchen oder Wellen, eigentlich unüberwindbare Barrieren zu durchdringen – »instantan«, also mit unendlicher Geschwindigkeit. Freilich ist die »Tunnelwahrscheinlichkeit« extrem gering, die Abschwächung der getunnelten Wellen ist astronomisch hoch. Was Nimtz jedoch für die mit durchschnittlich 4,7facher Lichtgeschwindigkeit übermittelte Mozartsymphonie am Ende erhielt, hört sich gar nicht an wie ein Rauschen aus der Hölle – es ist eindeutig Mozarts Symphonie. Experiment und Messungen sind international wiederholt und bestätigt worden. Nun sind die Deuter am Werk.

Ist das, was »hinten rauskommt«, Information, auf die es ankommt, oder ist es nur Müll? Gerät damit ein Grundpfeiler des Physikgebäudes, das Gesetz von Ursache und Wirkung (das Kausalitätsprinzip), ins Wanken? Ist tatsächlich nur die Mikrokausalität (das heißt auf Quantenebene) verletzt? Oder auch die Makrokausalität? Oder liegt gar eine Art Aggregationsprozess zwischen Mikro- und Makrophysik vor? Eines ist jedenfalls sicher: Wenn die Quantenmechanik ihr Verwirrspiel mit dem Alltagsverstand treibt, regt sie die Phantasie an.

10 (Seite 75)

Ganz knapp skizziert, kann man die Mathematiker grundsätzlich in *Formalisten*, *Platonisten* und *Intuitionisten* (auch als *Konstruktivisten* bezeichnet) einteilen.

Die *Formalisten* nehmen den formalen axiomatischen Zugang zur Mathematik ernst. Die gesamte Mathematik sehen sie als Theorie, deren Aussagen aus Deduktionsketten von diesen Axiomen gewonnen werden. Nicolas Bourbaki (Pseudonym für eine Gruppe vorwiegend französischer Mathematiker) ist der berühmteste Repräsentant dieser Schule.

Die *Platonisten* glauben an das effektive Vorhandensein mathematischer Objekte, insbesondere, dass ein Universum von Zahlen und auch von *Unendlichkeiten* existiert; es sind treue Jünger Cantors. (Platon hatte die Welt seiner *Ideen* als die eigentliche Wirklichkeit angesehen.)

Die *Intuitionisten* Brouwers haben sehr wenige Anhänger. Das seit Aristoteles formulierte logische Prinzip des *tertium non datur*, des ausgeschlossenen

Dritten, gilt für Brouwer nicht, wenn der Begriff des Unendlichen als ein *nie zu Ende Kommendes* ernst genommen wird.

Die meisten Pragmatiker sind wochentags Formalisten und am Wochenende Platonisten. (Niemand sollte sich darüber wundern, dass die Mathematik in ihren grundsätzlichen Geisteshaltungen genauso kontrovers ist wie die Philosophie, die Soziologie, die Wirtschaft oder die Technik.)

11 (Seite 88)

Die »naive«, das heißt umgangssprachliche Mengenlehre Cantors wurde genauso mit Hilfe eines Axiomensystems präzisiert wie die Menge der natürlichen Zahlen. Als zweckmäßiger Ansatz für eine Entwicklung der theoretischen Mengenlehre hatte sich allmählich das Axiomensystem der Mathematiker Ernst Zermelo und Abraham Fraenkel erwiesen. Es vermeidet unter anderem die Russell'sche Antinomie, indem es Ausdrücke wie die »Menge aller Mengen« ausschließt.

12 (Seite 104)

Zur Vervollständigung: Eine Gleichung 1. Grades lautet $ax + b = 0$, wird auch *lineare* Gleichung genannt und hat, falls $a \neq 0$ ist, die Lösung $x = -b/a$.

Kleine Nostalgie: Die zwei Wurzeln der quadratischen Gleichung lauten

$$x_1 = \frac{-b + \sqrt{D}}{2a} \text{ und } x_2 = \frac{-b - \sqrt{D}}{2a} \text{ mit } D = b^2 - 4ac.$$

Je nachdem, ob D positiv, null oder negativ ist, hat man entweder zwei reelle Lösungen, oder eine reelle, die man auch als Doppellösung bezeichnet (weil x_1 und x_2 zusammenfallen), oder zwei komplexe Lösungen vorliegen. (Nach dem *Fundamentalsatz der Algebra*, der erstmals 1799 von Gauß streng bewiesen wurde, besitzt jede Gleichung n-ten Grades genau n Wurzeln.)

13 (Seite 116)

Hier wird der Begriff der Gruppe mit Hilfe der konkreten Eigenschaften von Symmetrien eingeführt. Eine völlig abstrakte, von konkreten Anwendungen losgelöste Definition ist natürlich auch möglich. Arthur Cayley, der 1863 Professor der Mathematik an der Universität Cambridge wurde (nachdem er vorher zwanzig Jahre in London als Rechtsanwalt tätig gewesen war), prägte als erster den Begriff der *abstrakten Gruppe*. Erst Edward

Huntington vollzog 1902 den letzten Schritt, als er den Gruppenbegriff axiomatisch definierte.

Für Galois selbst bestand die Gruppeneigenschaft nur darin, dass die zugrunde liegende Menge gegenüber der Verknüpfungsoperation ihrer Elemente »abgeschlossen« war, das heißt, dass die erste Eigenschaft erfüllt war. Die weiteren Eigenschaften wurden, wie eben erwähnt, erst später explizit formuliert.

14 (Seite 119)

Viele Gleichungen fünften oder höheren Grades haben keine algebraischen Wurzeln; andererseits ist es aber kinderleicht, die Gleichung zu konstruieren, wenn man ihre Wurzeln vorgibt. Angenommen, wir suchten eine Gleichung 5. Grades, die die (reellen) Wurzeln 1, 2, 3, 4 und 5 hat. Dann kann diese Gleichung in der Gestalt

$$(x - 1) \cdot (x - 2) \cdot (x - 3) \cdot (x - 4) \cdot (x - 5) = 0 \tag{1}$$

geschrieben werden.

Gewöhnliches Ausmultiplizieren der linken Seite würde (nach und nach) zu einem Polynomausdruck $P(x)$ führen, dessen erstes Glied x^5 und dessen letztes Glied

$$-120 = (-1) \cdot (-2) \cdot (-3) \cdot (-4) \cdot (-5)$$

lautet (wir brauchen die komplette Multiplikation hier nicht auszuführen):

$$P(x) = x^5 - / + \ldots - 120 = 0. \tag{2}$$

Dies ist eine Gleichung 5. Grades und ihre Wurzeln sind tatsächlich 1, 2, 3, 4 und 5: Man braucht nur den Wert einer beliebigen dieser Wurzeln anstelle von x in (1) einzusetzen, um zu sehen, dass ein Faktor – und somit das gesamte Produkt – null ergibt, das heißt, dass die eingesetzte Wurzel die Gleichung erfüllt. Allerdings erfüllen diese vorgegebenen Wurzeln noch unendlich viele weitere Gleichungen, zum Beispiel alle Gleichungen $a \cdot P(x) = 0$, in denen a eine beliebige rationale Zahl (ungleich null) ist, oder auch alle Gleichungen höheren als 5. Grades, die $P(x)$ beziehungsweise die linke Seite von (1) als Faktor enthalten.

Diese triviale Konstruktion von Gleichungen aus den Wurzeln erinnert an die Einwegoperation der Kodierung von Nachrichten in der Kryptologie: Was dort die harte Nuss ist, nämlich die Dekodierung, ist hier die Lösungssuche, wenn nur Gleichung (2) vorliegt.

15 (Seite 120)

Sie müssen die Wurzeln nicht berechnen können – obwohl Sie es leicht könnten, wenn Sie die Lösungsformel für die quadratische Gleichung anwenden würden. Wenn Sie nämlich in der vorliegenden (»biquadratischen«) Gleichung $y = x^2$ setzen, erhalten Sie $y^2 - 5y + 6 = 0$, und das ist eine einfache quadratische Gleichung, die die Wurzeln $y = 2$ und $y = 3$ besitzt. Jede dieser beiden Lösungen müssen Sie dann gemäß $y = x^2$ (bzw. $x^2 = 2$ und $x^2 = 3$) weiter nach x auflösen. Dann erhalten Sie sofort die vier Wurzeln in x, nämlich $\sqrt{2}$, $-\sqrt{2}$, $\sqrt{3}$ und $-\sqrt{3}$.

16 (Seite 121)

Die einfach aussehende Gleichung $x^5 - 4x - 2 = 0$ beispielsweise besitzt fünf Wurzeln, drei reelle und zwei komplexe. Mit Hilfe der Galois'schen Gruppenbetrachtung lässt sich beweisen, dass nicht eine einzige dieser Lösungen durch Radikale ausgedrückt werden kann, das heißt, diese Gleichung ist »nicht durch Radikale (algebraische Zahlen) lösbar«. Daraus folgt insbesondere, dass die Menge der reellen Zahlen echt umfangreicher ist als diejenige der algebraischen. Das beweist aber die Existenz *transzendenter* Zahlen – was wiederum mit Georg Cantors diesbezüglichem, damals verblüffendem Resultat im Einklang steht.

17 (Seite 122)

Ich verzichte im Haupttext auf die genaue Definition des Normalteilers. Das Empfinden der Schönheit und das Verständnis der Tragweite von Galois' Ergebnis werden dadurch kaum getrübt. (Nur für ganz Unerschrockene: Ein Normalteiler ist eine Untergruppe, die mit allen ihren *konjugierten* Untergruppen identisch ist. Dabei heißen zwei Untergruppen A und B der Gruppe G *konjugiert*, wenn es ein Element t aus G gibt, für das

$$B = t^{-1} \otimes A \otimes t$$

gilt; t^{-1} bezeichnet das inverse Element von t bezüglich der Gruppenverknüpfung $\otimes$.) Ein Normalteiler wird auch *invariante Untergruppe* genannt.

18 (Seite 124)

Die *allgemeine* Gleichung n-ten Grades weist keine speziellen Beziehungen zwischen ihren Wurzeln auf. Ihre Galoisgruppe ist folglich die Gruppe *aller* Permutationen ihrer n Wurzeln – und das sind n! $= 1 \cdot 2 \cdot 3 \cdot \ldots \cdot$ n Permutationen. Es ist nicht allzu schwer, diese Gruppe für verschiedene n zu studieren. Insbesondere kann man zeigen, dass sie für n $= 2, 3$ und 4 auflösbar ist; die Gleichungen dieser Grade sind also durch Radikale auflösbar (was bekannt war).

Ist jedoch n $= 5$, so ist die Gruppe G aller Permutationen nicht auflösbar. G hat die Ordnung 5! $= 120$, und es gibt einen Normalteiler H der Ordnung 60. Der Quotient ord G / ord H $= 120 / 60 = 2$ ist prim, die Kette kann also begonnen werden. Der einzige Normalteiler von H mit kleinerer Ordnung ist aber, wie Galois bewiesen hat, die triviale Gruppe mit der Ordnung 1. Der Quotient der Ordnungen ergibt sich zu 60/1 $= 60$, und das ist nicht prim. Somit ist die Gruppe nicht auflösbar, und ebenso wenig die allgemeine Gleichung.

Übrigens ist die Permutationsgruppe der allgemeinen Gleichung 5. Grades identisch mit der Gruppe der 120 Symmetrien des Dodekaeders (des fußballähnlichen Körpers aus zwölf regelmäßigen Fünfecken, siehe Seite 117). Eine Untergruppe mit Normalteilereigenschaft besteht aus den 60 Rotationssymmetrien, und diese Gruppe entpuppt sich als die kleinste nichtkommutative, nichtauflösbare Gruppe, die es gibt. Schöne, *einfache* Gruppe. Aber Pech für die allgemeine Gleichung 5. Grades.

Für n > 5 werden die Bedingungen für die Auflösung der Permutationsgruppe im allgemeinen Fall nicht besser: Einer der Quotienten ist zwar 2, der andere aber n!/2, und der ist nicht prim – genau wie im Fall n $= 5$.

19 (Seite 125)

Eine der Anwendungen der Gruppentheorie bezieht sich auf die Kristallsymmetrie. Die Atome in einem Kristall sind in einer sich wiederholenden regelmäßigen Struktur – einem *Gitter* – mit einem hohen Maß an Symmetrie angeordnet. Es handelt sich um *Punkt*symmetrien und um *Translations*symmetrien. Es ist bekannt, dass es genau 17 Typen von Kristallsymmetriegruppen in der Ebene gibt – 17 Grundtypen von Tapetenmustern, sozusagen. In drei Dimensionen existieren genau 32 Punktgruppen, die sich mit den Translationen zu 230 verschiedenen Kristallsymmetrietypen kombinieren.

Diese Klassifikation ist für die Festkörperphysik fundamental. In vier Dimensionen gibt es gar 4783 Kristalltypen.

20 (Seite 126)

Das 19. Jahrhundert war nicht imstande, die nichteuklidische Geometrie mit Gelassenheit als ein rein logisches Manöver zur Kenntnis zu nehmen: Wenn etwas »Geometrie« genannt wurde, musste es sich mit unserer Raumvorstellung verbinden lassen. So hatte Immanuel Kant (1724 bis 1804) die Geometrie Euklids als die a priori einzig zulässige dekretiert. Diese Überheblichkeit gab reichlich Anlass zu Diskussionen über folgende Fragen:

- Naive Frage: Welcher Geometrie gehorcht der wirkliche Raum?
- Nach-Frage: Ist dies eine Frage an die Wirklichkeit oder an unsere Art, uns ein Urteil über die Wirklichkeit zu bilden?
- Nach-Nach-Frage: Wie kann man solche Fragen entscheiden? Inwiefern sind sie zulässig, zwingend?

21 (Seite 131)

Die Anzahl der möglichen Stellungen auf Rubiks Würfel ist relativ einfach festzustellen:

- Anzahl der möglichen Positionen der 8 Ecken: 8!
- mal Anzahl der möglichen Verdrehungen der Ecken: 3^8
- mal Anzahl der möglichen Positionen der 12 Seitensteine: 12!
- mal Anzahl der möglichen Kippungen der Seitensteine: 2^{12}.

Das ergibt eine stattliche Anzahl möglicher Stellungen:

519 024 039 293 878 272 000

(in Worten: 519 Trillionen 24 Billiarden 39 Billionen 293 Milliarden 878 Millionen 272 Tausend) oder kürzer und ungenauer: $0,52 \times 10^{21}$ (über eine halbe Trilliarde). Diese Stellungen sind jedoch nicht alle durch herkömmliches Verdrehen von Rubiks Würfel erreichbar. Ohne auf die Konstruktion und folglich auf gewisse Beschränkungen einzugehen, bleiben jedoch noch genügend Möglichkeiten übrig. Am Ende spitzfindiger Berechnungen bleibt ein Zwölftel der oben ausgeschriebenen Zahl übrig, also sind es noch etwas mehr als 43 Trillionen Möglichkeiten. Auch diese Zahl ist noch groß genug, so dass man wohl nie die Chance hat, den Würfel durch Zufall richtig hinzudrehen; von diesen vielen Möglichkeiten ist ja nur eine einzige die gewünschte des Würfels im Urzustand. Da macht es durchaus Sinn, *Systeme* zu entwickeln, wie man am schnellsten den Urzustand schafft; der Rekord liegt bei unter 30 Sekunden.

22 (Seite 132)
Die genaue Definition der *einfachen* Gruppe benutzt *Abbildungen*. Diese sind das Hauptwerkzeug, mit dem Mathematiker die Objekte ihres Ideenhimmels untersuchen. Ähnlich wie Ärzte Stethoskop und Skalpell einsetzen, operieren Mathematiker mit Abbildungen. Eine Abbildung im mathematischen Sinn ist jedoch keine Illustration eines Sachverhalts, wie eine Abbildung in einem Buch. Eine (mathematische) Abbildung f von einer Menge A in eine Menge B ist eine eindeutige Zuordnung zwischen den Elementen von A und B, die *jedem* Element von A *genau ein* Element von B zuordnet. Die Menge aller Elemente von B, die durch die Abbildung festgelegt wird, heißt *Bild* von A (unter der Abbildung f) und wird mit f(A) bezeichnet. Da die Abbildung elementweise definiert wird, gilt die Bezeichnung (Bild) auch für die entsprechenden Elemente. Selbstverständlich ist alles nur gedacht: sowohl die Mengen A und B mitsamt ihren Elementen als auch die Zuordnung beziehungsweise Abbildung selbst. (Wird eine Menge A auf eine *Zahlen*menge B abgebildet, nennt man die Abbildung auch *Funktion*.)

Besitzen nun A und B jeweils eine Struktur, zum Beispiel eine Gruppenstruktur, die wir mit (A, ⊗) und (B, ⊕) bezeichnen können, dann sind Abbildungen f von besonderem Interesse, bei denen die Struktureigenschaften zwischen A und B zumindest teilweise erhalten bleiben. Das ist der Fall, wenn für jedes beliebige Paar von Elementen x, y aus der Gruppe A und den entsprechenden Bildern x' = f(x), y' = f(y) aus der Gruppe B gilt: Das Produkt (die Verknüpfung) x' ⊕ y' in B ist gleich dem Bild des Produktes (der Verknüpfung) x ⊗ y aus A:

$$f(x \otimes y) = f(x) \oplus f(y).$$

Mit anderen Worten: Das Bild des Produktes x ⊗ y unter der Abbildung f ist gleich dem Produkt f(x) ⊕ f(y) der Bilder. (*Produkt* bezeichnet hier ganz allgemein das Ergebnis einer beliebigen Verknüpfung zweier Elemente in einer beliebigen strukturierten Menge.)

Solche *strukturbewahrenden* Abbildungen nennen Mathematiker *Homomorphismen*. Mit diesem Begriff ergibt sich die Definition: Eine *einfache* Gruppe ist eine Gruppe, die keine anderen homomorphen Bilder als sich selbst und die triviale Gruppe hat.

Ist ein Homomorphismus *bijektiv*, das heißt umkehrbar eindeutig, dann sprechen Mathematiker von einem *Isomorphismus*, dies bedeutet völlige Strukturgleichheit: Isomorphe Gruppen sind im Grunde gleich, auch wenn sie unter verschiedenen Formen in Erscheinung treten, zum Beispiel einmal als Gruppe von Drehungen und einmal als Gruppe von Matrizen.

23 (Seite 144)

Die abgebildete Glockenkurve auf dem Zehnmarkschein ist der Graph der (dort ebenfalls angegebenen) Normalverteilung mit der *Dichtefunktion*

$$f(x) = \frac{1}{\sigma\sqrt{2\pi}} \cdot e^{-\frac{(x-\mu)^2}{2\sigma^2}}$$

(e und π sind die bekannten transzendenten Zahlen, während μ (»my«) den *Mittel-* oder *Erwartungswert* und σ (»sigma«) die *Standardabweichung* der Zufallsgröße bezeichnen).

Links und rechts von der dargestellten Glockenform nähert sich die Kurve der x-Achse beliebig an, ohne sie jemals zu erreichen. Das zwischen der Kurve und der x-Achse liegende Gebiet ist unbeschränkt, hat aber den endlichen Inhalt 1.

Eine beliebige Zufallsgröße X ist nun *normalverteilt*, wenn die Wahrscheinlichkeit, dass X dem Intervall [a, b] der x-Achse angehört, p(a $\leq$ X $\leq$ b), gleich der Fläche ist, die von der Gauß'schen Glockenkurve, der x-Achse und den senkrechten Geraden x = a und x = b begrenzt wird. Diese Fläche wird gemäß der elementaren Integralrechnung wie folgt ausgedrückt (dabei steht exp(x) für e^x):

$$p(a \leq X \leq b) = \int_a^b f(x)dx = \frac{1}{\sigma\sqrt{2\pi}} \int_a^b \exp(-\frac{(x-\mu)^2}{2\sigma^2})dx.$$

Hier ahnt man schon, dass die Wahrscheinlichkeitsrechnung untrennbar mit der Differenzial- und Integralrechnung verwoben ist. Wie verschiedene moderne Begriffe des Integrals, so baut auch die moderne Wahrscheinlichkeitstheorie auf der Maßtheorie auf (eine ebenso fundamentale mathematische Struktur wie die Topologie oder die Algebra), in der jedoch der herkömmliche Begriff des *Inhalts* durch den logisch einwandfreieren Begriff des *Maßes* ersetzt wird.

24 (Seite 149)
Besonders offensichtlich wird dieser grundlegende Aspekt in der Statistik, die ja zum größten Teil auf dem Wahrscheinlichkeitsbegriff beruht: Wenn etwa offizielle Statistiken feststellen, dass die Kriminalität gegenüber dem Vorjahr um x Prozent zugenommen habe, so ist dies nicht unbedingt schon eine Tatsache, sondern eine (möglicherweise unzulässige) Folgerung oder Interpretation. Aus der Feststellung kann nämlich nicht zwingend gefolgert werden, die Kriminalität an sich habe zugenommen. Streng betrachtet, kann aus der Feststellung gar nichts Zwingendes gefolgert werden. Die Erhöhung des Prozentsatzes könnte ja auf wirksamere Aufklärungsmethoden zurückzuführen sein, ohne dass die Kriminalität selbst zugenommen hätte. Das kann aber nur entschieden werden, wenn die Dunkelziffer genau bekannt ist. Eben das ist aber nicht der Fall (da es sonst keine Dunkelziffer gäbe). Zurecht heißt es, Statistiken sind für Wissenschaftler wie Laternenpfähle für Betrunkene: sie geben Halt, aber keine Erleuchtung.

25 (Seite 157)
Durch kombinatorische Berechnungen, die das angegebene konkrete Beispiel verallgemeinern und die ich hier nicht durchführe, gelangt man zu einem Wahrscheinlichkeitsausdruck für das Experiment, der sich als eine geringfügig geänderte Arcussinus-Funktion herausstellt.
Die (übliche) Arcussinus-Funktion ist die Umkehrfunktion der gewöhnlichen Sinus-Funktion und wird durch die folgende Integralfunktion definiert:

$$\text{Arcsin}(x) = \int_0^x \frac{dt}{\sqrt{1-t^2}}; (-1 < t < 1).$$

Die im Haupttext angegebene Dichtefunktion f(x) erhält man nun als erste Ableitung der anfangs erwähnten, geringfügig geänderten Arcsin-Funktion:

$$f(x) = \frac{d}{dx}\left(\frac{2}{\pi} \cdot \text{Arcsin}\sqrt{x}\right) = \frac{2}{\pi} \cdot \frac{1}{\sqrt{x \cdot (1-x)}}.$$

Die Funktion f(x) wird unendlich für x = 0 und x = 1 (dies sind die Nullstellen des Nenners und folglich Asymptoten der Funktion), während sie
ihr Minimum für x = ½ annimmt. (Das Minimum des Bruches wird erreicht, wenn der Nenner x · (1 − x) sein Maximum annimmt; dies ist der Fall
bei Gleichheit der Faktoren, also wenn x = 1 − x gilt.) Das heißt aber: Die
geringste Wahrscheinlichkeit ergibt sich für eine ausgeglichene, fünfzigpro-
zentige Führung und die *größte* Wahrscheinlichkeit für ständigen Rückstand
(x = 0) oder ständige Führung (x = 1).

26 (Seite 168)
Selbst das einfache, klassische Roulette wird sogar von Hochschulprofesso-
ren manchmal missverständlich und sogar falsch dargestellt. Zum Beispiel
Walter Krämer (1995, Seiten 83, 84):

> »Der mittlere Verlust von 2,7 Prozent des Einsatzes bezieht sich nur
> auf ein einziges Spiel, auf einen einzigen Wurf der Kugel in den Kes-
> sel des Roulettes... Setzt man immer den gleichen Einsatz auf eine
> einzige Zahl, beträgt der mittlere Verlust nach zwei Spielen schon 5,4
> Prozent, nach drei Spielen 8,1 Prozent, und nach zwanzig Spielen
> schon 54 Prozent − also nicht weniger als beim Lotto, sondern mehr.
> Und nach 37 Spielen hat man auf lange Sicht den ganzen Einsatz
> eingebüßt.«

Das stimmt natürlich so nicht, da die Erwartung den *konstanten* Wert -2,7
Prozent des Einsatzes hat. Also beträgt auch nach zwanzig Spielen der
durchschnittliche Verlust 2,7 Prozent des Einsatzes und nicht 54 Prozent.
Selbstverständlich hat man nach zwanzig Spielen zwanzigmal mehr gesetzt
als nach einem Spiel, wenn man stets einen gleich hohen Einsatz tätigt.
Und es ist vermutlich auch diese Wirkung der Wiederholungen, die Krämer
herauskehren wollte.

Der zweite, diesmal grundlegende Fehler betrifft aber den Vergleich mit
dem Lotto: Unzulässig ist Krämers Vergleich deshalb, weil das *wiederholte*
Roulettespiel dem *nicht wiederholten* Lotto gegenübergestellt wird − eine klassische »statistische Lüge«. Realität ist vielmehr, dass die Gewinnausschüt-
tung beim Lotto nur 50 Prozent der Einsätze beträgt, beim klassischen
Roulette dagegen 97,3 Prozent − also wesentlich mehr. Somit ist ein be-

stimmtes Kapital beim Lotto im Mittel um ein Vielfaches schneller futsch als beim Roulette, wenn pro Zeiteinheit Einsätze in gleicher Höhe getätigt werden.

27 (Seite 181)
Der Homo sapiens hat, wie andere Säugerarten, vielleicht noch zwei Millionen Jahre vor sich, denn die mittlere Lebensspanne von Säugern in den letzten 65 Millionen Jahren der Erdgeschichte liegt unter drei Millionen Jahren. Alle Arten verschwinden irgendwann, sie sterben aus oder spalten sich in Folgearten auf. Über 90 Prozent aller Arten, die jemals auf der Erde gelebt haben, sind bereits ausgestorben. Wenn der Homo sapiens weder durch äußere Katastrophen untergeht noch sich selbst ein Ende setzt, könnte sich seine Art durch einen Evolutionsschub irgendwann aufspalten – und endlich den wahrhaft humanen Menschen hervorbringen. (Die primitive Intelligenz des Homo sapiens ist, nach dem Astrophysiker Hubert Reeves, ein »vergiftetes Geschenk«. Als einzige wirkliche Bestie auf unserem Planeten, ist die Möglichkeit nicht von der Hand zu weisen, dass er der Mehrheit seiner eigenen Art ein Ende setzen wird.)

Die Vergänglichkeit der Arten ist der Hauptgrund, weshalb ich dem so genannten »anthropischen Prinzip«, das den Menschen in den Mittelpunkt stellt, das schlichte »Pyramidenprinzip der Komplexität« vorziehe: Die Materie organisiert sich nach dem Muster der »übereinander gelagerten Alphabete« (H. Reeves). So wie Buchstaben sich zu Wörtern zusammenfügen, vereinen sich die Elemente einer Pyramidenstufe, um die Elemente der nächst höheren Stufe hervorzubringen. So sind die Atome die Buchstaben, die die Moleküle bilden. Die Pyramide erstreckt sich von der Stufe der Quarks über die Stufen Elementarteilchen, Atome, Moleküle, Zellen, Organe und Organismen bis hin zu Populationen. Besonders die Stufen unterhalb der Elementarteilchen sind Felder der gegenwärtigen Forschung. Diese Pyramide, von der wir von der Astrophysik her wissen, dass es sie vor vierzehn Milliarden Jahren noch nicht gab, ist im Lauf der Zeitalter und parallel zur Abkühlung des Universums entstanden.

28 (Seite 184)
Unser Gehirn hat sich im Laufe der Evolution offenbar so entwickelt, dass wir (immer noch) eine angeborene Tendenz zum Aberglauben haben. In den siebziger und achtziger Jahren wiesen Getreidefelder in aller Welt

merkwürdige Muster auf. Anhänger von Mystifizierern vom Schlage eines Erik von Däniken meinten, dass diese Muster bei der Landung und beim Start von UFOs entstanden seien. Alle erwiesen sich jedoch als Werke von Witzbolden. Das Interessante für den Astronomen Carl Sagan war nicht, dass diese Muster schließlich eine einleuchtende natürliche Erklärung bekamen. Was wirklich zum Nachdenken anregen sollte, so Sagan, sei die Tatsache, dass die Aufdeckung des Schwindels in den Medien kaum beachtet worden war: »Wenn man lange zum Narren gehalten worden ist, tut man alles, um in seinem Irrglauben zu verharren.« (Ist das nicht auch der Trotzmechanismus, der bei vielen Menschen nach dem Untergang einer dogmatischen Ideologie wirkt?)

29 (Seite 187)
Entropie kann hier als Größe des Nachrichtengehaltes einer nach statistischen Gesetzen gesteuerten Nachrichtenquelle gedeutet werden. Dieser von Claude Shannon 1948 in seiner modernen Grundlegung der Informationstheorie eingeführte Begriff steht am Anfang jeder Einführung in diese Disziplin.

Allgemein ist Entropie ein vielschichtiger Begriff, der vor allem mit den Entitäten Energie und Information verknüpft ist. Als Zustandsgröße der Thermodynamik stellt Entropie so etwas dar wie den Grad der »Unordnung« oder genauer das »Fehlen von Organisation« innerhalb eines Systems. Global kann die Entropie nur wachsen, denn alle Ereignisse der Welt bringen eine Entwertung von Energie mit sich: Heiße Körper neigen dazu, ihre Wärme an kältere Körper abzugeben, bis sich die Temperaturen angleichen. Energiegewinnung ist aber nur durch Temperaturunterschiede möglich. Dennoch streben wir *nicht* dem »absoluten Wärmetod« der Physiker des 19. Jahrhunderts entgegen: Obwohl sich unser Universum ständig ausdehnt und abkühlt, lässt es den Temperaturunterschied zwischen dem Innern der Sterne und dem Himmelhintergrund wachsen – die kosmische Energiequelle, die (Selbst)Organisation erzeugt, in deren Sog Leben entstehen kann.

30 (Seite 205)
Stephen Hawking und Edward Witten, die, neben anderen, abwechselnd als »neuer Einstein« bezeichnet werden, sind moderne Spitzenvertreter jener Wissenschaftler, die die (mathematisch-physikalische) Struktur unse-

res Universums erforschen. Neben der Gruppentheorie spielt dabei die Topologie eine herausragende Rolle. Witten, der mit seiner »Superstring«-Theorie Quantenmechanik und Relativitätstheorie in Einklang bringen will, entwarf eine eigene Technik, die »topologische Quantenfeldtheorie«, die sich als schlagkräftiges Instrument für die Knotentheorie erwies – dafür erhielt er 1990 als erster Physiker den »mathematischen Nobelpreis«, die Fields-Medaille. Ein paar Jahre später, 1994, vereinfachte Witten (zusammen mit dem New Yorker Physiker Nathan Seiberg) die Formeln, die das Verhalten der Atomkernbausteine Quarks und Gluonen beschreiben. Die Lösung ließ sich prompt auch auf rein mathematische Probleme der vierdimensionalen Topologie anwenden.

31 (Seite 208)
Die Untersuchungswerkzeuge werden heute vorwiegend aus der Gruppentheorie entlehnt, die, auf die Topologie angewendet, ein eigenes Gebiet, die *algebraische Topologie*, begründet. Das Ziel ist die Reduktion topologischer Fragen auf abstrakte Algebra – die man länger und besser kennt. Poincaré selbst war einer der Väter dieser Theorie, und er erfand etwas, was die *Fundamentalgruppe* heißt. Die Idee ist eine geschickte Vermischung von Geometrie und Algebra – was uns nicht wundern sollte, denn das Motto von Kleins Erlanger Programm war ja: »Geometrie *ist* Gruppentheorie«. Und wir erinnern uns auch, dass Galois' Theorie über die Lösung algebraischer Gleichungen durch Radikale der Auftakt für die Verwendung des Gruppenbegriffs war.

32 (Seite 261)
Die genaue Definition ist abstrakter und setzt bei dem nach Alan Turings Arbeiten geprägten Begriff der *Turing-Maschine* als einer universellen Rechenmaschine an. Angenommen, so eine Maschine sei in der Lage, in verschiedenen Stadien der Berechnung eines Optimierungsproblems Zufallsschätzungen abzugeben. Dies ist ein Gedankenexperiment, da es noch keine Möglichkeit gibt, eine derartige Maschine zu bauen. Stünde aber ein solch hypothetisches Hilfsmittel zur Verfügung (eine so genannte *nichtdeterministische Turing-Maschine,* die in der Lage wäre, »richtige« beziehungsweise »optimale« Zufallsschätzungen abzugeben), könnte das Rundreiseproblem in Polynomialzeit gelöst werden; das Problem würde *einfach* werden und der Algorithmus *effizient*. Eine effiziente (nichtdeterministische) Ratestrate-

gie, die dem Begriff des **NP**-Problems zugrunde liegt und die voraussetzt, dass jede der Schätzungen der Turing-Maschine »richtig« ist (ein Ereignis, dessen Wahrscheinlichkeit beim Rundreiseproblem nur von der Größenordnung $1/n!$ ist), läuft aber völlig dem Wesen des Algorithmus als einem deterministischen Prozess zuwider.

33 (Seite 266)

Ich räume ein, dass dieser Vergleich im Grunde genommen hinkt, denn offenbar formuliert die Natur ihre detaillierten Zielfunktionen nicht im Vorhinein, sondern »arbeitet« mit dem Vorhandenen. Jedenfalls gehorcht der Optimierungsvorgang, der von der Evolution ausgeht, anderen Prinzipien als denen, die unseren Beispielen zugrunde liegen.

Dennoch könnte die Zukunft der mathematischen Optimierung in der Natur liegen. Sind *genetische Algorithmen* (bei denen Daten um die knappen Speicherplätze kämpfen), *neuronale Netzprogramme* (die adaptives Lernen bewerkstelligen) und die *Bionik* nicht bereits Vorläufer eines neuen Zugangs nach dem Vorbild der Evolution? Bei der Bionik basiert die Optimierung zahlreicher technischer Prozesse auf geschicktes Abgucken von der Natur. Es erscheint vernünftig, die im Verlauf der Evolution gesammelten Experimentiererfahrungen, wie sie in den biologischen Strukturen enthalten sind, technisch auszuwerten. »Die ganze Erde ist ein riesiges Labor, in dem die Natur experimentiert«, sagt Ingo Rechenberg, Leiter des Instituts für Bionik an der Technischen Universität Berlin. Mit biologischen Systemen verfügt der Mensch über »ein Rechensystem, das sich in Abermillionen von Jahren entwickelt hat«, schwärmt der Mathematiker Leonard Adleman, von dem als Miterfinder des RSA-Systems der Kryptologie bereits die Rede war, und der erstmals das Erbmolekül DNS als Rechner nutzte und damit das Rundreiseproblem für sieben Städte löste. Auf dem Raum, den ein Computerspeicher für ein Bit Information benötigt, bringt eine Körperzelle tausend Milliarden Bits unter; und mit der Energie, die Computer verbrauchen, um eine einzige Operation zu leisten, bewältigt die Zelle zehn Milliarden Rechenschritte. »Zellen enthalten mit dem DNS-Molekül ein magisches Medium, das noch die leistungsstärksten Supercomputer zum Abakus degradiert.« Da sei zu erwarten, »dass wir von der Natur einige Rechentricks lernen können«. Ist nicht auch speziell in diesem Sinn die Behauptung zahlreicher Naturwissenschaftler (wie John Barrow) zu verstehen, die Welt sei mathematisch?

34 (Seite 267)

In diesem Werk (eines der wichtigsten, aber am wenigsten gelesenen Bücher) formulierten von Neumann und Morgenstern ihr berühmtes Axiomensystem, das den entscheidenden Durchbruch in der Bewertung von Unbestimmtheitssituationen erbrachte. Das Axiomensystem, auf dessen Details ich nicht eingehe, konfrontiert eine Testperson mit verschiedenen durch Wahrscheinlichkeiten charakterisierte Unsicherheitssituationen und registriert die von der Testperson gegenüber den dargebotenen Alternativen geäußerten Präferenzen. In der klassischen Spieltheorie wird davon ausgegangen, dass ein rational eingestellter Mensch eine Präferenzordnung gemäß dem erwähnten, plausibel erscheinenden Axiomensystem bildet. Dann lässt sich der von einem Individuum gebildete *Nutzen* mittels experimenteller Befragungen als reelle Zahl messen. Dieses widerspruchsfreie Axiomensystem, das auf *subjektive Präferenzen* beruht, ist der Ausgangspunkt einer äußerst fruchtbaren Entscheidungs- und Nutzentheorie. (Dass ein Mensch jedoch stets rational handelt, ist zweifellos eine idealisierte Annahme; siehe auch den Abschnitt »Kritik der reinen Rationalität«, Seite 313.)

35 (Seite 288)

Bereits abgelegte Karten, die im laufenden Spiel nicht mehr gezogen werden können, geben Aufschluss über die Zusammensetzung des Reststapels. Diese Informationen haben die so genannten *Count-* oder Kartenzählmethoden hervorgebracht, die bei fehlerfreier Anwendung positive Erwartungen erlauben. Die Gegenmaßnahmen der Casinos ließen nicht auf sich warten: Zuerst haben sie die Anzahl der Decks sowie den Umfang der vom Spiel abgeschnittenen, das heißt ausgeschlossenen Karten, erhöht, und nun beginnen sie, so genannte »ewige Schlitten« einzuführen, das sind elektronische Mischmaschinen, die die ausgespielten Karten nach jedem Durchgang laufend aufnehmen und neu mischen; damit wird der gleiche Effekt erzielt wie durch Ziehen der Karten aus einem unendlichen Stapel. Näheres in den bereits erwähnten Büchern von Cordonnier und Rüsenberg.

36 (Seite 297)

Richard Dawkins zeigt in seinem Buch »Das egoistische Gen« (Kapitel 9), dass der Konflikt um den Brutaufwand zu einem *Kampf der Geschlechter* führt. Die Aufzucht der Nachkommen ist bekanntlich meist mühsamer als deren Zeugung. Gerechterweise sollte die Arbeit gleichermaßen auf beide

Eltern verteilt werden, aber die Gelegenheit, sich davor zu drücken, ist für die Männchen günstiger. Eine verlassene Mutter würde dann vor dem Dilemma stehen, entweder allein die Brutpflege zu übernehmen oder ihre Nachkommen dem sicheren Tod preiszugeben. Letztere Möglichkeit käme sie aber viel teurer zu stehen als das Männchen, da sie bereits ungleich mehr investiert hat. Der Trend zur allein stehenden Mutter scheint unaufhaltsam – trotz gewisser Gegenstrategien der schlauen Weibchen.

37 (Seite 326)
Zitiert aus »Einsteins Traum«. Die Quantenmechanik vermittelt zum Beispiel ein von der klassischen Mechanik ganz verschiedenes Bild von der Wirklichkeit. Danach hat ein Objekt nicht nur eine einzige Geschichte, sondern alle Geschichten, die möglich sind. Einige können sogar nebeneinander existieren. Doch viele Philosophen können sich mit dieser Situation nicht abfinden, weil sie stillschweigend voraussetzen, ein Objekt könne nur eine Geschichte haben – wie im Modell der klassischen Mechanik.

Das Wesen der Zeit im kosmologischen Ablauf ist ein anderes Beispiel dafür, wie physikalische Theorien unseren Wirklichkeitsbegriff bestimmen. Wäre der Urknall ein unüberwindliches Hindernis – eine Singularität –, so hätte es keinen Sinn zu fragen, wer oder was ihn verursacht oder geschaffen hat. Diese Frage würde implizit voraussetzen, dass es eine Zeit davor gab.

Literatur

Quellen und Hinweise

Aczel, A. D.: Fermats dunkler Raum. München 1999

Aigner, M. / Ziegler, G. M.: Proofs from THE BOOK. Berlin – Heidelberg – New York 1998

Arnold, B. H.: Elementare Topologie. Göttingen 1971

Arrow, K. J.: Social Choice and Individual Values. New York 1951

Asimov, I.: Extraterrestrial Civilizations. London 1980

Axelrod, R.: Die Evolution der Kooperation. München 1995 (3. Aufl.)

Bachelier, L.: Théorie de la Spéculation. Thèse. Paris 1900

Barrow, J. D.: Warum die Welt mathematisch ist. Frankfurt a. M. 1993

Barrow, J. D.: Theorien für Alles: Die Suche nach der Weltformel. Reinbek 1994

Basieux, P.: Die Top Ten der schönsten mathematischen Sätze. Reinbek 2000 (6. Aufl. 2007)

Basieux, P.: Die Architektur der Mathematik – Denken in Strukturen. Reinbek 2000 (4. Aufl. 2011)

Basieux, P.: Die Top Seven der mathematischen Vermutungen. Reinbek 2004 (3. Aufl. 2009)

Basieux, P.: Die Welt als Spiel – Spieltheorie in Gesellschaft, Wirtschaft und Natur. Reinbek 2008

Basieux, P.: Roulette – Die Zähmung des Zufalls. Geretsried 2001 (5. Aufl.); vergriffen

Basieux, P.: Faszination Roulette – Phänomene und Fallstudien. Geretsried 1999

Basieux, P.: Die Zähmung der Schwankungen. Geretsried 2003 (2. Aufl. 2006)

Basieux, P.: Roulette HardCore & SoftWare – Algorithmen für Ballistik, Wurfweiten, Tischcharakteristik. Norderstedt 2006

Basieux, P. / Thiele, J.: Roulette im Zoom – Anatomie des Kugellaufs. München 1989

Bauer, F. L.: Entzifferte Geheimnisse: Methoden und Maximen der Kryptologie. Berlin – Heidelberg 1995

Becker, M. / Ebner, M.: Planen und Entscheiden mit Operations Research. Zürich 1986

Berg, R. / Meyer, A. / Müller, M. / Zogg, A.: Netzplantechnik. Zürich 1973

Berninghaus, S. / Völker, R.: Die Nutzung der Spieltheorie in der Managementpraxis. In: *Blick durch die Wirtschaft* 8.12.1997

Beutelspacher, A.: Kryptologie. Braunschweig / Wiesbaden 1994 (4. Aufl.)

Beutelspacher, A.: »In Mathe war ich immer schlecht ...«. Braunschweig / Wiesbaden 1996

Bewersdorff, J.: Glück, Logik und Bluff – Mathematik im Spiel. Wiesbaden 2001

Blatner, D.: Pi – Magie einer Zahl. Reinbek 2000

Blum, W.: Die Grammatik der Logik – Einführung in die Mathematik. München 1999

Blum, W.: Einsame Majestäten. In: *Die Zeit*, 17.5.1996

Blum, W.: Ein Maß für den Zufall. In: *Die Zeit*, 23.5.1997

Blum, W.: Pipeline zur Wahrheit. In: *Die Zeit*, 20.8.1998

Bourbaki, N.: The Architecture of Mathematics. In: *American Math. Monthly* **57**, 1950

Braitenberg, V. / Hosp, I. (Hg.): Die Natur ist unser Modell von ihr: Forschung und Philosophie. Reinbek 1996

Bruss, F. T.: Die Kunst der richtigen Entscheidung. In: *Spektrum der Wissenschaft*, Juni 2005

Büchter, A. / Henn, H.-W.: Elementare Stochastik: Eine Einführung in die Mathematik der Daten und des Zufalls. Berlin 2009 (2., überarb. u. erw. Aufl.)

Burkard, R. E.: Methoden der Ganzzahligen Optimierung. Wien – New York 1972

Burlisch, R.: Mathematik in der Hochtechnologie. Vortrag im Forschungszentrum der Siemens AG, München 19.10.1988

Casti, J. L.: Die großen Fünf. Basel 1996

Collatz, L. / Wetterling, W.: Optimierungsaufgaben. Berlin – Heidelberg 1971

Connes, A.: Scheinwerfer auf die Realität: Wie die Mathematik Wirklichkeiten findet und erschließt. In: *Frankfurter Allgemeine Zeitung* 48/2000

Cordonnier, C.: Black Jack – Spiel und Strategie. München 1985 (4. Aufl. 2002)

Crilly, T. / Filk, T.: 50 Schlüsselideen Mathematik. Heidelberg 2009

Darwin, C.: Die Entstehung der Arten (1859). Stuttgart 1976

Davis, P. J. / Hersh, R.: Erfahrung Mathematik. Basel 1985/1994

Dawkins, R.: Das egoistische Gen. Reinbek 1996

Dawkins, R.: Gipfel des Unwahrscheinlichen. Reinbek 1999

Deiser, O. et al.: 12 × 12 Schlüsselkonzepte zur Mathematik. Heidelberg 2011

Devlin, K.: Sternstunden der modernen Mathematik. München 1994

Devlin, K.: Muster der Mathematik. Heidelberg – Berlin 2002

Dixit, A. K. / Nalebuff, B. J.: Spieltheorie für Einsteiger. Stuttgart 1997

Dörner, D.: Die Logik des Mißlingens: Strategisches Denken in komplexen Situationen. Reinbek 1989

Dowling, W.: Computer viruses: diagonalization and fixed points. In: *Notices of the American Mathematical Society* **37** (858 – 860) 1990

Dröscher, V. B.: Überlebensformel. Düsseldorf 1979

Drösser, C.: Mehr Praxis für die Königin. In: *Die Zeit,* 8.11.1991

Drösser, C.: Fuzzy Logic: Einführung in krauses Denken. Reinbek 1994

Dubins, L. E. / Savage, L. J.: How to Gamble if You Must. New York 1965/1976

Dudley, U.: Mathematik zwischen Wahn und Witz. Basel 1995

Duve, C. de: Aus Staub geboren: Leben als kosmische Zwangsläufigkeit. Reinbek 1997

Eigen, M.: Stufen zum Leben. München 1987

Eigen, M. / Winkler, R.: Das Spiel – Naturgesetze steuern den Zufall. München 1975

Einstein, A.: Mein Weltbild (1934). Zürich 1972

366   Abenteuer Mathematik

Eisenhardt, P. / Kurth, D. / Stiehl, H.: Wie Neues entsteht: Die Wissenschaften des Komplexen und Fraktalen. Reinbek 1995

Ekeland, I.: Das Vorhersehbare und das Unvorhersehbare. Frankfurt a. M. 1989

Ekeland, I.: Zufall, Glück und Chaos – Mathematische Expeditionen. München 1996

Enzensberger, H. M.: Zugbrücke außer Betrieb – Die Mathematik im Jenseits der Kultur. Eine Außenansicht. In: *Frankfurter Allgemeine Zeitung* 29.8.1998

Enzensberger, H. M.: Fortuna und Kalkül – Zwei mathematische Belustigungen. Frankfurt a.M. 2009

Epstein, R. A.: The Theory of Gambling and Statistical Logic. New York – London 1977 (Rev. edition)

Esposito, E.: Die Fiktion der wahrscheinlichen Realität. Frankfurt a.M. 2007

Fabricand, B. P.: The Science of Winning. New York 1979

Faltings, G. (Hg.): Moderne Mathematik. Heidelberg – Berlin – Oxford 1996

Fandel, G.: Optimale Entscheidung bei mehrfacher Zielsetzung. Berlin – Heidelberg – New York 1972

Ferris, T.: Das intelligente Universum. München 1992

Fucks, W.: Nach allen Regeln der Kunst. Stuttgart 1968

Garfunkel, S. / Steen, L. A. (Hg.): Mathematik in der Praxis. Heidelberg 1989

Gigerenzer, G.: Das Einmaleins der Skepsis. Berlin 2005

Gödel, K.: Über formal unentscheidbare Sätze der Principia Mathematica und verwandter Systeme I. In: *Monatshefte für Mathematik und Physik* 38 (1931)

Guerrerio, G.: Kurt Gödel – Logische Paradoxien und mathematische Wahrheit. In: *Spektrum der Wissenschaft*, Biografie 1/2002

Guillen, M.: Brücken ins Unendliche – Die menschliche Seite der Mathematik. Frankfurt a. M. 1992

Haftendorn, D.: Mathematik sehen und verstehen: Schlüssel zur Welt. Heidelberg 2010

Haken, H.: Erfolgsgeheimnisse der Natur – Synergetik: Die Lehre vom Zusammenwirken. Reinbek 1995

Halmos, P.: Naive Mengenlehre. Göttingen 1969

Hardin, G.: The Tragedy of the Commons. In: *Science* **162** (1243 – 1248) 1968

Hargittai, I. und M.: Symmetrie: Eine neue Art, die Welt zu sehen. Reinbek 1998

Hawking, S. W.: Einsteins Traum; Essays. Reinbek 1993

Hinrichs, G.: Modellierung im Mathematikunterricht. Heidelberg 2008

Hodges, A.: Alan Turing, Enigma. Wien – New York 1994 (2. Aufl.)

Hofbauer, J. / Sigmund, K.: Evolutionstheorie und dynamische Systeme – Mathematische Aspekte der Selektion. Berlin und Hamburg 1984

Hofstadter, D. R.: Gödel, Escher, Bach. Stuttgart 1986 (8. Aufl.)

Huizinga, J.: Homo ludens. Vom Ursprung der Kultur im Spiel (1938). Reinbek 1994

Jacob, F.: Die Logik des Lebenden. Frankfurt a. M. 1972

Jacobs, K.: Resultate. Ideen und Entwicklungen in der Mathematik. Band 1: Proben mathematischen Denkens. Braunschweig / Wiesbaden 1987

Kanigel, R.: Der das Unendliche kannte. Das Leben des genialen Mathematikers Srinivasa Ramanujan. Braunschweig / Wiesbaden 1995 (2. Aufl.)

Kennedy, R.: Dreizehn Tage: Wie die Welt beinahe unterging. Darmstadt 1982

Kerstan, T.: Stoffströme in Petri-Netzen. In: *Die Zeit*, 12.8.1994

Kippenhahn, R.: Verschlüsselte Botschaften. Reinbek 1998 (2. Aufl.)

Kohlas, J.: Glaubwürdigkeit und Plausibilität. In: *Die Unternehmung*, 4/1992, Bern

Kohlas, J.: Die Darstellung und Verarbeitung vager und ungewisser Informationen. *Working Paper* N° 192, Okt. 1991, Institut für Automation und Operations Research, Univ. Freiburg / Schweiz

Koken, C.: Roulette – Computersimulation & Wahrscheinlichkeitsanalyse von Spiel und Strategien. München 1987

Kollros, L.: Évariste Galois. Basel 1978 (2ᵉ édition)

Krämer, W.: Denkste! Trugschlüsse aus der Welt des Zufalls und der Zahlen. Frankfurt a. M. 1995

Kropp, G.: Geschichte der Mathematik. Wiesbaden 1994

Kuntzmann, J.: Où vont les mathématiques? Paris 1967

Lang, S.: Faszination Mathematik. Braunschweig / Wiesbaden 1989

Lang, S.: Mathe! Braunschweig / Wiesbaden 1991

Lauwerier, H.: Unendlichkeit: Denken im Grenzenlosen. Reinbek 1993

Maas, P. / Weibler, J. (Hg.): Börse und Psychologie. Köln 1990

Mandelbrot, B.: Die fraktale Geometrie der Natur. Basel 1987

Mandelbrot, B. / Hudson, R.: Fraktale und Finanzen. München 2005

Markl, H.: Grenzen des Wissens. In: *bild der wissenschaft* 1/1996

Monod, J.: Zufall und Notwendigkeit. München 1972

Nagel, E. / Newman, J. R.: Der Gödelsche Beweis. München 1992

Neumann, J. v.: Die Rechenmaschine und das Gehirn. München 1970 (3. Aufl.)

Neumann, J. v.: Theory of self-reproducing automata. University of Illinois Press, Urbana 1966

Neumann, J. v. / Morgenstern, O.: Spieltheorie und wirtschaftliches Verhalten. Würzburg 1973 (3. Aufl.)

Oberhummer, H.: Kann das alles Zufall sein? Geheimnisvolles Universum. Salzburg 2008

Paulos, J. A.: Von Algebra bis Zufall. Streifzüge durch die Mathematik. Frankfurt a. M. 1992

Peterson, I.: Mathematische Expeditionen. Heidelberg – Berlin – New York 1992

Pincus, S. / Kalman, R.: Not all (possibly) „random" sequences are created equal. In: *Proc. Natl. Acad. Sci. USA;* **94**, April 1997 (3513 – 3518)

Pinzler, P.: »Der Markt allein ist nicht perfekt«. In: *Die Zeit*, 26.9.1997

Pinzler, P. / Piper, N.: Der Markt als Pokerspiel. In: *Die Zeit*, 14.10.1994

Poincaré, H.: Science and Hypothesis. New York 1952

Pólya, G.: Schule des Denkens. Vom Lösen mathematischer Probleme. Bern 1949

Popper, K. R.: The Logic of Scientific Discovery. London 1959 – 1977

Popper, K. R.: Alles Leben ist Problemlösen. München 1994 (6. Aufl. 1995)

Poundstone, W.: Prisoner's Dilemma. John von Neumann, Game Theory, and the Puzzle of the Bomb. New York 1992/1993

Prigogine, I. / Stengers, I.: Dialog mit der Natur. München 1980

Randow, G. v.: Das Ziegenproblem: Denken in Wahrscheinlichkeiten. Reinbek 1992

Randow, G. v.: Roboter – Unsere nächsten Verwandten. Reinbek 1997

Randow, T. v.: Ästhetik der Algebra. In: *Die Zeit*, 20.1.1995

Randow, T. v.: Jagd auf Monster. In: *Die Zeit*, 27.9.1996

Randow, T. v.: Das Streben nach Eleganz. In: *Die Zeit*, 27.8.1998

Rapoport, A.: Decision Theory and Decision Behaviour: Normative and Descriptive Approaches. Dordrecht – Boston – London 1989

Rauner, M.: Die Mathematik des Auktionators. In: *Die Zeit* 31/2000

Rechenberg, I.: Evolutionsstrategie: Optimierung technischer Systeme nach Prinzipien der biologischen Evolution. Stuttgart – Bad Cannstatt 1973

Reeves, H.: Die kosmische Uhr: Hat das Universum einen Sinn? Düsseldorf 1989

Riedl, R.: Biologie der Erkenntnis. Berlin und Hamburg 1981 (3. Aufl.)

Rossi, S.: Roulette – Tavola di probabilità di guadagno sui numeri pieni. Genova 1982

Rucker, R.: Der Ozean der Wahrheit. Frankfurt a. M. 1988

Rüsenberg, M.: Black Jack – Handbuch für Strategen. Geretsried 2003 (2. Aufl. 2008)

Rüsenberg, M.: Black Jack für Einsteiger – Strategien und Knowhow. Geretsried 2006 (2. Aufl. 2011)

Russell, B.: Probleme der Philosophie. Frankfurt a. M. 1973 (5. Aufl.)

Russell, B.: Einführung in die mathematische Philosophie. Darmstadt 2002

Schmidt, V. A.: Die Eleganz der Mathematik. In: *Die Zeit*, 21.3.1997

Schnabel, U.: Welt am Fädchen. In: *Die Zeit*, 27.9.1996

Schneeweiß, H.: Entscheidungskriterien bei Risiko. Berlin – Heidelberg 1967

Schrödinger, E.: Was ist Leben? (1944). München 1999

Schuh, B.: Der geölte Quantenblitz. In: *Die Zeit*, 21.7.1995

Selten, R.: A note on evolutionary stable strategies in asymmetric animal conflicts. In: *J. theor. Biol.* **84** (93 – 101) 1980

Selten, R.: Einführung in die Theorie der Spiele mit unvollständiger Information. In: *Schr. Ver. Soc. Pol.* **126** (81 – 147) 1982

Shapiro, R.: Schöpfung und Zufall. München 1987

Sigmund, K.: Spielpläne – Zufall, Chaos und die Strategien der Evolution. Hamburg 1995

Simon, H. A.: Homo rationalis: Die Vernunft im menschlichen Leben. Frankfurt a. M. – New York 1993

Singh, J.: Great Ideas of Modern Mathematics. New York 1959

Singh, S.: Fermats letzter Satz. München 1998

Smith, A.: Der Wohlstand der Nationen (1776). München 1974/1978

Smolin, L.: Warum gibt es die Welt? München 2002

Sossinsky, A.: Mathematik der Knoten – Wie eine Theorie entsteht. Reinbek 2000

Spektrum der Wissenschaft: Chaos und Fraktale. Heidelberg 1989

Spektrum der Wissenschaft / spektrumdirekt; Nagel, R., Pöppe, C.: Spieltheorie und menschliches Verhalten. Deutsche SchülerAkademie; *www.wissenschaft-online.de* 2007

Spiegel (Der): Mathematik – Magisches Medium. Hamburg, Nr. 48/1994

Spiegel (Der): Computer – Sinistre Gestalten. Hamburg, Nr. 7/1995

Spiegel (Der): Mathematik – Nobelpreis für Quatsch. Hamburg, Nr. 35/1998

Steinberger, K.: Helden, Bunnys und Zigarren; Exkursion in die Welt der Mathematiker. In: *Süddeutsche Zeitung* 201/2006

Stewart, I.: Mathematik: Probleme – Themen – Fragen. Basel 1990

Stewart, I.: Die Zahlen der Natur: Mathematik als Fenster zur Welt. Heidelberg – Berlin – Oxford 1998

Tarassow, L.: Wie der Zufall will? Vom Wesen der Wahrscheinlichkeit. Heidelberg 1998

Tarski, A.: Einführung in die mathematische Logik. Göttingen 1969 (3. Aufl.)

Taschner, R.: Das Unendliche. Berlin – Heidelberg 1995

Taschner, R.: Musil, Gödel, Wittgenstein und das Unendliche. Wien 2002

Taschner, R.: Der Zahlen gigantische Schatten – Mathematik im Zeichen der Zeit. Wiesbaden 2004

Taschner, R.: Zahl Zeit Zufall – Alles Erfindung? Salzburg 2007

Thorp, E. O.: Beat the Dealer. New York 1962 / 1966

Thorp, E. O.: Physical Prediction of Roulette. Woodland Hills 1982

Thorp, E. O.: The Mathematics of Gambling. Secaucus 1984

Trajber, J.: Der Würfel: »Rubik's Cube«. Niedernhausen/Ts. 1981

Trivers, R.: Social Evolution. Menlo Park 1985

Vollmer, G.: Evolutionäre Erkenntnistheorie. Stuttgart 1980 (2. Aufl.)

Vollmer, G.: Was können wir wissen? (Bd. 1) Stuttgart 1988 (2. Aufl.)

Waldrop, M. M.: Inseln im Chaos. Die Erforschung komplexer Systeme. Reinbek 1993

Walz, G. (Hrsg.): Faszination Mathematik. Heidelberg – Berlin 2003

Watzlawick, P.: Wie wirklich ist die Wirklichkeit? Wahn – Täuschung – Verstehen. München 1976

Wiener, N.: Mathematik – Mein Leben. Frankfurt a. M. 1965

Wittgenstein, L.: Tractatus logico-philosophicus / Logisch-philosophische Abhandlung. Frankfurt a. M. 1977 (12. Aufl.)

Woitschach, M.: Strategie des Spiels. Stuttgart 1968

Zeh, H. D.: Entropie. Frankfurt a. M. 2005

Zeilinger, A. et al.: Der Zufall als Notwendigkeit. Wien 2007

Zeit (Die): Monstergruppen und Knotentheorie („Mathematik-Nobelpreis" / Weltkongreß der Mathematiker in Berlin). Hamburg 20.8.1998

Index

Printed in the United States
By Bookmasters